第四次气候变化国家评估报告

第四次气候变化国家评估报告特别报告

方法卷

《第四次气候变化国家评估报告》编写委员会 编著

图书在版编目（CIP）数据

第四次气候变化国家评估报告特别报告.方法卷/《第四次气候变化国家评估报告》编写委员会编著.—北京：商务印书馆，2023
（第四次气候变化国家评估报告）
ISBN 978-7-100-22061-3

Ⅰ.①第… Ⅱ.①第… Ⅲ.①气候变化—评估—研究报告—中国 Ⅳ.①P467

中国国家版本馆 CIP 数据核字（2023）第 036748 号

权利保留，侵权必究。

第四次气候变化国家评估报告
第四次气候变化国家评估报告特别报告
方法卷
《第四次气候变化国家评估报告》编写委员会 编著

商 务 印 书 馆 出 版
（北京王府井大街 36 号 邮政编码 100710）
商 务 印 书 馆 发 行
北京市白帆印务有限公司印刷
ISBN 978-7-100-22061-3

2023 年 8 月第 1 版　　开本 710×1000　1/16
2023 年 8 月北京第 1 次印刷　印张 26 3/4
定价：178.00 元

《第四次气候变化国家评估报告》编写委员会

编写领导小组

组　长	张雨东	科学技术部
副组长	宇如聪	中国气象局
	张　涛	中国科学院
	陈左宁	中国工程院
成　员	孙　劲	外交部条约法律司
	张国辉	教育部科学技术与信息化司
	祝学华	科学技术部社会发展科技司
	尤　勇	工业和信息化部节能与综合利用司
	何凯涛	自然资源部科技发展司
	陆新明	生态环境部应对气候变化司
	岑晏青	交通运输部科技司
	高敏凤	水利部规划计划司
	李　波	农业农村部科技教育司
	厉建祝	国家林业和草原局科技司
	张鸿翔	中国科学院科技促进发展局
	唐海英	中国工程院一局
	袁佳双	中国气象局科技与气候变化司
	张朝林	国家自然科学基金委员会地学部

曾经是《第四次气候变化国家评估报告》编写领导小组成员，并为报告的编写做了大量工作和贡献，后因职务变动等原因不再作为成员的有徐南平、丁仲礼、刘旭、张亚平、苟海波、孙桢、高润生、吴远彬、杨铁生、文波、刘鸿志、庞松、杜纪山、赵千钧、王元晶、高云、王岐东、王孝强。

专家委员会

主　任	徐冠华	科学技术部
副主任	刘燕华	科学技术部
委　员	杜祥琬	中国工程院
	孙鸿烈	中国科学院地理科学与资源研究所
	秦大河	中国气象局
	张新时	北京师范大学
	吴国雄	中国科学技术大学
	符淙斌	南京大学
	丁一汇	中国气象局国家气候中心
	吕达仁	中国科学院大气物理研究所
	王　浩	中国水科院国家重点实验室
	方精云	北京大学/中国科学院植物研究所
	张建云	南京水利科学研究院
	何建坤	清华大学

	周大地	国家发展和改革委员会能源研究所
	林而达	中国农业科学院农业环境与可持续发展研究所
	潘家华	中国社会科学院城市发展与环境研究所
	翟盘茂	中国气象科学研究院

编写专家组

组　　长	刘燕华		
副组长	何建坤	葛全胜	黄　晶
综合统稿组	孙　洪	魏一鸣	
第一部分	巢清尘		
第二部分	吴绍洪		
第三部分	陈文颖		
第四部分	朱松丽	范　英	

领导小组办公室

组　　长	祝学华	科学技术部社会发展科技司
副组长	袁佳双	中国气象局科技与气候变化司
	傅小锋	科学技术部社会发展科技司
	徐　俊	科学技术部社会发展科技司

	陈其针	中国21世纪议程管理中心
成 员	易晨霞	外交部条约法律司应对气候变化办公室
	李人杰	教育部科学技术与信息化司
	康相武	科学技术部社会发展科技司
	郭丰源	工业和信息化部节能与综合利用司
	单卫东	自然资源部科技发展司
	刘　杨	生态环境部应对气候变化司
	汪水银	交通运输部科技司
	王　晶	水利部规划计划司
	付长亮	农业农村部科技教育司
	宋红竹	国家林业和草原局科技司
	任小波	中国科学院科技促进发展局
	王小文	中国工程院一局
	余建锐	中国气象局科技与气候变化司
	刘　哲	国家自然科学基金委员会地学部

曾经是《第四次气候变化国家评估报告》编写工作办公室成员，并为报告的编写做了大量工作和贡献，后因职务变动等原因不再作为成员的有吴远彬、高云、邓小明、孙成永、汪航、方圆、邹晖、王孝洋、赵财胜、宛悦、曹子祎、周桔、赵涛、张健、于晟、冯磊。

本 书 作 者

指导委员	王　浩	院　士	中国水科院水资源研究所
	何建坤	教　授	清华大学
领衔专家	董文杰	研究员	中山大学

首席作者

第一章	郑　卓	教　授	中山大学
	陈建徽	教　授	兰州大学
第二章	王　斌	教　授	清华大学
	高学杰	研究员	中国科学院大气物理研究所
第三章	周天军	研究员	中国科学院大气物理研究所
	孙　颖	研究员	中国气象局国家气候中心
	赵宗慈	研究员	清华大学
第四章	范绍佳	教　授	中山大学
	丁爱军	教　授	南京大学
第五章	于贵瑞	院　士	中国科学院地理科学与资源研究所
	袁文平	教　授	中山大学
第六章	丁永建	研究员	中国科学院寒区旱区环境与工程研究所
	杨建平	研究员	中国科学院西北生态环境

			资源研究院
第七章	滕 飞	研究员	清华大学
第八章	董文杰	教　授	中山大学
	高 云	研究员	中国气象科学研究院

主要作者

第一章	姜大膀	中国科学院大气物理研究所
	李庆祥	中山大学
	郝志新	中国科学院地理科学与资源研究所
	隆 浩	中国科学院南京地理与湖泊研究所
	鹿化煜	南京大学
	邵雪梅	中国科学院地理科学与资源研究所
	谭亮成	中国科学院地球环境研究所
	田 军	同济大学
	田芝平	中国科学院大气物理研究所
	王宁练	中国科学院寒区旱区环境与工程研究所
	杨小强	中山大学
	张 旭	中国科学院青藏高原研究所
	张恩楼	长春科技大学
第二章	李立娟	中国科学院大气物理研究所
	林鹏飞	中国科学院大气物理研究所
	李阳春	中国科学院大气物理研究所

	徐世明	清华大学
	纪多颖	北京师范大学
	刘　利	清华大学
	吴　波	中国科学院大气物理研究所
	邹立维	中国科学院大气物理研究所
	王淑瑜	南京大学
	章大全	国家气候中心
	范丽军	中国科学院大气物理研究所
第三章	钱　诚	中国科学院大气物理研究所
	李　珍	中国科学院大气物理研究所
	华丽娟	中国科学院大气地球科学学院
	李　超	华东师范大学
	陈　阳	中国气象科学研究院
	张丽霞	中国科学院大气物理研究所
第四章	王海潮	中山大学
	卢　骁	中山大学
	陈虹颖	中山大学
	谢洁岚	中山大学
	许欣祺	中山大学
第五章	王秋凤	中国科学院地理科学与资源研究所
	牛书丽	中国科学院地理科学与资源研究所

	张建扬	中国科学院地理科学与资源研究所
	何念鹏	中国科学院地理科学与资源研究所
	陈　智	中国科学院地理科学与资源研究所
第六章	秦　甲	中国科学院西北生态环境资源研究院
	王增如	兰州大学
	赵求东	中国科学院西北生态环境资源研究院
	王　雁	中国科学院生态环境研究中心
	宋艳玲	中国气象科学研究院/郑州大学
	高江波	中国科学院地理科学与资源研究所
	封国林	扬州大学
	何文平	中山大学
	陶福禄	中国科学院地理科学与资源研究所
第七章	刘　杰	中国科学技术发展战略研究院
	赵秀生	清华大学
	陈敏鹏	中国人民大学
	顾阿伦	清华大学
	侯　静	清华大学
第八章	魏　婷	中国气象科学研究院
	杨世莉	北京市气象探测中心
	刘昌新	中国科学院科技政策与管理科学研究所
	覃章才	中山大学
	吉振明	中山大学

序

　　气候变化不仅是人类可持续发展面临的严峻挑战，也是当前国际经济、政治、外交博弈中的重大全球性和热点问题。政府间气候变化专门委员会（IPCC）第六次评估结论显示，人类活动影响已造成大气、海洋和陆地变暖，大气圈、海洋、冰冻圈和生物圈发生了广泛而迅速的变化。气候变化引发全球范围内的干旱、洪涝、高温热浪等极端事件显著增加，对全球粮食、水、生态、能源、基础设施以及民众生命财产安全等构成长期重大影响。为有效应对气候变化，各国建立了以《联合国气候变化框架公约》及其《巴黎协定》为基础的国际气候治理体系。多国政府积极承诺国家自主贡献，出台了一系列面向《巴黎协定》目标的政策和行动。2021年11月13日，《联合国气候变化框架公约》第二十六次缔约方大会（COP26）闭幕，来自近200个国家的代表在会期最后一刻就《巴黎协定》实施细则达成共识并通过"格拉斯哥气候协定"，开启了全球应对气候变化的新征程。

　　中国政府高度重视气候变化工作，将应对气候变化摆在国家治理更加突出的位置。特别是党的十八大以来，在习近平生态文明思想指导下，按照创新、协调、绿色、开放、共享的新发展理念，聚焦全球应对气候变化的长期目标，实施了一系列应对气候变化的战略、措施和行动，应对气候变化取得了积极成效，提前完成了中国对外承诺的2020年目标，扭转了二氧化碳排放快速增长的局面。2020年9月22日，中国国家主席习近平在第七十五届联合国大会一般性辩论上郑重宣示：中国将提高国家自主贡献力度，采取更加有力的政策和措施，二氧化碳排放力争于2030年前达到峰值，努力争取2060年前实现碳中和。中国正在为实现这一目标积极行动。

科技进步与创新是应对气候变化的重要支撑。科学、客观的气候变化评估是应对气候变化的决策基础。2006年、2011年和2015年，科学技术部会同中国气象局、中国科学院和中国工程院先后发布了三次《气候变化国家评估报告》，为中国经济社会发展规划和应对气候变化的重要决策提供了依据，为推进全球应对气候变化提供了中国方案。

为更好满足新形势下中国应对气候变化的需要，继续为中国应对气候变化相关政策的制定提供坚实的科学依据和切实支撑，2018年，科学技术部、中国气象局、中国科学院、中国工程院会同外交部、国家发展改革委、教育部、工业和信息化部、自然资源部、生态环境部、交通运输部、水利部、农业农村部、国家林业和草原局、国家自然基金委员会等十五个部门共同组织专家启动了《第四次气候变化国家评估报告》的编制工作，力求全面、系统、客观评估总结中国应对气候变化的科技成果。经过四年多的不懈努力，形成了《第四次气候变化国家评估报告》。

这次评估报告全面、系统地评估了中国应对气候变化领域相关的科学、技术、经济和社会研究成果，准确、客观地反映了中国2015年以来气候变化领域研究的最新进展，而且对国际应对气候变化科技创新前沿和技术发展趋势进行了预判。相关结论将为中国应对气候变化科技创新工作部署提供科学依据，为中国制定碳达峰、碳中和目标规划提供决策支撑，为中国参与全球气候合作与气候治理体系构建提供科学数据支持。

中国是拥有14.1亿多人口的最大发展中国家，面临着经济发展、民生改善、污染治理、生态保护等一系列艰巨任务。我们对化石燃料的依赖程度还非常大，实现双碳目标的路径一定不是平坦的，推进绿色低碳技术攻关、加快先进适用技术研发和推广应用的过程也充满着各种艰难挑战和不确定性。

我们相信，在以习近平同志为核心的党中央坚强领导下，通过社会各界的共同努力，加快推进并引领绿色低碳科技革命，中国碳达峰、碳中和目标一定能够实现，中国的科技创新也必将为中国和全球应对气候变化做出新的更大贡献。

科学技术部部长

2022 年 3 月

前　言

2018 年 1 月，科学技术部、中国气象局、中国科学院、中国工程院会同多部门共同启动了《第四次气候变化国家评估报告》的编制工作。四年多来，在专家委员会的精心指导下，在全国近 100 家单位 700 余位专家的共同努力下，在编写工作领导小组各成员单位的大力支持下，《第四次气候变化国家评估报告》正式出版。本次报告全面、系统地评估了中国应对气候变化领域相关的科学、技术、经济和社会研究成果，准确、客观地反映了中国 2015 年以来气候变化领域研究的最新进展。报告的重要结论和成果，将为中国应对气候变化科技创新工作部署提供科学依据，并为中国参与全球气候合作与气候治理体系构建提供科学数据支持，意义十分重大。

本次报告主要从"气候变化科学认识""气候变化影响、风险与适应""减缓气候变化""应对气候变化政策与行动"四个部分对气候变化最新研究进行评估，同时出版了《第四次气候变化国家评估报告特别报告：方法卷》《第四次气候变化国家评估报告特别报告：科学数据集》《第四次气候变化国家评估报告特别报告：中国应对气候变化地方典型案例集》等八个特别报告。总体上看，《第四次气候变化国家评估报告》的编制工作有如下特点：

一是创新编制管理模式。本次报告充分借鉴联合国政府间气候变化专门委员会（IPCC）的工作模式，形成了较为完善的编制过程管理制度，推进工作机制创新，成立编写工作领导小组、专家委员会、编写专家组和编写工作办公室，坚持全面系统、深入评估、全球视野、中国特色、关注热点、支撑决策的原则，确保报告的高质量完成，力争评估结果的客观全面。

二是编制过程科学严谨。 为保证评估质量，本次报告在出版前依次经历了内审专家、外审专家、专家委员会和部门评审"四重把关"，报告初稿、零稿、一稿、二稿、终稿"五上五下"，最终提交编写工作领导小组审议通过出版。在各部分作者撰写报告的同时，我们还建立了专家跟踪机制。专家委员会主任徐冠华院士和副主任刘燕华参事负责总体指导；专家委员会成员按照领域分工跟踪指导相关报告的编写；同时还借鉴 IPCC 评估报告以及学术期刊的审稿过程，开通专门线上系统开展报告审议。

三是报告成果丰富高质。 本次报告充分体现了科学性、战略性、政策性和区域性等特点，积极面向气候变化科学研究的基础性工作、前沿问题以及中国应对气候变化方面的紧迫需求，深化了对中国气候变化现状、影响与应对的认知，较为全面、准确、客观、平衡地反映了中国在该领域的最新成果和进展情况。此外，此次评估报告特别报告也是历次《气候变化国家评估报告》编写工作中报告数量最多、学科跨度最大、质量要求最高的一次，充分体现出近年来气候变化研究工作不断增长的重要性、复杂性和紧迫性，同时特别报告聚焦各自主题，对国内现有的气候变化研究成果开展了深入的挖掘、梳理和集成，体现了中国在气候变化领域的系统规划部署和深厚科研积累。

本次报告得出了一系列重要评估结论，对支撑国家应对气候变化重大决策和相关政策、措施制定具有重要参考价值。一方面，明确中国是受全球气候变化影响最敏感的区域之一，升温速率高于全球平均。如中国降水时空分布差异大，强降水事件趋多趋强，面临洪涝和干旱双重影响；海平面上升和海洋热浪对沿海地区负面影响显著；增暖对陆地生态系统和农业生产正负效应兼有，中国北方适宜耕作区域有所扩大，但高温和干旱对粮食生产造成损失更为明显；静稳天气加重雾霾频率，暖湿气候与高温热浪增加心脑血管疾病发病与传染病传播；极端天气气候事件对重大工程运营产生显著影响，青藏铁路、南水北调、海洋工程等的长期稳定运行应予重视。另一方面，在碳达峰、碳中和目标牵引下，本次评估也为今后应对气候变化方面提供了重要参考。总而言之，无论是实施碳排放强度和总量双控、推进能源系统改革，还是加强气候变化风险防控及适应、产业结构调整，科技创新都是必由之路，更是重要依靠。

我们必须清醒地认识到，碳中和目标表面上是温室气体减排，实质是低碳技术实力和国际规则的竞争。当前，中国气候变化研究虽然取得了一定成绩，形成了以国家层面的科技战略规划为统领，各部门各地区的科技规划、政策和行动方案为支撑的应对气候变化科技政策体系，较好地支撑了国家应对气候变化目标实现，但也要看到不足，在研究方法和研究体系、研究深度和研究广度、科学数据的采集和运用，以及研究队伍的建设等方面还有提升空间。面对新形势、新挑战、新问题，我们要把思想和行动统一到习近平总书记和中央重要决策部署上来，进一步加强气候变化研究和评估工作，不断创新体制机制，提高科学化水平，强化成果推广应用，深化国际领域合作，尽科技工作者最大努力更好地为决策者提供全面、准确、客观的气候变化科学支撑。

本次报告凝聚了编写组各位专家的辛勤劳动以及富有创新和卓有成效的工作，同时也是领导小组和专家委员会各位委员集体智慧的集中体现，在此向大家表示衷心的感谢。也希望有关部门和单位要加强报告的宣传推广，提升国际知名度和影响力，使其为中国乃至全球应对气候变化工作提供更加有力的科学支撑。

中国科学院院士、科学技术部原部长

目　录

摘　要 ··· 1

第一章　历史气候演变 ··· 7
第一节　古气候年代学方法 ·· 8
第二节　海洋沉积与冰芯 ··· 17
第三节　陆地沉积 ··· 25
第四节　高分辨古气候记录 ·· 33
第五节　古气候代用资料与观测数据的对接 ····················· 47
第六节　古气候模拟方法 ··· 50
第七节　现代及古环境科学数据库 ································· 61
参考文献 ··· 64

第二章　气候预测和气候变化的预估 ························· 101
第一节　CMIP5-6 地球系统模式的发展 ························ 101
第二节　CMIP5-6 气候预测与预估 ······························ 115
第三节　CMIP5-6 区域气候模式进展 ··························· 123
第四节　CMIP5-6 气候统计预估研究进展 ····················· 129
参考文献 ··· 136

第三章　气候变化的检测和归因 · 153

第一节　气候统计方法概述 · 153

第二节　气候变化的检测 · 158

第三节　气候变化的归因 · 164

参考文献 · 178

第四章　气候变化与环境空气质量 · 188

第一节　气候变化对室外空气质量的影响 · 189

第二节　气候变化对室内空气质量的影响 · 198

第三节　气候变化与空气污染治理 · 203

参考文献 · 212

第五章　碳收支的评估 · 221

第一节　区域和全球碳收支评估方法 · 221

第二节　极端气候事件对碳收支影响的评估方法 · 229

第三节　人为管理措施对碳收支的影响评估方法 · 231

第四节　生态系统管理对碳收支影响的评估方法 · 232

第五节　其他温室气体源汇评估 · 236

参考文献 · 241

第六章　影响评估与脆弱性分析 · 257

第一节　气候变化对自然系统的影响 · 257

第二节　气候变化对社会经济领域的影响 · 274

第三节　脆弱性与风险分析 · 284

第四节　气候变化阈值分析 · 293

参考文献 · 298

第七章　适应和减缓政策评估方法学 · 308

第一节 适应气候变化政策评估方法及其发展……………………308
第二节 减缓理论和方法评估………………………………………315
第三节 减缓与适应协同理论及与可持续发展目标关系的评估……323
第四节 适应与减缓技术评估………………………………………341
参考文献………………………………………………………………355

第八章　责任和义务分析………………………………………358
第一节 历史责任评估………………………………………………359
第二节 承诺减排效应的评估………………………………………365
第三节 长期目标充分性评估………………………………………377
第四节 公平分担……………………………………………………384
第五节 可持续发展和有序人类活动………………………………393
参考文献………………………………………………………………398

摘　　要

《第四次气候变化国家评估报告》（以下简称《评估报告》）编写工作由科技部、中国气象局、中国科学院、中国工程院联合牵头，会同国家发展改革委、外交部、教育部、农业农村部、生态环境部等部门共同开展，《评估报告》系统梳理、评估最新研究进展和成果，形成摘要、主报告以及特别报告。

气候变化目前已经成为国际社会的共识，由于气候变化的复杂性，曾经因为其数据和研究方法的科学性引起质疑，另外研究气候变化不仅仅是揭示气候变化本身，还应该更深入揭示其社会经济影响、我们应该承担的责任以及适应对策。这些都需要总结、改进并提出新的科学研究方法。

面向全球气候治理和国家应对气候变化战略需求，本报告全面收集、深入挖掘并梳理归纳关于气候变化研究方法的认识、比较和评估等方面的最新研究进展，为从事气候变化研究的学者提供方法参考，更好地为提升中国气候变化研究水平做出贡献。本报告共分为八章，内容包括历史气候演变、气候预测和气候变化的预估、气候变化的检测和归因、气候变化与环境空气质量、碳收支评估、影响评估与脆弱性分析、适应和减缓政策评估、责任和义务分析。

第一章主要论述年代学以及海洋、湖泊、黄土、冰芯、石笋、树轮、珊瑚等古气候代用指标的应用原理、方法和适用范围。特别介绍了旋回地层学、火山灰、同位素等年代学方法的新进展，重点论述从陆地、海洋、冰芯等不同载体中获得生态、土壤、大气、水体等各种环境指标信息的方法，并依据现代生物、物理和化学与气候环境之间的关系建立基础数据库，从而应用多种数学方法定量重建历史时期的气候变迁和自然环境演变特征。为解决代用气候资料与器测资料在地域代表性、时间分辨率的差异，本章还论述了代用气候资料和器测资料融合的方法，实现更准确的资料还原。随着气候模式研究方法的改进和超级计算机的发展，利用复杂的地球系统模式进行长时间周期的瞬变模拟将成为可能，从而使我们有望更为细致地了解从古至今气候系统内部的反馈机理在地球气候演变过程中的作用。

第二章介绍了年代际气候预测和百年气候预估的基本工具、方法及原理，重点关注第六次国际耦合模式比较计划（CMIP6）的进展情况，概述地球系统模式的原理、国内外模式发展概况。自CMIP计划实施20多年来，CMIP6是参与模式数量最多、数值试验最丰富、模拟数据最庞大的一次。在数值模拟科学试验的设计上，CMIP6着重回答以下三大科学问题：（1）地球系统如何响应外强迫；（2）气候模式存在系统性偏差的原因及其影响；（3）如何在受内部气候变率、可预报性和情景不确定性影响的情况下对未来气候变化进行评估。综合而言，"一体化"和"精细化"的气候模式是最前沿的发展方向。"一体化"即集天气、气候于一体，集全球、区域于一身，实现时间和空间上的"无缝隙"模拟与预报。"精细化"是在深化地球系统科学认知的基础上，发展和完善地球系统关键过程的模式表达与次网格尺度参数化方案，提高模式分辨率，降低未来预估和预测的不确定性。"一体化"和"精细化"的发展使得气候模式的模拟能力得到拓展和提升。在时间尺度上，耦合模式对次季节、季节、年际和年代际尺度的气候预测能力得到了增强，具备对短、中期天气的预报能力。在空间尺度上，模式系统模拟局地、区域和全球等不同尺度相互作用的能力不断提升。研发天气、气候一体化模式，将天气预报和气候预报完全一体化，实现无缝隙预报，提高气候变化长期预测可信度的同时不断升级月—季—年的短期预测性能，从而达到预防和减轻灾害损失的目的，也是保障经济社会发展的重要前提。

第三章聚焦气候变化的检测和归因,这也是政府间气候变化专门委员会(IPCC)历次评估报告的重点。检测和归因的目标是检测并量化由外强迫引起的变化,识别人为和自然强迫对气候变化的相对贡献。它有助于全面评估气候系统是如何受人类活动影响的,所得结论对未来气候变化预估的信度而言至关重要。针对气候变化研究领域常用的检测和归因方法,《第三次气候变化国家评估报告》已进行了详细介绍,包括检测研究中的数据信息的均一性保障技术、气候突变及其检测、气候系统长期变化的信号检测和极端天气气候事件检测等;用于归因研究的最优指纹法、基于贝叶斯最优滤波的推理法等。在此基础上,本章将重点介绍近年来检测归因研究方法的新进展,重点包括最优指纹法的发展、基于观测时间序列的归因、基于观测和模拟结果的归因、极端天气气候事件的归因和归因分析不确定性量化等。此外,用于检测归因研究的数值模拟近年来也更为完善。

第四章为《第四次气候变化国家评估报告》新增内容。重点针对中国空气污染的特点,综述了气候变化对颗粒物污染、臭氧污染、空气污染物长距离输送、室内臭氧浓度、室内空气流通、空调使用等的影响和主要影响途径及其评估方法。相对臭氧而言,气候变化对大气颗粒物的影响更加复杂且不确定,其影响评估主要有颗粒物监测数据评估、遥感数据评估及模型分析预估三种。气候变化对大气颗粒物的影响比臭氧更复杂和不确定。中国自20世纪80年代进入经济高速发展期以来,空气质量恶化问题日益凸显,大气污染呈现出区域性复合型污染特征。2013年颁布的《大气污染防治行动计划》将京津冀城市群、长三角城市群和珠三角城市群列为重点防治区域,其中,珠三角城市群已于2017年率先达标。在2018年国务院颁布的《打赢蓝天保卫战三年行动计划》中,汾渭平原取代了珠三角城市群,与京津冀城市群、长三角城市群并列三大重点防治区域。经过不懈努力,近年中国空气质量持续改善,雾霾治理成效明显,但臭氧污染上升趋势明显,需要引起重视。

陆地生态系统是全球碳循环过程的重要组成部分，对其的评估精度直接决定了能否准确模拟和预测全球碳循环以及气候系统的变化趋势。第五章综述陆地生态系统碳收支的评估方法，重点介绍自《第三次气候变化国家评估报告》出版以来，从区域到全球尺度的陆地碳收支评估的原理和方法、极端气候事件对陆地碳收支影响的评估方法、土地覆盖和土地利用变化影响的评估方法、人为管理措施的影响评估方法，以及非二氧化碳形态的碳收支评估方法。评估方法总体而言，陆地生态系统碳收支的评估方法趋于向更加综合的方向发展，从之前依赖于单个方法，逐步倾向于从不同角度综合观测、遥感和模型等多种方法的系统评估，并且更加关注不同方法之间的相互印证。同时，过去的评估侧重于二氧化碳通量的变化。此外，在碳收支评估中考虑的碳循环过程也越来越全面，从过去重点考虑垂向的陆地—大气气体交换，到目前考虑了由于碳水平侵蚀导致的碳收支状况。综合而言，这些方面的改进显著提高了陆地碳收支评估的准确性与科学性。

第六章围绕影响、风险与脆弱性三个核心，从气候变化的自然影响（水资源、陆地生态系统、海平面与海岸带、冰冻圈）、社会经济影响（农业）、影响的突变检验与阈值确定，到气候变化的突发事件风险、渐变风险与脆弱性分析，理论结合实际，详细阐述了上述诸方面的最新研究方法、使用步骤、适用性、发展状态与优缺点，并给予示例说明。气候系统变化通过多圈层相互作用，显著影响水文水资源、陆地生态系统、海平面与海岸带、冰冻圈、社会经济系统等。使用定量化方法评估气候变化的影响是目前主要的研究手段，但是不管在自然系统领域，还是社会经济系统领域，由于影响因素的复杂性、模型刻画的局限性，以及缺乏可靠的长时间数据，以致评估结果仍然具有很大的不确定性，结果的客观性和准确度有待进一步提高。脆弱性与风险是气候变化影响的综合体现，经历了近几十年的从概念及其内涵与外延到评估方法的探索发展，目前对脆弱性与风险理论体系基本有一致的认识，评估方法亦得到了很大的改进。

第七章归纳总结了气候变化适应和减缓政策评估方法学及其进展。具体包括四部分内容：第一部分是适应方法及其发展，系统介绍了适应气候变化政策类型，并重点概括了李嘉图截面方法、面板数据方法、差分方法、综合评估模型方法和一般均衡模型方法等五种适应政策的评估方法；第二部分是减缓理论和方法评估，概括了减缓的理论和概念，并重点介绍了自上向下、自下向上和混合式等三类减缓成本效益及减排差距的评估方法以及它们在中国的运用实践情况；第三部分是减缓与适应协同理论及与可持续发展目标关系的评估，论述了减缓与适应的协同与权衡关系及其评估方法，并从机制和途径两个维度阐述了减缓和适应与可持续发展目标的联系；第四部分是关键适应与减缓技术评估，主要对适应和减缓技术需求的评估方法与工具进行了介绍和总结。

第八章讨论了历史责任评估及未来减排分担义务的方法学问题，指出基于人均历史累计概念的碳排放算法在确定不同国家历史排放和未来碳分配中最能体现的公平正义原则，同时也最符合中国的国情与发展趋势。量化承诺减排指标是对减排效应评估的主要方法之一，分别对以基准年排放作比较和以排放为基准的简化方案进行了评述。另外，通过简化的气候模式及地球系统模式，基于情景分析和数值模拟的方法，介绍了美国退出《巴黎协定》对全球气候治理和气候变化影响的案例研究。本章还对长期气候变化温升目标2摄氏度及1.5摄氏度阈值的充分性评估方法进行了介绍，包括指标体系法、模式情景模拟分析法以及综合评估模型。同时，介绍了基于公平分配原则的主要排放权分配方案及特点，国际贸易中碳转移排放测算方法和数据，以及碳转移排放影响的评估方式。基于可持续发展是有序人类活动的最终目标，人类采取政策措施或利用技术手段进行气候变化的减缓，最后介绍了有序人类活动理论，以及有序人类活动应对气候变化的主要流程。

为使读者掌握先进的工具和方法对气候变化事实、经济社会脆弱性、政策应对等问题进行科学评估，本报告在对评估方法给出理论阐释的同时，更注重各种评估方法的实际应用，全面收集、深入挖掘并梳理归纳《第三次气候变化国家评估报告》发布后关于气候变化研究方法的认识、比较和评估等方面的最新研究进展。

在碳达峰目标背景下，本报告是落实党的十九大报告提出的"建设美丽中国，为全球生态安全作出贡献"的具体行动。本报告可为从事气候变化研究的学者提供理论和方法指导，提升中国气候变化研究水平，支撑参与全球气候合作与气候治理，可推广成为"气候变化研究方法学"方面的教材，更好地为高校教育事业做贡献。

本报告由 16 位首席作者、59 位主要作者，经过两年多的努力完成，感谢各位专家委员以及编写组的辛勤劳动。

第一章 历史气候演变

当前人类正面临着前所未有的全球气候变化问题，而在一系列核心科学问题中，过去的全球变化是揭示地球气候长周期变率的关键内容，如第四纪冰期—间冰期时期的温室气体和气候变率特征及其驱动因子，以及不同时间尺度陆地—海洋生态系统对全球气候变化的响应等。由于器测气候记录的长度有限，最长的可靠的连续器测资料也仅二百多年，因此，更长时间尺度（如百年至千年）气候系统和轨道尺度的各种环境变率的研究，以及对过去的气候变化的定量重建和相关驱动机制的全面理解，需要借助各种载体的替代性气候指标研究进行古气候还原，并与模拟结果进行对比。地球自然环境演变过程中保存的海洋沉积、沙漠黄土、湖泊沉积、极地冰芯、洞穴石笋、树木年轮、海洋珊瑚，以及地层中的各种生物遗存和有关的古籍历史记录等，都是过去气候环境变化信息的载体，从这些记录中可以提取陆地生态系统中植被、土壤、大气、水体等指标的重要数据，从而依据现代生物、物理、化学与气候环境之间的定量关系，重建历史时期的气候变迁和自然环境的演变。通过不同时间和空间尺度上的古环境记录数据集成来全面分析区域及全球气候环境变化的规律与驱动机制，探讨现今气候和生存环境在自然演变过程中所处的阶段和位置，从而为未来气候变化的发展趋势预测提供背景资料。本章重点简述不同时间尺度的年代学方法，介绍海洋、湖泊、黄土、冰芯、石笋、树轮、珊瑚等和历史文献中不同古气候代用指标的原理、方法和适用范围,以及阐述古气候定量化重建的新进展,评述了其与器测资料的对接方法,以及不同类型古气候模式的基本模拟方法。

第一节 古气候年代学方法

一、相对年代学方法

(一)古地磁年代学

古地磁方法对地层年代的厘定,主要借助记录在地层中的地球磁场矢量在不同时间尺度的变化并与标准曲线进行类比,进而确定沉积物的年龄(Cox et al., 1963, 1964; Opdyke, 1972; Cande and Kent, 1992)。其核心技术是通过热退磁、交变退磁等各种方式,清洗次生剩磁,获得样品中的特征剩磁。随着古地磁学测试技术的发展和对地球磁场变化、沉积物剩磁机理认识的完善,其确定地层的时间范围从百万年至万年,分辨率从数十万年到千年甚至百年,从陆相地层到海洋沉积,都得到了广泛应用。主要方法包括磁性地层学、磁极性事件地层学、相对强度地层学和地磁长期变地层学。

1. 磁性地层学

传统的磁性地层学以地球磁场在百万年或数十万年时间尺度的极性反转为标志,新修订的磁性地层学的年代已拓展到寒武纪地层(约 542 百万年)(Ogg et al., 2008)。第四系如果以"格拉斯阶"(Gelasian Stage)开始,则以高斯(Gauss)正极性期和松山(Matuyama)反极性期的界限为标志(G/M,~2.6 百万年)(Lisiecki and Raymo, 2005),包括了松山、布容(Brunhes)两个完整的地磁极性反转变化。早期的 K-Ar 年代学确定 G/M 界线年龄为 2.41±0.01 百万年(Mcdougall and Aziz-ur-Rahman, 1972),地磁极性反转过程可能持续约 11 千年,经历了十多次高频的地磁极性快速摆动(Yang et al., 2014)。

近期 ^{40}Ar-^{39}Ar 年代学确定 B/M 界线年龄从 784.6±7.1～770.8±5.2 千年（Singer and Pringle, 1996）。松山—布容极性转换同样经历了持续～7ka 的摆动过程，根据天文调谐的中点年龄一般认为是～773.5 千年（Channell et al., 2010）。最近来自中国鹤庆古湖泊沉积物中的 ^{10}Be 示踪信号显示，B/M 极性转换发生年代为 778.5～768.6 千年（Du et al., 2018）。

在松山反向极性亚期之内，发生四次持续时间相对较长的极性亚期，分别是贾拉米洛（Jaramillo）极性亚期、柯博山（Cobb Mountain）极性亚期、奥尔都维（Olduvai）极性亚期和留尼汪（Réunion）（Feni）极性亚期。贾拉米洛极性亚期火山熔岩中 ^{40}Ar/^{39}Ar 方法确定的起始和终止年龄分别是 1 069±11ka 和 1 001±10 千年（Singer et al., 2004）。海洋沉积中依赖天文调谐的年龄分别是 1 068 千年和 987 千年（Channell et al., 2002）。综合火山岩 ^{40}Ar/^{39}Ar 年龄和海洋沉积记录，柯博山极性亚期的范围通常采用 1221±11ka 和 1 189 千年（Singer, 2014）。奥尔都维极性亚期同位素年龄和海洋记录天文调谐的年龄基本一致，上下界分别为 1922±66ka 和 1775±15 千年；留尼汪（Feni）极性亚期根据深海氧同位素确定的时间是 2 153～2 115 千年，持续～38 千年，火山岩的同位素年龄还未取得统一认识（平均年龄大约为 2 120 千年）（Singer, 2014）。

2. 磁极性事件地层学

在松山和布容极性期，发生了一系列的磁极性事件或漂移，将利用古地磁方法确定沉积地层年代推到万年分辨率尺度（Singer, 2014；Singer et al., 2014）。在松山反向极性期和布容正向极性期内，分别发生了 15 次和 14 次极性事件或漂移，持续时间从千年到万年不等（Singer, 2014）。尤其是布容期内的拉尚（Laschamp）（41 千年）（Lascu et al., 2016），前布莱克（Post-Blake）（107～92 千年）（Chou et al., 2018），布莱克（Blake）（119.3～112 千年）（Osete et al., 2012），冰岛海盆（Iceland Basin）（～188 千年）（Laj et al., 2006）和普林格法尔（Pringle Fall）（～212 千年）（Channell, 2006）等事件，经过火山岩同位素年代学、石笋的铀系年代和深海氧同位素的校正,具有了精确的年龄范围,成为地层年代确定的锚点。

3. 相对强度地层学

主要通过环境磁学参数,归一化一定交变退磁区间的剩磁强度,获得沉积物记录的磁场强度的相对变化(Tauxe, 1993)。综合全球海洋多个钻孔,陆续建立了多个相对强度主曲线,如 GLOPIS-75(Laj et al., 2004),SINT-200(Guyodo and Valet, 1996),SINT-800(Guyodo and Valet, 1999),PISO-1500(Channell et al., 2009),EPAPIS-3Ma(Yamazaki and Oda, 2005)等。目前可靠的连续相对强度记录延伸到约 800 万年(Yamazaki and Yamamoto, 2018)。根据相对强度记录的对比,对沉积地层年代的确定分辨率可达到千年尺度。此外,地磁场绝对强度记录的建立可为相对强度作校正参考。例如,考古磁学通过对中国东部的考古遗存(如烘烤过的陶器等)中记载的磁学信号获得地磁场精细变化信息,综合建立了第一条东亚全新世地磁场绝对强度变化参考曲线,可用于该区域考古定年(Cai et al., 2017)。

4. 长期变化地层学

主要根据晚更新世以来地球磁场磁偏角和磁倾角的长期变化,进行对比确定地层年代。主要反映的是非偶极子磁场的变化,起源于核—幔边界的动力学变化,在大约数千千米范围内有效,不具有全球统一性(Korte et al., 2019)。目前比较可靠的长期变主曲线主要是全新世以来的记录,如欧洲地区(Turner and Thompson, 1981; Snowball and Sandgren, 2004)、北美地区(Lund, 1996)和中国东南部地区(Yang et al., 2009; Sheng et al., 2019)。长期变地层学消除了不同测年对象和方法导致的测年误差,是区域高精度地层对比的有效工具,可将地层的年龄确定提高至百年分辨率。

(二)氧同位素地层学

深海沉积年代学中,最具有特点的独特年代学方法就是底栖有孔虫氧同位素地层。深海底栖有孔虫氧稳定同位素（$\delta^{18}O$）记录在晚新生代特别是 6Ma 以来具有非常稳定的冰期旋回变化规律，可进行全球对比，是深海地层进行定年的有效手段。底栖有孔虫 $\delta^{18}O$ 越大，代表全球冰量越大、海水温度越低。埃米利亚尼（Emiliani,1955）根据有孔虫 $\delta^{18}O$ 的冰期旋回变化，定义了一系列氧同位素期次，冰期 $\delta^{18}O$ 较重，用偶数表示，间冰期 $\delta^{18}O$ 较轻，用奇数表示。经天文调谐后，底栖有孔虫 $\delta^{18}O$ 记录中各个氧同位素期次的年龄越来越准确。目前在全球深海地层中常用的底栖有孔虫氧同位素地层标准有 LR04（Lisiecki and Raymo, 2005）。还有一些区域性的标准，如南海的深海氧同位素地层 TJ02（Tian *et al*., 2002）、TJ08（Tian *et al*., 2008）。

（三）旋回地层学（轨道调谐）

天文调谐主要遵循米兰科维奇理论，即"北纬 65 度夏季太阳辐射量的周期性变化控制地表气候变化的冰期旋回"。底栖有孔虫 $\delta^{18}O$ 或其他深海沉积物的物性参数如磁化率或颜色反射率，它们展示的冰期旋回是对地球轨道参数控制的太阳辐射能量的响应，具有规则的轨道周期（400 Kyr, 100 Kyr, 41 Kyr 和 21 Kyr），与地球的各个轨道参数存在相位差。这种规则性的变化为连续的深海地层提供了一种可靠的年代学手段。在考虑相位差的基础上，结合生物地层和磁性地层，将地质记录的周期性变化与地球轨道参数或地球轨道参数驱动的物理模型进行直接对比，可以确定气候记录的年龄模式。

较早的深海有孔虫氧同位素地层"SPECMAP"确立了建立"天文调谐年代标尺"的基本方法（Imbrie *et al*., 1984）。首先选择调谐的目标曲线，将斜率与岁差与 $\delta^{18}O$ 对比，确定轨道驱动与气候响应之间的相位差后，采用英布里和英布里（Imbrie and Imbrie, 1980）全球冰量模式中的相位差计算模式（$\varphi=\arctan(2\pi f\tau_b)$），其中 φ 为相位差，f 为频率，τ_b 是变化的生物量所对应的简单指数系统的时间常量，取 17 ± 3Kyr，计算得到 $\delta^{18}O$ 的最小值在斜率周期上滞后于北半球夏季辐射量最大值 69°，约 7.8Kyr，岁差周期上则滞后 78°，约

5Kyr。此后进行数据处理。一般使用数字滤波，即从原始的同位素记录中分解出不同周期的滤波曲线，然后将滤波曲线与相位移后的斜率和岁差曲线相匹配。最后确定年龄控制点，年龄控制点通常选在氧同位素曲线冰期与间冰期的转折点上。通过交叉频谱分析计算地球轨道参数（Earth Track Parameter, ETP）和 $\delta^{18}O$ 在斜率和岁差周期上的相关系数，以评价年代表的精确性。在建立天文调谐年代标尺时，调谐对象不局限于有孔虫的 $\delta^{18}O$，也可采用其它物性参数（如颜色反射率等，Tian et al., 2008），通常选择零相位差。

（四）火山灰年代学

火山喷发过程中产生的细粒岩浆源碎屑（狭义火山灰）和火山气体到达平流层的高度后，可随喷射气流长距离运移后沉积，利用不同沉积记录中的同一层火山灰沉积关联构成等时标志层，可进行链接、同步和定年（陈宣谕等，2014）。近年来，显微火山灰提取和分析技术的革新，使火山灰的远源识别与适用范围和应用领域得到极大提高。例如，苏门答腊多巴火山在 74ka 的喷发作为第四纪已知的全球最大火山喷发事件，曾被认为对当时的现代人造成极大毁坏；其火山灰（玻璃）在近 9 000 千米外的南非考古遗址中被发现。该遗存点的现代人在该事件后的生产较时间前更为丰富和具有创新性，为现代人繁衍与扩散提供了新的视角（Smith et al., 2018）。中国东北长白山的"千年大喷发"（公元 946 年），在日本海和日本湖泊甚至格陵兰冰芯中均有记载，为区域内沉积记录间对比提供了年代精确的等时标志层（Sun et al., 2014; Chen et al., 2016; Oppenheimer et al., 2017）。

二、绝对年代学方法

（一）碳同位素年代学

假设 ^{14}C（半衰期 5730±40 年）在各个储存库中的分布均匀，交换循环达到动态平衡，含碳样品脱离交换储存库后，^{14}C 的放射性比度随时间而自然衰变（Libby *et al*., 1949; Stuiver and Suess, 1966）。在长期封闭、换水周期长或受到含"老碳"的地下水和冰融水补给的湖泊，能被生物利用的溶解无机碳与大气失去交换，导致湖水 ^{14}C 放射性比度偏低，湖泊沉积物全有机质样品和生物碳酸盐壳体的 ^{14}C 年龄偏老，因此，湖泊沉积物中陆生植物残体与炭屑能够提供相对可靠的年代（Grimm *et al*., 2009）。因大气中的 ^{14}C 放射性比度在不停变化中，测试结果（如 a BP 或 ka BP）需要根据校正曲线校正至真实的日历年（cal a BP 或 cal ka BP），此处 BP 是指 before present（1950 年），目前国际常用校正数据库为 IntCal13 和 Marine13（Reimer *et al*., 2013）。近年来自中国葫芦洞石笋记录的末次冰期大气 ^{14}C 放射性比度变化，有望为全球变化研究提供精准的过去 5.4 万年以来的年代学标尺（Cheng *et al*., 2018）。

（二）^{10}Be，U-Th，^{210}Pb-^{137}Cs，Ar-Ar 等

精确年代体系的建立对于过去全球变化研究至关重要。过去几十年，多种测年方法在洞穴石笋的研究中得到过应用，包括 ^{14}C 法、热释光法（Thermoluminescence, TL）、电子自旋共振法（Electron Spin Resonance, ESR）、裂变径迹法、古地磁法、不平衡铀系法（如 ^{230}Th-^{234}U 法、^{231}Pa-^{235}U 法、^{234}U-^{238}U 法、^{210}Pa 法等）（蔡演军等, 2005）。随着测试分析技术的不断进步，热电离质谱（Thermal Ionization Mass Spectrometry, TIMS）和电感耦合等离子质谱（Inductively Coupled Plasma-Mass Spectrometry, ICP-MS）在碳酸盐铀系测年中得到广泛应用，其中最常用的就是 ^{230}Th-^{234}U 法或简称为 ^{230}Th 测年法（Edwards *et al*., 1987; Luo *et al*., 1997; Hinrichs and Schnetger, 1999; Shen *et al*., 2002; Cheng *et al*., 2013）。这大大推动了石笋高分辨率古气候研究的迅猛发展，使其测年误差低于万分之五，为最近 65 万年以来的过去全球变化研究提供了最为可靠的年代标尺（Winograd *et al*., 1988; Winograd *et al*.,

1992; Dorale et al., 1998; Wang et al., 2001; Yuan et al., 2004; Wang et al., 2005; Wang et al., 2008; Cheng et al., 2009; Cheng et al., 2016a)。

基于高精度的 ^{230}Th 测年结果，目前应用于石笋年代模式重建的方法主要有两种，分别是线性内插法和基于测年误差的算法模式拟合法。线性内插法是目前应用最广泛也是最简便、最直接的方法。许多早先发表的研究成果均采用了此方法。该方法适用于测年数据多、测年误差小的石笋样品。不过有一定的缺陷：两个年代点之间沉积速率一致的假设与实际情况不一定符合；对测年误差考虑较少；存在异常年代（如年代倒转）时无法有效使用（Scholz and Hoffmann, 2011）。当石笋年代出现异常点时，可以使用基于测年误差的算法模式拟合法来建立其年代模式，如 StalAge（Scholz and Hoffmann, 2011），COPRA（Breitenbach et al., 2012）以及 Oxcal（Ramsey, 2008）等。但需要注意的是，如果石笋的边界区域（如顶部、底部或者沉积速率突变的位置）生长速率变化较大的话，基于 StalAge 和 COPRA 蒙特卡洛模拟可能无法建立石笋真实的生长历史。因此，在实际应用中，最好对比不同的模式以选择最佳的方法来重建石笋的年代模型。

天然放射性铅同位素 ^{210}Pb（半衰期 22.3 年）是 ^{226}Ra 衰变的中间产物 ^{222}Rn 的 α 衰变子体。大气中的 ^{210}Pb 通过干、湿沉降进入湖泊，并蓄积在沉积物中。^{210}Pb 测年法目前一般采用稳恒沉积通量模式，假设过剩 ^{210}Pb 输入通量保持恒定，而沉积物沉积速率可能随时间而变化的条件下，计算沉积物沉积速率（Appleby, 2001）。^{137}Cs 是 20 世纪 50～70 年代大气热核试验的副产物，其半衰期为 30.17 年。核爆炸产生的 ^{137}Cs 通过大气沉降、降水进入水体，吸附在水中悬浮物上，随悬浮物一起沉降到水底沉积物上，并逐年积累下来，湖底沉积物的垂直分布与大气沉降 ^{137}Cs 的时间分布相关。环境中的仪器可检测的 ^{137}Cs 沉降始于 1954 年，1963 年为全球的 ^{137}Cs 最大散落沉降量，是一个重要的定年标志。

对于现代沉积的石笋样品，还可以通过测试其中 1960 年代的全球 ^{14}C 核爆峰值来确定一个时标（Mattey et al., 2008; Genty et al., 1998），或者应用 ^{210}Pb 测年法来确定近百年的石笋年代（Baskaran and Iliffe, 1993; Condomines and Rihs, 2006）。后两种方法对于初始 ^{232}Th 含量高（"脏"样品），而无法通过 ^{230}Th 测年法获得准确年代的年轻石笋样品，尤为重要。

（三）释光年代学

石英、长石等矿物晶体在自然埋藏过程中，由于受到周围环境中放射性核素铀（U）、钍（Th）和钾（K）等提供的 α、β 粒子和 γ 射线以及宇宙射线的辐照而累积能量，其强度与埋藏时间成正比；当被埋藏的矿物晶体曝光或遇热后，其积累的能量就会被排空，并以光子的形式释放出来，该物理现象称为释光（Aitken, 1985）。丹尼尔斯（Daniels）等于20世纪50年代最早提出了应用这种释光现象进行年代测定的可能性（Daniels et al., 1953）。随后，热释光（Wintle and Huntley, 1979）（Thermoluminescence，TL）、光释光（Huntley et al., 1985）（optically stimulated luminescence，OSL）以及长石红外释光（Hütt et al., 1988）（infrared stimulated luminescence，IRSL）测年技术便先后应运而生。TL 主要适用于陶瓷等样品的年代测定，而 OSL 和 IRSL 测年主要应用于沉积物的年代测定。释光测年技术测定的是石英或长石矿物最后一次曝光（受热）事件后埋藏至样品采集时所经历的时间，通过建立释光信号强度与辐照剂量的关系函数计算出矿物晶体中累积的总辐射剂量（等效剂量），其与环境剂量率（Aitken, 1998）的比值即为释光年龄。释光技术的测年范围从几十年到几十万年（Rhodes, 2011）。近年来释光测年技术在方法上得到了长足的发展，如从单片技术（Murray and Wintle, 2000）（single aliquot regenerative-dose，SAR）发展到单颗粒技术（Duller, 2008），从常规 IRSL 到两步（Thomsen et al., 2008）和多步红外技术（Li and Li, 2011）等，显著提高了释光测年的可靠性和适应性。现已被广泛应用于不同环境沉积物，如风成（Roberts, 2008）、水成（Jacobs, 2008; Zhang et al.,2018）以及古人类演化（Hu et al., 2018; Jacobs et *al*., 2019）的测年研究中，成为第四纪地质和环境变化等领域不可或缺的年代学技术手段之一（Roberts and Lian, 2015）。

（四）年（纹）层定年

湖泊沉积中的年纹层特指一年期内沉积于湖底的纹层状沉积物，根据形成年纹层的物理、生物和化学性质的变化可分为碎屑年纹层、生物成因年纹层和化学成因年纹层（O'Sullivan, 1983; Ojala *et al*., 2012）。通过对无扰动的沉积物钻孔岩芯进行显微镜和扫描电镜观察、X 衍射和同步辐射扫描、X 射线荧光微区分析等，明确不同结构的组分特征和环境指示意义，在明确年纹层的结构、组分特征和类型的前提下进行年纹层计数。

由于洞穴内外环境（温度、降雨、湿度、二氧化碳浓度、空气对流等）的季节性变化，石笋也可能像湖泊、树轮、珊瑚、冰芯一样保存年纹层（Tan *et al*., 2006; Tan *et al*., 2014b）。目前，全球共发现有四种石笋年纹层，包括可见光下的明暗互层（Genty and Quinif, 1996; 刘东生等, 1997）、荧光下的明暗互层（Shopov *et al*., 1994; 谭明等, 1999）、地球化学指标的季节性旋回（Johnson *et al*., 2006; Tan *et al*., 2013），以及文石—方解石的互层（Railsback *et al*., 1994）。对这些发育有年纹层的石笋来说，可以应用高精度的微层计数法来进行定年（刘东生等, 1997; Tan *et al*., 2003, Tan *et al*., 2006, Tan *et al*., 2013）。不过对于石笋微层定年来说，重要的一点是将纹层计数结果和其他放射性同位素绝对测年结果，比如 ^{230}Th 测年结果，进行对比，以排除多年层、伪年层和缺层的影响。

树轮的年层定年需要使用交叉定年技术，排除树木生长中缺轮或者伪轮的影响。在同一地区，如果有相同的环境要素作为树木生长的限制因子，那么树木生长的产物树轮就具有共同的宽度变化规律或结构特征，通过比较该地区不同树木在同生长时段的树轮宽窄变化特征，利用其共同的变化规律，确定每一轮生成的具体年份。这一过程称之为交叉定年，也就是要在一株树的多个样芯，一个样点的多株树木，以及一个有同样气候变化特征地区的多个样点间进行交叉定年。早期的交叉定年是利用骨架示意图（Stokes and Smiley, 1968; Fritts, 1976），以树轮宽度中的窄轮作为特征年，即将窄轮的信息以竖线的长度标记在以年份为做横坐标的网格纸上，轮越窄，竖线越长，通过对比窄轮发生的年份，进行交叉定年。随着技术的发展，交叉定年的具体实施过程也发生了变化，有标记法、画图比较法等。在初步定年以及获取树轮宽度数据后，程序 COFECHA（Holmes, 1983）的应用，使交叉定年的精度有大大的提高。该程序是利用树轮宽度变化的高频部分分段进行相关分析。当定年准确时，被检树轮宽度数据就会在相同时段与其他定年的数据产生最高的相关系数；当发现被检宽度数据对应其他时段产生最高的相关系数，就需要检查是否发生定年错误。

第二节　海洋沉积与冰芯

一、海洋

（一）生物类指标

古菌细胞膜脂的环化率指标：古菌细胞膜脂类异戊二烯甘油二烷基甘油四醚（isoprenoid Glycerol Dial Glycerol Tetraethers, iso GDGTs）在海洋沉积物中广泛分布，其分子结构中的五元环的数目主要受水体环境温度的控制。据此，斯豪滕等（Schouten et al., 2002）提出了相应的海水温度替代性指标-TEX_{86}（公式 1-1）（其中 GDGT-X，代表具有 X 个五元环，X=1, 2, 3…）（TetraEther indeX of tetraethers containing 86 carbon atoms）及其校正公式 1-2。

$$TEX_{86} = ([GDGT-2]+[GDGT-3]+[Cren_{isomer}])/([GDGT-1]+[GDGT-2]+[GDGT-3]+[Cren_{isomer}]) \quad \text{公式 1-1}$$

$$\text{TEX}_{86} = 0.015 \times \text{SST} + 0.28 \left(r^2 = 92 \right) \qquad \text{公式 1-2}$$

相对于后面提到的 $U^{K'}_{37}$，TEX_{86} 可以应用于不饱和烯酮产量极少的高温海区（大于 28℃）和极地区域，年代可以超过 145Ma（Schouten et al., 2012）。之后，金等（Kim et al., 2010）重新对全球的表层沉积物数据进行了分析，提出了两个基于 TEX_{86} 的非线性校正公式，分别用于重建<15℃ 海区的低温校正公式 1-3、1-4，以及用于重建>15 ℃ 海区的高温校正公式 1-5、1-6。

$$\text{TEX}^L_{86} = \log\left[\text{GDGT}-2\right] / \left(\left[\text{GDGT}-1+\text{GDGT}-2+\text{GDGT}-3\right]\right) \qquad \text{公式 1-3}$$

$$\text{SST} = 67.5 \times \text{TEX}^L_{86} + 46.9$$

$$\left(r^2 = 0.86, n = 396, -3 \sim 30℃, 误差范围为 \pm 4℃\right) \qquad \text{公式 1-4}$$

$$\text{TEX}^H_{86} = \log\left(\text{TEX}_{86}\right) \qquad \text{公式 1-5}$$

$$\text{SST} = 68.4 \times \text{TEX}^H_{86} + 38.6$$

$$\left(r^2 = 0.87, n = 255, -5 \sim 30℃, 误差范围为 \pm 2.5℃\right) \qquad \text{公式 1-6}$$

TEX86 的应用也受到古菌所生活的水深（Huguet et al., 2007）、季节性（陈建芳等, 2005，Wuchter et al., 2005）、营养盐（Turich et al., 2007）等因素的影响。目前的研究认为，TEX86 能够反映次表层的年平均温度（Schouten et al., 2002; Kim et al., 2008; Jia et al., 2012）。这一指标主要基于氨氧化古菌的细胞膜脂。而在海洋水体当中，氨氧化古菌的最高丰度出现在真光层的底部，这将 TEX_{86} 代表的温度信号从海洋表层指向了温跃层。随着未来研究的深入，对这一指标的认识将更加全面。然而，到目前为止，在冰期—间冰期时间尺度及更长时间尺度，TEX_{86} 仍可以作为上层海洋的温度指标，特别是用来指示氨氧化古菌的主要生活水层—温跃层海水的温度。目前 TEX86 在中国南海重建海水古温度已经得到初步的应用（Zhang et al., 2013; Li et al., 2013; Shintani et al., 2011）。

1. 长链不饱和烯酮

$U^{K'}_{37}$ 是指颗石藻产生的长链烯酮 C_{37} 的不饱和度，计算方法为

$U^{K'}_{37}=[C_{37:2}]/([C_{37:2}]+[C_{37:3}])$，其中$[C_{37:2}]$和$[C_{37:3}]$代表分别有 2 个和 3 个不饱和键，碳链长度为 37 的烯酮含量（Brassell, 1986; 孙青和储国强，2002）。研究发现：全球海洋表层沉积物的 $U^{K'}_{37}$ 与当地年平均海表温度（SST）存在很高的相关性，并得到了适用于不同海域的换算公式（Müller et al., 1988; Pelejero et al., 1997; Conte et al., 2006）。大量的生物培养、沉积物捕获样品和表层沉积物研究表明，$U^{K'}_{37}$ 不受盐度、光照、营养、沉积过程和长链烯酮含量等因素明显影响，仅与颗石藻生长的水温有关（Prahl and Wakeham, 1987; Sikes et al., 1991; Prahl et al., 2003），在全球范围内与海水年平均温度有较好的线性关系（Müller et al., 1988; Conte et al., 2006），因此被誉为"海洋温度计"。$U^{K'}_{37}$ 用于重建海水温度的原理是：生活在海洋透光层的颗石藻，会合成一系列长链烯酮化合物作为其细胞膜的组分。当环境温度越低，含有 3 个不饱和键的长链烯酮 $C_{37:3}$ 的相对含量越高。长链烯酮在颗石藻死后会随着其碳酸钙的壳体沉积到海洋底部，因而把颗石藻生活时的海水温度信息保存在沉积物中。

2. 甲烷指数

天然气水合物作为全球最大的可交换碳库之一，其释放的温室气体——甲烷被认为是地质历史时期数次气候变化事件的重要推手。基于海底水合物区产甲烷古菌细胞膜质区别于非水合物区的分布特征，提出了对应的甲烷指数 MI（Methane Index）（Zhang et al., 2011）（其中 GDGT-I, II, III，分别代表甲基的个数，a 代表甲基的位置）。这一替代性指标同 GDGTs 单体碳同位素具有显著的线性关系，也在海底水合物区沉积物的沉积序列中的得到了印证，但该指标的应用也存在一定的局限性，需要排除陆源输入及水体来源的甲烷厌氧氧化等过程的影响。

$$MI = ([GDGT-1]+[GDGT-2]+[GDGT-3])/([GDGT-1]+[GDGT-2]+[GDGT-3]+[Crenarchaeaol]+[Cren_{isomer}])$$

公式 1-7

3. 陆源输入指标

海洋作为陆源有机质的重要碳汇，定性定量评估陆源输入的变化，并且对于理解气候环境变化的机制具有重要意义。土壤环境中广泛分布细菌细胞膜脂支链甘油二烷基甘油四醚脂化合物（branched GDGT，简称 br GDGTs）。霍普曼等（Hopman et al., 2004）根据 br GDGTs 与 iso GDGTs 在海洋中分布的差异，提出了河流输入有机质的定性指标 BIT（Branched versus Isoprenoid Tetraether index，公式 1–8）。BIT 在 0～1 变化，BIT 越大，代表陆源输入越多。后续的研究表明，BIT 对土壤源有机质的输入具有较好的表征。

$$BIT = ([\text{br GDGT} - \text{Ia}] + [\text{br GDGT} - \text{IIa}] + [\text{br GDGT} - \text{IIIa}]) / ([\text{br GDGT} - \text{Ia}] + [\text{br GDGT} - \text{IIa}] + [\text{br GDGT} - \text{IIIa}] + [\text{Crenarchaeol}])$$

公式 1–8

（二）地球化学指标

地球化学指标主要指深海沉积物或沉积物中保存的生物化石的元素比值或同位素值，在古海洋学研究中常用来刻画水团或洋流变化的特征，主要的指标包括以下几种。

1. Mg/Ca 比值

目前利用海洋沉积物——浮游有孔虫壳体的 Mg/Ca 比值进行海洋表层水温的重建已经越来越成熟。早在 1996 年，纽伦堡（Nùrnberg）等对化石有孔虫壳体的系统测试就证明了 Mg/Ca 钙化温度比值与生长期间的水温具良好的相关性，同时给出了水温与 Mg/Ca 值的函数方程，并进行了更新（Nürnberg et al., 2000）。由于海洋钙质生物壳体的 Mg/Ca 比值与其生活的水团温度呈正相关关系，目前的深海岩芯已经广泛采用浮游有孔虫种壳体的 Mg/Ca 比值进行不同水层的温度示踪（Elderfield and Ganssen, 2000; Dekens et al.2002）。如，利用厚壁新方球虫 *Neogloboquadrina pachyderma*（sinistral）的 Mg/Ca 比值计算海水次表层（50～200m）水温（Meland et al., 2006）；利用热带太平洋温跃层上部水体捕获的活体浮游有孔虫 *Pulleniatina obliquiloculata* 的 Mg/Ca 比值和观测数据的关系建立了温度转换函数（Dang et al., 2018），并进行了古温度重建（Wang et al., 2018）。以下为几个常见的 Mg/Ca 比值—温度转化函数：

Mg/Ca(mmol/mol)=0.13(±0.037)T(℃)＋0.35(±0.17)（Kozdon et al., 2009）

T =(log(Mg/Ca)−log0.491)/0.033　　　　　　（Nürnberg et al., 2000）

Mg/Ca=0.38exp(0.089×T)　　　　　　　　　（Hastings et al., 2001）

Mg/Ca=0.30(±0.04)exp(0.090×T)　　　　　　（Huang et al., 2008）

2. 底栖有孔虫壳体 B/Ca 比值

海水中的二氧化碳主要以三种形式存在：[CO_2]占到 0.5%，[HCO_3^-]占到 89%，[CO_3^{2-}]占到 10.5%（Zeebe et al., 2012）。海洋中碳酸钙（$CaCO_3$）的溶解和沉淀在全球碳循环中扮演中重要角色。由于海洋中[Ca^{2+}]比较稳定，而且是过饱和的，$CaCO_3$ 的溶解与沉淀主要依赖于[CO_3^{2-}]的变化。因此，重建地质历史时期海水的[CO_3^{2-}]变化对研究碳循环至关重要。古海洋学中常利用底栖有孔虫壳体的 B/Ca 比值重建大洋深部的[CO_3^{2-}]的饱和度（Yu and Elderfield, 2007），指示水团的化学性质，揭示中深层洋流变化。

3. 底栖有孔虫壳体 $\delta^{13}C$

底栖有孔虫壳体的 $\delta^{13}C$ 主要受海水中有机碳泵和无机碳泵的影响（Elderfield, 2002），是大洋碳储库的标志，也是描述水团贫营养或富营养的标志。比如，典型的北大西洋深层水贫营养、$\delta^{13}C$ 较重，而南大洋底层水却富营养、$\delta^{13}C$ 较轻。不同海区或不同水深的底栖有孔虫 $\delta^{13}C$ 梯度可用来指示中深层洋流的变化。

4. 鱼牙化石 Nd 同位素（εNd）

海洋中 90%～95%的 Nd 以溶解态的形势存在，并且随着海水深度的增加而增加。Nd 同位素的滞留时间为 300～1000yr（Scher et al., 2015），小于洋盆之间水体混合时间，不同的水团具有不同的 εNd 值，而且 εNd 是一个保守指标，不受生物过程的影响，因此 εNd 是一个非常有潜力的洋流示踪的指标，常用鱼牙化石、有孔虫壳体或铁锰结核的 Nd 同位素示踪洋流变化。

（三）物理指标

1. 海水温度

海水温度（Sea Water Temperature）是最基本、最重要的海洋学参数，反映海水的热状况。其中，海水表层温度（Sea Surface Temperature, SST）常指海表以下 1mm～20m 之间水体的温度。SST 通过调控热带海区的海气交换直接影响大陆降雨量。古海洋学中，过去 SST 的重建方法最成熟，使用最广的包括以下两种。

2. 海水盐度

海水盐度（Sea Water Salinity）也是最基本、最重要的海洋学参数，常指每一千克水溶解的物质克数。海水盐度变化主要与海水的蒸发、降雨以及河流淡水的注入有关。古海洋学里，研究者对海水表层盐度（Sea Surface Salinity, SSS）的重建做过有益的尝试。由于浮游有孔虫的 $\delta^{18}O$ 受其钙化温度和周围海水的 $\delta^{18}O_{sw}$ 共同作用，且现今观测结果显示 SSS 与海水的 $\delta^{18}O_{sw}$ 存在线性关系，通过浮游有孔虫壳体的 $\delta^{18}O_c$ 和重建的 SST（公式 1–9）可计算表层海水的 $\delta^{18}O_{sw}$，从而反映 SSS 的相对变化（Shackleton, 1974），但由于古海洋中的 SSS 和海水 $\delta^{18}O_{sw}$ 关系的机制尚不明确，利用这种方法重建 SSS 的不确定性较大，而且不同海域的重建函数也不相同，如，北大西洋全新世的水文条件重建（Thornalley *et al.*, 2009）选用了施密特等（Schmidt *et al.*, 1999），而南海北部则选用了贝米斯等（Bemis *et al.*, 1998; Yang *et al.*, 2019），因此，需要谨慎对待重建的盐度值进行横向对比。此外，西非岸外的几内亚湾河口，利用了沉积物中浮游有孔虫壳体的 Ba/Ca 比值与 SSS 的线性关系（公式 1–10）进行晚第四纪 SSS 变化的重建（Weldab *et al.*, 2007）。

$$SST = 16.9 \sim 4.38\left(\delta^{18}O_c - \delta^{18}O_{SW}\right) + 0.1\left(\delta^{18}O_c - \delta^{18}O_{SW}\right)^2 \qquad 公式\ 1\text{–}9$$

$$SSS = -7.47Ba/Ca + 37.45 \qquad 公式\ 1\text{–}10$$

二、冰芯

（一）物理指标

两极冰盖获取的冰芯因厚度大和年代序列长（可达 80~100 万年以上），以及分辨率高（年际甚至季节或月）等优势，是其他第四纪古环境代用资料所无法相比的。冰芯中的火山灰、粉尘等参数指标是重要的古环境参数，可以推测过去的气候，如降雨和季风强度等。冰芯中的气溶胶指标中的电导率（ECM、DEP 等）可以有效重建火山活动的历史（Hammer, 1977）。冰芯中年净积累量是降水量的一种代用指标。一般情况下，在海拔较高的冰川积累区，其降水主要以固态形式发生。如果不存在物质损失（如升华、风吹雪等），那么记录在冰芯中的年净积累量就能够真实地反映年降水量状况。通常冰川上的降雪物质往往受到融化、蒸发及升华等物质损耗过程的影响，使得冰芯中年净积累量只能近似地表示降水量状况。冰芯中年层厚度必须经过动力减薄的修正之后，才能恢复出年净积累量的变化，以指示降水量的变化过程（段克勤等，2000）。冰芯中的微粒含量与污化层厚度比率等是沙尘天气或大气尘埃载荷变化的替代指标（姚檀栋等，1995；王宁练，2006）。火山喷发的火山灰会随大气环流远距离传输而降落在冰川上，因此冰芯中的火山灰可以真实地记录火山喷发的历史。另外，气温升高会导致冰川表面积雪/粒雪的融化，其冻结会形成冰层，这使得冰芯中融化冻结冰层的多少可以指示过去气温的变化。

（二）地球化学指标

冰芯中 $\delta^{18}O$ 是气温的一种代用指标。水的蒸发和凝结过程，均存在水稳定同位素的分馏现象。尤其是大气水汽在凝结过程中，严格受到瑞利分馏过程的控制，即分馏过程受到温度的控制，因此不受后期蒸发过程影响的降水

中 $\delta^{18}O$ 变化可以指示其凝结时气温的变化（Dansgaard，1964）。冰芯中的火山硫酸盐记录应用于火山喷发物或其他大气组成和气候要素的古环境研究中（Legrand and Delmas, 1987）。火山活动喷发的二氧化硫气体在大气中会氧化生成硫酸，因此冰芯中非海盐 SO_4^{2-} 离子浓度/通量变化可以指示火山喷发的历史与量级。目前开展的连续流分析技术结合离子色谱（Continuous Flow Analysis-Ion chromatography, CFA-IC）分析方法使得火山信号的分辨率有新的提高。同时，近年来非质量硫同位素的分馏效应检测法应用，为区分通过平流层或对流层传输的火山气溶胶提供了方法（Gole-Dai et al., 2009；高超超等，2014）。冰芯中陆源 Ca^{2+}、Mg^{2+} 离子含量/通量变化，可以指示其源区的干旱化过程。冰芯中的气泡是粒雪转变为冰川冰过程中封闭了当时的空气所形成的，因此，分析冰芯气泡中二氧化碳、甲烷、氧化亚氮等气体含量，可以揭示过去大气温室气体含量的变化（Spahni et al., 2005; Lüthi et al., 2008）。另外，冰芯中宇宙成因同位素（如 ^{14}C、^{10}Be、^{36}Cl 等）含量的变化可以揭示太阳活动的信息（Beer et al., 1998）。

（三）其他指标

冰芯中记录的重金属（通常检测的重金属元素主要有 Pb、Hg、Sb、Cr、Cd、Co、Ni、Cu、Zn、Sn 等）、黑碳、硫酸盐、硝酸盐等成分，可以指示人类活动对环境的影响（李真等，2006；Kaspari et al., 2009; Xu et al., 2009）。同时，冰芯中 DDT 等持久性有机污染物也是人类污染环境的重要标识（Wang et al., 2008）。冰芯中微生物丰度和群落组成的变化与温度、陆源粉尘输入量、海源离子等多因素相关，可用作冰芯气候环境变化研究的新指标。此外，左旋葡聚糖仅产生于植物体的纤维素和半纤维素类物质在燃烧温度高于 300 摄氏度时的热裂解过程中，因此，冰芯中左旋葡聚糖含量是生物质燃烧的重要分子标志物（Battistel et al., 2018）。

第三节 陆地沉积

一、湖泊

（一）生物类指标

湖泊沉积物的生物指标研究主要为植物、藻类、浮游与底栖动物的生物化石，以难以降解和溶蚀的几丁质、硅质、文石、方解石等壳体和骨骼成分保存在沉积物中，包括孢粉、植物大化石、植硅体、气孔器、硅藻、金藻、介形虫、摇蚊幼虫和枝角类（沈吉等，2010）。英布里和基普（Imbrie and Kipp）于 1971 年后首次提出了利用生物地层化石组合定量重建过去环境变化的方法：转换函数方法。这是第四纪古生态学研究的重大创新。20 世纪 80 年代末期以来，基于孢粉、硅藻、摇蚊等生物指标定量研究成果的涌现（Guiot *et al*., 1989; Fritz *et al*., 1991;Walker *et al*., 1991），定量古环境重建的方法已在古生态学、古湖沼学和古海洋学等多个领域开展。湖泊沉积物中的化石生物指标广泛应用于温度、降水等气候要素的定量重建，推动了全球古气候变化研究的深入。

以孢粉和水生生物为例，当前应用最广泛的古环境定量重建是采用集合法（The Assemblage Approach）和多元校正函数法（The Multivariate Calibration function Approach）以及一些其他衍生方法（Yang *et al*., 2008；郑卓等，2016）。集合法包括最佳类比法（MAT）和孢粉—气候响应面法（Pollen Climate Response Surface Method）等（Birks, 1980; Guiot, 1987），其中现代类比法是现阶段最常见的定量重建方法。欧弗佩克等（Overpeck *et al*., 1985）最早将现代类比法应用到第四纪古环境重建中，其基本思想是基于孢粉组合的丰度计算化石组合与现代组合的相似程度，进而将化石样品所示气候推断为等同于与之最相似的现代样品的气候参数，或者更可靠地，基于多个最相似的现代样本的平均值或加权平均值计算相应的气候参数。对全部化石样品重复该过程，并且可以在现代类比型的基础上同时重建一个或多个气候变量（Overpeck et al., 1985; Prell, 1985）。此后，为了避免无法匹配至现代最佳类比型，基于孢粉植物功能型的现代类比法也应用到定量重建中，即将古今孢粉属种按照植物功能型归类，由植物功能型计算得分来代替单个孢粉种类含量（Peyron, et al., 1998）。此外，亨特利等（Huntley et al., 1993）提出建立潜在的孢粉组合点，即利用回归的方式建立单个孢粉类群丰度沿气候梯度的分布，从而形成响应面，而响应面的每一个节点都可以看作是一个潜在的孢粉组合点，该方法称为孢粉—气候响应曲面法。

在多元校正函数类别中，转换函数法（Transfer Function Method）最为常用，也是比较成功的方法之一。这种方法的原理是依据现代生物个体生态学特征（与环境要素之间潜在的定量关系），结合第四纪时期化石数据参数进行古环境指标的推算（Smol, 2008）。生物个体生态学特征（最佳适宜值和生长幅度）可通过对一定区域内沿某一环境梯度分布的湖泊进行现代表层沉积生物与水质数据的调查、加权平均回归计算获得，由此建立生物—环境—气候因子的转换函数；再将转换函数应用于钻孔的化石指标数据中，进而得到古环境—气候参数值。该方法最早由英布里和基普（Imbrie and Kipp, 1971）应用于有孔虫—古气候重建中，后被引入孢粉、硅藻等其他替代性指标中。转换函数法最初是假定植物物种的相对丰度与气候因子之间存在某种可用函数进行模拟的单峰或单调函数，从而建立化石与气候因子之间的一元或多元回归函数。而实际上，这种函数绝大多数情况下更为复杂，表现出物种的相对丰度是对多种气候因子的共同反映，常常出现高斯或单峰响应模式。因此发展出利用新的回归方法建立的转换函数，如偏最小二乘回归（Partial Least Squares, PLS）、平均加权（Weighting Average, WA）、加权偏最小二乘回归法（Weighting Average-Partial Least Squares, WA-PLS）和局部加权平均法（Local

Weighting Average, LWWA）等。转换函数法是基于基础统计模型和函数参数的全局估计，在一定程度上还允许一些外推（Terbraak *et al*.,1993; Terbraak,1995; Lu *et al*., 2011），这可以有效解决现代样品气候梯度跨度不足，找不到相似型等问题。如果生物组合中类群较多或部分种类的生态幅较广泛时，会对集合法的使用造成较大的干扰，体现出转换函数的优越性。目前，对环境变化响应敏感的生物类群，如摇蚊、枝角类、硅藻、孢粉、植硅体等，均被广泛用于湖泊环境指标如湖泊 pH、盐度、营养盐、水温等环境指标以及气候指标如气温、降水的重建中（Lu *et al*., 2006; Yang *et al*., 2008）。

转换函数的方法曾极大地推动了环境变化的定量重建，是古湖沼学发展史上的里程碑。但近年来，愈来愈多的研究工作证实了该方法的使用需要满足一定的先决条件。在非单一的环境梯度影响、非线性的响应特征、不同空间和区域的模型无法相互对比等情况下要慎重使用（Juggins, 2013; Juggins *et al*., 2013）。例如扎金斯等（Juggins *et al*., 2013）利用 WA 方法重建了过去夏季温度、碱度和 TP 变化，重建结果高度相关，趋势都较为一致。这可能由于夏季温度信号与营养、碱度和 DOC 等环境的梯度完全混淆，很难区分各个环境指标的效应。因此，许多定量重建方法应运而生，如回归树方法（Regression tree, RT），萨洛宁（Salonen, 2013; 2014）利用回归树法对北欧多个孢粉记录进行气候重建，结果显示相比传统方法回归树法在处理多量级数据方面具有较强的优势，同时可以较好地拟合出不同种类针对同一气候要素的不同响应模式,而非单一的线性或单峰模型。人工神经网络（Artificial Neural Networks, ANN）则是从计算科学引进的高能运算方式，通过模拟人类神经网络处理信息的方式，从一组数据中进行学习和预测一组数字模型。神经网络有许多不同的类型：前馈网络和反向传播学习算法是常用的方法。人工神经网络与现有方法相比有一个主要优点，即不需要预先假设物种与环境之间的关系。该方法可以建模任何线性和非线性线性的响应。但由于该方法对植被气候响应的生态过程机理还无法清楚解释，且运算量较大，因此未被广泛应用（Racca et al., 2007）。

此外，对于孢粉分析数据，植被反演方法对古气候要素的重建是一个新的思路，该方法是将植被模型 BIOME4（Kaplan, 2001）与反演过程（Guiot et al., 2000）相结合，输入季节性温度、降水变化区间和大气二氧化碳浓度等，在基于孢粉成功模拟植被类型的基础上，获得植被生长的气候区间，进而实现气候的定量化重建（吴海斌等，2016）。

（二）物理指标

在古气候重建中具有显著影响的物理指标主要有湖岸阶地、粒度、环境磁学与色度等参数，但是这些物理指标受多种环境要素的相互制约，其结果仅能定性地重建过去的气候变化过程。

在历史时期，气候变化是导致湖岸带和水位变化的主要因素，长期的气候干湿变化造成湖泊的收缩与扩张，湖岸带湖水与陆地相互作用下形成湖岸阶地。利用遥感技术与野外调查，实测古湖岸阶地的高程以及剖面采样、定年，可以重建湖泊历史时期曾经历过的气候—水位波动（Liu et al., 2010; Long and Shen, 2015, 2017）。

湖泊沉积物的粒度粗细能够反映流域的降水状况、湖泊水位波动、风尘活动以及冰川进退等古气候信息（Dearing, 1997; Chen et al., 2004; Peng et al., 2005; Liu et al., 2009; Chen et al., 2013a; Liu et al., 2014）。一般来说，降水的增加一方面增强了流域的侵蚀强度；另一方面也增大了入湖的径流量，有利于粗颗粒物质的搬运、沉积（Chen et al., 2004; Peng et al., 2005），但是湖泊水位对粒度组成也具有重要的影响（Zhang et al., 2017）。较细的颗粒主要沉积在深水区，而浅水区受侵蚀作用的影响，沉积物颗粒一般较粗（Dearing, 1997）。为分离不同动力条件下粒度端元组分与理解其相应的环境意义，主成分分析法（Chen et al., 2008）、粒级标准偏差法（Sun et al., 2003）、基于威布尔（Weibull）分布和正态分布的函数拟合法（Sun et al., 2002; Xiao et al.,

2009），以及端元模型建立法（Dietze et al., 2012; Yu et al., 2016）等方法被广泛应用于湖泊沉积粒度参数的分析中。

湖泊沉积物磁性特征主要取决于内源和外源矿物的磁性特征。内源磁性矿物的形成主要同湖水的化学成分、PH、氧化还原环境以及生物活性有关。外源磁性矿物主要受周围基岩组成和土壤发育程度的影响。气候变化能够影响湖水的化学组成和 PH、水位、流域内的植被类型和覆盖度、土壤的侵蚀与风化强度，从而引起沉积物磁性矿物组分的变化（Chen et al., 2013b; Duan et al., 2014; Peng et al., 2019）。

气候环境变化通过影响湖泊沉积物的矿物和有机质组成控制色度的变化。沉积物的亮度主要受控于碳酸盐和有机质的含量变化，碳酸盐含量越高，则沉积物的亮度值就越高，而有机质含量的增加则导致沉积物的亮度值变低（Balsam et al., 1999; Helmke et al., 2002）。红度和黄度主要与赤铁矿和针铁矿的含量密切相关，赤铁矿使沉积物变红，而针铁矿使沉积物变黄（Helmke et al., 2002）。在降水较多的时期，流域的侵蚀速率较快，径流增强，搬运入湖的赤铁矿增高，从而导致湖泊沉积物的红度升高（Ji et al., 2005）。

（三）地球化学指标

湖泊流域的气候环境、地质地貌和水文过程对湖泊沉积物的元素组成、同位素组成以及有机化学物质组成有重要影响。因此，通过湖泊沉积物不同介质（有机质、生物壳体、自生矿物）的元素组成及相关比值变化、同位素变化等地球化学分析，有助于揭示区域气候的变化过程。

湖泊沉积物的地壳元素分布特征记录了区域化学风化强度及自生矿物的形成环境。常用化学蚀变指数、成分变异指数、Si/Al、Si/（Fe+Al）和 Rb/Sr 等指标反映风化强度。一般来说，化学风化越弱，水热条件越差；反之，水热条件趋好（Nesbitt and Young, 1982; Cox et al., 1995; Jin et al., 2001）。沉积物中介形虫、螺和贝等生物体在生长过程中受温度和盐度的影响，对 Sr、Ca、

Mg 等金属元素形成了特定的分馏效应，可以用于定量重建湖泊盐度和水温的变化（Shen et al., 2001; Shen et al., 2002; Zhang et al., 2004）。例如地中海地区的湖泊介型类湖沼学记录揭示湖水盐度发生了剧烈变化，导致湖泊富营养化和生物多样性减少（Marco-Barba et al., 2013）。

稳定同位素地球化学研究较多的是碳、氢和氧同位素。通过对湖泊沉积物中生物壳体、全有机质及单体有机质的碳同位素研究，可以探讨湖泊沉积有机质的来源、湖泊初级生产力、湖泊与大气二氧化碳交换速率、有机质的降解和再循环速率以及水体滞留时间的变化，进而判断湖泊当时的气候状况（Huang et al., 2001; Shen et al., 2005; Wang et al., 2013; Zhang et al., 2015; Jia et al., 2015; Rao et al., 2017）。湖泊自生碳酸盐的氧同位素和单体有机质的氢同位素记录了湖水/流域降水同位素组成的变化，不仅受到雨量效应、温度效应和纬度效应导致的水汽同位素分馏效应的影响，还受到流域地表径流、地下水及蒸发作用的影响（Leng and Marshall, 2004; Zhang et al., 2011; Rao et al., 2016）。在水体滞留时间短的湖泊中，湖水与注入水的同位素组成相近，而随着水体滞留时间的增加，蒸发作用逐渐控制着湖水的同位素分馏，湖水的同位素值显著偏高（Leng and Marshall, 2004）。

生物标志化合物的组成受原始生物类型控制，与气候变化密切相关。在湖泊沉积中常用的生物标志化合物包括正构烷烃、脂肪醇、脂肪酸、色素、长链不饱和烯酮及微生物四醚膜脂化合物（Glycerol Dialkyl Glycerol Tetraethers, GDGTs）（Meyers, 1997; Castañeda and Schouten, 2011; Tesi et al., 2016）。例如植物类脂物与细菌、藻类的类脂物分布特征的差异可以反映在正构烷烃、脂肪酸、醇、酮以及甾、萜类等分子标志物上（Meyers, 1997）。在古温度定量重建中广泛应用的生物标志化合物是长链不饱和烯酮及 GDGTs（Tierney et al., 2010, Sun et al., 2011, Pearson et al., 2011，Dang et al., 2018，Russell et al., 2018; Wang et al., 2020）。

二、黄土

（一）物理指标

中国黄土及其下伏晚新生代红黏土—红土序列，是揭示地球表层环境变化的极佳材料。黄土的磁化率在冰期—间冰期尺度有明显的旋回变化，反映了增强的亚洲季风环流带来的充沛的降水和温暖阶段，使黄土堆积风化加强，铁磁性矿物增多，磁化率升高，反之，磁化率降低。风扬粉尘形成的黄土堆积，其粒度变化是最敏感的气候和环境指标。黄土序列颗粒加粗，反映传输粉尘的风力增强，和沙漠面积扩张，黄土高原中部地区的黄土更接近粉尘物源区；反之，偏北方向风力减弱，沙漠面积收缩，气候暖湿。黄土粒度变化是反映东亚冬季风气候变化的良好替代指标。此外，黄土堆积序列的密度、色度、光谱特性、含水量等，分别受到黄土质地、结构、化合物含量、矿物组合等影响，如，光谱变化可以揭示黄土中赤铁矿/针铁矿的变化、白云石/方解石的变化以及盐类含量变化等，反映了气候的冷暖干湿变化和黄土堆积过程的变化。黄土中的碳酸盐矿物溶解情况可用于定量重建间冰期东亚夏季风降水变化（Meng et al., 2018）。黄土物理替代指标由于其测试快熟和准确等优点，得到了广泛的应用。

（二）地球化学指标

黄土地球化学指标由于其过程机理相对清晰，在重建过去气候变化中发挥着重要作用。早期，从淋溶和淀积过程解释黄土中碳酸盐含量变化，是冰期—间冰期气候干湿变化的直接指示。随后发现铷（Rb）和锶（Sr）的比值变化，揭示了季风降水变化过程。原因在于风化过程中，长石类矿物风化释放出的元素，Sr 相对于 Rb 容易淋滤迁移，因此，Rb/Sr 比值成为气候变化的良好替代之指标。同样，游离铁的含量、锆（Zr）/铷比值等，揭示了过去气候变化的过程。黄土堆积中稳定同位素碳（C）、氧（O）和氢（H）因其测试方法成熟、受大气降水影响等机理相对明确，在有机物和无机物中广泛存在等而受到重视。黄土全有机质稳定碳同位素受到立地植被和土壤呼吸的影响，可直接指示 C_3/C_4 植物含量变化。其后，发现单体化合物的稳定碳同位素与植被动力过程密切相关。黄土中碳酸盐的 C 和 O 同位素分别是植被组成和季风降水的指示。由于碳酸盐原生成分和次生成分 C、O 稳定同位素差值大，其应用受到限制。研究人员发展了次生碳酸盐 C、O 稳定同位素、次生碳酸盐类的生物微钙体 Sr/Ca 和 Mg/Ca 的比值等气候替代指标，重建过去降水变化（Li et al., 2017）。同时，黄土生物微钙体 O 同位素和烷烃单体的 C、H 测试技术进展很快，用于重建过去的植被和降水变化等。黄土碳酸盐和蜗牛壳体的Δ47 温度计技术在过去温度重建技术中可能发挥重要作用（Guo et al., 2019）。定量重建降水、温度、风速等研究还相对贫乏。地球化学元素和同位素技术相关技术可能会发挥重要作用。例如，利用黄土沉积中的宇宙成因核素 ^{10}Be，首次定量重建了黄土高原所代表的亚洲季风区，并分析了最近 55 万年以来的降水变化历史（Beck et al., 2018）。

（三）生物类指标

黄土及黄土类红粘土、红土是含生物化石少的地层。黄土沉积中有限的哺乳类化石表明，黄土是半干旱的草原环境沉积物。孢粉和植硅体在黄土及其黄土类沉积物保存差，有限的黄土沉积序列孢粉和植硅体分析，揭示了黄土堆积难以生长高大乔木，以草本或者低矮灌丛为主，在部分低洼沟地和基岩山地有乔木生长。对渭河盆地的河湖相—红黏土—第四纪黄土沉积序列中植硅体的系统研究，定量重建了该区域过去 11Ma 以来的植被、年均温和年降水变化（Wang et al., 2019）。黄土中保存的大量软体动物蜗牛壳体，是重建过去气候变化的良好材料。研究表明，在温暖湿润的间冰期，相应的喜暖湿蜗牛种属增多，反之减少，表明黄土中蜗牛组合与过去气候变化的直接对应。

对蜗牛壳体的 C、O 稳定同位素的研究表明,黄土堆积半干旱半湿润的气候环境。与生物类指标相关的有机地球化学指标研究进展快,如前述的有机分子大化合物的含量、组合及其 C、H 稳定同位素等,正成为揭示过去气候变化有利工具。相关的定量研究也正在进行之中。

第四节 高分辨古气候记录

一、石笋

洞穴次生碳酸盐(包括钟乳石、石笋、流石等)的形成是大气降水、洞穴上覆植被和土壤、岩溶渗流水等多种系统共同作用的产物,与大气水循环、地表生物地球化学过程、岩溶水文过程和碳酸盐矿物生长机制等密切相关。其多种化学、物理、生物指标等都可以忠实记录过去气候环境的变化。由于沉积连续、分辨率高、年代测定准确、形成后受干扰少等优点,洞穴石笋近年来逐渐成为高分辨率全球变化研究中的一种理想的自然档案(Henderson, 2006; 蔡炳贵和谭明, 2008)。

(一)地球化学指标

1. 氧、碳同位素

氧、碳同位素是石笋中应用最为广泛的指标。在同位素平衡分馏的条件下,石笋碳酸盐氧同位素主要受控于洞穴温度的变化和洞穴滴水的氧同位素组成(Hendy, 1971)。由于洞穴内温度控制的水—岩反应同位素分馏系数较小(-0.23‰/摄氏度)(O'Neil et al., 1969),石笋氧同位素主要受控于继承了大气降水的洞穴滴水氧同位素组成(Yonge et al., 1985)。大气降水氧同位素的组成受多种因素影响,包括雨量效应、海拔效应、温度效应、大陆效应、纬度效应、环流效应等(McDermott, 2004; Maher, 2008; 谭明, 2009; 谭明, 2011;

Maher and Thompson, 2012; Tan, 2014; Maher, 2016）。在低纬季风区，大气降水的同位素组成与温度的关系不显著，而是与水汽来源、降水量等因素密切相关（Araguás-Araguás *et al.*, 1998；Cai *et al.*, 2015），因此相应的石笋氧同位素的解译主要是与大尺度的大气环流变化、水汽来源、水汽分馏过程和区域降雨量等有关（表 1-1）（Fleitmann *et al.*, 2003; Yuan *et al.*, 2004; Zhang *et al.*, 2008; Hu *et al.*, 2008; Maher, 2008; Cai *et al.*, 2010; Maher and Thompson, 2012; Tan, 2014; Tan *et al.*, 2015b; Cheng *et al.*, 2016a; Tan *et al.*, 2018a; Tan *et al.*, 2018b; Huang *et al.*, 2018）。

石笋的碳同位素组成主要受岩溶水中溶解碳的同位素组成控制，并受碳酸盐沉积过程同位素分馏的影响。岩溶水中的碳有三个来源：大气二氧化碳在雨水中的溶解、土壤有机质分解和植物根系呼吸作用产生的二氧化碳在土壤渗流水中的溶解，以及渗流水流经过程中碳酸盐围岩碳的加入（Hendy, 1971; Rudzka *et al.*, 2011）。工业革命前大气二氧化碳的 $\delta^{13}C$ 值约为-6.4‰（Craig and Keeling, 1963; Francey *et al.*, 1999），基本不变。对于特定的洞穴，围岩的 $\delta^{13}C$ 值约为 0~1‰ (Genty *et al.*, 2001; McDermott, 2004; 孔兴功, 2009; Rudzka *et al.*, 2011)，基本保持恒定。而在同位素平衡分馏条件下，C4 型植被覆盖区域下的石笋的 $\delta^{13}C$ 值介于-6~2‰，而 C3 植被区域下的石笋 $\delta^{13}C$ 值介于-14~-6‰（McDermott, 2004）。因此在大多数的研究中，石笋 $\delta^{13}C$ 的长时间尺度的变化被认为反映了洞穴上覆 C4 植被和 C3 植被类型的变化或者二者相对丰度的变化（Dorale *et al.*, 1992; Baker *et al.*, 1998b; Dorale *et al.*, 1998; 孔兴功等, 2005; Wang *et al.*, 2019）。对于短时间尺度而言，植被类型变化不大，气候变化导致的植被丰度的变化，以及土壤微生物活动，会对石笋 $\delta^{13}C$ 产生影响（Genty *et al.*, 2003）。另外，渗流水抵达洞穴之前所发生的二氧化碳去气作用和碳酸钙的先期沉积会造成石笋的 $\delta^{13}C$ 的偏重（表 1-1）（Baker *et al.*, 1997）。总的来说，冷干的气候会造成植被盖度的减少和微生物活动的减弱，降低土壤二氧化碳产率；同时，干的气候状态下，渗流水滞留时间延长，增加了二氧化碳的去气作用和碳酸钙的先期沉积。这些因素的综合作用下，会导致石笋 $\delta^{13}C$ 偏正。反之，暖湿的气候条件会更有利于石笋 $\delta^{13}C$ 的偏负（Tan et al., 2015a）。不过值得注意的是，相比起氧同位素，石笋的碳同位素更容易受到动力分馏、蒸发作用、快速去气等作用影响。

2. 微量元素

石笋中的微量元素主要来源于上覆土壤和围岩（Fairchild and Treble, 2009; Tan et al., 2014b）。它们的供给受多种因素的控制，如风成来源、植被覆盖率、水—岩相互作用时间、渗流路径、方解石优先沉积（Preferential Calcite Precipitation, PCP）或文石优先沉积（Preferential Aragonite Precipitation, PAP）程度（Goede et al., 1998; Denniston et al., 2000; Li et al., 2005; Fairchild and Treble, 2009; Tan et al., 2014b; Carolin et al., 2019），从而进一步可以反映植被盖度、降雨强度、蒸发、温度、区域大气环流强度和风向等气候环境因素（表1–1）（Roberts et al., 1998; Verheyden et al., 2000; Hellstrom and McCulloch, 2000; Huang et al., 2001; Treble et al., 2003; Musgrove and Banner, 2004; Johnson et al., 2006; Tan et al., 2014b）。另外，洞穴上覆的环境污染信息也可经过洞穴水文过程后保存在石笋中（Tan et al., 2014b; Allan et al., 2015）。

已有研究显示，石笋中 Mg、Sr 的变化和水—岩相互作用时间有关（Huang et al., 2001; Zhang et al., 2018）。干旱气候状态下的水—岩相互作用时间增长会导致二氧化碳的去气作用和 PCP 作用，造成石笋中 Mg/Ca、Sr/Ca 的增加。而 Ba 与地表植被生态环境有关，植被繁茂时，土壤中的有机酸增多。有机酸与 Ba 结合生成不溶于水的沉淀，从而减少 Ba 向洞穴中的迁移（Roberts et al., 1998）。另一方面，土壤中的 P 二氧化碳增加，减少二氧化碳的去气作用和碳酸钙的先期沉积，也会导致石笋中 Ba/Ca 的减少（Fairchild and Treble, 2009）。P 元素可以用来重建降雨变化，降雨少时，土壤中的 P 因被植物吸收的量减少和在土壤中的运输能力减弱而积累，在下一次降雨时被淋溶进入洞穴石笋（Treble et al., 2003）。降雨增多会导致土壤中的磷酸盐、有机物等增加，而

U 可以和磷酸、有机物等生成稳定的络合物，随降雨进入淋溶液中，所以 U 元素也可以与降水建立联系（Treble *et al*., 2003）。石笋中的稀土元素（Rare Earth Elements, REEs）也可以作为一种指示气候环境变化的指标。物理和化学风化的增强，会造成石笋中的 REEs 富集（Richter *et al*., 2004; Zhou *et al*., 2008; Zhou *et al*., 2012; Tan *et al*., 2014b）。除了元素含量，元素同位素比值也能反映气候环境变化。降雨强度不同时，渗流水流动路径不同，会导致 Sr 的来源发生变化，进而导致石笋中 Sr 同位素比值不同。例如，降雨多时，快速的渗流水将导致水—岩作用时间缩短，$^{87}Sr/^{86}Sr$ 值将反映上覆土壤特征；而降雨少时，水—岩作用时间增长，$^{87}Sr/^{86}Sr$ 值反映围岩特征（Musgrove and Banner, 2004）。由于围岩中 ^{234}U 的优先溶解，干旱气候导致的水—岩作用时间增长也可能导致石笋中 $^{234}U/^{238}U$ 的升高（Kaufman *et al*., 1998; Hellstrom and McCulloch, 2000; Griffiths *et al*., 2016）。不过，石笋中微量元素的控制因素较为复杂，不同时空尺度上的主控因子可能会有所区别（Treble *et al*., 2003）。比如生长速率也可能影响石笋中 Sr 含量的变化，作用方向和降雨导致的变化相反；PAP 对石笋中 Sr 含量的影响和 PCP 相反（Tan *et al*., 2014b）。所以利用微量元素重建古气候时，需要多指标相互对比分析。更可行的是结合微量元素含量、同位素以及和碳、氧同位素指标变化，更加准确全面地解译气候信号（Cheng *et al*., 2016b; Denniston *et al*., 2017; Tan *et al*., 2018a; Zhang *et al*., 2018; Carolin *et al*., 2019）。

（二）物理指标

1. 微层厚度（年生长速率）

石笋中微层的形成是由于气候和相应土壤地球化学过程的季节性变化导致碳酸盐沉积不连续边界或矿物、结构的交替转换（谭明，2005）。通常情况下，微层的厚度为 0.01～1 毫米（秦小光等，2000；刘浴辉等，2005）。根据碳酸钙的溶解和沉淀动力学模型，石笋微层厚度主要受钙离子浓度的变化、石笋表面水膜的厚度、温度、滴率及溶液 p CO_2 等多个因素的影响（Dreybrodt et al., 1996），其中年微层厚度对洞穴滴水中钙离子浓度的变化更为敏感（Baker et al., 1998b）。由于洞穴滴水中钙离子浓度与土壤湿度和温度、土壤厚度、地表气候的季节性、土壤植被类型、围岩的性质、围岩的渗透性和空隙度以及渗流水在封闭和开放系统之间的演化等多种因素有关（Baker et al., 1998b），石笋年微层厚度的气候环境指示意义就存在多种解译。然而，具体到一个特定的洞穴系统，影响石笋微层厚度变化的主导因素较为明确，利用石笋年层厚度变化和器测气象记录的统计分析可定量重建相关气候变化信息，如降水量（Brook et al., 1999; Polyak and Asmerom, 2001）和温度（Tan et al., 2003; Tan et al., 2013）等（表 1–1）。

2. 灰度

石笋灰度是指样品在透光或直射光照射下呈现出的明暗程度，它可以反映洞穴上覆土壤有机生产率和有机微粒分布密度（秦小光等，2000）。影响石笋灰度的因素有植被盖度、渗流路径、碳酸钙沉积和其他矿物杂质等（秦小光等，2000；杨勋林等，2012）。目前对于石笋灰度的提取大多采用的是数字图像处理技术，为获取其连续灰度值，便要对石笋表面的反射光、透射光或荧光图像进行相关计算。已有的研究证实，在一定条件下，石笋灰度可作为重建古气候和古环境的一个替代指标，如温度（秦小光等，2000）和降雨（汪永进等，2002；吴江滢等，2006；张德忠等，2011；马乐等，2015）等（表 1–1）。

3. 微层荧光强度

石笋中的有机质在紫外光激发下，会发荧光（谭亮成等，2004）。石笋的荧光强度既可以作为一种年代学的工具，也可以作为一种古气候环境的替代指标（Baker et al., 1998a）。绍波夫等（Shopov et al., 1987）在假设洞穴碳酸盐微层规律性变化的最小尺度为年的情况下，发现一些样品微层的荧光强度变化具有与太阳黑子活动周期相关的 11~22 年的韵律。绍波夫等（Shopov et al., 1994）对冷水洞石笋的研究指出石笋发光年层的荧光强度变化可反映一些短尺度事件，而长时间尺度变化则反映气候—环境长时间尺度的演变。贝克等（Baker et al.,1996）的研究证实了这一点，并指出荧光强度可为覆被沼泽系统的波动提供一种高分辨率记录（表 1–1）。

4. 磁学性质

在洞穴堆积物沉积时，磁性矿物可以进入碳酸盐晶格（Latham et al., 1979）。与其它含有磁性矿物的沉积物类似，洞穴石笋可以通过磁性矿物组合的浓度、组分和粒度等重建过去的气候变化（Lascu and Feinberg, 2011）。石笋中非磁滞剩磁（Anhysteresis Remanent Magnetization, ARM）和饱和等温剩磁（Saturaion Isothermal Remanent Magnetization, SIRM）的比值（ARM/SIRM）可用来指示当地降雨量变化，降雨量减小时，ARM/SIRM 比值升高（Xie et al., 2013）。石笋中磁铁矿浓度的变化可以反映受区域降水变化控制的成土过程的变化（Bourne et al., 2015; Zhu et al., 2017）。此外，石笋还是一台"地磁记录仪"，可以用来研究地磁场方向和强度的变化（表 1–1）（Latham et al., 1979; Lascu and Feinberg, 2011）。例如，周等（Chou et al.,2018）对贵州三星洞的石笋进行了分析，重建了发生在 10 万年以前，历时 15 000 年、多年代际分辨率的地磁场纪录。

（三）生物指标

近年来，多种具有古气候指示意义的生物标志物在石笋中被发现和测定，其中包括甘油双烷基甘油四醚（GDGTs）（Yang et al., 2011; Blyth and Schouten, 2013; Blyth et al., 2014; Huguet et al., 2018），植物中的生物标志物（如正构烷烃、木质素等）（Xie et al., 2003; Blyth et al., 2007; Blyth et al., 2010; Blyth et al., 2011; Bosle et al., 2014; Liu and Liu., 2016），支链脂肪酸和羟基脂肪酸（Wang et al., 2012; Huang et al., 2008; Blyth et al., 2006）。石笋中的生物标志物来源于上覆植被、上覆土壤生态系统、石灰岩含水层和洞穴动物群（Blyth et al., 2008）。谢树成等（2005）首次对石笋中脂肪酸的特征进行了报道，并探讨了

其古气候意义，认为不饱和与饱和脂肪酸的比值的异常高值对应于寒冷气候事件。杨等（Yang et al., 2011）对和尚洞石笋中 GDGTs 的分布、来源和气候指示义进行了研究，认为石笋的古菌 GDGTs 四醚指数（TEX86）或者 TEX′86 值可能指示古温度的变化。随后的一些研究证实了这一结论（Blyth and Schouten, 2013; Blyth et al., 2014）。石笋中微生物脂类 3—羟基脂肪酸还有重建当地温度和水文变化的潜力（Wang et al., 2018）（表 1–1）。

表 1–1　石笋代用指标的控制因素及重建的气候环境要素

指标类型	指标	控制因素	重建的气候环境要素	定量/定性
地球化学指标	$\delta^{18}O$	洞穴温度的变化,大气降水同位素雨量效应、海拔效应、温度效应、大陆效应、纬度效应、环流效应等	大尺度的大气环流变化、水汽来源、水汽分馏过程和区域降水量等	定性/定量
	$\delta^{13}C$	岩溶水中溶解碳的来源,植被类型和盖度、微生物二氧化碳产率、围岩溶解程度、PCP 或 PAP 过程、二氧化碳去气过程等	C4 和 C3 植被类型的变化或者二者相对丰度变化、植被盖度变化、降雨：蒸发等	定性
	微量元素	不同来源、植被盖度、围岩溶解程度、PCP 或 PAP 程度等	植被盖度变化、降雨强度、降雨：蒸发、温度、区域大气环流强度和风向等	定性
物理指标	微层厚度	钙离子浓度的变化；石笋表面水膜的厚度；温度；滴率及溶液二氧化碳分压等	降水量、温度等	定量
	灰度	土壤有机质产率、渗流通道、碳酸钙沉积和其他矿物杂质等	植被盖度变化、降雨强度/降水量、温度等	定性
	微层荧光强度	有机质浓度和类型	土壤腐殖度、植被盖度、降雨等	定性
	磁学指标（ARM/SIRM、$IRM_{soft-flux}$ 等）	磁性颗粒的含量等	降水量和降雨强度、古地磁场的方向和强度等	定性
生物指标	GDGTs（TEX_{86}）、正构烷烃、支链脂肪酸、羟基脂肪酸等	微生物、植物的细胞膜结构、上覆植被变化、土壤过程等	温度、降雨、土壤 pH 值	定性/定量

二、珊瑚

珊瑚在海洋中的分布主要在热带地区，在南北半球热带海洋和大陆架分布较广。珊瑚的生长发育要求具有严格的生态环境条件。温度是影响造礁珊瑚生长的主要限制性因素，在年平均温度>20 摄氏度的水温下珊瑚虫才能造礁，其最适宜的温度范围约为 22~28 摄氏度。由于珊瑚对水温、盐度等环境变化极其敏感，目前在全球气候变化领域中已经成为高分辨率古环境变化研究的重要载体。尤其是在揭示低纬度热带海洋和暖池海域在全球变化驱动机制的研究中发挥了重要作用（Yu, 2012）。

珊瑚的年生长速度十分快，如块状珊瑚每年可达 1~2cm，枝状珊瑚则更大。珊瑚生长的年际界线清楚，一般块状珊瑚连续生长时间可达 200~300 年，最长可达 800 年左右。珊瑚的文石质骨骼适合高精度铀系测年（如 12.1±1.2a，7045±19a；2σ 误差），使高分辨年代学研究成为可能。由于 TIMS 铀系定年精度非常高，全新世发育的珊瑚基本上都可用这一方法建立年代框架。也有采用 MC-ICP-MS 改进的技术进行精确定年，基本原理是在爱德华兹（Edwards, 1988）方法的基础上，对工艺和化学流程进行改进，有效地减少了光谱干扰，使其测年精度达到±1~10s 年或更高（Shen $et\ al.$, 2012; Salas-Saavedra $et\ al.$, 2018）。然而，如果珊瑚礁发生成岩作用之后，珊瑚的年代则需要借助 ^{14}C 等方法获得，由于受测定方法和碳库效应等的影响，年代精度低于铀系。

一般情况下，第四纪的珊瑚取样通常是采用人工潜水，并利用轻型水下钻机钻取岩芯获得气温高低。而对于出露于海面的珊瑚取样则与陆地地表的地质钻探取芯相似。在珊瑚礁面上，通常年龄较老的珊瑚会被随后新生长的珊瑚或珊瑚礁沉积物所覆盖，在大多数情况下，由于海水的波浪作用和沉积作用，珊瑚礁区的碎屑沉积物的比例常常高于完整珊瑚。目前，珊瑚作为古环境记录的载体，主要应用的古环境指标包括海表温度、海水盐度、大气降雨、海水酸碱度、海平面高度、台风（强风暴）和厄尔尼诺（El Nino）活动等内容。

（一）物理指标

钻取的珊瑚芯切片（约 1cm 后的珊瑚片）、X 射线照相，显微镜下对珊瑚生长纹层进行判读（McGregor, 2003）。珊瑚的矿物组成通常以冰洲石作为标准样采用 X 光衍射法进行检测。也可以采用短波红外（波长为 2000~2500nm）对文石珊瑚进行鉴定（Murphy *et al.*, 2017）。通过珊瑚骨骼中的荧光带可以研究陆地径流量（降雨）的大小，进而探讨季风、El Nino 活动的频率和强度等。由于一些微环礁存在狭窄的生长上限（厘米级），对于低潮时出露的原生死珊瑚和外礁坪上的活微环礁进行研究，可以获得精确的古海平面变化（时小军等，2008）。

（二）地球化学指标

珊瑚记录的环境信息包括海面温度（SST）、盐度、降雨、海水酸碱度、海平面、强风暴和 El Nino 活动等。温度、盐度和降雨一般通过测试珊瑚 Sr/Ca、$\delta^{18}O$ 和 $\delta^{13}C$ 等指标来完成（Guo *et al.*, 2016）。考虑 Sr/Ca 仅受 SST 制约，而 $\delta^{18}O$ 受 SST 和盐度共同影响，它们所构成的二元一次方程模式，可以分别获得 SST 和盐度（降雨）信息，以及季节性变化。海水酸碱度（pH 值）则通过与珊瑚碳酸钙伴生的硼同位素（^{11}B）获得。

三、树轮

（一）物理指标

最早用于重建过去气候的物理指标是树轮宽度，即年轮总宽度，包括早材宽度和晚材宽度（Fritts 1976）。其特点是数据易于测量和含有多种气候信号。一般来说生长于寒冷样点的树木，如高纬度树木北界和高山的森林上限，其树轮宽度可以重建过去温度（Linderholm and Gunnarson, 2005；Zhu et al., 2008），而生长于比较干旱样点的树木，如森林草原交错带附近地区和山地森林下限，其树轮宽度可以重建过去降水量（Leonelli and Pelfini, 2008；Yang et al., 2014），甚至河流的径流量（Woodhouse et al., 2006）。如果一些树种其树轮有明显的早材和晚材界限，可以分别重建不同季节的气候要素（Liu et al., 2004；Díaz et al., 2002）。树轮密度是另一重要的树轮气候学中的物理指标，其特点是测量技术门槛相对较高，需要大型仪器。X 射线分析法是最为传统的方法，可以获取树轮最大晚材密度，最小早材密度，平均早材密度和平均晚材密度等指标。在气候变化重建研究中，树轮晚材最大密度应用最多，因为气候信号明确，可以重建生长季不同时段的温度，并且校准方程的方差解释量可以高达到 60% 以上（Xing et al., 2014）。

（二）地球化学指标

树轮的地球化学指标主要有碳（$\delta^{13}C$）、氢（δD）、氧（$\delta^{18}O$）稳定同位素。树木生长时从大气中的二氧化碳吸收碳，从土壤和大气水分中吸收氢和氧元素及其他营养成分，进而合成树木有机体。因此，树轮 $\delta^{13}C$、δD 和 $\delta^{18}O$ 的变化能够反映树木生长期合成和利用有机碳水光合产物时的气候与环境条件（Yakir and Sternberg, 2000）。树轮 $\delta^{13}C$ 被广泛用于温度（Treydte et al., 2009; Loader et al., 2010）、日照（Hafner et al., 2014）和干湿变化的重建（Schubert and Timmermann, 2015）。树轮 $\delta^{18}O$ 可以用来重建生长季降水的 $\delta^{18}O$ 变化（Anderson et al., 2002; Bose et al., 2016）、海温（Liu et al., 2017a）、区域温度（Porter et al., 2014）、相对湿度（Grießinger et al., 2017; Liu et al., 2017b）、降水（Xu et al., 2015, 2018）、云量（Liu et al., 2014）以及干湿变化（Xu et al., 2014; Sano et al., 2017）。树轮 δD 可用于重建水源 δD（Anhäuser et al., 2017）、生长

季的大气相对湿度变化（An *et al*., 2014）。

（三）树轮气候转换函数

树轮不同于其它古气候代用资料最主要的一点是树轮序列每年的值是多个样本在同一年的平均值。在年分辨率的前提下，树轮的物理指标和地球化学指标就能够和器测的气候要素之间进行定量的分析。在建立树轮气候的转换函数过程中，首先要利用相关函数和响应函数方法（Fritts 1976；Biondi and Waikul, 2004）寻找限制树木径向生长的限制因子，以及限制的季节。这样就可以获得树轮指标的气候学意义。确定要重建的气候要素和季节后，一般会利用数理统计中线性回归方法建立两者之间的关系（Cook and Kairiukstis, 1990），以重建气候要素为因变量，以树轮物理指标或地球化学指标为自变量，将树轮指标的变化校准到气候要素的变化。如果校准方程对因变量的方差有一定的解释能力，会进一步利用独立验证或交叉验证方法检验校准方程的稳定性（Blasing *et al*., 1981）。稳定的校准方程可以用来代入早期的树轮指标进行气候要素的重建。所以，利用树轮资料重建过去气候的定量化程度高，误差较小，能评估重建的不确定性。

四、文献

中国的历史文献卷帙浩繁、类型多样，且多数典籍含有气象记载，但文献类型不同，所记气象记录数量差别很大，其中以史部群书、地方志、历史档案、日记及地理类典籍等所含气象记录最为集中和丰富（郑景云等，2014）。作为气候变化的代用证据，历史文献中的绝大多数气象记录定年准确、地点明确，代用指标的气候意义清晰，但仍然存在时空分布不均、缺乏连续性及"主观"干扰等问题，因此通常需根据记录类型和指标的不同而使用不同的重建方法重建气候变化，从而降低重建结果的不确定性（丁玲玲等, 2015；

Ge *et al.*, 2017; 表 1–2）。

（一）利用史载天气现象或气候特征记录的重建方法

历史文献中的天气现象记载具有连续、定量化程度高等特点，因而可直接提取其中可与器测时期对应的要素记录并进行分类统计。如对晴雨录，可直接按旬或月统计晴、微雨（雪）日数、雨（雪）日数、时数及大雨（雪）日数、时数等。对天气日记，可按旬或月统计晴、雨（雪）、大雨（雪）日（时）数（兰宇等，2015）。对雨雪分寸，可按次（降水过程）提取雨水渗入土壤深度与降雪厚度，并按旬或月统计晴、微雨（雪）、雨（雪）、大雨（雪）日数等。同时，从这类记录中，还可提取逐年的初、终雪日期等。在中国，由于这些要素与降水或温度年际变化之间，如：雨强、雨日（时）与降水量，降雪厚度与降雪量，雨水入土深度（特别是长江以北地区）与降水量，淮河以南地区的初、终雪早迟及雨、雪日数多寡与相应季节的气温高低等均密切相关，因此对于这类记载，可根据相应的器测、实验记录或物理关系模型等建立各要素与温度或降水之间的定量校准方程，重建温度或降水变化，其主要使用回归分析方法（Hao *et al.*, 2018）。根据与代用指标相对应的现代气象观测资料或实验记录，通过回归分析建立其与温度或降水变化之间的回归方程，包括验证方程的有效性、分析代用指标与温度或降水变化之间的物理联系与逻辑合理性等，进而将代用指标变化量反演为温度或降水变化。该方法的优势是能建立代用指标与温度或降水之间的定量回归关系，从而提高重建的定量化程度。其劣势是仅适用于代用指标与温度或降水变化之间物理联系密切的特定区域，同时要求历史记载定量化程度高、连续性好。

（二）利用史载气象灾害记录的重建方法

历史文献记载有各地气象灾害程度的描述，通常包含了水旱、寒冷低温等灾害发生强度、持续时间及影响大小等信息，如"1929 年（民国十八年），春夏之交，雨泽愆期，7、8月间天仍亢旱不雨，种麦又复失时，秋颗粒无收，赤野千里……"（翟佑安，2005）。由于气候变化导致的均值、方差改变、气象灾害强度、分布频率改变存在密切关系，因而气象灾害强度与分布频率变化能直接指示气候变化。使用这类记录重建气候变化的方法主要是分等定级法（或指数法）：即根据文献记录的灾害程度，按照特定的灾害程度频率分布特征，确定各等级（如涝、偏涝、正常、偏旱、旱；偏冷、寒冷、严寒等）的划分标准及其对应的描述，从而将历史灾害记述转化为表达降水或温度偏离程度（即距平或距平百分率）的等级值（或指数）。使用该方法重建的最经典数据集为 1470~1979 年中国 120 个站的旱涝等级序列及逐年旱涝分布图（中央气象局气象科学研究院，1981）。此外，还有关中地区过去 1 000 年旱涝特征、雄安过去 300 年水灾年表、华南地区过去 300 年冷冻指数序列等（郝志新等，2017；2018；丁玲玲和郑景云，2017）。分等定级法的优势是其几乎适用对所有历史气候记载的处理。其劣势是结果给出的仅是降水或温度偏离程度范围，而不是一个精确的绝对量值。

（三）利用史载自然物候记录的重建方法

由于影响自然物候期变化的环境因素主要是气候（特别是温度）变化，因此通过与自然物候期的现代观测记录对比，可定量计算物候期的古今差异，并利用物候期与温度观测记录，建立二者之间的定量校准关系（如回归方程），可将古今物候期差异反演为温度变化量。在中国，利用历史物候记载研究温度变化的方法由竺可桢首创（竺可桢，1925）。物候本身属自然证据，因而利用物候记载重建温度变化的优点是能基本避免对重建过程和结果的人类主观干扰，从而减少了重建结果的不确定性。然而由于历史物候期记载来源广泛，在物种、物候期标准等方面，并非按统一规范进行观测，因此，利用历史物候记载重建温度变化的难点主要是对历史物候期资料的物种及物候期标准的分析与鉴别，同时还需排除因地形等因素造成的局地气候条件对物候期变化的影响。利用自然物候记录重建气候最关键的环节是物种鉴别,既要考虑植物的地理分布,又要依据物候期的顺序性原理,此外还要根据文献记载中的植物及其发育特征描述(如游记、日记、医书中记载的树皮的色泽、花的形状、开花与展叶的先后顺序、果实形状与大小等)进行鉴别(Wang et al., 2015; 刘亚辰等, 2017)。其次是物候期辨别:尽管历史物候期不是定点、定株和按统一定量标准观测的记录,但历史文献在记述动、植物物候期一般带有"始""盛""参差略放""初放""间放""烂漫""凋谢"等程度描述,特别是在游记、日记、医书等记载中,还含有"放者十一""初开一、二分"等物候期程度的直接记载,因而一般可根据这类描述来辨别该物种与观测记录对应物候期(如始期、盛期、末期等)(郑景云等, 2015)。最后是历史物候记录的时空代表性分析。通常情况下,同一物种的物候期主要随纬度、经度和海拔高度而变化,并遵循生物气候定律。但由于地形等因素造成的局地气候条件差异和人为干扰可使物候期产生很大差别。因此,在利用历史物候记载时,通常需将受局地气候条件差异和人为干扰的记录剔除。一般情况下,农书、历书、史书等通常把物候现象作为季节变化标志,因此其记载的物候期可代表相应区域数十年时段的物候平均特征(丁玲玲等, 2015)。

此外,在使用历史文献重建气候变化的过程中,因为文献对某种物候现象的记录并非逐年连续,且同一年份还会出现记录源不一致的多种自然物候记载,进而产生无法准确判断该年气候状况的现象。目前通过集成多类记载重建的区域气候变化序列,开展集合校准的方法解决该问题。如郑等(Zheng et al., 2018)集成了明清地方志、清代雨雪档案等记载的六类记录(霜冻与冰冻灾害南界,降雪南界,降雪日数和初、终霜冻灾害日期记录),采用包络线计算该年多个结果的均值,并利用多项式拟合记录数量百分比随时间的变化函数,进而订正原始记录重建结果的均一性,并重建了华南地区1501~2007年分辨率为年的冬季(11~2月)温度变化序列。

表 1–2　历史文献记录的气候信息类型及其重建方法

记录内容分类	文献类型	重建环境要素	定性/定量重建	重建方法
天气记载	清代档案中的"晴雨录"、"雨雪分寸"	温度、降水量、雨季长度	定量	物理模型、回归分析
气象灾害记载	史书、地方志	旱涝等级、冷暖指数	定性	分等定级法、灾害频次法
物候记载	日记，偶见于史书、地方志及诗文集	温度	定量	回归分析
区域气候特征及影响记载	地理类典籍、方志、笔记等	多年气候的平均态	定量	与现代同类气候特征类比

第五节　古气候代用资料与观测数据的对接

一、基准气候数据均一化

一般来说，现代气象观测最初都是为天气预报服务的，天气数据的积累并不能简单地作为气候数据使用，精确描述气候变化事实的数据必须是具备"气候质量"（均一化）的数据"产品"（Hartmann et al., 2013）。常规定点观测作为最为准确和覆盖时间最长的观测记录来源，经过系统加工的观测气候数据常常用来作为器测时代以来气候变化的基石及其它各类综合数据（也含再分析）和模式模拟的验证基准，所以称之为"基准气候数据"。其产品研发主要步骤主要包括：（1）数据和元数据的收集整理；（2）时间序列的均一化；（3）产品实时（准实时）更新；（4）产品质量保障；（5）产品透明化管理；（6）产品不确定性评估；（7）标杆数据产品研发（Stephan et al., 2014）。

基准气候数据的均一化主要基于统计技术，均一化过程一般分为非均一性检验和断点的订正。从方法上可分为主观方法和客观方法两种。主观方法主要通过观测元数据信息和简单的对比，采用主观调整的方法进行断点的检查与订正，并直观地判断序列产生非均一性变点的时间及原因（Peterson *et al.*, 1998; Trewin, 2010）。然而，受历史多种因素影响，详尽的台站元数据信息很难获取，因此，采取一定的统计量和显著性检验为工具，对序列中的非均一性（不连续性）信号进行检测，使得其在统计上体现出来的客观方法被越来越多的科学家采用。目前国际上序列均一化的方法有几十种之多，WMO/CCl 推荐的方法也有 10 多种（Aguilar *et al.*, 2005）。这些方法各有其优势和不足，目前还没有哪种方法可以公认说优于其他方法。应用比较广泛的方法有二项回归方法（Wang *et al.*, 2002）、标准正态检验方法（Alexanderson, 1996）、多元回归方法（Vincent *et al.*, 2002）、序列均一性多元分析方法（Szentimrey, 1999）等，但这些方法也随着研究精度要求的提高不断得以发展，形成了一系列更为完善的均一性检验方法、思路和统计软件工具。目前，对于某些核心"关键气候变量（ECV）"（如大气温度、海表温度等）和大气成分变化数据（如二氧化碳、甲烷等）的精确性已经相当之高（尽管仍然存在一定程度的问题），但总的来说，大部分气候要素中还存在相当的偏差和不确定性，也直接影响到（特别是区域和局地尺度上）气候变化观测事实、机理和影响等研究的精度水平与准确性。解决气候数据非均一性的研究方法还远未完美。基准气候数据研发也还存在不小的差距，主要有几个方面：（1）高时间分辨的产品欠缺。目前全球基准气候数据产品还大多停留在月尺度上，只有几个国家的数据中心发展了逐日产品；（2）一些缓慢变化干扰信号如城市化、土地利用等的影响处理；（3）要素间的相互协调问题；（4）产品不确定性评估问题等（李庆祥等，2018）。

二、古气候与器测资料对接

古气候变化是预测未来气候变化的重要参考和前提，对全球气候变化研究具有至关重要的意义。由于器测数据观测时间长度有限，目前全球复原过去的气候主要根据代用资料（Proxy Data）推算。代用资料的要素和精度往往受到很多因素制约，因此目前代用资料的研究主要仍以气温、降水等要素为主。从研究方法上看，代用资料的重建主要是根据极地、陆地和海洋记录中不同的代替资料，如：冰芯、古代文献、树木年轮、石笋、黄土、湖泊沉积、岩心矿物和陆相生物化石和微体古生物等，不同的载体有其各自的替代性指标，选取的指标应具有明确的古气候指示意义、对气候变化敏感、对气候响应的机理成熟可信等特点，并利用不同的研究方法和理论重建对应的气候环境要素（例如建立转换函数）。对于器测时期以前的长期气候变化的现象认识主要来源于对这些代用数据的研究和积累（Craig H., 1961；Chu, 1973；Mann et al.,1998；Jones and Mann, 2004）。

使用代用资料重建过去气候变化，往往是基于一个最基本假设：即气候变量和代用指标之间的统计关系是静态不变的（Franke et al., 2010）。但由于不同代用资料在地域代表性、时间分辨率和转换方法等还存在相当差异，因此有时候这种关系并不可靠，即使对同一种指标研究也会存在一定的不确定性。代用资料和同时期的器测资料也存在一定的差异（Wang et al., 2000; Zheng et al., 2005；谭明, 2009；Ge et al., 2017；Li et al., 2017；Soon et al., 2018）。考虑到代用资料的序列长度，观测基准数据的均一性和模式资料的空间分布优势，余君等（2018）探索提出一种应用贝叶斯模型将代用、器测和再分析时间序列三者进行融合的方法；方苗和李新（2016）则较为系统地介绍了古气候代用资料同化应用于气候重建的有关方法、进展和存在的问题，但如何进一步利用代用资料和器测资料各自优势，进行融合应用，实现更准确的对接，从而实现更长时间尺度气候变化的更准确的重建还是一个崭新的课题。随着重建、同化和融合等技术方法的不断发展，不同资料的优势将会更好地利用，实现古气候代用资料与器测资料的对接，将更为准确连续地反映历史气候变化特征及趋势。

第六节 古气候模拟方法

一、古气候模拟的模式

气候模式是研究过去气候变化的重要工具。过去几十年，国内外学者先后采用大气环流模式、区域气候模式、全球气候耦合模式和地球系统模式等不同复杂程度的气候模式对全球和区域过去气候进行了大规模的数值模拟试验，主要涵盖特定时期的"片段"或平衡态模拟试验和某一连续时间段的"瞬变"模拟试验，期间相继开展了古气候模拟比较计划（Paleoclimate Modeling Intercomparison Project, PMIP）、耦合模式比较计划（Coupled Model Intercomparison Project, CMIP）和上新世模拟比较计划（Pilocene Modeling Intercomparison Project, PlioMIP）等。PMIP 第一阶段（PMIP1）主要包括全球大气环流模式，部分大气—混合层海洋模式被用于末次冰盛期气候模拟；第二（PMIP2）和最新的第三（PMIP3）阶段为全球大气—海洋或大气—海洋—植被耦合模式，其中 PMIP3 增加了过去千年（公元 850～1850 年）气候瞬变模拟试验。PlioMIP 也成为其中的子计划，且该阶段模式与 CMIP 第五阶段（CMIP5）模式框架相同，模式分辨率较以往阶段模式大幅提高。与此同时，还有利用单个模式针对特定时期/时段气候进行的不同强迫条件下的敏感性试验（如：Liu *et al*., 2014a, 2014b；Otto-Bliesner *et al*., 2016）。

表 1-3 为 PMIP 框架下开展的不同时间尺度古气候模拟试验所用的模式信息，包括 PMIP1 中 17 个大气模式和 9 个大气—混合层海洋耦合模式，PMIP2 中 17 个大气—海洋耦合模式和 7 个大气—海洋—植被耦合模式，PMIP3 中 9 个大气—海洋耦合模式和 8 个大气—海洋—植被耦合模式。其中，共有 9 个模式开展了过去千年瞬变试验，52 个和 35 个模式分别进行了全新世中期和末次冰盛期平衡态数值试验。两个时期的参考试验在 PMIP1 中均为现代气候试

验，在 PMIP2 和 PMIP3 中则为工业革命前气候试验。在 PlioMIP 框架下，共有 7 个大气模式和 9 个大气—海洋耦合模式针对晚上新世开展了平衡态模拟试验。

表 1-3　PMIP 框架下古气候模拟试验所用气候模式信息

模式名称	所属国家	大气分辨率（经度×纬度，垂直分层）	过去千年	全新世中期	末次冰盛期
PMIP1 大气环流模式或大气—混合层海洋（模式后缀名为-slab）耦合模式					
BMRC	澳大利亚	3.75° × ~2.2°, L17		15	
CCC2.0	加拿大	3.75° × ~3.7°, L10		10	10
CCC2.0-slab	加拿大	3.75° × ~3.7°, L10			10
CCM1-slab	美国	7.5° × ~4.4°, L12			10
CCM3	美国	~2.8° × 2.8°, L18		8	
CCSR1	日本	~5.6° × 5.5°, L20		10	10
CNRM-2	法国	3.75° × ~3.7°, L19		10	
CSIRO	澳大利亚	~5.6° × 3.2°, L9		15	
ECHAM3	德国	~2.8° × 2.8°, L19		10	10
GEN1-slab	美国	7.5° × ~4.4°, L12			14
GEN2	美国	3.75° × ~3.7°, L18		10	10
GEN2-slab	美国	3.75° × ~3.7°, L18			10
GFDL	美国	3.75° × ~2.2°, L20		25	
GFDL-slab	美国	3.75° × ~2.2°, L20			25
GISS-IIP	美国	5° × 4°, L9		10	
LMCELMD4	法国	7.5° × ~3-10°, L11		15	15
LMCELMD4-slab	法国	7.5° × ~3-10°, L11			15
LMCELMD5	法国	~5.6° × 2.3-8.5°, L11		15	15
MRI2	日本	5° × 4°, L15		10	10
MRI2-slab	日本	5° × 4°, L15			14
UGAMP	英国	~2.8° × 2.8°, L19		20	20
UGAMP-slab	英国	~2.8° × 2.8°, L19			20

续表

模式名称	所属国家	大气分辨率（经度×纬度，垂直分层）	不同试验积分时间（模式年）		
			过去千年	全新世中期	末次冰盛期
UIUC11	美国	5°×4°, L14		10	
UKMO	英国	3.75°×2.5°, L19		50	
UKMO-slab	英国	3.75°×2.5°, L19			20
YONU	韩国	5°×4°, L7		10	
PMIP2 大气—海洋或大气—海洋—植被（模式名斜体）耦合模式					
CCSM3.0	美国	~2.8°×2.8°, L18		50	50
CNRM-CM3.3	法国	~2.8°×2.8°, L31			300
CSIRO-Mk3L-1.0	澳大利亚	~5.6°×3.2°, L18	1000		
CSIRO-Mk3L-1.1	澳大利亚	~5.6°×3.2°, L18	1000		
ECBILTCLIO	荷兰	~5.6°×5.6°, L3			100
ECBILTCLIOVECODE	比利时	~5.6°×5.6°, L3		100	
ECBILTCLIOVECODE-gvm	比利时	~5.6°×5.6°, L3		100	
ECHAM5-MPIOM1	德国	3.75°×~3.7°, L20		100	
ECHAM5-MPIOM127-LPJ	德国	3.75°×~3.7°, L19		100	100
ECHAM5-MPIOM127-LPJ-gvm	德国	3.75°×~3.7°, L19		100	
FGOALS-1.0g	中国	~2.8°×3~6°, L9		100	100
FOAM	美国	7.5°×~4.4°, L18		100	
FOAM-gvm	美国	7.5°×~4.4°, L18		100	
GISSmodelE	美国	5°×4°, L17		50	
HadCM3M2	英国	3.75°×2.5°, L19			100
HadCM3M2-gvm	英国	3.75°×2.5°, L19			100
IPSL-CM4-V1-MR	法国	3.75°×~2.5°, L19		100	100
MIROC3.2	日本	~2.8°×2.8°, L20		100	100
MRI-CGCM2.3.4fa	日本	~2.8°×2.8°, L30		150	
MRI-CGCM2.3.4fa-gvm	日本	~2.8°×2.8°, L30		100	
MRI-CGCM2.3.4nfa	日本	~2.8°×2.8°, L30		150	
MRI-CGCM2.3.4nfa-gvm	日本	~2.8°×2.8°, L30		100	
UBRIS-HadCM3M2	英国	3.75°×2.5°, L19		100	
UBRIS-HadCM3M2-gvm	英国	3.75°×2.5°, L19		100	

续表

模式名称	所属国家	大气分辨率 （经度×纬度，垂直分层）	不同试验积分时间（模式年）		
			过去千年	全新世中期	末次冰盛期
PMIP3/CMIP5 大气—海洋或大气—海洋—植被（模式名斜体）耦合模式					
BCC-CSM1.1	中国	~2.8° × 2.8°, L26	1000	100	
CCSM4	美国	1.25° × ~0.9°, L26	1000	301	301
CNRM-CM5	法国	~1.4° × 1.4°, L31		200	200
COSMOS-ASO	德国	3.75° × ~3.7°, L19			600
CSIRO-Mk3-6-0	澳大利亚	1.875° × ~1.9°, L18		100	
CSIRO-Mk3L-1-2	澳大利亚	~5.6° × 3.2°, L18	1000	500	
EC-EARTH-2-2	欧盟十国	1.125° × ~1.1°, L62		40	
FGOALS-g2	中国	~2.8° × 3–6°, L26		100	100
FGOALS-s2	中国	~2.8° × 1.7°, L26	1000	100	
GISS-E2-R	美国	2.5° × 2°, L40	1000	100	100
HadCM3	英国	3.75° × 2.5°, L19	1000		
HadGEM2-CC	英国	1.875° × 1.25°, L60		35	
HadGEM2-ES	英国	1.875° × 1.25°, L38		102	
IPSL-CM5A-LR	法国	3.75° × ~1.9°, L39	1000	500	500
MIROC-ESM	日本	~2.8° × 2.8°, L80		100	100
MPI-ESM-P	德国	1.875° × ~1.9°, L47	1000	100	100
MRI-CGCM3	日本	1.125° × ~1.1°, L48	1000	100	100

二、古气候模拟的边界条件

各种时间尺度上古气候模拟试验所采用的外强迫边界条件不同。在构造尺度上，全球和区域气候与现在相比存在较大差异，边界条件改变较大。为了合理模拟构造尺度地球系统各圈层间的相互作用以及所导致的古气候状态，需要对当时的边界条件进行准确的重建，包括海陆分布的配置、海深及地形的状况、地表类型及土壤状况、大气温室气体浓度等。

在轨道尺度上，以全新世中期为例，相应数值试验的边界条件包括地球轨道参数和大气温室气体浓度变化，前者导致该时期北半球大气层顶入射太阳辐射的季节循环增加约5%，其中夏季入射太阳辐射量增加，而冬季入射太阳辐射量减少（Berger，1978）。在PMIP1中，全新世中期和参考时期大气二氧化碳浓度分别为280ppm和345ppm；而在PMIP2和PMIP3中，两个时期大气二氧化碳浓度均为280 ppm，大气甲烷浓度分别为650 ppb和760 ppb。末次冰盛期试验的边界条件包括地球轨道参数（Berger，1978）、陆地冰盖、地形、海陆分布以及大气温室气体浓度变化（表1-4），主要表现为陆地冰盖扩张并引起海陆分布、地形高度等的变化。在PMIP1中，末次冰盛期（参考时期）大气二氧化碳浓度为200ppm（345 ppm）；PMIP2和PMIP3中，大气二氧化碳、甲烷和N_2O浓度分别为185ppm、350ppb和200ppb（280ppm、760ppb和270ppb）。全新世中期和末次冰盛期试验中，海洋表面温度在大气模式中分别为现代值和重建值（CLIMAP Project Members，1981），而在耦合模式中均由海洋模式计算所得。植被在大气—海洋—植被耦合模式中均由植被模式模拟所得，而在其它模式中均固定为现代植被。有关这两个时期气候模拟更为详细的边界条件和试验设计请参阅相关资料（Joussaume and Taylor，1995；Braconnot et al.，2007）。

表1-4　PMIP3框架下古气候模拟试验的边界条件

	地球轨道参数			大气温室气体浓度			冰盖	地形和海陆分布
	偏心率	黄赤交角（度）	岁差（度）	二氧化碳（ppm）	甲烷（ppb）	N_2O（ppb）		
工业革命前	0.016 724	23.446	102.04	280	760	270	现代	现代
全新世中期	0.018 682	24.105	0.87	280	650	270	现代	现代
末次冰盛期	0.018 994	22.949	114.42	185	350	200	末次冰盛期	末次冰盛期

对于过去千年瞬变模拟试验，主要的外强迫条件包括地球轨道参数、大气温室气体浓度、火山气溶胶、太阳辐照度和土地利用的变化（Schmidt et al., 2011）。在 PMIP3 框架下，自公元 850 年以来，轨道参数的变化主要导致北半球初夏的日照量相对晚夏有所增加，偏心率和黄赤交角有少量减小（Berger, 1978；Laskar et al., 2004）；大气二氧化碳和甲烷浓度的变化重建自南极高分辨率的洛多姆冰帽，氧化亚氮浓度变化重建自南极多个冰芯（Joos and Spahni, 2008）；火山气溶胶变化来自克劳利等（Crowley et al., 2008）和高等（Gao et al., 2008）提供的两种气溶胶光学厚度重建，分别是以格陵兰岛和南极冰芯中的硫酸盐记录为基础进行的；太阳辐照度的变化是根据树轮中的 ^{14}C、极地冰芯中的 ^{10}Be 或 ^{36}Cl 重建的，所采用的几组重建方法中太阳辐照度变化均较小（Wang et al., 2005；Steinhilber et al., 2009；Delaygue and Bard, 2011；Vieira et al., 2011）；土地利用变化的重建由两部分构成，涵盖了公元 800 年至今的时间段，其中对过去三个世纪的重建基于出版的全球农业面积和土地覆盖地图，而对更早期的重建是基于各国人口和农业活动的关系（Pongratz et al., 2008）。

三、过去 2000 年气候模拟

近期关于过去千年气候的模拟工作主要集中在分析不同气候指标，特别是在中世纪气候异常期（公元 900~1250 年）和小冰期（公元 1400~1750 年）两个典型时段的变化特征及机理。

对于过去千年气候变化特征模拟，许多研究表明各模式对温度的模拟结果比较一致，尤其是对于小冰期，模式能模拟出不同地区的降温，并且与地质记录较为一致（García-García et al., 2016；Shi et al., 2016；Parsons et al., 2017），而模拟的降水在不同模式之间存在一定差异，这可能和影响降水变化的因素较为复杂有关（Klein et al., 2016；Rojas et al., 2016；Parsons et al., 2017；Díaz and Vera, 2018）。小冰期气候的形成和维持一直是过去千年气候模拟的热点。早期的研究认为小冰期的降温主要是由火山活动和太阳活动共同导致的（Crowley, 2000；Shindell et al., 2003），而近期的研究更倾向于认为火山活动占主导作用，而太阳活动的作用可能因为不恰当的重建被夸大了（Atwood et al., 2016；Le et al., 2016；Owens et al., 2017）。鉴于火山活动的重要影响，国内外学者针对过去千年火山活动的气候效应深入开展了许多模拟工作（Timmreck, 2012；Swingedouw et al., 2017）。近期的研究发现，不同纬度的火山爆发会对太平洋海温产生不同的影响，进而通过调制厄尔尼诺和赤道辐合带改变全球气候（Colose et al., 2016；Stevenson et al., 2016；Zuo et al., 2018）。此外，近期针对台风（Yan et al., 2016）、西风带（Fallah et al., 2016b）和副极地涡旋（Moreno-Chamarro et al., 2017）等在过去千年的变化也开展了一些模拟研究。

四、轨道尺度古气候模拟

全新世中期和末次冰盛期是轨道尺度上两个广为研究的重要时期，近年来针对这两个时期东亚和全球气候已开展了一系列模拟研究。利用单个或多模式试验模拟表明，尽管模式间还存在差异，全新世中期轨道强迫引起中国年和冬季降温、夏季增温，年均有效降水增加，温度和降水季节性加大，海洋和植被反馈具有调制作用（Wang et al., 1999；Braconnot et al., 2007；Dallmeyer et al., 2010；Jiang et al., 2012, 2013a；Tian and Jiang, 2013）。中高纬度变暖和季节性加强共同导致该时期北半球永冻土区减小、季节性冻土扩张、冻土区北退、永冻土区活动层变厚。中国夏季多年冻土因北方偏暖而在东北退化、因局地偏冷而在青藏高原南部向低海拔扩张且活动层变厚，冬季变冷使得长江中下游季节冻土面积增加、南界向南推进（Liu and Jiang, 2016a, 2018）。全新世中期生长季在全球范围内变化不大但具有纬度变化差异，生长季温度和5℃以上生长天数（GDD5）在北半球中高纬度地区增加、其它地区减少（Harrison et al., 2014；Jiang et al., 2018）。该时期大尺度经向温度梯度和海陆热力对比变化造成东亚夏季风和冬季风增强、中国季风区范围和季风降水增加，全球季风区和季风降水增加、东亚季风区与其他区域季风系统协同变化（Liu et al., 2004；周波涛和赵平, 2009；Jiang et al., 2013b, 2015a；Zheng et al., 2013；田芝平和姜大膀, 2015；Wen et al., 2016；Tian and Jiang, 2018）。模拟显示全新世中期 ENSO 减弱、热带太平洋沃克环流加强并西移（Clement et al., 2000；Kitoh and Murakami, 2002；Zheng et al., 2008；Tian et al., 2017, 2018），这主要源于轨道强迫下亚洲和非洲季风降水以及相应的大尺度东西向环流变化导致的平均态信风增强。

单个或多模式试验结果模拟显示，末次冰盛期中国年均降温、有效降水减少，且随季节和区域有所不同。降温进一步导致中国冻土区扩张、永冻土区活动层变薄。这主要源于高纬度冰原扩张和低大气二氧化碳浓度驱动，同时受海洋和植被反馈作用的联合调制（Wang and Zeng, 1993；Yanase and Abe-Ouchi, 2007；Jiang et al., 2011；Saito et al., 2013, 2014；Liu and Jiang, 2016b；Tian and Jiang, 2016）。该时期全球降水和潜在蒸散发减少导致干湿变化总体很小，区域尺度干湿变化依赖于降水和潜在蒸散发变化的相对大小（Liu et al., 2018）。模拟显示末次冰盛期中高纬度生长季开始时间推迟、结束时间提前导致生长季长度变短，加之生长季变冷进一步造成 GDD5 减少（Harrison et al., 2014；Jiang et al., 2018）。该时期东亚冬季风强度变化总体上不大但在约 30°N 以北增强、以南减弱。东亚夏季风则显著减弱，中国季风区范围和季风降水均减少，北半球陆地季风区南移、季风区缩小和降水强度减弱共同导致全球季风降水减少（周波涛和赵平, 2009；Jiang and Lang, 2010；田芝平和姜大膀, 2015；Jiang et al., 2015b）。末次冰盛期北半球纬向平均的高空急流向北移动且欧亚大陆高空急流减弱、低空急流整体向南移动，多模式平均移动约 2~3°。前者与热带高层冷异常有关，后者与涡旋活动异常相联系（Wang et al., 2018a），这表征热带宽度的高层指标显示该时期热带变宽约 1 个纬度，中低层指标显示热带变窄 1~2 个纬度。前者与副热带地区水平和垂直温度梯度变化有关，后者与低层斜压性变化相联系（Wang et al., 2018b）。

地球运转轨道的周期性，主要表现在地球轨道偏心率、斜率、岁差三要素的准周期性变化。它会引起地球大气层顶部入射太阳辐射量的变化，并随纬度和季节不同产生差异，从而导致全球气候变化（Berger, 1978）。因地球轨道各参数的周期性可以精确计算出来，所以近些年来轨道尺度的古气候模拟研究取得了快速发展。第四纪冰期—间冰期的气候变化一直以来是研究的重点。近年来有关中更新世革命（大约发生在 80 万~120 万年前，期间冰期间冰期周期由 4 万年转变为 10 万年）和中布容事件（大约发生在 43 万年前，之后间冰期强度有系统性的增强）的机理研究也倍受关注。

由于计算资源的提升，轨道尺度的气候模拟现在不只局限在片段式的稳定态气候模拟试验，长时间的瞬变气候模拟也成为了常态。对于全新一代的地球系统模式（CMIP6），由于分辨率高，内部过程复杂，通常还是利用片段式模拟来对相应的气候时期进行研究，比如末次间冰期（127 千年之前），末次冰盛期（23 千年之前），中全新世（6 千年之前）这三个时间段是最新的古气候气候模式对比计划（PMIP4）的核心试验。当然，我们的地球系统一直处在变化中，片段式的稳定态模拟结果并不能完全真实重现当时的气候态。例如张等（Zhang et al., 2013）指出，冰盛期重建得到的强海洋垂直层结可能是形成于冰盛期之前、一个南极底层水生成极强的历史时期（e.g. 27 千年之前）。因此，想要完全重现记录中的气候演变过程，最理想的模拟手段是瞬变模拟——即通过实时改变边界条件来模拟一段历史时期的气候变化过程。比如何等（He et al., 2013）通过改变冰盖、温室气体、轨道参数等边界强迫首次完成了对末次冰消期的瞬变模拟，结果得到了古气候学界的广泛应用，这促使 PMIP4 设置专门的工作组来规范边界强迫的演变历史，使得多模式的瞬变结果更有可对比性。对于与现在背景相似的间冰期，尹和伯格（Yin and Berger, 2011, 2015）通过片段及瞬变试验对过去 80 万年来的不同间冰期气候，进行了系统性的研究及总结，但瞬变试验所需的计算资源依然远远高于片段试验。目前为止国内还没有相应的瞬变实验结果，但随着国内计算资源的大幅增多，在未来不久可望有新的产出。

对于更长时间尺度的气候变率的研究，比如前文提到的中更新世革命，复杂的气候模式一般很难通过瞬变实验来重现这一过程，这时我们需要利用简化版的气候模型，即中间复杂程度的气候模式（EMIC）进行研究。威尔莱特等（Willeit et al., 2019）利用包含冰川动力过程，碳循环等模块的CLIMBER-2 成功的对过去 300 万年的气候变化进行了瞬变模拟，并指出温室气体以及冰川下垫面性质变化对中更新世革命的发生有重要贡献。

总体来说，随着气候模式不断改进其对地球系统各组成部分及其之间复杂的相互作用过程的表现能力，我们对轨道尺度气候变率的动力机制有了更深入的认识。随着超级计算机计算能力的进一步提高，利用复杂的地球系统模式进行长时间周期的瞬变模拟将成为可能，从而使我们有望更为细致地了解气候系统内部反馈机理在气候演变中的作用。

五、构造尺度古气候模拟

构造尺度古气候模拟研究的时间尺度在百万年及其以上。在地球气候 46 亿年漫长演化的地质历史中，新生代是最近的一个地质时代，从 65 百万年 BP 开始一直持续到今天。在这个时代，地球上各大陆逐渐移动到现在的位置，并伴随着地形的强烈变化以及海道的开闭等。与此同时，新生代的全球温度表现为在波动中逐渐降低，两极冰盖也从无到有不断发展到当下的状态。东亚气候演化是新生代古气候研究中的热点，在东亚古气候模拟中考虑的气候强迫因子主要包括青藏高原形成、特提斯海退缩、全球变冷等。模拟研究表明，青藏高原的存在可通过增强海陆间热力差异和气压梯度来改变东亚大气环流和降水（Kutzbach et al., 1989；An et al., 2001；Liu and Yin, 2002；Jiang et al., 2008; Zhang et al., 2015b）。青藏高原是由于印度板块向北碰撞欧亚板块而逐渐隆起的（Molnar et al., 2010），其气候影响不仅取决于它的高度和范围（Kutzbach et al., 1989; An et al., 2001），而且还取决于它的纬度位置（Zhang et al., 2018a）。上述青藏高原地形效应的研究主要是利用大气环流模式开展的。随着气候模式的快速发展，利用复杂的海气耦合模式进行的敏感性模拟试验揭示，全球山脉对现代热盐环流强度的维持具有重要作用（Schmittner et al., 2011; Sinha et al., 2012; 孙瑜和杨海军, 2015）。最新的耦合模拟试验进一步表明，青藏高原在全球地形对热盐环流的影响中尤为关键。它通过大气环流过程导致北大西洋和北太平洋的大气水汽输送变化，从而引起洋盆间热盐环流的跷跷板响应（Fallah et al., 2016a; Su et al., 2018），这对解释新生代热盐环流的长期演变记录（Davies et al., 2001; Thomas, 2004）有参考意义。再者，一些研究还强调海陆分布变化对新生代古气候的重要作用（Ramstein et al., 1997; Zhang et al., 2007），例如，特提斯海退缩到图兰地区被认为是导致东亚古环境转变的关键因素（Zhang et al., 2007）。此外，源于大气温室气体含量减少以及两极冰盖生长的全球变冷也会对东亚季风气候演化产生重要影响（Ao et al., 2016; Zhang et al., 2018b）。

晚上新世是距离现在最近的地质暖期。该时期海陆分布已接近现在的格局，大气二氧化碳浓度与现在水平相当（~400ppm），而中高纬海表升温幅度较大，格陵兰冰盖大部分和南极冰盖的一部分出现融化，全球海平面上升了~22±10m，同时温带植被出现在北半球高纬，南极地区也有苔原。模拟结果显示，晚上新世全球年均地表气温比工业革命前高出 1.9~3.6°C（Haywood et al., 2013），与预估的 21 世纪末期气候状况类似。研究该时期气候可指示暖期气候对外界强迫的响应机制，并为预估未来变暖气候提供参考。至今已有大量模拟工作研究了该时期的季风活动（Jiang et al., 2005; Yan et al., 2012; Zhang et al., 2013; Li et al., 2018）。例如，PlioMIP 多模式模拟试验显示，相对于工业革命前，晚上新世东亚夏季风增强，东亚冬季风在中国季风区北部减弱、南部增强（Zhang *et al*., 2013），模拟得到的冬季风减弱和夏季风增强与地质证据定性一致。进一步的单强迫模拟试验表明，晚上新世海表温度、大气二氧化碳含量和冰盖变化的联合影响可显著增强该时期的东亚夏季风，而地形变化是导致中国季风区北部冬季风显著减弱的主导因子，并且晚上新世轨道强迫会使东亚季风出现明显的振荡（Zhang *et al*., 2015a）。

第七节 现代及古环境科学数据库

一、现代环境过程数据库

基于替代性指标进行古气候定量重建需要根据现代生态过程与环境之间建立函数关系，因此各种有机和无机指标的现代过程研究以及相应数据库的建立对古环境重建的可信度十分重要。随着计算机技术的飞速发展和大数据时代的来临，高分辨的古气候定量重建对建立大数据量的现代过程数据库基础的需求日益迫切。目前，众多的发达国家和部分发展中国家已经把跨区域和地区的资源环境信息的获取作为重要工作。美国航空航天局（National Aeronautics and Space Administration, NASA）、美国国家大气和海洋管理局（National Oceanic and Atmospheric Administration, NOAA），以及许多国际组织和学术机构均开展了大量的环境监测数据收集整理和资源共享。如世界气候研究计划（World Climate Research Programme, WCRP）、国际地圈生物圈计划（International Geosphere Biosphere Programme, IGBP）、全球环境变化的人类因素计划（International Human Dimensions Programme, IHDP）和生物多样性计划（DIVERSTATS）联合组建的地球系统科学联盟（Earth System Science Partnership, ESSP）为全球变化和全球资源环境问题提供了大量的基础数据，促进了地球系统数据整合与集成。

在国家、行业和科研需求的拉动下，中国加快部署了跨区域或全球尺度的环境科学数据资源收集、监测与建设工作。目前中国全球资源环境信息的获取、分析能力已得到大幅度提高，数据资源的发布和共享也达到了新的高度。国家地球系统科学数据共享服务平台（http://www.geodata.cn）自 2003 年建设以来，国内外数十个单位参与了平台的建设。目前已经整合共享了陆地表层系统和人地关系研究等研究领域所需要的大量数据资源。国家地球系统科学数据共享服务平台涉及全国和区域的地表过程与人地关系数据、综合集成数据产品、日地系统与空间环境数据等，已经为科技界和社会公众提供了大量的数据共享服务。此外，资源环境数据云平台（http://www.resdc.cn）也收集了大量的现代环境科学数据。如，基于 2001 年 5 月科学出版社出版的《1:1 000 000 中国植被图集》完成的中国 100 万植被类型空间分布数据，是国家自然资源和自然地理特征的基本数据。其 1km 栅格数据和矢量数据在资源环境数据云平台网站提供免费下载；又如中国气象背景数据集，它是基于全国 1 915 个站点的气象数据的原始数据库的月降水、月均温的基础上计算所获得的结果。其成品数据包括利用反向距离加权平均的方法内插出全国空间分辨率为 500m×500m 的年平均气温（Ta）、年平均降水量（Pa）、≥0 摄氏度积温、≥10 摄氏度积温、湿润指数（Index of Moisture, IM）空间分布数据集。诸多生物、生态、环境等分析或监测数据集及其替代性古气候指标已经成为相关研究必不可少的资源。

专门用于古环境定量重建的一些数据库建设近十几年也有较大的发展，如，用于孢粉—气候定量重建的大尺度孢粉数据库已经覆盖了全球大部分地区。近十几年来，中国和周边区域较大范围数据库也在逐步完善，如东亚地区的孢粉数据库已经超过 3 000 个现代孢粉数据样点（Zheng et al., 2014；Cao et al., 2014）。其中还融入了俄罗斯、日本等数据集资源。这些表土孢粉数据通过了多种方法的气候重建可信度检验，为化石孢粉的应用提供了重要的基础数据资源。

二、古环境科学数据库

建立古环境科学数据库与共享系统既是地球系统科学研究的需要，也是当前全球变化与可持续发展迫切的战略需求。通过整合离散的各类古环境数据，有助于促进过去气候环境变化的整体研究，了解地球系统发展历程，更深刻认识地球上正在发生的各种变化，为未来全球变暖的环境变化和生态响应研究提供大数据量的共享平台。

由于古环境数据的共享和数据集成是研究大尺度时空变化的重要资源，各国都在加快这方面的建设。目前国际上最具影响力的古环境科学数据共享资源是美国的国家地球物理数据中心（National Geophysical Data Center, NGDC）（http://www.ngdc.noaa.gov），其中的古气候数据来源于全球范围的各种研究成果（https://www.ncdc.noaa.gov/data-access/paleoclimatology-data）。该古气候学数据服务中心（World Data Service for Paleoclimatology）共享平台包括了绝大部分的古环境替代指标类型，如树木年轮、冰芯、珊瑚、海洋、湖泊沉积物等。数据内容通常包括按时间序列的地球物理和地球化学测试分析结果、生物化石统计数据结果，还包括一些定量重建的气候变量，如温度和降水等。但中国及东亚地区古环境研究数据在该数据共享网站收集的资料中较少，且分布不均匀。另外，美国的 Neotoma 数据库（https://www.neotomadb.org）是一个以孢粉数据为主的公共的古环境科学数据平台（Grimm *et al*., 2013; Goring *et al*., 2015）。该数据库网站为研究上新世至第四纪的物种分布、群落演化和气候重建，以及时空动态等内容提供了基础数据。该数据集的类型包括了孢粉、脊椎动物、介形虫等，最老的化石数据可达 500 万年。大部分数据均为元数据（包括完整的化石组合记录、地质年代学数据、地理位置等），但目前为止，亚洲的数据资源尚没有纳入该网站中。Neotoma 还提供了跨站点分析工具和软件，包括植物分类法或用户提供的分类法对分类进行标准化。与此相对应的其他次大陆级别开放数据库平台还有如欧洲孢粉数据库（EPD, European Pollen Database），其数据包含在欧亚大陆或靠近欧亚大陆的古环境记录（如湖泊沉积物、泥炭沼泽、海洋沉积物等）中收集的化石孢粉和现代孢粉元数据（http://www.europeanpollendatabase.net/）。

国内数据共享服务虽已有涉及古环境研究的单一学科或特定地区的数据资源，如中国气象科学数据共享网的树轮资料、中国西部环境与生态科学数据中心以及中国古生物数据等，但由于学科、研究领域等的限制，目前中国古环境研究领域的科学数据还处于单一、分散的管理模式。因此，专门针对古环境研究领域的综合数据共享服务还有待完善。东亚古环境科学数据库（http://paleo-data.ieecas.cn）依托于中国科学院地球环境研究所，是在原有古气候与古环境专题数据库基础上建立起来的国家地球系统科学数据共享平台的重要分支（赵宏丽等，2017），目前已初步建成包括陆地环境记录、海洋与湖泊记录、大气环境观测、古气候重建以及古气候模拟输出五大专题数据库，涵盖黄土、冰芯、湖泊、海洋、洞穴石笋、树轮等能反映过去气候和环境变化的物理、化学、生物学指标，如粒度、磁化率、同位素、有机质含量等。古气候重建的古温度、降水、植被、径流、风场等二次数据，海—气耦合模式、陆面过程模式等模式输出数据以及模式输出再分析所形成的增值数据，初步形成了古环境科学研究领域的综合数据库。

参考文献

Aguilar E. I., A.M. Brunet, *et al. Guidelines on climate metadata and homogenization.* 2003, WMO-TD No. 1186, WCDMP No. 53.
Aitken, M.J. *Thermoluminescence Dating.* 1985, Academic Press, London.
Aitken, M.J. *An Introduction to Optical Dating: the Dating of Quaternary Sediments by the Use of Photon-stimulated Luminescence.* 1998, Oxford University Press, Oxford.

Alexandersson H. 1986. A homogeneity test applied to precipitation data. *Journal of Climate*, 6.

Allan M., N. Fagel, M. van Rampelbergh, *et al.* Lead concentrations and isotope ratios in speleothems as proxies for atmospheric metal pollution since the industrial revolution. *Chemical Geology*, 2015, 401.

An W. L., X. H. Liu, S.W. Leavitt, *et al.* 2014. Relative humidity history on the Batang-Litang Plateau of western China since 1755 reconstructed from tree-ring δ18O and δD. *Climate Dynamics*, 2014, 42(9).

An Z. S., G. J. Kukla, S.C. Porter, *et al.* Magnetic susceptibility evidence of monsoon variation on the Loess Plateau of central China during the last 130,000 years. *Quaternary Research*, 1991, 36.

An Z. S., T. S. Liu, Y. C. Lu, *et al.* The long-term paleomonsoon variation recorded by the loess-paleosol sequence in Central China. *Quaternary International*, 1990, 7/8.

An Z., J. E. Kutzbach, W. L. Prell, *et al.* Evolution of Asian monsoons and phased uplift of the Himalaya–Tibetan plateau since Late Miocene times. *Nature*, 2001, 411.

Anderson W. T., S. M. Bernasconi, J. A. McKenzie, *et al.* Model evaluation for reconstructing the oxygen isotopic composition in precipitation from tree ring cellulose over the last century. *Chemical Geology*, 2002, 182(2).

Anhäuser T., M. Greule, F. Keppler. Stable hydrogen isotope values of lignin methoxyl groups of four tree species across Germany and their implication for temperature reconstruction. *Science of the Total Environment*, 2017, 579.

Ao H., A. P. Roberts, M. J. Dekkers, *et al.* Late Miocene-Pliocene Asian monsoon intensification linked to Antarctic ice-sheet growth. *Earth and Planetary Science Letters*, 2016, 444.

Appleby P. G. Chronostratigraphic Techniques in Recent Sediments, in: Last, W., Smol, J. (Eds.), Tracking Environmental Change Using Lake Sediments. *Springer Netherlands*, 2001.

Araguás-Araguás L., K. Froehlich and K. Rozanski. Stable isotope composition of precipitation over southeast Asia. *Journal of Geophysical Research-Atmospheres*, 1998, 103(D22).

Atwood A. R., E. Wu, D. M. W. Frierson, *et al.* 2016. Quantifying climate forcings and feedbacks over the last millennium in the CMIP5-PMIP3 models. *Journal of Climate*, 29.

Baker A., W. L. Barnes and P. L. Smart. 1996. Speleothem luminescence intensity and spectral characteristics: Signal calibration and a record of palaeovegetation change. *Chemical Geology*, 130(1-2).

Baker A., D. Genty and P. L. Smart. 1998a. High-resolution records of soil humification and paleoclimate change from variations in speleothem luminescence excitation and emission wavelengths. *Geology*, 26(10).

Baker A., E. Ito, P. L. Smart, *et al.* 1997. Elevated and variable values of 13C in speleothems in a British cave system. *Chemical Geology*, 136(3-4).

Baker R. G., L. A. Gonzalez, M. Raymo, *et al.* 1998b. Comparison of multiple proxy records of Holocene environments in the midwestern United States. *Geology*, 26(12).

Balsam W. L., B. C. Deaton and J. E. Damuth. 1999. Evaluating optical lightness as a proxy for carbonate content in marine sediment cores. *Marine Geology*, 161.

Bartlein P. J., I. C. Prentice and T. Webb III. 1985.Mean July temperature at 6000 yr BP in eastern North America: regression equations for estimates from fossil-pollen data. In: Harington, C.R. (Ed.), *Climatic Change in Canada 5: Critical Periods in the Quaternary Climatic History of Northern North America Syllogeus*, 55.

Baskaran M. and T. M. Iliffe. 1993. Age determination of recent cave deposits using excess 210Pb: a new technique. *Geophysical Research Letters*, 20(7).

Battistel D., *et al.* 2018. High-latitude Southern Hemisphere fire history during the mid- to late Holocene (6000–750 BP). *Climate of the Past*, 2018, 14(6).

Beck J. W., W.J. Zhou, C. Li, *et al.* A 550,000-year record of East Asian monsoon rainfall from 10 Be in loess. *Science,* 2018, 360(6391).

Beck J. W., R. L. Edwards, E. lto, *et al.* 1992, Seasurface temperature from coral skeletal strontium/ calcium ration. *Science*, 257.

Beer J., S. Tobias and N. Weiss. 1998. An active sun throughout the Maunder Minimum. *Solar Physics*, 181(1).

Bemis B. E., H. J. Spero, J. Bijma, *et al.* 1998. Reevaluation of the oxygen isotopic composition of planktonic foraminifera: Experimental results and revised paleotemperature equations. *Paleoceanography*, 13(2).

Berger A. 1978. Long-term variations of daily insolation and Quaternary climatic changes. *Journal of the Atmospheric Sciences*, 35.

Berner R. A., Z. Kothavala. 2001, Ueocarb III: A revised model 01 atmospheric CO_2 over Phanerozoic time. *American Journal of Science*, 301.

Berner R. A. 1994, Geocarb II: A revised model of atmospheric CO_2 over Phanerozoic time. *American Journal of Science*, 294.

Berner R. A. 2001. Modeling atmospheric O2 over Phanerozoic time. *Geochimica et Cosmochimica Acta*, 65.

Berner R. A. 2008. Addendum to inclusion of the weathering of volcanic rocks in the GEOCARBSULF model. *American Journal of Science*, 308.108.

Biondi F., K. Waikul. 2004. DENDROCLIM2002: A C++ program for statistical calibration of climate signals in tree-ring chronologies. *Computers and Geosciences*, 30(3).

Birks H. J. B. 1980. *Quaternary Palaeoecology*. London: Blackburn Press, New Jersey.

Birks H.J.B. 1995. Quantitative palaeoenvironmental reconstructions. In: Maddy, D., Brew, J.S. (Eds.), Statistical Modelling of Quaternary Scicene Data. Technical Guide. *Quaternary Research Association*, Cambridge, 5.

Blasing T. J., D. N. Duvick and D. C. West. 1981. Dendroclimatic calibration and verification using regionally averaged and single station precipitation data. *Tree Ring Bulletin*, 41.

Blyth A. J. and S. Schouten. 2013. Calibrating the glycerol dialkyl glycerol tetraether temperature signal in speleothems. *Geochimica Et Cosmochimica Acta*, 109.

Blyth A. J., A. Asrat, A. Baker, et al. 2007. A new approach to detecting vegetation and land-use change using high-resolution lipid biomarker records in stalagmites. *Quaternary Research*, 68(3).

Blyth A. J., A. Baker, M. J. Collins, et al. 2008. Molecular organic matter in speleothems and its potential as an environmental proxy. *Quaternary Science Reviews*, 27(9-10)1.

Blyth A. J., A. Baker, L. E. Thomas, et al. 2011. A 2000-year lipid biomarker record preserved in a stalagmite from north-west Scotland. *Journal of Quaternary Science*, 26(3).

Blyth A. J., P. Farrimond and M. Jones. 2006. An optimised method for the extraction and analysis of lipid biomarkers from stalagmites. *Organic Geochemistry*, 37(8).

Blyth A. J., C.N. Jex, A. Baker, et al. 2014. Contrasting distributions of glycerol dialkyl glycerol tetraethers (GDGTs) in speleothems and associated soils. *Organic Geochemistry*, 69.

Blyth A. J., J. S. Watson, J. Woodhead, et al. 2010. Organic compounds preserved in a 2.9 million year old stalagmite from the Nullarbor Plain, Australi. *Chemical Geology*, 279(3-4).

Bose T., S. Sengupta S, S. Chakraborty, et al. 2016. Reconstruction of soil water oxygen isotope values from tree ring cellulose and its implications for paleoclimate studies. *Quaternary International*, 425.

Bosle J. M., S. A. Mischel, A. L. Schulze, et al. 2014. Quantification of low molecular weight fatty acids in cave drip water and speleothems using HPLC-ESI-IT/MS - development and validation of a selective method [J]. *Analytical and Bioanalytical Chemistry*, 406(13).

Bourne M. D., J. M. Feinberg, B. E. Strauss, et al. 2015. Long-term changes in precipitation recorded by magnetic minerals in speleothems. *Geology*, 43(7).

Braconnot P., B. Otto-Bliesner, S. Harrison, et al. 2007. Results of PMIP2 coupled simulations of the mid-Holocene and last glacial maximum – Part 1: experiments and large-scale features. *Climate of the Past*, 3.

Breitenbach S. F. M., K. Rehfeld, B. Goswami, et al. 2012. Constructing Proxy Records from Age models (COPRA). *Climate of the Past*, 8(5).

Brook G. A., M.A. Rafter, L. B. Railsback, et al. 1999. A high-resolution proxy record of rainfall and ENSO since AD 1550 from layering in stalagmites from Anjohibe Cave, Madagascar. *Holocene*, 9(6).

Cai *et al*. 2017. Archaeointensity results spanning the past 6 kiloyears from eastern China and implications for extreme behaviors of the geomagnetic field. *Proceedings of the National Academy of the Sciences of the United States of America*, 114.

Cai Y. J., L. C. Tan, H. Cheng, *et al*. 2010. The variation of summer monsoon precipitation in central China since the last deglaciation. *Earth and Planetary Science Letters*, 291(1-4).

Cai Y.J., I. Y. Fung and R. L. Edwards, 2015. Variability of stalagmite-inferred Indian monsoon precipitation over the past 252,000 y, *PNAS*, 112(10).

Cande S. C., D. V. Kent, 1992. A New Geomagnetic Polarity Time Scale for the Late Cretaceous and Cenozoic. *Journal of Geophysical Research 97*(B10).

Cao X. Y., Herzschuh, Ulrike, Telford, Richard J., *et al*. 2014. A modern pollen–climate dataset from china and mongolia: assessing its potential for climate reconstruction. *Review of Palaeobotany & Palynology*, 211.

Carolin S. A., R. T. Walker, C. C. Day, *et al*. 2019. Precise timing of abrupt increase in dust activity in the Middle East coincident with 4.2 ka social change. *Proceedings of the National Academy of Sciences of the United States of America*, 116(1).

Castañeda, I. S. and S. Schouten, 2011. A review of molecular organic proxies for examining modern and ancient lacustrine environments. *Quaternary Science Reviews*, 30.

Cerling T. E. 1999. Palaeoweathering, palaeosurfaces and related continental deposits //Simon-Coincon R. Special Publication of the International Association of Sedimentologists. *Cambridge: Blackwell*, 1999.

Channell J. E. T., A. Mazaud, S. Sullivan, *et al*. 2002. Geomagnetic excursions and paleointensities in the Matuyama chron at Ocean Drilling Program sites 983 and 984 (Iceland Basin). *Journal of Geophysical Research: Solid Earth* , 107(B6).

Channell J. E. T., C. Xuan and A. D. Hodell, 2009. Stacking paleointensity and oxygen isotope data for the last 1.5 Myr (PISO-1500). *Earth and Planetary Science Letters* 283: 14-23 Guyodo Y, J. P. Valet, 1999. Global changes in intensity in the Earth's magnetic field during the past 800 kyr. *Nature* 399.

Channell J. E. T., D. A. Hodell, B. S. Singer, C. Xuan, 2010. Reconciling astrochronological and 40Ar/39Ar ages for the Matuyama‐Brunhes boundary and late Matuyama Chron, *Geochemistry, Geophysics, Geosystems*. 11, Q0AA12.

Channell, J. E. T., 2006. Late Brunhes polarity excursions (Mono Lake, Laschamp, Iceland Basin and Pringle Falls) recorded at ODP Site 919 (Irminger Basin). *Earth and Planetary Science Letters* 244.

Chen X. Y. *et al*. 2016. Clarifying the distal to proximal tephrochronology of the Millennium

(B–Tm) eruption, Changbaishan Volcano, northeast China. *Quaternary Geochronology*, 33.

Chen F., J. Liu, Q. Xu et al. 2013b. Environmental magnetic studies of sediment cores from Gonghai Lake: implications for monsoon evolution in North China during the late glacial and Holocene. *Journal of Paleolimnology*, 49.

Chen F., M. Qiang, A. Zhou, et al. 2013a. A 2000-year dust storm record from Lake Sugan in the dust source area of arid China. *Journal of Geophysical Research: Atmospheres*, 118.

Chen, G., H. Zheng, J. Li, et al. 2008. Dynamic control on grain-size distribution of terrigenous sediments in the western South China Sea: Implication for East Asian monsoon evolution. *Chinese Science Bulletin*, 53.

Chen J., G. Wan, D. Zhang, et al. 2004. Environmental records of lacustrine sediments in different time scales: Sediment grain size as an example. *Science in China Series D-Earth Sciences*, 47.

Cheng H. et al. 2018. Atmospheric 14C/12C changes during the last glacial period from Hulu Cave. *Science*, 362.

Cheng H., R. L. Edwards, W. S. Broecker, et al. 2009. Ice age terminations. *Science*, 326(5950).

Cheng H., R. L. Edwards, C. C. Shen, et al. 2013. Improvements in 230Th dating, 230Th and 234U half-life values, and U-Th isotopic measurements by multi-collector inductively coupled plasma mass spectrometry. *Earth and Planetary Science Letters*, 371.

Cheng H., R. L. Edwards, A. Sinha, et al. 2016a. The Asian monsoon over the past 640,000 years and ice age terminations. *Nature*, 534(7609).

Cheng H., C. Spöetl, S. F. M. Breitenbach, et al. 2016b. Climate variations of Central Asia on orbital to millennial timescales. *Scientific Reports*, 6.

Chou Y. M., X. Y. Jiang, Q. S. Liu, et al. 2018. Multidecadally resolved polarity oscillations during a geomagnetic excursion. *PNAS*, 115(36).

Chu Ko-Chen. 1973. A preliminary study on the climatic fluctuations during the last 5000 years in China. *Scientia Sinica*, 16(2).

Clement A. C., R. Seager and M. A. Cane. 2000. Suppression of El Niño during the mid-Holocene by changes in the Earth's orbit. *Paleoceanography*, 15.

CLIMAP Project Members. 1981. Seasonal reconstructions of the Earth's surface at the last glacial maximum. *Geological Society of America Map Chart Series MC-36*, Geological Society of America, Boulder, Colorado.

Cole-Dai J., D. Ferris, A. Lanciki, et al. 2009. Cold decade (AD 1810~1819) caused by Tambora (1815) and another (1809) stratospheric volcanic eruption. *Geophysical Research Letters*, 36(22) , L22703.

Colose C. M., A. N. Legrande and M. Vuille, 2016. Hemispherically asymmetric volcanic forcing of tropical hydroclimate during the last millennium. *Earth System Dynamics*, 7.

Condomines M and S. Rihs, 2006. First 226Ra-210Pb dating of a young speleothem. Earth and Planetary Science Letters, 250(1-2).

Cook E. R. and L. A. Kairiukstis, 1990. *Methods of dendrochronology: applications in the environmental sciences*. Dordrecht: Kluwer Academic Publishers.

Cox A., R. R. Doell and G. B. Dalrymple, 1963. Geomagnetic polarity epochs' Sierra Nevada II. *Science* 142.

Cox A., R. R. Doell and G. B. Dalrymple, 1964. Reversals of the Earth's Magnetic Field. *Science* 144(3626).

Cox R., D. R. Lowe and R. L. Cullers, 1995. The influence of sediment recycling and basement composition on evolution of mudrock chemistry in the southwestern United States. *Geochimica et Cosmochimica Acta*, 59.

Craig H. and C. D. Keeling, 1963. The effects of atmospheric NO_2 on the measured isotopic composition of atmospheric CO_2. *Geochimica Et Cosmochimica Acta*, 27(May).

Craig H., L. I. Gordon and Y. Horibe, 1965. Isotopic exchange effects in the evaporation of water, low-temperature experimental results. *Journal of Geophysics Research*, 68.

Craig H. 1961. Isotope Variations in Meteoric Water. *Science*. 133.

Crowley T. J., G. Zielinski, B. Vinther, *et al.* 2008. Volcanism and the little ice age. *PAGES Newsletter*, 16.

Crowley T. J., 2000. Causes of climate change over the past 1000 years. *Science*, 289.

Dallmeyer A., M. Claussen and J. Otto, 2010. Contribution of oceanic and vegetation feedbacks to Holocene climate change in monsoonal Asia. *Climate of the Past*, 6.

Dang, H., Z. Jian, J. Wu, F. Bassinot, *et al.* 2018. The calcification depth and Mg/Ca thermometry of Pulleniatina obliquiloculata in the tropical Indo-Pacific: A core-top study. *Marine Micropaleontology* 145.

Dang, X., W. Ding, H. Yang, *et al.* 2018. Different temperature dependence of the bacterial brGDGT isomers in 35 Chinese lake sediments compared to that in soils. *Organic Geochemistry*.

Daniels F., C. A. Boyd and D. F. Saunders, 1953. Thermoluminescence as a research tool. *Science*, 117.

Davies R., J. Cartwright, J. Pike and C. Line. 2001. Early Oligocene initiation of North Atlantic deep water formation. *Nature*, 410.

Dearing J. A., 1997. Sedimentary indicators of lake-level changes in the humid temperate zone: a critical review. *Journal of Paleolimnology*, 18.

Dekens P. S., D. W. Lea, D. K. Pak, *et al.* 2002. Core top calibration of Mg/Ca in tropical foraminifera: Refining paleotemperature estimation. *Geochemistry, Geophysics, Geosystems*,

3(4).

Delaygue G. and E. Bard, 2011. An Antarctic view of Beryllium-10 and solar activity for the past millennium. *Climate Dynamics*, 36.

Denniston R. F., L. A. González, Y. Asmerom, *et al*. 2000. Speleothem evidence for changes in Indian summer monsoon precipitation over the last ∼2300 years. *Quaternary Research*, 53(2).

Denniston F., Y. Asmerom, V. J. Polyak, *et al*. 2017. Decoupling of monsoon activity across the norther and southern indo-pacific during the late glacial. *Quaternary Science Reviews*, 176(5).

Díaz L. B. and C. S. Vera, 2018. South American precipitation changes simulated by PMIP3/CMIP5 models during the Little Ice Age and the recent global warming period. *International Journal of Climatology*, 38.

Díaz S. C., M. D. Therrell, D. W. Stahle, *et al*. 2002. Chihuahua (Mexico) winter-spring precipitation reconstructed from tree-rings, 1647-1992. *Climate Research*, 22(3).

Dietze E., K. Hartmann, B. Diekmann, *et al*. 2012. An end-member algorithm for deciphering modern detrital processes from lake sediments of Lake Donggi Cona, NE Tibetan Plateau, China. *Sedimentary Geology*, 243-244.

Ding Z. L., J. M. Sun, T. S. Liu, *et al*. 1998. Wind-blown origin of the Pliocene red clay formation in central Loess Plateau, China. *Earth and Planetary Science Letters*, 161.

Ding Z. L., Z. W. Yu, N. W. Rutter, *et al*. 1994. Toward an orbital time scale for Chinese loess deposits. *Quaternary Science Reviews*, 13.

Dorale J. A., R. L. Edwards, E. Ito, *et al*. 1998. Climate and vegetation history of the midcontinent from 75 to 25 ka: A speleothem record from Crevice Cave, Missouri, USA. *Science*, 282(5395).

Dorale J. A., L. A. González, M. K. Reagan, *et al*. 1992. A high-resolution record of Holocene climate change in speleothem calcite from Cold Water Cave, northeast Iowa. *Science*, 258(5088).

Dreybrodt W., J. Lauckner, Z. H. Liu, *et al*. 1996. The kinetics of the reaction $CO_2.H_2O->H^++HCO3^-$ as one of the rate limiting steps for the dissolution of calcite in the system $H_2O-CO_2-CaCO_3$. *Geochimica Et Cosmochimica Acta*, 60(18).

Du Y. J., W. J. Zhou, F. Xian, *et al*. 2018. 10Be signature of the Matuyama-Brunhes transition from the Heqing paleolake basin. *Quaternary Science Reviews*, 199.

Duan Z., Q. Liu, X. Yang, *et al*. 2014. Magnetism of the Huguangyan Maar Lake sediments, Southeast China and its paleoenvironmental implications. *Palaeogeography, Palaeoclimatology, Palaeoecology*, 395.

Duller G. A. T., 2008. Single-grain optical dating of Quaternary sediments: why aliquot size matters in luminescence dating. *Boreas*, 37.

Easterling D. R., T. C. Peterson, 1995. A new method for detecting and adjusting for undocumented discontinuities in climatological time series. *International Journal of Climate*, 15.

Edwards R. L., J. H. Chen and G. J. Wasserburg, 1987. 238U, 234U, 230Th, 232Th systematics and the precise measurement of time over the past 500000 years. *Earth and Planetary Science Letters*, 81(2-3).

Elderfield H., 2002. Carbonate Mysteries. *Science*, 296.

Emiliani C., 1955. Pleistocene temperatures. *The Journal of Geology*, 63(6).

Erez J. and B. Luz, 1983. Experimental paleotemperature equation for planktonic foraminifera. *Geochimica et Cosmochimica Acta*, 47(6).

Fairchild I. J. and P. C. Treble, 2009. Trace elements in speleothems as recorders of environmental change. *Quaternary Science Reviews*, 28(5-6).

Fallah B., U. Cubasch, K. Prömmel, *et al*. 2016a. A numerical model study on the behaviour of Asian summer monsoon and AMOC due to orographic forcing of Tibetan Plateau. *Climate Dynamics*, 47.

Fallah B., S. Sodoudi and U. Cubasch, 2016b. Westerly jet stream and past millennium climate change in Arid Central Asia simulated by COSMO-CLM model. *Theoretical and Applied Climatology*, 124.

Fleitmann D., S. J. Burns, M. Mudelsee, *et al*. 2003. Holocene forcing of the Indian monsoon recorded in a stalagmite from Southern Oman. *Science*, 300(5626).

Francey R. J., C. E. Allison, D. M. Etheridge, *et al*.1999. A 1000-year high precision record of δ13C in atmospheric CO_2. *Tellus B: Chemical and Physical Meteorology*, 51(2).

Franke J., G. R. J. Fidel, F. David, *et al*. 2010, 200 years of European temperature variability: Insights from and tests of the proxy surrogate reconstruction analog method, *Climate Dynamics*, 37(1-2).

Fritts H. C. *Tree rings and climate.* New York: Academic Press, 1976.

Fritz S. C., S. Juggins, R. W. Battarbee, *et al*. 1991. Reconstruction of past changes in salinity and climate using a diatom-based transfer function. *Nature*, 352.

Gao C. C., A. Robock and C. Ammann, 2008. Volcanic forcing of climate over the past 1500 years: An improved ice core-based index for climate models. *Journal of Geophysical Research*, 113: D2311.

García-García A., F. J. Cuesta-Valero, H. Beltrami, *et al*. 2016. Simulation of air and ground temperatures in PMIP3/CMIP5 last millennium simulations: implications for climate reconstructions from borehole temperature profiles. *Environmental Research Letters*, 11: 044022.

Ge Q. S., H. L. Liu, X. Ma, et al. 2017. Characteristics of temperature change in China over the last 2000 years and spatial patterns of dryness/wetness during cold and warm periods. *Advances in Atmospheric Sciences*, 34(8).

Genty D. and Y. Quinif, 1996. Annually laminated sequences in the internal structure of some Belgian stalagmites-Importance for paleoclimatology. Journal of Sedimentary Research, 66(1).

Genty D., A. Baker, M. Massault, et al. 2001. Dead carbon in stalagmites: Carbonate bedrock paleodissolution vs. ageing of soil organic matter. Implications for 13C variations in speleothems. *Geochimica Et Cosmochimica Acta*, 65(20).

Genty D., D. Blamart, R. Ouahdi, et al. 2003. Precise dating of Dansgaard-Oeschger climate oscillations in western Europe from stalagmite data. *Nature*, 421(6925).

Genty D., B. Vokal, B. Obelic, et al. 1998. Bomb 14C time history recorded in two modern stalagmites-importance for soil organic matter dynamics and bomb 14C distribution over continents. *Earth and Planetary Science Letters*, 160(3-4).

Goede A., M. McCulloch, F. McDermott, et al. 1998. Aeolian contribution to strontium and strontium isotope variations in a Tasmanian speleothem. *Chemical Geology*, 149(1-2).

Goring S., A. Dawson, G. L. Simpson, et al. 2015. neotoma: A Programmatic Interface to the Neotoma Paleoecological Database. *Open Quaternary*, 1(1), part2.

Grießinger J., A. Bräuning, G. Helle, et al. 2016. Late Holocene relative humidity history on the southeastern Tibetan plateau inferred from a tree-ring δ18O record: Recent decrease and conditions during the last 1500 years. *Quaternary International*, 430.

Griffiths M. L., A. K. Kimbrough, M. K. Gagan, et al. 2016. Western Pacific hydroclimate linked to global climate variability over the past two millennia. *Nature Communications*, 7.

Grimm E., R. Bradshaw, S. Brewer, et al. 2013. Databases and their application In: Elias, S. and Mock, C. J. eds. *Encyclopaedia of Quaternary Science*. Elsevier.

Grimm E. C., L. J. Maher Jr. and D. M. Nelson, 2009. The magnitude of error in conventional bulk-sediment radiocarbon dates from central North America. *Quaternary Research*, 72.

Guiot J., 1987. Late quaternary climatic change in France estimated from multivariate pollen time series. *Quaternary Research*, 28(1).

Guiot J., F. Torre, D. Jolly, et al. 2000. Inverse vegetation modeling by Monte Carlo sampling to reconstruct palaeoclimates under changed precipitation seasonality and CO_2 conditions: Application to glacial climate in Mediterranean region. *Ecol Model*, 127.

Guiot J., A. Pons, de Beaulieu, et al. 1989. A 140,000-year continental climate reconstruction from two European pollen records. *Nature*, 338.

Guo Z. T., W. F. Ruddiman, Q. Z. Hao, et al. 2002. Onset of Asian desertification by 22 Myr ago inferred from loess deposits in China. *Nature*, 416.

Guo Z., P. Biscaye, L. Wei, et al. 2000. Summer monsoon variations over the last 1.2 Ma from the weathering of loess - soil sequences in China. *Geophysical Research Letters*, 27.

Guo, Y., W. Deng, X. Chen, *et al*. 2016. Saltier sea surface water conditions recorded by multiple mid-Holocene corals in the northern South China Sea. *Geophys. Res. Oceans*, 632.

Guo, Y. R, W. F. Deng, G. J. Wei, *et al*. 2019. Clumped isotopic signatures in land-snail shells revisited: Possible palaeoenvironmental implications. *Chemical Geology*, 519.

Guyodo Y. and J. P. Valet, 1996. Relative variations in geomagnetic intensity from sedimentary records: the past 200,000 years. *Earth and Planetary Science Letters*, 143.

Guyodo Y. and J. P. Valet, 1999. Global changes in intensity in the Earth's magnetic field during the past 800 kyr. *Nature*, 399.

Hafner P., D. McCarroll, I. Robertson, *et al*. 2014. A 520 year record of summer sunshine for the eastern European Alps based on stable carbon isotopes in larch tree rings. *Climate Dynamics*, 43(3).

Hammer C. U., 1977. Past volcanism revealed by Greenland ice sheet impurities. *Nature*, 270 (5637). .

Hansen K. W. and K. Wallmann, 2003. Cretaceous and Cenozoic evolution of seawater composition, atmospheric O_2 and \ CO_2: A model perspective. *American Journal of Science*, 303.

Hao Q. Z., L. Wang, F. Oldfield, *et al*. 2012. Delayed build-up of Arctic ice sheets during 400,000-year minima in insolation variability. *Nature*, 490.

Hao Z. X., Y. Z. Yu, Q. S. Ge, *et al*. 2018. Reconstruction of high-resolution climate data over China from rainfall and snowfall records in the Qing Dynasty. *Wiley Interdisciplinary Reviews-Climate Change*, 9, 3.

Harrison S. P., P. J. Bartlein, S. Brewer, *et al*. 2014. Climate model benchmarking with glacial and mid-Holocene climates. *Climate Dynamics*, 43.

Hastings D.W., M. Kienast, S. Steinke, *et al*. 2001. A comparison of three independent paleotemperature estimates from a high resolution record of deglacial SST records in the tropical South China Sea, Agu Fall Meeting.

Haywood A. M., D. J. Hill, A. M. Dolan, *et al*. 2013. Large-scale features of Pliocene climate: results from the Pliocene Model Intercomparison Project. *Climate of the Past*, 9.

He F., J. D. Shakun, P. U. Clark, *et al*. 2013: Northern Hemisphere forcing of Southern Hemisphere climate during the last deglaciation. *Nature*, 494.

Hellstrom J. C. and M. T. McCulloch, 2000. Multi-proxy constraints on the climatic significance of trace element records from a New Zealand speleothem. *Earth and Planetary Science Letters*, 179(2).

Helmke J. P., M. Schulz and H. A. Bauch, 2002. Sediment-Color Record from the Northeast Atlantic Reveals Patterns of Millennial-Scale Climate Variability during the Past 500,000

Years. *Quaternary Research*, 57.

Henderson G. M., 2006. Caving in to new chronologies. *Science*, 313(5787).

Hendy C. H., 1971. The isotopic geochemistry of speleothems 1. The calculation of the effects of different modes of formation on the isotopic composition of speleothems and their applicability as paleoclimatic indicators. *Geochimica Et Cosmochimica Acta*, 35(8).

Hinrichs J. and B. Schnetger, 1999. A fast method for the simultaneous determination of 230Th, 234U and 235U with isotope dilution sector field ICP-MS. *Analyst*, 124(6).

Holmes R. L., 1983. Computer-assisted quality control in tree-ring dating and measurement. *Tree-ring Bulletin*, 43.

Hopmans E. C., J. W. Weijers, E. Schefuß, *et al.* 2004. A novel proxy for terrestrial organic matter in sediments based on branched and isoprenoid tetraether lipids. *Earth and Planetary Science Letters*, 224(1-2).

Hu C. Y., G. M. Henderson, J. H. Huang, *et al.* 2008. Quantification of Holocene Asian monsoon rainfall from spatially separated cave records. *Earth and Planetary Science Letters*, 266(3-4).

Hu R., A. M. Piotrowski, 2018. Neodymium isotope evidence for glacial-interglacial variability of deepwater transit time in the Pacific Ocean. *Nature Communication*, 9.

Hu Y., B. Marwick, J. Zhang, *et al.* 2018. Late Middle Pleistocene Levallois stone-tool technology in southwest China. *Nature*, 565.

Huang X. Y., J. W. Cui, Y. Pu, *et al.* Identifying "free" and "bound" lipid fractions in stalagmite samples: an example from Heshang Cave, Southern China. *Applied Geochemistry*, 2008, 23(9).

Huang Y. M., I. J. Fairchild, A. Borsato, *et al.* 2001. Seasonal variations in Sr, Mg and P in modern speleothems (Grotta di Ernesto, Italy). *Chemical Geology*, 175(3-4).

Huang E., Y. Chen, S. Enno, *et al.* 2018. Precession and glacial-cycle controls of monsoon precipitation isotope changes over east asia during the pleistocene. *Earth and Planetary Scienc Letters*, 494.

Huang K. F., C. F. You, H. L. Lin, *et al.* 2008. In situ calibration of Mg/Ca ratio in planktonic foraminiferal shell using time series sediment trap: A case study of intense dissolution artifact in the South China Sea. *Geochemistry, Geophysics, Geosystems*, 9(4).

Huang Y., F. A. Street-Perrott, S. E. Metcalfe, *et al.* 2001. Climate change as the dominant control on glacial-interglacial variations in C3 and C4 plant abundance. *Science*, 293.

Huguet C., J. Routh, S. Fietz, *et al.* 2018. Temperature and monsoon tango in a tropical stalagmite: last glacial-interglacial climate dynamics. *Scientific Reports*, 8(1).

Huntley B., 1993. The Use of Climate Response Surfaces to Reconstruct Paleoclimate from Quaternary Pollen and Plant Macrofossil Data. *Philosophical Transactions of the Royal*

Society of London Series B-Biological Sciences, 341.

Huntley D. J., D. I. Godfrey-Smith and M. L. W. Thewalt, 1985. Optical dating of sediments. *Nature*, 313.

Hütt G., I. Jaek and J. Tchonka, 1988. Optical dating: K-feldspars optical response stimulation spectra. *Quaternary Science Reviews*, 7.

Imbrie J., N. G. Kipp and K. K. Turekian, 1971. *A new micropaleontological method for paleoclimatology: Application to a late Pleistocene Caribbean core: The Late Cenozoic Glacial Ages*. Yale University Press, New Haven and London.

Imbrie J. and N. G. Kipp, 1971. *A new micropaleontological method for quantitative paleoclimatology: application to a late Pleistocene Caribbean core*. Yale University Press.

Imbrie J., J. D. Hays, D. G. Martinson, et al. 1984. The orbital theory of Pleistocene climate: Support from a revised chronology of the marine delta o-18 record, in: A. L .Berger, J. Imbrie, J. D. Hays, G. Kukla, B. Saltzman, (Eds.), *Milankovitch and climate: Understanding the response to astronomical forcing*. Dreidel, Palisades, New York, U.S.A.

Imbrie J. and J. Z. Imbrie, 1980. Modeling the climatic response to orbital variations. *Science*, 207.

Jacobs Z., 2008. Luminescence chronologies for coastal and marine sediments. *Boreas*, 37.

Jacobs Z., B. Li, M. V. Shunkov, et al. 2019. Timing of archaic hominin occupation of Denisova Cave in southern Siberia. *Nature*, 565.

Ji J., W. Balsam and J. Chen, 2001. Mineralogic and climatic interpretations of the Luochuan loess section (China) based on diffuse reflectance spectrophotometry. *Quaternary Research*, 56.

Ji J., J. Shen, W. Balsam, et al. 2005. Asian monsoon oscillations in the northeastern Qinghai–Tibet Plateau since the late glacial as interpreted from visible reflectance of Qinghai Lake sediments. *Earth and Planetary Science Letters*, 233.

Jia G., Y. Bai, X. Yang, et al. 2015. Biogeochemical evidence of Holocene East Asian summer and winter monsoon variability from a tropical maar lake in southern China. *Quaternary Science Reviews*, 111.

Jiang D., and X. Lang, 2010. Last glacial maximum East Asian monsoon: Results of PMIP simulations. *Journal of Climate*, 23.

Jiang D, Z. Ding, D. Helge and Y. Gao, 2008. Sensitivity of East Asian climate to the progressive uplift and expansion of the Tibetan Plateau under the mid-Pliocene boundary conditions. *Advances in Atmospheric Sciences*, 25.

Jiang D, X. Lang, Z. Tian, et al. 2011. Last glacial maximum climate over China from PMIP simulations. *Palaeogeography, Palaeoclimatology, Palaeoecology*, 309.

Jiang D, X. Lang, Z. Tian, et al. 2012. Considerable model–data mismatch in temperature over

China during the mid-Holocene: Results of PMIP simulations. *Journal of Climate*, 25.

Jiang D, X. Lang, Z. Tian, *et al*. 2013b. Mid-Holocene East Asian summer monsoon strengthening: Insights from Paleoclimate Modeling Intercomparison Project (PMIP) simulations. *Palaeogeography, Palaeoclimatology, Palaeoecology*, 369.

Jiang D, Y. Sui, X. Lang, *et al*. 2018. Last glacial maximum and mid-Holocene thermal growing season simulations. J*ournal of Geophysical Research: Atmospheres*, 123.

Jiang D, Z. Tian and X. Lang, 2013a. Mid-Holocene net precipitation changes over China: model–data comparison. *Quaternary Science Reviews*, 82.

Jiang D, Z. Tian and X. Lang, 2015a. Mid-Holocene global monsoon area and precipitation from PMIP simulations. *Climate Dynamics*, 44.

Jiang D, Z. Tian, X. Lang, *et al*. 2015b. The concept of global monsoon applied to the last glacial maximum: A multi-model analysis. *Quaternary Science Reviews*, 126.

Jiang D, H. J. Wang, Z. L. Ding, *et al*. 2005. Modeling the middle Pliocene climate with a global atmospheric general circulation model. *Journal of Geophysical Research: Atmospheres*, 110.

Jin Z. D., S. M. Wang, J. Shen, *et al*. 2001. Chemical weathering since the little ice age recorded in lake sediments: A high-resolution proxy of past climate. *Earth Surface Processes and Landforms*, 26.

Johnson K. R., C. Y. Hu, N. S. Belshaw, *et al*. 2006. Seasonal trace-element and stable-isotope variations in a Chinese speleothem: the potential for high-resolution paleomonsoon reconstruction. *Earth and Planetary Science Letters*, 244(1-2).

Jones P. D. and M. E. Mann., 2004. Climate over past millennia. *Reviews of Geophysics*, 42(2).

Joos F, and R. Spahni, 2008. Rates of change in natural and anthropogenic radiative forcing over the past 20,000 years. *Proceedings of the National Academy of Sciences of the United States of America*, 105.

Joussaume S. and K. E. Taylor, 1995. Status of the Paleoclimate Modeling Intercomparison Project (PMIP). In: Gates W L, eds. *Proceedings of the First International AMIP Scientific Conference*, WCRP-92,WMO/TD-732, World Meteorological Organization, Geneva.

Juggins S., 2013. Quantitative reconstructions in palaeolimnology: new paradigm or sick science? *Quaternary Science Reviews*, 64.

Juggins S., N. J. Anderson, J. M. R. Hobbs, *et al*. 2013. Reconstructing epilimnetic total phosphorus using diatoms: statistical and ecological constraints. *J Paleolimnol*, 49.

Kaplan J. O., 2001. *Geophysical applications of vegetation modeling*. Doctoral Dissertation. Lund: Lund University.

Kaufman A, G. J. Wasserburg, D. Porcelli, *et al*. 1998. U-Th isotope systematics from the Soreq cave, Israel and climatic correlations. *Earth and Planetary Science Letters*, 156(3-4).

Kim J. H., J. van der Meer, S. Schouten, *et al.* 2010. New indices and calibrations derived from the distribution of crenarchaeal isoprenoid tetraether lipids: Implications for past sea surface temperature reconstructions. *Geochimica et Cosmochimica Acta*, 74(16): 4639-4654.

Kitoh A and S. Murakami, 2002. Tropical Pacific climate at the mid-Holocene and the Last Glacial Maximum simulated by a coupled ocean–atmosphere general circulation model. *Paleoceanography*, 17.

Klein F. H., H. Goosse, N. E. Graham, *et al.* 2016. Comparison of simulated and reconstructed variations in East African hydroclimate over the last millennium. *Climate of the Past*, 12.

Korte *et al.* 2019. Refining Holocene geochronologies using palaeomagnetic records. *Quaternary Geochronology*, 50.

Kozdon R., A. Eisenhauer, M. Weinelt, *et al.* 2013. Reassessing mg/ca temperature calibrations of Neogloboquadrina pachyderma (sinistral) using paired $\delta 44/40ca$ and mg/ca measurements. *Geochemistry, Geophysics, Geosystems*, 10(3).

Kukla G., 1987. Loess stratigraphy in central China, *Quaternary Science Reviews*, 6(3-4).

Kutzbach J. E., P. J. Guetter, W. F. Ruddiman, *et al.* 1989. The sensitivity of climate to late Cenozoic uplift in southeast Asia and the American southwest: Numerical experiments. *Journal of Geophysical Research*, 94.

Laj C., C. Kissel and J. Beer, 2004. High resolution global paleointensity stack since 75 kyr (GLOPIS-75) calibrated to absolute values. *Geophysical Monograph Series*, 145.

Laj C., C. Kissel and A. P. Roberts, 2006. Geomagnetic field behavior during the Iceland Basin and Laschamp geomagnetic excursions: A simple transitional field geometry? *Geochemistry Geophysics Geosystems*, 7.

Lascu I. and J. M. Feinberg, 2011. Speleothem magnetism. *Quaternary Science Reviews*, 2011, 30(23-24).

Lascu I., J. M. Feinberg, J. A. Dorale, *et al.* 2016. Age of the Laschamp excursion determined by U-Th dating of a speleothem geomagnetic record from North America. *Geology* 44(2).

Laskar J., P. Robutel, F. Joutel, *et al.* 2004. A long-term numerical solution for the insolation quantities of the Earth. *Astronomy and Astrophysics*, 428.

Latham A. G., H. P. Schwarcz, D. C. Ford, *et al.* 1979. Paleomagnetism of stalagmite deposits. *Nature*, 280(5721).

Lauritzen S. E. and J. Lundburg, 1999. Calibration of the speleothem delta function an absolute temperature record for the Holocene in Norway. *The Holocene*, 9(6).

Le T., J. Sjolte and R. Muscheler, 2016. The influence of external forcing on subdecadal variability of regional surface temperature in CMIP5 simulations of the last millennium. *Journal of Geophysical Research: Atmospheres*, 121.

Legrand M. and R. J. Delmas. 1987. A 220-year continuous record of volcanic H2SO4 in the Antarctic ice sheet. *Nature*, 327(6124).

Leng M. J. and J. D. Marshall, 2004. Palaeoclimate interpretation of stable isotope data from lake sediment archives. *Quaternary Science Reviews*, 23.

Leonelli G. and M. Pelfini, 2008. Influence of climate and climate anomalies on Norway spruce tree-ring growth at different altitudes and on glacier responses. *Geografiska Annaler: Series A, Physical Geography*, 90(1).

Li H. C., T. L. Ku, C. F. You, *et al.* 2005. 87Sr/86Sr and Sr/Ca in speleothems for paleoclimate reconstruction in Central China between 70 and 280 kyr ago. *Geochimica Et Cosmochimica Acta*, 69(16).

Li J. X., L. Yue, A. P. Roberts, *et al.* 2018. Global cooling and enhanced Eocene Asian mid-latitude interior aridity. *Nature Communications*, 9.

Li T., F. Liu, A. H. Abels, *et al.* 2017. Continued obliquity pacing of East Asian summer precipitation after the mid-Pleistocene transition. *Earth and Planetary Science Letters*, 457.

Li X., D. Jiang, Z. Tian and Y. Yang, 2018. Mid-Pliocene global land monsoon from PlioMIP1 simulations. *Palaeogeography, Palaeoclimatology, Palaeoecology*, 512.

Li B. and S.-H. Li, 2011. Luminescence dating of K-feldspar from sediments: a protocol without anomalous fading correction. *Quaternary Geochronology*, 6.

Libby W. F., E. C. Anderson and J. R. Arnold, 1949. Age Determination by Radiocarbon Content: World-Wide Assay of Natural Radiocarbon. *Science*, 109.

Linderholm H. W. and B. E. Gunnarso, 2005. Summer temperature variability in central Scandinavia during the last 3600 years. *Geografiska Annaler: Series A, Physical Geography*, 87(1).

Lisiecki L. E. and M. E. Raymo, 2005. A Pliocenee Pleistocene stack of 57 globally distributed benthic d18O records. *Paleoceanography*, 20, PA1003.

Liu S., D. Jiang and X. Lang, 2018. A multi-model analysis of moisture changes during the last glacial maximum. *Quaternary Science Reviews*, 191.

Liu X. D. and Z. Y. Yin, 2002. Sensitivity of East Asian monsoon climate to the uplift of the Tibetan Plateau. *Palaeogeography, Palaeoclimatology, Palaeoecology*, 183.

Liu X., G. Xu, J. Grieβinger, *et al.* 2014. A shift in cloud cover over the southeastern Tibetan Plateau since 1600: evidence from regional tree-ring δ18O and its linkages to tropical oceans. *Quaternary Science Reviews*, 88.

Liu Y. and D. Jiang, 2016a. Mid-Holocene permafrost: Results from CMIP5 simulations. *Journal of Geophysical Research: Atmospheres*, 121.

Liu Y. and D. Jiang, 2016b. Last glacial maximum permafrost in China from CMIP5 simulations. *Palaeogeography, Palaeoclimatology, Palaeoecology*, 447.

Liu Y. and D. Jiang, 2018. Mid-Holocene frozen ground in China from PMIP3 simulations. *Boreas*, 47.

Liu Y., K. M. Cobb, H. Song, *et al.* 2017a. Recent enhancement of central Pacific El Niño variability relative to last eight centuries. *Nature Communications*, 8.

Liu Y., H. Liu, H. Song, *et al.* 2017b. A monsoon-related 174-year relative humidity record from tree-ring δ18O in the Yaoshan region, eastern central China. *Science of the Total Environment*, 593-594.

Liu Y., J. Shi, V. Shishov, *et al.* 2004. Reconstruction of May-July precipitation in the north Helan Mountain, Inner Mongolia since A.D.1726 from tree-ring late-wood widths. *Chinese Science Bulletin*, 49(4).

Liu Z., S. P. Harrison, J. Kutzbach, *et al.* 2004. Global monsoons in the mid-Holocene and oceanic feedback. *Climate Dynamics*, 22.

Liu Z., Z. Lu, X. Wen, *et al.* 2014b. Evolution and forcing mechanisms of El Niño over the past 21,000 years. *Nature*, 515.

Liu Z, J. Zhu, Y. Rosenthal, *et al.* 2014a. The Holocene temperature conundrum. Proceedings of the National Academy of Sciences of the United States of America, 111.

Liu H. and W. G. Liu, 2016. n-Alkane distributions and concentrations in algae, submerged plants and terrestrial plants from the Qinghai-Tibetan Plateau. *Organic Geochemistry*. 99.

Liu X., H. Dong, X. Yang, *et al.* 2009. Late Holocene forcing of the Asian winter and summer monsoon as evidenced by proxy records from the northern Qinghai–Tibetan Plateau. *Earth and Planetary Science Letters*, 280.

Liu X., U. Herzschuh, Y. Wang, *et al.* 2014. Glacier fluctuations of Muztagh Ata and temperature changes during the late Holocene in westernmost Tibetan Plateau, based on glaciolacustrine sediment records. *Geophysical Research Letters*, 41.

Liu X., Z. Lai, Q. Fan, *et al.* 2010. Timing for high lake levels of Qinghai Lake in the Qinghai-Tibetan Plateau since the Last Interglaciation based on quartz OSL dating. *Quaternary Geochronology*, 5.

Loader N. J., G. Helle, S. O. Los, *et al.* 2010. Twentieth-century summer temperature variability in the southern Altai Mountains: a carbon and oxygen isotope study of tree-rings. *Holocene*, 20(7).

Long H. and J. Shen, 2015. Underestimated 14C-based chronology of late Pleistocene high lake-level events over the Tibetan Plateau and adjacent areas: Evidence from the Qaidam Basin and Tengger Desert. *Science China Earth Sciences*, 58.

Long H. and J. Shen, 2017. Sandy beach ridges from Xingkai Lake (NE Asia): Timing and response to palaeoclimate. *Quaternary International*, 430.

Long H., J. Shen, Y. Wang, *et al.* 2015. High resolution OSL dating of a late Quaternary sequence from Xingkai Lake (NE Asia): Chronological challenge of the "MIS3a Mega-paleolake" hypothesis in China. *Earth and Planetary Science Letters*, 428.

Lowe D. J., 2011. Tephrochronology and its application: A review. *Quaternary Geochronology*, 6.

Lu H. Y., X. D. Liu, F. Q. Zhang, et al. 1999. Astronomical calibration of loess paleosol deposits at Luochuan, central Chinese loess plateau. *Palaeogeography Palaeoclimatology Palaeoecology*, 154.

Lu H. Y., X. Y. Wang and L. P. Li, 2010. Aeolian sediment evidence that global cooling has driven late Cenozoic stepwise aridification in central Asia. *Geological Society London Special Publications*, 342.

Lu H. Y., S. W. Yi, Z. W. Xu, et al. 2013. Chinese deserts and sand fields in Last Glacial Maximum and Holocene Optimum. *Chinese Science Bulletin*, 58.

Lu H., N. Wu, K. B. Liu, et al. 2011. Modern pollen distributions in Qinghai-Tibetan Plateau and the development of transfer functions for reconstructing Holocene environmental changes. *Quaternary Science Reviews*, 30.

Lu H. Y., N. Q. Wu, X. D. Yang, et al. 2006. Phytoliths as quantitative indicators for the reconstruction of past environmental conditions in China I: phytolith-based transfer functions. *Quaternary Science Reviews*, 25.

Lund S. P., 1996. A comparison of Holocene paleomagnetic secular variation records from North America. J. *Geophysics Research*, 101(B4).

Luo X. Z., M. Rehkämper, D. C. Lee, et al. 1997. High precision 230Th/232Th and 234U/238U measurements using energy filtered ICP magnetic sector multiple collector mass spectrometry. *International Journal of Mass Spectrometry*, 171(1-3).

Maher B. A. and R. Thompson, 2012. Oxygen isotopes from Chinese caves: records not of monsoon rainfall but of circulation regime. *Journal of Quaternary Science*, 27(6).

Maher B. A., 2008. Holocene variability of the East Asian summer monsoon from Chinese cave records: a re-assessment. *Holocene*, 18(6).

Maher B. A., 2016. Palaeoclimatic records of the loess/palaeosol sequences of the Chinese Loess Plateau. *Quaternary Science Reviews*, 154.

Mann M. E., R. S. Bradley and M. K. Hughes, 1998, Globalscale temperature patterns and climate forcing over the past six centuries, *Nature*, 392.

Marco-Barba J., F. Mesquita-Joanes and M. R. Miracle, 2013. Ostracod palaeolimnological analysis reveals drastic historical changes in salinity, eutrophication and biodiversity loss in a coastal Mediterranean lake Holocene, 23.

Mattey D., D. Lowry, J. Duffet, et al. 2008. A 53 year seasonally resolved oxygen and carbon isotope record from a modem Gibraltar speleothem: reconstructed drip water and relationship to local precipitation. *Earth and Planetary Science Letters*, 269(1-2).

McDermott F., 2004. Palaeo-climate reconstruction from stable isotope variations in speleothems: a review. *Quaternary Science Reviews*, 23(7-8).

McDougall I., Aziz-ur-Rahman, 1972. Age of the Gauss-Matuyama boundary and of the Kaena and Mammoth events. *Earth and Planetary Science Letters*, 14(3).

McGregor H. V. and M. K. Gagan, Diagenesis and geochemistry of Porites corals from Papua New Guinea: Implications for paleoclimate reconstruction, *Geochimica et Cosmochimica Acta*, 2003, 67.

Meland M. Y., E. Jansen, H. Elderfield, *et al*. 2006. Mg/Ca ratios in the planktonic foraminiferNeogloboquadrina pachyderma(sinistral) in the northern North Atlantic/Nordic Seas. *Geochemistry, Geophysics, Geosystems*, 7(6).

Meng X. Q., L. W. Liu, T. Wang, *et al*. 2018. Mineralogical evidence of reduced East Asian summer monsoon rainfall on the Chinese loess plateau during the early Pleistocene interglacials. *Earth and Planetary Science Letters*, 486.

Meyers P. A., 1997. Organic geochemical proxies of paleoceanographic, paleolimnologic, and paleoclimatic processes. *Organic Geochemistry*, 27.

Mitsuguchi T., E. Matsumoto, O. Abe, *et al*. 1996, Mg/Ca thermometry in coral skeletons. *Science*, 274.

Molnar P., W. R. Boos and D. S. Battisti, 2010. Orographic controls on climate and paleoclimate of Asia: Thermal and mechanical roles for the Tibetan Plateau. *Annual Reviews of Earth and Planetary Sciences*, 38.

Moreno-Chamarro E., D. Zanchettin, K. Lohmann, *et al*. 2017. An abrupt weakening of the subpolar gyre as trigger of Little Ice Age-type episodes. *Climate Dynamics*, 48.

Müller P. J., G. Kirst, G. Ruhland, *et al*. 1998, Calibration of the alkenone paleotemperature index based on core-tops from the eastern South Atlantic and the global ocean (60°N～60°S).*Geochimica et Cosmochimica Acta*, 62(10).

Murphy R., J. M. Webster, L. Nothdurft, *et al*. 2017. High-resolution hyperspectral imaging of diagenesis and clays in fossil coral reef material: a nondestructive tool for improving environmental and climate reconstructions. *Geochemistry, Geophysics, Geosystems*, 18.

Murray A. S., A. G. Wintle, 2000. Luminescence dating of quartz using an improved single-aliquot regenerative-dose protocol. *Radiation Measurements*, 32.

Musgrove M and J. L. Banner, 2004. Controls on the spatial and temporal variability of vadose dripwater geochemistry: Edwards Aquifer, central Texas. *Geochimica Et Cosmochimica Acta*, 68(5).

Nesbitt H. W. and G. M. Young, 1982. Early Proterozoic climate and plate motions inferred from major element chemistry of lutites. *Nature*, 299.

Nürnberg D., 1995. Magnesium in tests of Neogloboquadrina pachyderma sinistral from high northern and southern latitudes. *Journal of Foraminiferal Research*, 25.

Nùrnberg D., J. Bijma and C. Hemleben, 1996. Assessing the reliability of mag nesium in fo raminiferal calcite as a proxy for water mass temperatures. *Geochimica et Cosmochimica Acta*, 60(5).

Nürnberg D., A. Müller and R. R. Schneider, 2000. Paleo-sea surface temperature calculations in the equatorial east Atlantic from Mg/Ca ratios in planktic foraminifera: A comparison to sea surface temperature estimates from U37K′, oxygen isotopes, and foraminiferal transfer function. *Paleoceanography*, 15.

Ogg J., 2012. *Geomagnetic Polarity Time Scale*. The Geologic Time Scale, Elsevier B.V.

Ojala A. E. K., P. Francus, B. Zolitschka, et al. 2012. Characteristics of sedimentary varve chronologies – A review. *Quaternary Science Reviews*, 43.

O'Neil J. R., R. N. Clayton and T. K. Mayeda, 1969. Oxygen isotope fractionation in divalent metal carbonates. *Journal of Chemical Physics*, 51(12).

Opdyke N. D., 1972. Paleomagnetism of Deep-Sea Cores. *Reviews of Geophysics and Space Physics*, 10(1).

Oppenheimer C., L. Wacker, J. Xu, et al. 2017. Multi-proxy dating the 'Millennium Eruption' of Changbaishan to late 946 CE. *Quaternary Science Reviews*, 158.

Osete M. L., J. Martin-Chivelet, C. Rossi, et al. 2012. Earth and Planetary Science Letters 353-354.

O'Sullivan P. E., 1983. Annually-laminated lake sediments and the study of Quaternary environmental changes — a review. *Quaternary Science Reviews*, 1.

Otto-Bliesner B. L., E. C. Brady, J. Fasullo, et al. 2016. Climate variability and change since 850 CE: An ensemble approach with the Community Earth System Model. *Bulletin of the American Meteorological Society*, 97.

Overpeck J. T., T. Webb and I. C. Prentice, 1985. Quantitative Interpretation of Fossil Pollen Spectra - Dissimilarity Coefficients and the Method of Modern Analogs. *Quaternary Research*, 23.

Owens M. J., M. Lockwood, E. Hawkins, et al. 2017. The Maunder minimum and the Little Ice Age: An update from recent reconstructions and climate simulations. *Journal of Space Weather and Space Climate*, 7.

Parsons L. A., G. R. Loope, J. T. Overpeck, et al. 2017. Temperature and precipitation variance in CMIP5 simulations and paleoclimate records of the last millennium. *Journal of Climate*, 30.

Pearson E. J., S. Juggins, H. M. Talbot, et al. 2011. A lacustrine GDGT-temperature calibration from the Scandinavian Arctic to Antarctic: Renewed potential for the application of

GDGT-paleothermometry in lakes. *Geochimica et Cosmochimica Acta*, 75.

Peng J., X. Yang, J. L. Toney, *et al.* 2019. Indian Summer Monsoon variations and competing influences between hemispheres since ～35 ka recorded in Tengchongqinghai Lake, southwestern China. *Palaeogeography, Palaeoclimatology, Palaeoecology*, 516.

Peng Y., J. Xiao, T. Nakamura, *et al.* 2005. Holocene East Asian monsoonal precipitation pattern revealed by grain-size distribution of core sediments of Daihai Lake in Inner Mongolia of north-central China. *Earth and Planetary Science Letters*, 233.

Peterson T. C., D. R. Easterling, T. R. Karl, *et al.* 1998. Homogeneity adjustments of in situ atmospheric climate data: A review. *International Journal of Climatology*, 18.

Peyron O., G. L. Guiot, R. Cheddadi, *et al.* 1998. Climatic Reconstruction in Europe for 18,000 YR B.P. from Pollen Data. *Quaternary Research*, 49.

Polyak V. J. and Y. Asmerom, 2001. Late Holocene climate and cultural changes in the southwestern United States. *Science*, 294(5540).

Pongratz J., C. Reick, T. Raddatz, *et al.* 2008. A reconstruction of global agricultural areas and land cover for the last millennium. *Global Biogeochemical Cycles*, 22: GB3018.

Popp B. N., E. A. Laws, R. R. Bidigare, *et al.* 1998, Effect of phytoplankton cell geometry on carbon isotopic fractionation. *Geochimica et Cosmochimica Acta* , 62(1).

Porter T. J., M. F. J. Pisaric, R. D. Field, *et al.* 2013. Spring-summer temperatures since AD 1780 reconstructed from stable oxygen isotope ratios in white spruce tree-rings from the Mackenzie Delta, northwestern Canada. *Climate Dynamics*, 42(3-4).

Prahl F. G., L. A. Muehlhausen and D. L. Zahnle, 1988. Further evaluation of long-chain alkenones as indicators of paleoceanographic conditions. *Geochimica et Cosmochimica Acta*, 52.

Prell W. L., 1985. The stability of low-latitude sea-surface temperatures: an evaluation of the CLIMAP reconstruction with emphasis on the positive SST anomalies: Technical Report TE025, Department of Energy Washington DC.

Racca J. M. J., R. Racca, R. Pienitz, *et al.* 2007. PaleoNet: new software for building, evaluating and applying neural network based transfer functions in paleoecology. *Journal of Paleolimnology*, 38.

Railsback L. B., G. A. Brook, J. Chen, *et al.* 1994. Environmental controls on the petrology of a late Holocene speleothem from Botswana with annual layers of aragonite and calcite. *Journal of Sedimentary Research*, 64(1).

Ramsey C. B., 2008. Deposition models for chronological records. *Quaternary Science Reviews*, 27(1-2).

Ramstein G., F. Fluteau, J. Besse J, *et al.* 1997. Effect of orogeny, plate motion and land-sea distribution on Eurasian climate change over the past 30 million years. *Nature*, 386.

Rao Z., Y. Li, J. Zhang, et al. 2016. Investigating the long-term palaeoclimatic controls on the δD and δ18O of precipitation during the Holocene in the Indian and East Asian monsoonal regions. *Earth-Science Reviews*, 159.

Rao Z. G., W. K. Guo, J. T. Cao, et al., 2017. Relationship between the stable carbon isotopic composition of modern plants and surface soils and climate: A global review. *Earth-Science Reviews*. 165.

Reimer *et al.* 2013. IntCal13 and Marine13 Radiocarbon Age Calibration Curves 0–50,000 Years cal BP. *Radiocarbon*, 55(04).

Rhodes E. J., 2011. Optically stimulated luminescence dating of sediments over the past 200,000 years. *Annual Review of Earth Planetary Sciences*, 39.

Richter D. K., T. Götte, S. Niggemann, et al. 2004. REE3+ and Mn2+ activated cathodoluminescence in lateglacial and Holocene stalagmites of central Europe: evidence for climatic processes?. *Holocene*, 14(5).

Roberts M. S., P. L. Smart and A. Baker, 1998. Annual trace element variations in a Holocene speleothem. *Earth and Planetary Science Letters*, 154(1-4).

Roberts H. M., 2008. The development and application of luminescence dating to loess deposits: a perspective on the past, present and future. *Boreas*, 37.

Roberts R. G. and O. B. Lian, 2015. Illuminating the past. *Nature*, 520.

Rojas M., P. A. Arias, V. Flores-Aqueveque, et al. 2016. The South American monsoon variability over the last millennium in climate models. *Climate of the Past*, 12.

Rudzka D., F. McDermott, L. M. Baldini, et al. 2011. The coupled δ13C-radiocarbon systematics of three Late Glacial/early Holocene speleothems; insights into soil and cave processes at climatic transitions. *Geochimica Et Cosmochimica Acta*, 75(15).

Russell J. M., E. C. Hopmans, S. E. Loomis, et al. 2018. Distributions of 5- and 6-methyl branched glycerol dialkyl glycerol tetraethers (brGDGTs) in East African lake sediment: Effects of temperature, pH, and new lacustrine paleotemperature calibrations. *Organic Geochemistry*, 117.

Saito K., S. Marchenko, V. Romanovsky, et al. 2014. Evaluation of LPM permafrost distribution in NE Asia reconstructed and downscaled from GCM simulations. *Boreas*, 43.

Saito K., T. Sueyoshi, S. Marchenko, et al. 2013. LGM permafrost distribution: how well can the latest PMIP multi-model ensembles perform reconstruction? *Climate of the Past*, 9.

Salas-Saavedra M., B. Dechnik, G. E. Webb, et al. 2018. Holocene reef growth over irregular Pleistocene karst confirms major influence of hydrodynamic factors on Holocene reef development. *Quaternary Sciemce Reviews*, 180.

Salonen J. S., K. F. Helmens, H. Seppä, et al. 2013. Pollen-based palaeoclimate reconstructions over long glacial-interglacial timescales: methodological tests based on the Holocene and

MIS 5d-c deposits at Sokli, northern Finland. *Journal of Quaternary Science*, 28.

Salonen J. S., M. Luoto, T. Alenius, *et al*. 2014. Reconstructing palaeoclimatic variables from fossil pollen using boosted regression trees: comparison and synthesis with other quantitative reconstruction methods. *Quaternary Science Reviews*, 88.

Sano M., A. P. Dimri, R. Ramesh, *et al*. 2017. Moisture source signals preserved in a 242-year tree-ring δ18O chronology in the western Himalaya. *Global and Planetary Change*, 157.

Scher H. D., J. M. Whittaker, S. E. Williams, *et al*. 2015. Onset of Antarctic Circumpolar Current 30 million years ago as Tasmanian Gateway aligned with westerlies. *Nature*, 523(7562).

Schmidt G. A., J. H. Jungclaus, C. M. Ammann, *et al*. 2011. Climate forcing reconstructions for use in PMIP simulations of the last millennium (v1.0). *Geoscientific Model Development*, 4.

Schmidt G. A., 1999. Error analysis of paleosalinity calculations. *Paleoceanography*, 14(3).

Schmittner A., T. A. M. Silva, K. Fraedrich, *et al*. 2011. Effects of mountains and ice sheets on global ocean circulation. *Journal of Climate*, 24.

Scholz D. and D. L. Hoffmann, 2011. StalAge-an algorithm designed for construction of speleothem age models. *Quaternary Geochronology*, 6(3-4).

Schouten S., E. C. Hopmans, E. Schefuss, *et al*. 2002, Distributional variations in marine crenarchaeotal membrane lipids: A new tool for reconstructing ancient sea water temperatures? *Earth and Planetary Science Letters*, 204(1-2).

Schouten S., E. C. Hopmans and J. S. Sinninghe Damsté, 2013. The organic geochemistry of glycerol dialkyl glycerol tetraether lipids: a review. *Organic geochemistry*, 54.

Schouten S., E. C. Hopmans, E. Schefuß, *et al*. 2002. Distributional variations in marine crenarchaeotal membrane lipids: a new tool for reconstructing ancient sea water temperatures? *Earth and Planetary Science Letters*, 204(1-2).

Schubert B. A., A. Timmermann. 2015. Reconstruction of seasonal precipitation in Hawai'i using high-resolution carbon isotope measurements across tree rings. *Chemical Geology*, 417.

Shackleton N. J., J. P. Kennett. 1975, Paleotemperature history of the Cenozoic and the initiation of Antarctic glaciation: Oxygen and carbon isotope analysis in DSDP sites 277, 279 and 281. In: J. P. Kennett, *et al*. ed. Initial Reports of the Deep Sea Drilling Project 29. Washington D.C: U.S. Government Printing Office.

Shackleton N. J., 1974. Attainment of isotopic equilibrium between ocean water and the benthonic foraminifera genus Uvigerina: isotopic changes in the ocean during the last glacial. Les Meth.Quant. d'etude Var.Clim. an Cours du Pleist., Coll. Int. C.N.R.S., 219.

Shen C. C., R. L. Edwards, H. Cheng, *et al*. 2002. Uranium and thorium isotopic and concentration measurements by magnetic sector inductively coupled plasma mass spectrometry. *Chemical Geology*, 185(3-4).

Shen C. C., C. C. Wu, H. Cheng, et al. 2012. Highprecision and high-resolution carbonate 230Th dating by MC-ICPMS with SEM protocols. *Geochimica et Cosmochimica Acta*, 99.

Shen J., X. Liu, S. Wang, et al. 2005. Palaeoclimatic changes in the Qinghai Lake area during the last 18,000 years. *Quaternary International*, 136.

Shen J., R. Matsumoto, S. Wang, et al. 2001. Quantitative reconstruction of the paleosalinity in the Daihai Lake, Inner Mongolia, China. *Chinese Science Bulletin*, 46.

Shen J., M. Ryo, S. Wang, et al. 2002. Quantitative reconstruction of the lake water paleotemperature of Daihai Lake, Inner Mongolia, China and its significance in paleoclimate. *Science in China Series D-Earth Sciences*, 45.

Sheng M., X. Wang, M. Dekkers, et al. 2019. Paleomagnetic secular variation and relative paleointensity during the Holocene in South China-Huguangyan Maar Lake revisited. *Geochemistry Geophysics Geosystems*, 20.

Shi Z. G., T. T. Xu and H. L. Wang. 2016. Sensitivity of Asian climate change to radiative forcing during the last millennium in a multi-model analysis. *Global and Planetary Change*, 139.

Shindell D. T., G. A. Schmidt, R. L. Miller, et al. 2003. Volcanic and solar forcing of climate change during the preindustrial era. *Journal of Climate*, 16.

Shopov Y. Y., D. C. Ford and H. P. Schwarcz, 1994. Luminescent microbanding in speleothems: High-resolution chronology and paleoclimate. *Geology*, 22(5).

Shopov Y. Y., 1987. Laser luminescent microzonal analysis: A new method for investigation of the alterations of climate and solar activity during the Quaternary. Problems of karst study in mountainous countries, (Kiknadze,T.). Metsniereba, Tbilisi, Georgia..

Singer B. S., L. Brown, J. Rabassa, et al. 2004. 40Ar/39Ar chronology of late Pliocene and Early Pleistocene geomagnetic and glacial events in southern Argentina. In: J. E. T. Channell, et al. (Eds.), Timescales of the Paleomagnetic Field, *AGU Geophysical Monograph* (145).

Singer B. S., H. Guillou, B. R. Jicha, et al. 2014. Refining the Quaternary Geomagnetic Instability Time Scale (GITS): Lava flow recordings of the Blake and Post-Blake excursions. *Quaternary Geochronology*, 21.

Singer B., 2014. A Quaternary geomagnetic instability time scale. *Quaternary Geochronology* 21.

Singer B. and M. Pringle, 1996. Age and duration of the Matuyama-Brunhes geomagnetic polarity reversal from 40Ar/39Ar incremental heating analyses of lavas. *Earth and Planetary Science Letters*, 139(1).

Sinha B., A. T. Blaker, J. Hirschi, *et al.* 2012. Mountain ranges favour vigorous Atlantic meridional overturning. *Geophysical Research Letters*, 39: L02705.

Smith E. I., Z. Jacobs, R. Johnsen, *et al.* 2018. Humans thrived in South Africa through the Toba eruption about 74,000 years ago. *Nature*, 555.

Smol J. P., 2008. *Pollution of lakes and rivers: a paleoenvironmental perspective*. Wiley-Blackwell.

Snowball I. and P. Sandgren, 2004. Geomagnetic field intensity changes in Sweden between 9000 and 450 cal BP: extending the record of "archaeomagnetic jerks" bymeans of lake sediments and the pseudo-Thellier technique. *Earth and Planetary Science Letters*, 227.

Steinhilber F., J. Beer and C. Fröhlich, 2009. Total solar irradiance during the Holocene. *Geophysical Research Letters*, 36: L19704.

Stephan B., M. Verstraete, T. C. Peterson, *et al.* 2014, The concept of essential climate variables in support of climate research, applications, and policy, *Bulletin of the American Meteorological Society*, 95(9).

Stevens T., J.-P. Buylaert, C. Thiel, *et al.* 2018. Ice-volume-forced erosion of the Chinese Loess Plateau global Quaternary stratotype site. *Nature communications*, 9.

Stevenson S., B. Otto-Bliesner, J. Fasullo, *et al.* 2016. "El Nino like" hydroclimate responses to last millennium volcanic eruptions. *Journal of Climate*, 29.

Stokes M. A., T. L. Smiley. 1968. *An Introduction to Tree-Ring Dating*. Chicago: University of Chicago Press.

Stuiver, M. and H. E. Suess, 1966. On the relationship between radiocarbon dates and true sample ages. *Radiocarbon*, 8.

Su B., D. Jiang, R. Zhang R, *et al.* 2018. Difference between the North Atlantic and Pacific meridional overturning circulation in response to the uplift of the Tibetan Plateau. *Climate of the Past*, 14.

Sun C., G. Plunkett, J. Liu, *et al.* 2014. Ash from Changbaishan Millennium eruption recorded in Greenland ice: Implications for determining the eruption's timing and impact. *Geophysical Research Letters*, 41(2).

Sun D. H., J. Shaw J, Z. S. An, M. Y. Chen, *et al.* 1998. Magnetostratigraphy and paleoclimatic interpretation of a continuous 7.2 Ma late Cenozoic aeolian sediments from the Chinese Loess Plateau. *Geophysical Research Letters*, 25(1).

Sun J. M., 2002. Provenance of loess material and formation of loess deposits on the Chinese Loess Plateau. *Earth and Planetary Science Letters*, 203.

Sun Y. B., Q. Z. Yin, M. Crucifix, *et al.* 2019. Diverse manifestations of the mid-Pleistocene climate transition. *Nature Communications*, 10, Article number: 352.

Sun D., J. Bloemendal, D. K. Rea, *et al.* 2002. Grain-size distribution function of polymodal sediments in hydraulic and aeolian environments, and numerical partitioning of the sedimentary components. *Sedimentary Geology*, 152.

Sun Q., G. Chu, Q., Liu, *et al.* 2011. Distributions and temperature dependence of branched glycerol dialkyl glycerol tetraethers in recent lacustrine sediments from China and Nepal. *Journal of Geophysical Research-Biogeosciences*, 116.

Sun Y., S. Gao and J. Li, 2003. Preliminary analysis of grain-size populations with environmentally sensitive terrigenous components in marginal sea setting. *Chinese Science Bulletin*, 48.

Swingedouw D., J. Mignot, P. Ortega, *et al.* 2017. Impact of explosive volcanic eruptions on the main climate variability modes. *Global and Planetary Change*, 150.

Szentimrey T., 1999. Multiple Analysis of Series for Homogenization (MASH). Proc. Second Seminar for Homogenization of Surface Climatological Data, Budapest, Hungary, WMO-TD No. 962, WCDMP No.41.

Tajika E., 1999. Carbon cycle and climate change during the Cretaceous inferred from a biogeochemical carbon cycle model. *Island Arc*, 8.

Tan L. C., Y. J. Cai, Z. S. An, *et al.* 2015a. A Chinese cave links climate change, social impacts, and human adaptation over the last 500 years. *Scientific Reports*, 5.

Tan L. C., Y. J. Cai, H. Cheng, *et al.* 2018a. Centennial- to decadal-scale monsoon precipitation variations in the upper Hanjiang River region, China over the past 6650 years. *Earth and Planetary Science Letters*, 482.

Tan L. C., Y. J. Cai, H. Cheng, *et al.* 2015b. Climate significance of speleothem δ18O from central China on decadal timescale. *Journal of Asian Earth Sciences*, 106.

Tan L. C., Y. J. Cai, H. Cheng, *et al.* 2018b, High resolution monsoon precipitation changes on southeastern Tibetan Plateau over the past 2300 years. *Quaternary Science Reviews*, 195.

Tan L. C., I. J. Orland and H. Cheng, 2014a. Annually laminated speleothems in paleoclimate studies. *Pages Magazine*, 22(1).

Tan L. C., C. C. Shen, Y. J. Cai, *et al.* 2014b. Trace-element variations in an annually layered stalagmite as recorders of climatic changes and anthropogenic pollution in Central China. *Quaternary Research*, 81(2).

Tan L. C., L. Yi, Y. J. Cai, *et al.* 2013. Quantitative temperature reconstruction based on growth rate of annually-layered stalagmite: a case study from central China. *Quaternary Science Reviews*, 72.

Tan M., A. Baker, D. Genty, *et al.* 2006. Applications of stalagmite laminae to paleoclimate reconstructions: comparison with dendrochronology/climatology. *Quaternary Science Reviews*, 25(17-18).

Tan M., T. S. Liu, J. Z. Hou, *et al.* 2003. Cyclic rapid warming on centennial-scale revealed by a

2650-year stalagmite record of warm season temperature. *Geophysical Research Letters*, 30(12).

Tan M., 2014. Circulation effect: response of precipitation δ18O to the ENSO cycle in monsoon regions of China. *Climate Dynamics*, 42(3-4).

Tauxe L., 1993. Sedimentary records of relative paleointensity: theory and practice. *Review of Geophysics*, 31.

Terbraak C. J. F. and S. Juggins, 1993. Weighted Averaging Partial Least-Squares Regression (WA-PLS)-An Improved Method for Reconstructing Environmental Variablies from Species Assemblages. *Hydrobiologia*, 269.

Terbraak C. J. F., 1995. Nonlinear Methods For Multivariate Statistical Calibration And Their Use In Paleoecology - A Comparison Of Inverse (K-Nearest Neighbors, Partial Least-Squares And Weighted Averaging Partial Least-Squares) And Classical Approaches. *Chemometrics and Intelligent Laboratory Systems*, 28.

Tesi T., I. Semiletov, O. Dudarev, *et al.* 2016. Matrix association effects on hydrodynamic sorting and degradation of terrestrial organic matter during cross-shelf transport in the Laptev and East Siberian shelf seas. *Journal of Geophysical Research: Biogeosciences*, 121(3).

Thomas D. J., 2004. Evidence for deep-water production in the North Pacific Ocean during the early Cenozoic warm interval. *Nature*, 430.

Thomsen K. J., A. S. Murray, M. Jain, *et al.* 2008. Laboratory fading rates of various luminescence signals from feldspar-rich sediment extracts. *Radiation Measurements*, 43.

Thornalley D. J. R., H. Elderfield, I. N. McCave, 2009. Holocene oscillations in temperature and salinity of the surface subpolar North Atlantic. *Nature*, 457.

Tian Z. and D. Jiang, 2013. Mid-Holocene ocean and vegetation feedbacks over East Asia. *Climate of the Past*, 9.

Tian Z. and D. Jiang, 2016. Revisiting last glacial maximum climate over China and East Asian monsoon using PMIP3 simulations. *Palaeogeography, Palaeoclimatology, Palaeoecology*, 453.

Tian Z., and D. Jiang., 2018. Strengthening of the East Asian winter monsoon during the mid-Holocene. *The Holocene*, 28.

Tian Z., T. Li and D. Jiang., 2018. Strengthening and westward shift of the tropical Pacific Walker circulation during the mid-Holocene: PMIP simulation results. *Journal of Climate*, 31.

Tian Z., T. Li, D. Jiang, *et al.* 2017. Causes of ENSO weakening during the mid-Holocene. *Journal of Climate*, 30.

Tian J., P. X. Wang, X. R. Cheng, *et al.*2002 . Astronomically tuned Plio-Pleistocene benthic delta O-18 record from South China Sea and Atlantic-Pacific comparison. *Earth and Planetary Science Letters*, 203.

Tian, J., Zhao, Q.H., Wang, P.X. et al. 2008. Astronomically modulated Neogene sediment records from the South China Sea. Paleoceanography, 23.

Tierney J. E., J. M. Russell, H. Eggermont, et al. 2010. Environmental controls on branched tetraether lipid distributions in tropical East African lake sediments. *Geochimica et Cosmochimica Acta*, 74.

Timmreck C., 2012. Modeling the climatic effects of large volcanic eruptions. *Wiley Interdisciplinary Reviews Climate Change*, 3.

Treble P., J. M.G. Shelley and J. Chappell, 2003. Comparison of high resolution sub-annual records of trace elements in a modern (1911-1992) speleothem with instrumental climate data from southwest Australia. *Earth and Planetary Science Letters*, 216(1-2).

Trewin B. C., 2010. Exposure, instrumentation, and observing practice effects on land temperature measurements. Wiley Interdisciplinary Reviews: *Climate Change*, 1.

Treydte K. S., D. C. Frank, S. Matthias, et al. 2009. Impact of climate and CO_2 on a millennium-long tree-ring carbon isotope record. *Geochimica Et Cosmochimica Acta*, 73(16).

Turner G. M. and R. Thompson, 1981. Lake sediment record of the geomagnetic secular variations in Britain during Holocene times. *Geophysical Journal Royal Astronomical Society*, 65.

Vengosh A., Y. Kolodny, A. Starinsky, et al. 1991, Coprecipitation and isotopic fractionation of boron in modern biogenic carbonates. *Geochimica et Cosmochimica Acta*, 55(10).

Verheyden S., E. Keppens, I. J. Fairchild, et al. 2000. Mg, Sr and Sr isotope geochemistry of a Belgian Holocene speleothem: implications for paleoclimate reconstructions. *Chemical Geology*, 169(1-2).

Vieira L. E. A., S. K. Solanki, N. A. Krivova, et al. 2011. Evolution of the solar irradiance during the Holocene. *Astronomy & Astrophysics*, 531: A6.

Vincent L., 1998. A technique for the identification of inhomogeneities in Canadian temperature series. *Journal Climate*, 11.

Walker I. R., J.P. Smol, D. R. Engstrom, et al. 1991. An assessment of Chironomidae as quantitative indicators of past climatic change. *Canadian Journal of Fisheries and Aquatic Sciences*, 48.

Wallmann K., 2001, Controls on the Cretaceous and Cenozoic evolution of seawater composition, atmospheric CO_2 and climate. *Geochemica et Cosmochimica Acta.*, 18.

Wang C. F., J. A. Bendle, H.B. Zhang, et al. 2018. Holocene temperature and hydrological changes reconstructed by bacterial 3-hydroxy fatty acids in a stalagmite from central China.

Quaternary Science Reviews, 192.

Wang C. F., H. B. Zhang, X. Y. Huang, *et al.* 2012. Optimization of acid digestion conditions on the extraction of fatty acids from stalagmites. *Frontiers of Earth Science*, 6(1).

Wang H. J. and Q. C. Zeng, 1993. The numerical simulation of the ice age climate. *Acta Meteorologica Sinica*, 7.

Wang H. J., 1999. Role of vegetation and soil in the Holocene megathermal climate over China. *Journal of Geophysical Research*, 104.

Wang H. J., J. H. Dai, J. Y. Zheng, *et al.* 2015. Temperature sensitivity of plant phenology in temperate and subtropical regions of China from 1850 to 2009. *International Journal of Climatology*, 35.

Wang N., D. Jiang and X. Lang, 2018a. Northern westerlies during the last glacial maximum: Results from CMIP5 simulations. *Journal of Climate*, 31.

Wang N., D. Jiang and X. Lang, 2018b. Metric-dependent tendency of tropical belt width changes during the last glacial maximum. *Journal of Climate*, 31.

Wang P. K. and D. E. Zhang, 1992, Recent studies of the reconstruction of East Asian monsoon climate in the past using historical documents of China. *Journal of the Meteorological Society of Japan*, 70(1B).

Wang S., and D. Gong, 2000, enhancement of the warming trend in China. *Geophysics Research Letters*, 27.

Wang X. L., 2003. Comments on ''Detection of undocumented changepoints: a revision of the two-phase regression model''. *Journal of Climate*, 16.

Wang Y. J., H. Cheng, R. L. Edwards, *et al.* 2001. A high-resolution absolute-dated Late Pleistocene monsoon record from Hulu Cave, China. *Science*, 294(5550).

Wang Y. J., H. Cheng, R. L. Edwards, *et al.* 2008. Millennial- and orbital-scale changes in the East Asian monsoon over the past 224,000 years. *Nature*, 451(7182).

Wang Y. J., H. Cheng, R. L. Edwards, R L, *et al.* 2005.The Holocene Asian monsoon: Links to solar changes and North Atlantic climate. *Science*, 308(5723).

Wang Y. M., J. L. Lean and N. R. Sheeley Jr., 2005. Modeling the Sun's magnetic field and irradiance since 1713. *The Astrophysical Journal*, 625.

Wang H. L., H. Y. Lu, L. Zhao, *et al.* 2019.Asian monsoon rainfall variation during the Pliocene forced by global temperature change. *Nature Communication*, 10.

Wang L., A. W. Mackay, M. J. Leng, *et al.* 2013. Influence of the ratio of planktonic to benthic diatoms on lacustrine organic matter δ13C from Erlongwan maar lake, northeast China. *Organic Geochemistry*, 54.

Wang M. Y. and Y. Q. Zong, 2020. Biogeosciences Significant SST differences between peak MIS5 and MIS1 along the low-latitude western North Pacific margin. *Quaternary Science*

Reviews, 227.

Wang X., Z. Jian, A. Lückge, *et al*. 2018. Precession-paced thermocline water temperature changes in response to upwelling conditions off southern Sumatra over the past 300,000 years. *Quaternary Science Reviews*, 192.

Watanabe T., A. Winter and T. Oba, 2001, Seasonal changes in seasurface temperature and salinity during the Little Ice Age in the Caribbean Sea deduced from Mg/Ca and 18O/16O ratios in coral. *Marine Geology*, 173.

Webb III T. and Bryson, R.A., 1972. Late- and post-glacial climatic change in the northern Midwest, USA: quantitative estimates derived from fossil pollen spectra by multivariate statistical analysis. *Quaternary Research*, 2.

Webb III, T., W. F. Ruddiman, F. A. Street-Perrott, *et al*. 1993b. Climatic changes during the past 18,000 years: regional syntheses, mechanisms, and causes. In: H. R. Wright Jr., J. E. Kutzbach, T. Webb III, W. F. Ruddiman, F. A. Street-Perrott, P. J. Bartlein, (Eds.), *Global Climates Since the Last Glacial Maximum*. University of Minnesota Press, Minneapolis.

Weijers J. W. H., S. Schouten and J. C. van den Donker, *et al*. 2007, Environmental controls on bacterial tetraether membrane lipid distribution in soils. *Geochimica et Cosmochimica Acta*. 71(3).

Weldeab S., D. W. Lea, R. R. Schneider, *et al*. 2007 . 155,000 years of west african monsoon and ocean thermal evolution. *Science*, 316(5829).

Wen X., Z. Liu, S. Wang, *et al*. 2016. Correlation and anti-correlation of the East Asian summer and winter monsoons during the last 21,000 years. *Nature communications*, 7.

Winograd I. J., T. B. Coplen, J. M. Landwehr, *et al*. 1992. Continuous 500,000-year climate record from vein calcite in Devils Hole, Nevada. *Science*, 258(5080).

Winograd I. J., B. J. Szabo, T. B. Coplen, *et al*. 1988. A 250,000-year climatic record from Great Basin vein calcite: implications for Milankovitch theory. *Science*, 242(4883).

Wintle A. G. and D. J. Huntley, 1979. Thermoluminescence dating of a deep-sea sediment core. *Nature*, 279.

Woodhouse C. A., S. T. Gray and D. M. Meko, 2006. Updated streamflow reconstructions for the Upper Colorado River Basin. *Water Resources Research*, 42.

Xiao J., Z. Chang, B. Si, *et al*. 2009. Partitioning of the grain-size components of Dali Lake core sediments: evidence for lake-level changes during the Holocene. *Journal of Paleolimnology*, 42.

Xie S. C., R. P. Evershed, X. Y. Huang, *et al*. 2013. Concordant monsoon-driven postglacial hydrological changes in peat and stalagmite records and their impacts on prehistoric cultures in central China. *Geology*, 41(8).

Xie S. C., Y. Yi, J. H. Huang, *et al*. 2003. Lipid distribution in a subtropical southern China stalagmite as a record of soil ecosystem response to paleoclimate change. *Quaternary*

Research, 60(3).

Xing P., Q. Zhang and L. Lv. 2014. Absence of late-summer warming trend over the past two and half centuries on the eastern Tibetan Plateau. *Global and Planetary Change*, 123.

Xu C. X., N. Pumijumnong, T. Nakatsuka, *et al.* 2015. A tree-ring cellulose δ18O-based July-October precipitation reconstruction since AD 1828, northwest Thailand. *Journal of Hydrology*, 529.

Xu C. X., N. Pumijumnong, T. Nakatsuka, *et al.* 2018. Inter-annual and multi-decadal variability of monsoon season rainfall in central Thailand during the period 1804-1999, as inferred from tree ring oxygen isotopes. *International Journal of Climatology*, 38.

Xu G., X. Liu, D. Qin, *et al.* 2014. Tree-ring δ18O evidence for the drought history of eastern Tianshan Mountains, northwest China since 1700 AD. *International Journal of Climatology*, 34(12).

Yakir D. and L. D. S. L. Sternberg. 2000. The use of stable isotopes to study ecosystem gas exchange. *Oecologia*, 123(3).

Yamazaki T. and H. Oda, 2005. A geomagnetic paleointensity stack between 0.8 and 3.0 Ma from equatorial Pacific sediment cores. *Geochemistry Geophysics Geosystems*, 6.

Yamazaki T. and Y. Yamamoto, 2018. Relative paleointensity and inclination anomaly over the last 8 Myr obtained from the Integrated Ocean Drilling Program Site U1335 sediments in the eastern equatorial Pacific. *Journal of Geophysical Research: Solid Earth*, 123.

Yan Q., T. Wei and Z. Zhang, 2016. Variations in large-scale tropical cyclone genesis factors over the western North Pacific in the PMIP3 last millennium simulations. *Climate Dynamics*, 48.

Yan Q., Z. S. Zhang and Y. Gao, 2012. An East Asian monsoon in the mid-Pliocene. *Atmospheric and Oceanic Science Letters*, 5.

Yanase W. and A. Abe-Ouchi, 2007. The LGM surface climate and atmospheric circulation over East Asia and the North Pacific in the PMIP2 coupled model simulations. *Climate of the Past*, 3.

Yang B., C. Qin, J. L. Wang, *et al.* 2014. A 3500-year tree-ring record of annual precipitation on the northeastern Tibetan Plateau. *Proceedings of the National Academy of Sciences of the United States of America*, 111(8).

Yang H., W. H. Ding, C. L. Zhang, *et al.* 2011. Occurrence of tetraether lipids in stalagmites: Implications for sources and GDGT-based proxies. *Organic Geochemistry*, 42(1).

Yang S. L., Z. L. Ding, Y. Li, *et al.* 2015. Warming-induced northwestward migration of the East Asian monsoon rain belt from the Last Glacial Maximum to the mid-Holocene. *Proceedings of the National Academy of Sciences of the United States of America*, 112(43).

Yang T. S., M. Hyodo, Z. Y. Yang, *et al.* 2014. High-frequency polarity swings during the

Gauss-Matuyama reversal from Baoji loess sediment. *Science China: Earth Sciences*, 57(8).

Yang X. Q., F. Heller, J. Yang, *et al.* 2009. Paleosecular variations since ~9000 yr BP as recorded by sediments from maar lake Shuangchiling, Hainan, South China. *Earth and Planetary Science Letters*, 288.

Yang X., N. J. Anderson, X. Dong, *et al.* 2008. Surface sediment diatom assemblages and epilimnetic total phosphorus in large, shallow lakes of the Yangtze floodplain: their relationships and implications for assessing long-term eutrophication. *Freshwater Biol*, 53.

Yang Y., R. Xiang, J. Liu, *et al.* 2019. Inconsistent sea surface temperature and salinity changing trend in the northern South China Sea since 7.0 ka BP. *Journal of Asian Earth Sciences*, 171.

Yin Q. and A. Berger, 2015: Interglacial analogues of the Holocene and its natural near future. *Quaternary Science Reviews*, 120.

Yin Q. and A. Berger, 2011: Individual contribution of insolation and CO_2 to the interglacial climates of the past 800000 years. *Climate Dynamics*, 38.

Yonge C. J., D. C. Ford, J. Gray, *et al.* 1985. Stable isotope studies of cave seepage water. *Chemical Geology*, 58(1-2).

Yu J. and H. Elderfield, 2007. Benthic foraminiferal B/Ca ratios reflect deep water carbonate saturation state. *Earth and Planetary Science Letters*, 258.

Yu S. Y., S. M. Colman, L. Li, 2016. BEMMA: A hierarchical Bayesian end-member modeling analysis of sediment grain-size distributions. *Mathematical Geosciences*, 48.

Yuan D. X., H. Cheng, R. L. Edwards, *et al.* 2004. Timing, duration, and transitions of the last interglacial Asian monsoon. *Science*, 304(5670).

Zeebe R. E., 2012. History of Seawater Carbonate Chemistry, Atmospheric CO_2, and Ocean Acidification. *Annual Review of Earth and Planetary Sciences*, 40(1).

Zhang E. L., C. Zhao, B. Xue, *et al.* 2017. Millennial-scale hydroclimate variations in southwest China linked to tropical Indian Ocean since the Last Glacial Maximum. *Geology*, 45(5).

Zhang H. B., M. L. Griffiths, J. C. H. Chiang, *et al.* 2018, East Asian hydroclimate modulated by the position of the westerlies during Termination I. *Science*, 362(6414).

Zhang P. Z., H. Cheng, R. L. Edwards, *et al.* 2008. A test of climate, sun, and culture relationships from an 1810-year Chinese cave record. *Science*, 322(5903).

Zhang R., D. Jiang and Z. Zhang, 2015a. Causes of mid-Pliocene strengthened summer and weakened winter monsoons over East Asia. *Advances in Atmospheric Sciences*, 32.

Zhang R., D. Jiang, G. Ramstein, *et al.* 2018a. Changes in Tibetan Plateau latitude as an important factor for understanding East Asian climate since the Eocene: A modeling study. *Earth and Planetary Science Letters*, 484.

Zhang R., D. Jiang, Z. Zhang, *et al.* 2015b. The impact of regional uplift of the Tibetan Plateau on the Asian monsoon climate. *Palaeogeography, Palaeoclimatology, Palaeoecology*, 417.

Zhang R., Q. Yan, Z. Zhang, *et al.* 2013. Mid-Pliocene East Asian monsoon climate simulated in the PlioMIP. *Climate of the Past*, 9.

Zhang R., Z. Zhang and D. Jiang. 2018b. Global cooling contributed to the establishment of a modern-like East Asian monsoon climate by the early Miocene. *Geophysical Research Letters*, 45.

Zhang Z., H. J. Wang, Z. T. Guo, *et al.* 2007. What triggers the transition of palaeoenvironmental patterns in China, the Tibetan Plateau uplift or the Paratethys Sea retreat? *Palaeogeography, Palaeoclimatology, Palaeoecology*, 245.

Zhang E., W. Sun, C. Zhao, *et al.* 2015. Linkages between climate, fire and vegetation in southwest China during the last 18.5 ka based on a sedimentary record of black carbon and its isotopic composition. *Palaeogeography, Palaeoclimatology, Palaeoecology*, 435.

Zhang E. L., J. Shen, S. M. Wang, *et al.* 2004. Quantitative reconstruction of the paleosalinity at Qinghai Lake in the past 900 years. *Chinese Science Bulletin*, 49.

Zhang J., F. Chen, J. A. Holmes, *et al.* 2011. Holocene monsoon climate documented by oxygen and carbon isotopes from lake sediments and peat bogs in China: a review and synthesis. *Quaternary Science Reviews*, 30.

Zhang X., G. Lohmann, G. Knorr, and X. Xu. 2013. Different ocean states and transient characteristics in Last Glacial Maximum simulations and implications for deglaciation. *Climate of the Past*, 9.

Zhang X., B. Ha, S. Wang, Z. Chen, *et al.* 2018. The earliest human occupation of the high-altitude Tibetan Plateau 40-30 thousand years ago. *Science*, 362.

Zhang Y. G., C. L. Zhang, X. L. Liu, *et al.* 2011. Methane Index: a tetraether archaeal lipid biomarker indicator for detecting the instability of marine gas hydrates. *Earth and Planetary Science Letters*, 307(3).

Zheng J. Y., L. Yang, Z. X. Hao, *et al.* 2018. Winter temperatures of southern China reconstructed from phenological cold/warm events recorded in historical documents over the past 500 years. *Quaternary International*, 479.

Zheng W., P. Braconnot, E. Guilyardi, *et al.* 2008. ENSO at 6ka and 21ka from ocean–atmosphere coupled model simulations. *Climate Dynamics*, 30.

Zheng W., B. Wu, J. He, *et al.* 2013. The East Asian summer monsoon at mid-Holocene: results from PMIP3 simulations. *Climate of the Past*, 9.

Zheng Z., J. Wei, K. Huang, *et al.*, 2014, East asian pollen database: modern pollen distribution and its quantitative relationship with vegetation and climate. *Journal of Biogeography*, 41(10).

Zheng J. Y., Y. Liu, Z. X. Hao, 2015. Annual temperature reconstruction by signal decomposition and synthesis from multi-proxies in Xinjiang, China, from 1850 to 2001. *PLoS One*, 10, e0144210.

Zhou H. Y., B. Q. Chi, M. Lawrence, *et al*. 2008. High-resolution and precisely dated record of weathering and hydrological dynamics recorded by manganese and rare-earth elements in a stalagmite from Central China. *Quaternary Research*, 69(3).

Zhou H. Y., A. Greig, J. Tang, *et al*. 2012. Rare earth element patterns in a Chinese stalagmite controlled by sources and scavenging from karst groundwater. *Geochimica Et Cosmochimica Acta*, 83.

Zhu H. F., Y. H. Zheng, X. M. Shao, *et al*. 2008. Millennial temperature reconstruction based on tree-ring widths of Qilian juniper from Wulan, Qinghai Province, China. *Chinese Science Bulletin*, 53(24).

Zhu Z. M., J. M. Feinberg, S. C. Xie, *et al*. 2017. Holocene ENSO-related cyclic storms recorded by magnetic minerals in speleothems of central China. *Proceedings of the National Academy of Sciences of the United States of America*, 114(5).

Zuo M., W. Man, T. Zhou, *et al*. 2018. Different impacts of northern, tropical and southern volcanic eruptions on the tropical Pacific SST in the last millennium. *Journal of Climate*, 31.

蔡炳贵、谭明："来自洞穴深处的古气候档案:石笋",《科学》, 2008 年第 60 卷。

蔡演军、彭子成、Beck. W, 等:"洞穴次生碳酸盐中'死碳'对 14C 法测年的影响",《科学通报》, 2005 年第 50 卷。

陈骏、安芷生、汪永进, 等:"最近 800 Ka 洛川黄土剖面中 Rb/Sr 分布和古季风变迁",《中国科学: 地球科学》, 1998 年第 6 期。

陈宣谕、徐义刚, Menzies M: 2014."火山灰年代学:原理与应用",《岩石学报》, 2014 年第 12 期。

丁玲玲、郑景云、傅辉:"基于历史文献的华南地区气候变化研究进展",《热带地理》, 2015 年第 35 卷第 6 期。

丁玲玲, 郑景云:"过去 300 年华南地区冷冬指数序列的重建与特征",《地理研究》, 2017 年第 36 期。

方苗、李新:"古气候数据同化: 缘起、进展与展望",《中国科学: 地球科学》, 2016 年第 8 期。

高超超:"基于极地冰芯的历史火山活动序列重建研究进展",《极地研究》, 2014 年第 26 卷第 4 期。

郝志新、耿秀、刘可邦, 等:"关中平原过去 1000 年干湿变化特征",《科学通报》, 2017 年第 62 卷。

郝志新、熊丹阳、葛全胜:"过去 300 年雄安新区涝灾年表重建及特征分析",《科学通报》，2018 年第 63 卷。

胡蒙育、B. Maher.："中国黄土堆积的磁性记录与古降雨量重建"，《地球科学进展》，2002 年第 3 期。

孔兴功、汪永进、吴江滢等："南京葫芦洞石笋 δ13C 对冰期气候的复杂响应与诊断"，《中国科学:地球科学》，2005 年第 35 卷。

孔兴功："石笋氧碳同位素古气候代用指标研究进展"，《高校地质学报》，2009 年第 15 卷。

兰宇、郝志新、郑景云："1724 年以来北京地区雨季逐月降水序列的重建与分析"，《中国历史地理论丛》，2015 年第 30 卷。

蓝先洪："地球化学记录在古温度定量恢复研究中的应用"，《海洋地质动态》，2003 年第 2 期。

李庆祥等：《基准气候数据及气候变化观测》，北京：气象出版社，2018 年。

刘东生、谭明、秦小光等："洞穴碳酸钙微层理在中国的首次发现及其对全球变化研究的意义"，《第四纪研究》，1997 年第 17 卷。

刘东生、施雅风、王汝建等："以气候变化为标志的中国第四纪地层对比表"，《第四纪研究》，2000 年第 2 期。

刘东生：《黄土与环境》，北京：科学出版社，1985 年。

刘嘉麒、孙春青、游海涛："全球火山灰年代学研究概述"，《中国科学：地球科学》，2018 年第 48 卷。

刘亚辰、方修琦、陶泽兴等："诗歌中物候记录的基本特征及用于历史气候重建的处理方法"，《地理科学进展》，2017 年第 36 卷第 4 期。

刘禹、安芷生、Hans W.Linderholm 等："青藏高原中东部过去 2485 年以来温度变化的树轮记录"，《中国科学：地球科学》，2009 年第 2 期。

刘浴辉、胡超涌、黄俊华："石笋微层研究及其气候意义"，《地质科技情报》，2005 年第 24 卷。

鹿化煜、安芷生："黄土高原黄土粒度组成的古气候意义"，《中国科学：地球科学》，1998 年第 3 期。

马乐、蔡演军、秦世江："贵州七星洞石笋记录的最近 2300 年气候和环境变化"，《地球环境学报》，2015 年第 6 卷第 3 期。

秦小光、刘东生、谭明 等："北京石花洞石笋微层灰度变化特征及其气候意义——Ⅱ.灰度的年际变化"，《中国科学：地球科学》，2000 年第 30 卷。

沈吉、薛滨、吴敬禄等：《湖泊沉积与环境演化》，北京：科学出版社，2010 年。

时小军、余克服、陈特固等："中—晚全新世高海平面的琼海珊瑚礁记录"，《海洋地质与第四纪地质》，2008 年第 5 期。

宋长青、孙湘君："花粉—气候因子转换函数建立及其对古气候因子定量重建"，《植物学报（英文版）》，1997 年第 6 期。

孙瑜、杨海军："全球地形影响大气和海洋经圈环流的耦合模式研究"，《北京大学学报（自然科学版）》，2015 年第 51 卷。

谭亮成、安芷生、蔡演军："洞穴碳酸盐有机质荧光发光特征研究及其展望"，《中国岩溶》，2004 年第 23 卷。

谭明、秦小光、沈凛梅，等："中国洞穴碳酸盐双重光性显微旋回及其意义"，《科学通报》，1999 年第 44 卷。

谭明："环流效应：中国季风区石笋氧同位素短尺度变化的气候意义——古气候记录与现代气候研究的一次对话"，《第四纪研究》，2009 年第 29 卷。

谭明："石笋微层气候学的几个重要问题"，《第四纪研究》，2005 年第 25 卷。

谭明："信风驱动的中国季风区石笋 δ 18O 与大尺度温度场负耦合——从年代际变率到岁差周期的环流效应（纪念 GNIP 建网 50 周年暨葫芦洞石笋末次冰期记录发表 10 周年）"，《第四纪研究》，2011 年第 31 卷。

田芝平、姜大膀："全新世中期和末次冰盛期中国季风区面积和季风降水变化"，《科学通报》，2015 年第 60 卷。

汪永进、孔兴功、邵晓华等："末次盛冰期百年尺度气候变化的南京石笋记录"，《第四纪研究》，2002 年第 22 卷。

王丽艳、李广雪："古气候替代性指标的研究现状及应用"，《海洋地质与第四纪地质》，2016 年第 4 期。

王宁练："青藏高原北部马兰冰芯记录所揭示的近 200 年来沙尘天气发生频率变化趋势"，《科学通报》，2006 年第 6 期。

韦刚健、李献华、聂宝符等："南海北部滨珊瑚高分辨率 Mg/Ca 温度计"，《科学通报》1998 年第 43 期。

魏文寿、尚华明、陈峰："气候研究中不同时期的资料获取与重建方法综述"，《气象科技进展》，2013 年第 3 期。

吴海斌、罗运利、姜文英等："植被反演方法的古气候要素定量化：现代数据检验"，《第四纪研究》，2016 年第 36 期。

吴江滢、邵晓华、孔兴功等："盛冰期太阳活动在南京石笋年层序列中的印迹"，《科学通报》，2006 年第 51 卷。

吴乃琴、吕厚远、孙湘君等："植物硅酸体—气候因子转换函数及其在渭南晚冰期以来古环境研究中的应用"，《第四纪研究》，1994 年第 3 卷。

谢树成、黄俊华、王红梅等："湖北清江和尚洞石笋脂肪酸的古气候意义"，《中国科学：地球科学》，2005 年第 35 卷。

谢树成、黄咸雨、杨欢等："示踪全球环境变化的微生物代用指标"，《第四纪研究》，2013 年第 33 卷第 1 期。

杨勋林、袁道先、张月明等："湖北仙女山人工隧洞现代石笋气候学——灰度及其指示意义"，《中国岩溶》，2012 年第 31 卷。

姚檀栋、焦克勤、皇翠兰等："冰芯所记录的环境变化及空间耦合特征",《第四纪研究》,1995 年第 15 卷第 1 期。

姚檀栋、段克勤、田立德等:"达索普冰芯积累量记录和过去 400a 来印度夏季风降水变化",《中国科学:地球科学》,2000 年第 6 期。

余君、李庆祥、张同文等:"基于贝叶斯模型的器测、古气候重建与气候模拟数据的融合试验",《气象学报》,2018 年第 76 卷第 2 期。

翟佑安:《中国气象灾害大典:陕西卷》,北京:气象出版社,2005 年。

张德忠、白益军、桑文翠 等:"末次冰消期亚洲季风强度变化的黄土高原西部万象洞石笋灰度记录",《第四纪研究》,2011 年第 31 卷。

张宗枯、魏明建:"黄土中全氧化铁与气候指标的定量关系",《科学通报》,1995 年第 13 期。

赵宏丽、李新周、谭婷丹等:"东亚古环境科学数据库",《地球环境学报》,2017 年第 3 期。

郑景云、葛全胜、郝志新等:"历史文献中的气象记录与气候变化定量重建方法",《第四纪研究》,2014 年第 34 卷。

郑景云、刘洋、葛全胜等:"华中地区历史物候记录与 1850-2008 年的气温变化重建",《地理学报》,2015 年第 70 卷。

郑卓、张潇、满美玲等:"中国及邻区利用孢粉进行古气候定量重建的回顾与数据集成",《第四纪研究》,2016 年第 36 卷。

中央气象局气象科学研究院:《中国近五百年旱涝分布图集》,北京:地图出版社,1981 年。

周波涛、赵平:"古东亚冬季风和夏季风反位相变化吗?",《科学通报》,2009 年第 20 期。

竺可桢:"中国历史上气候之变迁",《东方杂志》,1925 年第 3 期。

第二章 气候预测和气候变化的预估

本章介绍开展年代际气候预测和百年气候预估的基本工具、方法及原理，重点关注相关领域在 CMIP6 的进展情况。基本工具包括地球系统模式（气候系统模式）和区域气候模式。基本方法和原理包括模式初始化、共享社会经济路径、动力学和统计学的预估与降尺度方法。

概述地球系统模式的原理、国内外模式发展概况，介绍 1~10 年尺度气候预测相关的初始化方法、试验设计和评估方法；简述五种共享社会经济路径以及在这些路径强迫下用地球系统模式进行百年气候预估的科学基础，介绍参加 CMIP6 百年气候预估试验的模式情况，尤其是中国模式的情况；简要介绍基于区域气候模式的动力降尺度方法，以及国内外的发展与应用情况；介绍气候统计预估常用方法的近期进展，包括在研究海—陆—气等要素相互关系的基础上建立的具有气候背景的物理统计法、基于地球系统模式的统计降尺度法以及基于机器学习和非线性动力学的预测方法。

第一节 CMIP5–6 地球系统模式的发展

一、基本原理简介

地球系统模式是基于地球系统中的动力、物理、化学和生物过程建立起来的数学方程组（包括动力学方程组和参数化方案）来确定其各个部分（大气圈、水圈、冰雪圈、岩石圈、生物圈）的性状，由此构成地球系统的数学物理模型，然后用数值的方法进行求解，并在计算机上付诸实现的一种大型综合性计算软件。它能够描述地球系统各圈层之间的相互作用（王斌等，2008）。气候系统模式是地球系统模式的雏形，也是地球系统模式发展的基础阶段，以地球流体为主体。固体部分只考虑陆面过程，模式只能描述系统的动力过程和物理过程，不考虑生物过程和化学过程。地球系统模式目前的状态是在气候系统模式的基础上主要考虑碳循环等过程。

地球系统模式通过耦合器实现其分量模式的耦合集成。地球系统模式的分量模式包括大气环流模式、海洋环流模式、海洋碳循环模式、海冰模式、陆面模式和陆地碳循环模式等。

大气环流模式是利用数值方法求解大气运动方程和描述大气物理过程的一套计算机程序，需要给定初值和外强迫场方可运行，主要包括动力框架和物理过程两部分。依据动力框架中是否采用静力平衡假设，模式可分为静力模式和非静力模式。其中高分辨率非静力模式是模式发展的一个重要趋势。

海洋环流模式是在给定边界条件和初值条件下，利用数值方法求解控制海洋运动的复杂纳维－斯托克斯（Navier-Stokes，N-S）原始方程以及温度、盐度方程和海表面高度方程。海洋模式需要给定大气强迫驱动才能合理运转。现有趋势是发展能够分辨涡旋的海洋模式（即涡分辨率海洋环流模式），甚至更高分辨率的海洋环流模式。

海洋碳循环模式主要描述海洋中碳的生物地球化学循环过程，包括碳在海洋中的吸收、转化、存储等过程，并可以耦合海洋生态模式，来描述海洋上层浮游生物的动力学过程。海洋碳循环模式由海洋环流模式提供环流场来驱动海洋生化变量在海洋内部的再分布过程，因而模式的网格类型以及分辨率与海洋环流模式保持一致。

海冰模式主要对高纬度海冰过程及其与大气和海洋之间的相互作用开展

数值建模：以具有厚度和热容量等特征的海冰及其示踪物为模拟对象，刻画海冰相关的热力学和动力学过程。在地球系统模式中，海冰模式通常采用与海洋分量相同的水平网格，并采用多个冰厚范围和多层冰雪垂直结构，以在线耦合的方式和大气与海洋分量开展通量交换和数值模拟。

陆面模式描述不同下垫面类型地表的能量、水文、植被和陆表生物地球化学循环过程，以及人类活动对地表状态的影响等，根据质量和能量平衡方程计算陆表状态的变化，为大气环流模式提供与下垫面有关的感热、潜热、动量和温室气体源汇项。在地球系统模式中，陆面模式通常采用与大气分量相同的水平网格。

陆地碳循环模式描述陆表生态系统碳的累积和分解过程。陆地碳在植被、土壤等不同碳库之间的周转，对气候条件和大气二氧化碳浓度的响应，以及氮、磷等营养元素对碳循环过程的调节作用。陆地碳循环模式与全球植被动力学模式密切联系。

耦合器是地球系统模式的一个特殊分量，是实现气候系统模式和地球系统模式耦合集成与模块化发展的关键核心技术，也是地球系统科学与计算机科学之间的一个重要交叉领域。现有耦合器主要包括法国研制的 OASIS 系列（Redler *et al*., 2010; Valcke, 2013; Craig *et al*., 2017）、美国的 MCT（Jacob *et al*., 2005; Larson and Golaz, 2005）、CPL 系列（Craig *et al*., 2005; Craig *et al*., 2012）、ESMF 耦合功能（Hill *et al*., 2004）、FMS 耦合功能（Balaji *et al*., 2006），以及中国从 2010 年开始独立研发的国产耦合器 C-Coupler 系列（Liu *et al*., 2014; Liu *et al*., 2018）等。

二、模式发展概况

CMIP6 中，气候/地球系统模式发展具备两个主要特征就是"一体化"和"精细化"。"一体化"即集天气、气候于一体，集全球、区域于一身，实现时间和空间上的"无缝隙"模拟与预报。"精细化"则是在深化地球系统科学认知的基础上，发展和完善地球系统关键过程的模式表达和次网格尺度参数化方案，提高模式分辨率，降低未来预估和预测的不确定性（Qin et al., 2018; Soden et al., 2018）。

"一体化"和"精细化"的发展使得气候/地球系统模式的模拟能力得到拓展和提升。在时间尺度上，耦合模式对次季节、季节、年际和年代际尺度的气候预测能力得到了增强，正逐步具备对短、中期天气的预报能力。在空间尺度上，模式系统模拟个体、局地、区域和全球等不同尺度相互作用的能力不断提升（Sun et al., 2019; Wang and Xu, 2018）。对多种社会经济模式的耦合，使地球系统模式的功能更为完整（Yang et al., 2015）。地球系统模拟正在从气候向天气、生态环境乃至社会经济拓展，也正在从只包含生态系统对环境变化的被动响应向包涵生态系统过程和人类活动对环境条件的反馈与改造作用扩展（Bonan and Doney, 2018; Calvin and Bond-Lamberty, 2018）。

目前，全世界有 18 个国家的 40 个科研院所和高校正利用各自发展的地球系统模式开展 CMIP6 的相关试验（周天军等，2019），其分量模式的具体发展概况如下：

（一）大气环流模式

基于准均匀网格（如质心沃罗诺伊网格、二十面体网格和立方球网格）的高分辨率（达到千米级）非静力大气模式逐步增多并得到应用，如日本的 NICAM、美国的 MPAS 和 NGGPS（Heinzeller et al., 2016; Satoh et al., 2014; Zhou et al., 2019）。此外，基于传统网格如高斯网格，经纬网格的高分辨率模式（如英国的 UM、欧洲的 IFS、法国的 ARPEGE）也有进一步发展。它们的水平分辨率约在 100 米～25 千米，垂直分层在 30～95 层，模式顶最高约在 0.01 百帕（Roberts et al., 2019）。在物理过程方面，统一描述多物理过程/不同分辨率的参数化方案也有进一步的发展和应用，如基于双高斯分布的高阶闭合云参数化方案（Cloud Layer Unified By Binormals, CLUBB）。该方案能够统一描述湍流和云，已应用于美国多个大气模式（Larson and Golaz, 2005）；统一描述各种对流的对流参数化方案（Unified Convection, UNICON, Park, 2014）；统一描述不同分辨率/尺度自适应的积云对流参数化方案（如 Arakawa and Wu, 2013）等。此外，为减小 CMIP 模式气溶胶气候效应的不确定性，史蒂文斯等（Stevens et al., 2017）基于"自上而下"的方法提出了描述人为气溶胶光学特性和图米（Twomey）效应的 MACv2-SP 气溶胶模块。该模块为参加 CMIP6 的各模式的推荐气溶胶方案。

（二）海洋环流模式

通过改进的或变换的经纬度网格，如 LICOM3（俞永强、唐绍磊、刘海龙，2018）、非结构网格，如 MPAS-O（Ringler et al., 2008），海洋模式的并行性能进一步提升，可用于涡分辨率海洋模拟。为了改进涡分辨率模拟，模式水平差分网格变量位置，从 B 网格被换为 C 网格（Arakawa and Lamb, 1981; Ringler et al., 2013），如 MOM6 和 MPAS-O。模式的垂直坐标改进为任意拉格朗日—欧拉算法（Petersen et al., 2015），消除了垂直平流的 CFL 条件对时间步长的限制，如 MOM6（https://www.gfdl.noaa.gov/mom-ocean-model）和 MPAS-O。数值上的改进包括新的正压迭代求解减少了交换代价（如 POP2，包括清华版本），采用罗伯特（Robert）滤波的时间积分滤波方案，保证了次—日循环耦合，有利于日变化模拟和惯性振荡模拟，如 POP2（http://www.cesm.ucar.edu/models/cesm2/whatsnew.html）。在物理过程方面，加入了朗缪尔（Langmuir）环流引起的混合，并与波浪模式分量结合，如 MOM6 和 POP2（Li et al., 2016）；考虑重力波破碎引起的混合；利用预诊断叶绿素的短波辐射方案，如 POP2；利用通用混合框架检验了 KPP 方案，如 MPAS-O 和 POP2；增加深层的涡旋扩散以改进被动示踪物的模拟，如 POP2；发展了拉格朗日粒子追踪轨迹用于研究涡旋引起的混合，如 MPAS-O（Wolfram and Ringler,

2017a；2017b）。通量过程考虑包括陆地和水循环的分支的河口淡水交换，如 POP2，改进海气交换通量等。

（三）海洋碳循环模式

在 CMIP5 中，有几个海洋碳循环模式被用于多个国家（版本）的地球系统模式中，如法国 IPSL 的 PISCES 模式、德国汉堡的 HAMOCC5、美国 NCAR 的 BEC，以及美国 GFDL 的 TOPAZ2 等。这些模式部分在 CMIP6 中得到更新。PISCES 模式在 2015 年推出了第二版本 PICES-v2，最主要的一个变化是铁和硅在生物利用时与其他营养盐的比例由固定参数改进为动态参数。将营养盐比例由静态改为动态，将是新一代海洋碳循环模式比较重要的尝试（Andrews et al., 2017）。此外 PISCES-v2 针对部分过程改进了参数化方案，如硅化、钙化以及固氮过程根据固氮藻类而重新调整（Aumont et al., 2015）。HAMOCC5 在 CMIP6 的主要发展也是引入了固氮变量，用以加强对真光层生物可利用氮元素的模拟（Paulsen et al., 2017）。BEC 在原有基础上增加了对二甲硫（Dimethylsulfide, DMS）的模拟（Wang, Murtugudde et al., 2015），但该版本不参加 CMIP6。除了每个模式自身的改进，CMIP6 中的海洋模式比较计划（Ocean Model Intercomparison Project, OMIP）提供了新的海洋碳分压计算方案（Orr. Najjar et al., 2017），因而参加 OMIP 的模式也会对海洋碳分压计算方案进行调整。

（四）海冰模式

相较于大气和海洋分量历史悠久、开发单位和模式均较为丰富的现状，海冰分量具有开发单位数量有限、模式较为统一的研究状态。参加 CMIP5 的耦合模式中，海冰分量其选择主要分为三类：美国洛斯阿拉莫斯国家实验室（Los Alamos National Lab）为主开发的 CICE 模式（为大约 50%模式，包括中国大部分模式采用，见 DuVivier, 2019），比利时鲁汶大学（University of

Leuven）为主开发的 LIM 模式（某些欧洲模式采用，见 Vancoppenolle *et al.*, 2012），以及海冰作为海洋模式模块存在（如 MPI-ESM 的 MPI-OM、MIROC 的 COCO 等，见 Jungclaus *et al.*, 2013）。在 CMIP5 之后的数年间，海冰模式发展以提高分辨率、改进辐射和动力学等物理过程、辅助季节和气候预估等实际应用为主要发展方向。比如，适应高分辨率和不连续介质假设的新型流变学方案发展（Rampal *et al.*, 2016）、流变学计算精度和效率改进（Losch and Danilov, 2012; Koldunov *et al.*, 2019）、积雪和融池等因素的辐射与热力学过程改进（Schröder *et al.*, 2014）、海冰要素在 CMIP 和业务中的单分量和耦合同化等（Chen *et al.*, 2017）。而在传统天气业务中，包括欧洲中心和加拿大气象厅在内的国际主流单位，也已将动态海冰模拟纳入天气预报系统中（Keeley and Mogensen, 2019）。

由于海冰观测手段和海冰气候数据集相对受限，近年来日益增加的海冰观测数据为海冰研究和模式发展提供了重要支撑。海冰范围的卫星观测数据其长度已突破 40 年，包括中国科学家所开展的海冰和冰上积雪厚度重建为海冰变化、模式评估和同化提供了重要数据支撑（Xu *et al.*, 2017; Zhou *et al.*, 2018），诸如 MOSAIC（Rex *et al.*, 2019）在内的局地观测计划则将为小尺度海冰过程和海气相互作用的改进提供直接依据。

（五）陆面过程模式

CMIP6 中的陆面模式对各种物理过程和生物地球化学过程描述的繁简程度仍存在不同，在土壤、积雪垂直分层上存在差异。地表次网格结构的划分标准不同。地表非均匀性表征上差异较大。更多 CMIP6 模式采用多层积雪方案，改进积雪覆盖度方案，考虑土壤有机质成分对土壤水热参数的影响，植被凋落物、苔藓和地衣的隔热效应，采用更细致的参数化方案描述植被冠层辐射、光合作用等重要过程。

多个 CMIP6 陆面模式通过加大土壤单柱深度和增加土壤垂直层数，改进冻土区冻融物理过程，改善对高纬度冻土区活跃层变化和冻土碳在解冻后分解过程的模拟。其中，CESM 的陆面模式 CLM5 根据土壤厚度资料，在全球采用可变深度的土壤单柱方案（Brunke et al., 2016）。

与 CMIP5 相比，CMIP6 陆面模式包括了更精细的大尺度河道输送方案。如 CESM 和 E3SM 使用 MOSART 河道输送方案（Li et al., 2015）替代了早期的简化 RTM 方案，为模拟物质和能量沿河道自陆地到海洋的输运奠定了基础。CNRM-ESM1 改进了陆面过程模式中的 TRIP 河道输送方案（Séférian et al., 2016）。IPSL-CM6 改进了其陆面过程模式 ORCHIDEE 中的河道输送方案（Nguyen-Quang et al., 2018）。

（六）陆面碳循环模式

相比 CMIP5，CMIP6 陆面模式进一步完善了全球植被动力学方案、土地利用变化方案、农作物方案、甲烷排放方案，考虑营养元素对碳循环的调控等。部分 CMIP6 陆面模式基于精细的大尺度河道输送方案，发展了陆地到海洋的碳、氮输送方案，如 CESM、E3SM 和 FGOALS-g 模式。进一步发展了全球植被动力学方案中的扰动过程，使用基于过程的火灾方案描述火灾对植被和陆表碳库的扰动效应，如 CAS-ESM、CESM、MPI-ESM 等。

CMIP5 陆面碳循环模式对土壤碳库的处理主要采用了盒（Box）模型。在 CMIP6 中，CESM、UKESM1、CAS-ESM 和 BNU-ESM 等采用了考虑垂直分层的土壤碳库，刻画生物和自然过程对土壤碳在不同深度分布的影响，这尤其对合理描述高纬度地区富集的冻土有机碳具有重要作用。CESM 等模式使用的 CLM 陆面方案中同时考虑土壤氮库的垂直分层结构（Koven et al., 2013）。

CMIP5 中只有 CESM1-BGC（Hurrell et al., 2013）和 NorESM1-ME（Tjiputra et al., 2013）两个模式包括了氮循环过程，两个模式均使用了 CLM4 陆面过程模式。在 CMIP6 中，更多地球系统模式在其陆面过程中包含了氮、磷营养循环与碳循环的相互作用过程，刻画氮、磷营养元素对陆地碳吸收的限制，如 ACCESS-ESM1（Law et al., 2017），MPI-ESM（Goll et al., 2017），UKESM1（Mulcahy et al., 2018）等模式。

（七）耦合器

为了促进地球系统模式的发展（如更高分辨率、分量模式更多的复杂耦合系统），国外耦合器团队开展了一系列技术研究与软件研发工作，主要包括：（1）法国 OASIS 研发团队在 OASIS3 基础上推出了升级版本即 OASIS3-MCT，其通过集成美国 MCT 的基础并行耦合功能，取得了更好的并行性能；（2）面向美国地球系统模式 CESM 的发展，耦合器 CPL7（CPL 系列最新版本）能耦合更多分量模式；（3）美国 FMS 团队揭示了物理参数化方案间线程级并行性的开发，对提高模式的并行性能具有积极意义。

三、中国模式发展

表 2–1　中国参加 CMIP6 的气候系统模式和地球系统模式

模式组	所在单位	模式名
LASG/IAP	中国科学院大气物理研究所	FGOALS
IAP/CAS		CAS ESM
DESS/THU	清华大学	CIESM
BNU	北京师范大学	BNU-ESM
NUIST	南京信息工程大学	NUIST-CSM
BCC	国家气候中心	BCC-ESM/CSM
CAMS	中国气象科学研究院	CAMS-CSM
FIO	自然资源部第一海洋研究所	FIO-ESM

中国的地球系统模式也开始朝"一体化"和"精细化"方向发展，并从国家层面进行了部署，启动科研计划或重点专项支持一体化和高分辨率模式的研发。与此同时，中国大陆有来自七所科研院所和高校的八个模式组发展了各自的地球系统模式（表2-1），正在用这些模式开展 CMIP6 的相关试验，其分量模式的发展概况如下。

（一）大气环流模式

中国 CMIP6 模式都在静力模式基础上继续发展的，模式的水平分辨率由 CMIP5 阶段的 2°～3°提高到 1°～2°左右，甚至更高至 0.25°～0.5°（如 BCC-CSM2-HR, IAP AGCM, FGOALS-f3-H）；垂直分层在 26～69 层，模式顶最高约在 90 千米；模式采用的网格主要包括经纬网格、立方球网格和高斯网格。在物理过程方面的引进主要包括积云对流参数化方案、MACv2-SP 气溶胶模块、辐射方案、边界层方案、云微物理过程以及参数的调试等（Zhang *et al.*, 2006; Bretherton and Park, 2009; 包庆等，2019；Wu *et al.*, 2019）。

（二）海洋环流模式

CMIP6 中，中国的海洋模式（中国科学院大气物理研究所、国家气候中心、清华大学和海洋一所等）在各个方面进行了改进。这些改进的海洋模式中，中国科学院大气物理研究所改进了 LICOM2、LICOM3（于子棚 等，2019；王雅琪 等，2019），海洋一所和清华大学采用 POP2。耦合大气模式等分量模式的模拟结果，即将提交 CMIP6 耦合模式比较计划。

1. 动力框架

现有中国的海洋模式基本在耦合器框架下进行模拟，基于成熟的耦合器，如 NCAR CPL7（Lin *et al.*, 2016），FMS 等，C-Coupler（Liu *et al.*, 2014）等。基于耦合器，易于耦合其他分量模块，如海冰模式（Lin *et al.*, 2016），海浪数值模式（吴方华等，2019；宋振亚等，2019）等；进一步，方便对比和评估引入其他分量模式后海洋模式模拟效果的改变。通过改进动力框架，从只适于经纬度到适用任意水平正交网格（Li *et al*., 2017；俞永强等, 2018）的改变，例如施瓦兹–克利斯（Schwarz-Christoffel, SC）保形映射方式（Xu *et al*., 2015）和热带和高纬度间三极网格无缝衔接构建（俞永强等，2018），以及先觉条件经典施蒂迭代（Preconditioned Classical Stiefel Iteration, PCSI）正压求解算法（Huang *et al*., 2016）。这些改变极大提高了并行效率，例如中科院大气所高分辨率海洋模式基于多点接口（Multi Point Interface, MPI）方式采用万核中央处理器（Central Processing Unit, CPU）以上运行仍具有很高并行性能。

2. 水平分辨率

在 CMIP6 中，各个气候系统/地球系统模式模拟中心继续改变水平分辨率和垂直分辨率，低分辨率海洋模式水平分辨率变化从 1 度到均匀 0.5 度，最高用于模拟的分辨率可以达 10 千米（Li *et al*.,2018；Lin *et al*., 2019）；垂直方向从 30 层到 80 层（于子棚等，2019；吴方华等，2019；宋振亚等，2019）。通过增加水平分辨率以分辨海洋涡旋，极大改变对海气相互作用的模拟，刻画出中尺度海气相互作用过程（Lin *et al*., 2019）。

3. 物理过程

通过引入适定的海表盐度通量边界条件（Jin *et al*., 2017），改进了对北大西洋环流的模拟。海洋中的垂直混合和中尺度涡旋混合过程具有很大不确定性。各个即将提交 CMIP6 的模拟中针对潮汐混合（于子棚等，2017；于子棚等，2019）和八大分潮的潮汐强迫（Wang *et al*., 2016；于溢等，2018），引入了基于浮力频率的中尺度涡旋混合（Li *et al*.,2018；于子棚等，2019）、近惯性内波破碎混合（吴方华等，2019）、海洋内部的垂直混合（Huang *et al*., 2014a; Huang *et al*., 2014b）以及波浪破碎引起的混合（宋振亚等，2019）进行改进，并将改进的方案应用到不同海洋模式中，提高了海洋上层温度盐度结构，深层温度结构的模拟。

4. 海气耦合过程

CMIP5 中与海洋模式的耦合频率较少，大多耦合频率以天为单位。CMIP6 中与海洋交换的耦合频率均有了很大增加，如杨晓丹等（Yang et al., 2017）和林鹏飞等（Lin et al., 2019），基本以小时为单位，这使得海洋与大气等通量交换更为真实，大体能够分辨率出海表面温度日变化作用（Yang et al., 2017; 宋振亚等, 2019），通过增加耦合频率，可以改进大尺度海气相互作用，如 ENSO 的模拟。在低分辨率中，强海洋温度梯度引起的海气相互作用被低估，通过引入对其的参数化（Xu, 2018），模拟大涡流有一定减弱且 ENSO 振幅得到了改进（Xu, 2018）。此外，应用了依赖于风速获得反照率算法，会改进气候系统能量收支。

以上这些改进分别位于不同海洋模式中，不是所有改进都集成到一个海洋模式。通过这些改进，在北冰洋、北大西洋、热带太平洋、西边界流区和上混合层，模拟效果有一定提高。

（三）海洋碳循环模式

中国有三个参加 CMIP5 的模式（FIO-ESM，BNU-ESM，BCC_CSM1.1）含有海洋碳循环模式，均为不包含生态系统模式的简单海洋生化模式。在即将参加 CMIP6 的中国模式中，FIO-ESM 的海洋生化部分将使用 BEC 模式，BCC 将使用德国汉堡的 HAMOCC5，BNU 的模式同样将使用耦合了生态模式的海洋碳模式（Wang et al., 2015），因而国内地球系统模式中海洋碳模式的复杂度相对于 CMIP5 有了很大程度的提高。此外，中国还将有更多的含有海洋碳循环模式的地球系统模式参与 CMIP6。

（四）海冰模式

近年来中国耦合模式发展中，进一步提升了对海冰分量发展和海冰业务应用的关注与研究水平。目前国内主要采用引进和跟进国外海冰模式发展，开展具有特色的模式改进和自主创新，如：此次参加 CMIP6 的中国众多耦合模式中，普遍采用了 CICE（如大气所系列模式、CIESM，NUIST-Model 等，见 Cao et al., 2018 等）和 SIS（如 BCC 系列，Wu et al., 2018）作为海冰分量，稳步提高 CMIP6 试验的海洋—海冰空间分辨率，逐步关注和聚焦海冰模拟和极地气候变化，并积极参与 CMIP6 中海冰相关的模式比较子计划（如 Sea-Ice MIP（Notz et al., 2016），Polar-Amplification MIP（Smith et al., 2019）等）。在海冰相关的天气气候模式应用方面，国内发展与国际趋势相吻合：运用冰海和海气耦合模式，集成海洋和海冰同化，逐渐成为业务系统、季节预报和气候预估的主流（Tietsche et al., 2014），并能服务于极地—中纬度相互作用、冰情和航道导航服务、年代际预估等关键问题和应用。同时，中国也在近期启动了包括重点专项项目在内的海冰模式发展计划，针对海冰模拟所面临的动力和热力学关键问题集中攻关，以形成具有自主产权的海冰物理方案、并服务于气候研究和实际应用。

（五）陆面过程模式

国内研发的地球系统模式主要使用中国自主研发的通用陆面过程模式 CoLM（Dai et al., 2003; Dai, Dickinson and Wang, 2004）和美国 NCAR 发展的 CLM（Oleson et al., 2013）作为陆面模式。其中，CAS-ESM、BNU-ESM 和 CAMS-CSM 使用了 CoLM，BCC-CSM/BCC-ESM 使用了 BCC-AVIM2.0 陆面模式，NESM 的陆面模型基于德国马克斯—普朗克研究所（Max Planck Institute, MPI）研发的 JSBACH 陆面方案。自 CMIP5 以来，CoLM 的主要进展包括更详细的陆表资料和模型参数（Shangguan et al., 2014）、三维植被辐射传输方案（Yuan et al., 2014）、更真实的湖泊热力过程（戴永久等，2018），以及耦合了河道径流模块 CaMa-Flood（Yamazaki et al., 2011）等。AVIM2.0 的主要进展包括改进的土壤冻融方案、积雪反照率和覆盖度方案、四流辐射传输方案等（Wu et al., 2019）。FGOALS-g 模式在 CLM4 的基础上耦合了地下水侧向流动方案（Xie et al., 2012; Zeng et al., 2018）、人类取用水活动方案（Zeng et al., 2016; Zou et al., 2014）、土壤冻结融化界面方案（Gao et al., 2016）以及河流氮输送方案（Liu et al., 2019）。

（六）陆地碳循环模式

CAS-ESM 和 BNU-ESM 模式使用多层土壤碳库替代早期的 Box 方案（Ji et al., 2014），尤其改进了对高纬度地区冻土碳含量的模拟。CAS-ESM 和 BNU-ESM 的全球植被动力学方案改进了灌木子模块，植被的萌衍和竞争方案，发展了基于过程的火灾方案（Zeng et al., 2014）。BCC-ESM 的 AVIM2.0 采用了基于光合碳同化量的植被动态物候方案，发展了稻田和土地利用变化方案（Wu et al., 2019）。

（七）耦合器

长期以来，因缺乏国产耦合器，中国的模式发展只能依靠从欧美引进的耦合器，如 OASIS、MCT 和 CPL 等。为了打破中国模式发展对欧美耦合器的依赖，清华大学从 2010 年开始负责研发独立于欧美的国产耦合器 C-Coupler 系列，并分别于 2014 年和 2018 年成功研制了 C-Coupler1（Liu et al., 2014）和 C-Coupler2 （Liu et al., 2018）。其中 C-Coupler2 是真正具有实用意义的国产耦合器，其所有源代码已通过第三方平台开源释放。C-Coupler2 不仅具备了并行插值与并行通信这两项基本功能，还具备了一系列优于国际上其他耦合器的功能，主要包括有机结合了应用程序接口和配置文件的耦合配置接口、灵活的自动耦合生成功能、动态三维耦合功能、非阻塞式数据传输、对便捷实现增量耦合与模式嵌套的支持、对耦合模式调试的支持和自适应重启动功能。而上述功能所取得的创新性已得到了国内外同行的认可。C-Coupler 对中国地球系统模式的发展正发挥着积极作用，当前已有多家科研/业务单位和多个国家重点研发项目的地球系统模式、气候系统模式和耦合数值预报模式版本采用了 C-Coupler。此外，C-Coupler 团队正根据中国模式发展的需要研制后续版本，实现了中国对耦合器这一关键核心技术的完全自主可控。

第二节　CMIP5–6 气候预测与预估

一、年代际气候预测研究

年代际气候预测指使用初始化的耦合气候系统模式预测未来 1～10 年的气候变化和变率。本节首先介绍耦合模式比较计划第六阶段（CMIP6）框架下年代际气候预测计划（Decadal climate prediction project，DCPP）设计的年代际预测相关的数值试验；然后介绍年代际预测的核心技术、模式初始化；最后介绍检验年代际预测技巧的方法。

（一）CMIP6 年代际预测试验设计

DCPP 的试验设计充分借鉴了 CMIP5 年代际预测试验的经验和不足。相对于 CMIP5 的主要变化体现在三个方面：其一，大幅提升了回报试验的起报频率，从 CMIP5 的每 5 年起报，变为每年起报；同时增加了集合样本，从 CMIP5 的 3 个样本，变为 10 个样本；其二，增加了系统的预报试验；其三，专门设计了多组用于研究气候年代际变率机制的敏感性试验（Boer et al., 2016）。DCPP 包含 A、B 和 C 组试验。

A 组（Component A）由回报试验、同化试验和对比试验构成。回报试验用来评估年代际预测试验对历史气候的回报技巧，是提升年代际预测试验技巧，拓展年代际预测应用领域和开展预报试验的基础。同化试验通过同化观测数据，为回报试验提供初始场。对比试验用来帮助理解回报试验预测技巧的来源。A 组的核心试验（Tier 1）是从 1961 年开始，每年起报的回报试验。该试验包含至少 10 个集合成员。

B 组（Component B）开展准实时的预报试验。它的核心试验（Tier 1）是 10 组 5 年预报试验。其核心目标是提供承接 A 组回报试验的预报试验，为未来开展准实时的，年到多年的气候预测奠定基础。

C 组（Component C）试验包含了数组专门设计的理想数值试验，以帮助理解气候年代际变率、变化机制及可预测性的来源，其中既包括气候系统对自然外强迫的响应，也包括气候系统内部变率，例如火山喷发和增暖停滞等。它的核心试验（Tier 1）是：（1）气候系统内部变率、大西洋多年代际变率（Atlantic multidecadal variability, AMV）和太平洋年代际变率（Interdecadal Pacific variability, IPV）的影响试验；（2）皮纳图博（Pinatubo）火山强迫的影响试验。

（二）模式初始化

年代际预测试验和长期气候预估试验的本质区别是，它通过同化观测数据，将观测中气候系统的初始状态引入了模式，对模式进行了初始化。如何对模式进行初始化是年代际预测成功的关键。近年来，该领域取得了一些进展，但仍存在很多挑战，总结如下。

第一，应用先进的观测数据同化方法，改进初始化方案。采用耦合同化方法是气候模式初始化的发展方向（Laloyaux *et al.*, 2016; Penny and Hamill, 2017）。耦合同化可以根据复杂度分为如下三类：（1）准弱耦合同化，指在耦合模式框架下，同化单个分量的观测数据（主要是海洋），观测信号通过模式耦合过程传递到其他分量；（2）弱耦合同化，指对耦合模式各个分量（例如大气、海洋和海冰）分别进行数据同化。求解分析场的计算中，某个分量的观测数据不影响其他分量。该分量的观测信号通过模式耦合过程传递到其他分量；（3）强耦合同化，求解分析场过程中，某个分量的观测数据会直接影响其他分量。国际上各个主要的气候研究或业务机构均在积极投入研发耦合同化系统（Penny and Hamill, 2017）。

中国各个模拟机构正积极开发耦合同化初始化系统。例如，清华大学和中国科学院大气物理研究所研发了基于降维投影四维变分同化方案（Dimension-reduced Projection Four-dimensional Variational data assimilation method, DRP-4DVar）的 FGOALS-g2 模式初始化系统（He *et al*., 2017），中国科学院大气物理研究所研发了基于集合最优插值—增量分析更新方案（Ensemble Optimal Interpolation-Incremental Analysis Update, EnOI-IAU）的 FGOLAS-s2 模式初始化系统（Wu *et al*., 2018）。国家气候中心 BCC 模式通过引入 EnOI 方案，建立年代际预测初始化系统（Xin *et al*., 2018）。这些研究的一个共同点是，它们都基于耦合模拟，但只同化海洋观测数据，因此均为准弱耦合同化系统。如何开展弱耦合，甚至强耦合同化仍然是一个巨大的挑战。

第二，减小初始冲击（Initial Shock）的影响。模式模拟的气候态、气候变率和气候变化存在固有的偏差。因此，初始化的模式状态与其自身偏好的状态存在不一致之处。这会导致在预测积分过程的初始阶段，模式向其自身偏好的状态飘移，称为初始冲击。初始冲击可能影响气候预测的技巧（Pohlmann *et al*., 2017；Sanchez-Gomez *et al*., 2016）。如下几种方法能够减少初始冲击或其影响。（1）同化观测数据的初始化试验和预测试验基于同一个模式（Brune *et al*., 2017）；（2）采用异常场初始化的方法，即在初始化过程中保持模式固有的气候态不变，但全场和异常场初始化对年代际预测技巧的影响尚存在争议（Boer *et al*., 2016）；（3）引入先进的四维变分同化初始化方法（He *et al*., 2017）；（4）对模式输出结果进行后处理，减小、消除初始冲击对预测结果技巧的影响。后处理方法假定模式漂移是准定常的、不随时间变化的，因此可以作为年代际预测结果的气候态的一部分而去除（WCRP, 2011），但后处理的方法尚有可以改进之处（Fučkar *et al*., 2014）。

除了模式偏差之外，初始条件中大气、海洋界面之间的不平衡也可能导致初始冲击（Brune *et al*., 2017; Kröger *et al*., 2017）。有研究指出强耦合同化可能能够减小这一类初始冲击。

第三,对海洋之外的气候系统其它圈层进行初始化。气候系统的年代际变率存在于海洋、陆表状态(包括植被、雪盖和土壤湿度等)和冰雪圈中。但是,目前年代际预测试验很少对海洋之外的其他圈层进行初始化。对陆面和冰雪圈的初始化可能能够提升年代际预测的技巧(Bellucci et al., 2015b)。

(三)年代际预测技巧检验

与季节预测类似,年代际预测的技巧检验也是基于系统的回报试验,并与历史观测进行比较(Boer et al., 2016; Doblas-Reyes et al., 2013),但是,它们的时间分辨率差别极大。前者关注的是多个月份的平均,而后者是多年平均。年代际预测的预报对象主要集中在表面气温和降水(Meehl et al., 2014),并逐渐拓展到极端气候事件的发生概率,例如热带气旋和热浪等(Bellucci et al., 2015a)。

常用的评估年代际预测技巧的指标是:相关系数(包括去趋势的相关系数)、均方根技巧评分(Root Mean Square Skill Score, RMSSS)、与历史气候模拟的均方根误差的比值(Doblas-Reyes et al., 2013)等。其中,RMSSS 代表年代际预测与气候态预测(指用观测的历史气候态做预测)均方根误差的比较。基于相关系数这一指标,年代际预测对 2~5 年平均全球表面气温的预测技巧超过了季节预测对 2~4 个月平均的预测技巧(Kushnir et al., 2019)。但是值得注意的是,年代际预测的技巧很大程度上来自对温室气体强迫的响应,而非初始化。萨克林等(Suckling et al., 2017)提出用统计经验预测的表面温度作为基准,衡量年代际预测试验的预测技巧,突出初始化对气候预测的增量。目前 DCPP 推荐的年代际预测试验技巧检验方法正在制定之中。

二、气候变化预估与共享社会经济路径

（一）共享社会经济路径（Shared Socioeconomic Pathways, SSPs）

温室气体和气溶胶等排放情景是对未来气候变化进行预估的基础。IPCC 先后发展了 SA90、IS92、SRES、RCP 等情景，应用于历次评估报告。随着气候变化情景的发展，对温室气体排放量的估算方法越来越先进和全面，相应的社会经济假设也从简单描述走向定量化，并纳入人为减排等政策的影响，对过去和未来温室气体排放状况、未来技术进步和新型能源的开发与利用对温室气体排放量的影响不确定性也有了更多的考虑和假设。政府管理和气候政策对排放量的影响逐步纳入评估范围。为了更好地反映社会经济发展与气候情景的关联，IPCC 气候变化影响评估情景工作组在 RCP 的基础上发布了新的社会经济情景——共享社会经济路径（SSPs）（Riahi et al., 2017）。曹丽格、方玉、姜彤等（2012）和张杰、曹丽格、李修仓等（2013）综合评述了 IPCC 社会经济新情景研究的进展。

SSP 情景主要组成要素，包括人口和人力资源、经济发展、人类发展、技术、生活方式、环境和自然资源禀赋、政策和机构管理等七个方面指标。CMIP6 的情景模式比较计划（ScenarioMIP: O'Neill et al., 2016）中使用到其中五个基础的 SSP（SSP1～SSP5）。其基本特征如下：

1. SSP1

考虑了可持续发展和千年发展目标的实现，同时降低资源强度和化石能源依赖度。低收入国家快速发展，全球和经济体内部均衡化，技术进步，高度重视预防环境退化，特别是低收入国家的快速经济增长降低了贫困线以下人口的数量，这是一个实现可持续发展、气候变化挑战较低的世界，映射了 SRES B1/A1T 情景。SSP1 主要的特征包括一个开放、全球化的经济，相对高速的技术转化，如清洁能源和土地增产等技术促进了环境友好型社会的进程；

消费趋向低的材料消耗和能源强度,动物性食物消费较低;人口增长率较低,教育水平提高;同时,政府和机构致力于实现发展目标和解决　　问题。

2. SSP2

这是中等发展情景,面临中等气候变化挑战,映射 SRES B2 情景,主要特征包括世界按照近几十年典型趋势继续发展,在实现发展目标方面取得一定的进展,一定程度降低了资源和能源强度,慢慢减少对化石燃料的依赖。低收入国家的发展很不平衡,大多数经济体政治稳定,部分同全球市场联系加深;人均收入水平按照全球平均速度增长,发展中国家和工业化国家之间的收入差距慢慢缩小;随着国民收入的增加,区域内的收入分布略有改善,但在一些地区仍存在较大差距;教育投入跟不上人口增长的速度,特别是在低收入国家。

3. SSP3

局部发展或不一致发展,面临高的气候变化挑战,映射 SRES A2 情景,主要特征包括世界被分为极端贫穷国家、中等财富国家和努力保持新增人口生活标准的富裕国家。他们之间缺乏协调、区域分化明显。未能实现全球发展目标,资源密集,对化石燃料高度依赖,在减少或解决当地的环境问题方面进展不大。每个国家专注于本身的能源和粮食安全;去全球化趋势,包括能源和农产品市场在内的国际贸易受到严格限制;国际合作减弱,对技术发展和教育投入的减少,减缓了所有地区的经济增长。受教育和经济趋势的限制,人口增长较快;中低收入国家城市的增长没有良好的规划;在人口增长驱动下,本地能源资料的消耗及能源领域技术的缓慢变革带来大量的碳排放;国家管制和机构比较松散并缺乏合作和协商一致,缺乏有效的领导和解决问题的能力;人力资本投入低,高度不平衡;区域化的世界导致贸易量减少,对体制发展不利,致使大量人口容易受到气候变化的影响且适应能力低;政策趋向于自身安全、贸易壁垒等。

4. SSP4

描述了不均衡发展,以适应挑战为主,映射 SRES A2 情景。这个路径设想了国际和国内都高度不均衡发展的世界。人数相对少且富裕的群体产生了大部分的排放量,在工业化和发展中国家,大量贫困群体排放较少且容易受到气候变化的影响。在这个世界中,全球能源企业通过对研发的投资来应对潜在的资源短缺或气候政策,开发应用低成本的替代技术。因此,考虑低基数排放量和高的减缓能力,减缓面临的挑战较低。管理和全球化被少数人控制。由于收入较低,贫穷人口的受教育程度有限。政府管理效率低,面临很高的适应挑战。

5. SSP5

这是一个常规发展的情景,以减缓挑战为主,映射 SRES A1F1 情景。这个路径强调传统的经济发展导向,通过强调自身利益实现的方式来解决社会和经济问题。偏好传统的快速发展,导致能源系统以化石燃料为主,带来大量温室气体排放,面临减缓挑战。社会环境适应挑战能力较低,主要来源于人类发展目标的实现,包括强劲的经济增长和高度工程化的基础设施,努力防护极端事件,提高生态系统管理水平。

(二)CMIP6 百年气候预估试验

第六次模式比较计划(CMIP6)批准了新的预估情景试验,并将其列入 CMIP6 子模式比较计划,称之为情景模式比较计划(Scenario Model Intercomparison Project, ScenarioMIP)(O'Neill *et al*., 2016)。ScenarioMIP 的气候预估情景是共享社会经济路径(SSP)与辐射强迫的矩形组合。为了保持与 CMIP5 情景预估试验的一致性,根据共享社会经济路径及最新的综合评估模型(Integrated Assessment Model, IAM),设计了基于 SSP 路径的最新版典型排放路径(Representative Concentration Pathways, RCP)2.6、4.5、6.0 和 8.5。同时,为了弥补 CMIP5 情景预估不能满足部分气候科学研究,IAM 及影响、适应、脆弱性(Impact, Adaptability, Vulnerability, IAV)领域的研究需求的不足,ScenarioMIP 新增了三种新的排放路径,分别是 RCP7.0、3.4 和低于 2.6 的排放路径。ScenarioMIP 共包含 8 组未来情景试验，依据优先级分为两级，称之为一级（"Tier-1"）和二级（"Tier-2"）试验，其中"Tier-1"为核心试验。具体试验设计如表 2–2 所示。

根据 ScenarioMIP 试验设计要求，开展未来预估试验的模式应与 CMIP6 历史试验一致，以保证气候模拟的一致性，且均采用 ScenarioMIP 提供的长生命期的温室气体（二氧化碳，甲烷，N_2O，CFCs）浓度来驱动气候模式。对于气体辐射强迫成分（如气溶胶、臭氧等），可以根据需要选择 ScenarioMIP 提供的排放情景或者 CMIP 提供的浓度情景。

表 2–2　ScenarioMIP 试验设计
Tier-1：一级试验；Tier-2：二级试验

试验级别	试验名称		试验描述	SSP 基础
Tier-1		SSP5-8.5	高强迫情景，2100 年辐射强迫稳定在～8.5 W m^{-2}	SSP5
		SSP3-7.0	高强迫情景，2100 年辐射强迫稳定在～7.0 W m^{-2}	SSP3
		SSP2-4.5	中等强迫情景，2100 年辐射强迫稳定在～4.5 W m^{-2}	SSP2
		SSP1-2.6	低强迫情景，2100 年辐射强迫稳定在～2.6 W m^{-2}	SSP1
Tier-2	21 世纪情景试验	SSP4-6.0	中等强迫情景，2100 年辐射强迫稳定在～6.0 W m^{-2}	SSP4
		SSP4-3.4	低强迫情景，2100 年辐射强迫稳定在～3.4 W m^{-2}	SSP4
		SSP5-3.4-OS	辐射强迫先增加再减少的情景，2100 年辐射强迫稳定在～3.4 W m^{-2}	SSP5
		SSPa-b	低强迫情景，2100 年辐射强迫大约等于或低于 2.0 W m^{-2}	SSP1
	集合试验	SSP3-7.0	同 Tier-1 的 SSP3-7.0 试验设计，只是至少需要 9 个成员	SSP3
	长期延伸试验	SSP5-8.5-Ext	SSP5-8.5 试验至 2100 年后，二氧化碳排放线性减少至 2250 年使其达 10GtC yr-1，其他排放保持在 2100 年水平	SSP5
		SSP5-3.4-OS-Ext	SSP5-3.4 试验至 2100 年后，辐射强迫继续减少至与 SSP1-2.6-Ext 相当为止。	SSP5
		SSP1-2.6-Ext	SSP1-2.6 试验至 2100 年，保持 2100 年的碳排放下降速率不变直至 2140 年，然后碳排放线性增加到 2185 年使其增速为 0，之后的排放和土地利用保持在 2100 年水平	SSP1

(三)中国模式的百年气候预估

根据 CMIP6 网站提供的模式参与信息,全球共有 44 个模式将参与该模式比较计划,其中有 8 个模式来自中国,分别是来自中国科学院的 CAS-ESM1-0、FGOALS-g3 和 FGOALS-f3-L,国家气候中心的 BCC-CSM2-MR,自然资源部海洋一所的 FIO-ESM-2-0,清华大学的 CIESM,北京师范大学的 BNU-ESM-1-1 模式和南京信息工程大学 NESM3。这 8 个模式的模式版本信息如表 2–3 所示,当前多数模式均只参加 Tier-1 试验。

表 2–3 参与 ScenarioMIP 试验的中国模式信息

模式名称	模式分量及分辨率			
	大气	陆面	海洋	海冰
BCC-CSM2-MR	BCC-AGCM3-MR,~100km	BCC-AVIM2	MOM4-L40v3,~50km	SIS
BNU-ESM-1-1	CAM4,~250km	CoLM	MOM4p1,~100km	CICE4.1
CAS-ESM1-0	IAP AGCM4.1,~100km	CoLM	LICOM2.0,~100km	CICE4
CIESM	CIESM-AM,~100km	CIESM-LM	CIESM-OM,~50km	CICE4
FGOALS-f3-L	FAMIL2.2,~200km	CLM4.0	LICOM3.0,~100km	CICE4.0
FGOALS-g3	GAMIL3,~200km	CLM4.0	LICOM3.0,~100km	CICE4.0
FIO-ESM-2-0	CAM4,~200km	CLM4.0	POP2-w,~100km	CICE4.0
NESM3	ECHAM v6.3,~250km	JSBACH v3.1	NEMO v3.4,~100km	CICE4.1

第三节 CMIP5–6 区域气候模式进展

动力降尺度是目前气候变化研究中降尺度方法中重要的一种,目前主要应用区域气候模式进行。本节简要介绍动力降尺度方法,并就国内外区域气候模式的发展及应用情况进行简介。

一、动力降尺度

动力降尺度法是利用物理模型对全球海气耦合模式模拟的环流对大尺度强迫的响应进行降尺度,可以通过高分辨率大气环流模式(High Resolution General Circulation Models, HIRGCMs)、可变分辨率大气环流模式(Changeable Resolution General Circulation Models, CARGCMs)以及区域气候模式(Regional Climate Models, RCMs)来实现。自 20 世纪 90 年代以来,动力降尺度在气候研究中的应用取得了一定的进展,其中主要体现在 RCM 的应用。RCM 是目前模拟中小尺度气候、极端气候及变化的最有力的工具。模式以全球模式或再分析资料提供大尺度环流为初始和驱动场,能细致刻画区域尺度强迫(如气溶胶,地形,内陆湖,海岸线,中尺度对流系统,土地利用与覆盖变化等)的气候效应,用高分辨率有限区域数值模式模拟区域范围内对次网格尺度强迫(例如复杂地形特征和陆面非均匀性)的响应,从而在精细时间—空间尺度上再现大气环流的细节。利用高分辨率气候模式进行动力降尺度可以描述不同尺度环流之间、大尺度背景和具体强迫之间的相互作用,获得的动力降尺度信息有明确的物理意义和时空联系性,可以很好地补充由于客观条件不足而造成的观测资料的时空不联系和变量缺失,并增强我们对于区域气候的物理—化学过程和关键控制机制的理解。

二、区域气候模式国际发展概况

自 1987 年起,区域气候模拟首次应用于美国尤卡(Yucca)地区生态气候变化评估。1989 年世界上第一个区域气候模式(Regional Climate Model, RegCM)正式发表,该模式基于中尺度天气预报模式 MM4,耦合 BATS 陆面过程模块（Dickinson et al., 1989; Giorgi and Bates, 1989; Giorgi, 1991）。随后的 30 年，全球不同地区发展出二十多个区域气候模式，如欧洲的 RegCM（Giorgi et al., 2012）、COSMO-CLM（Panitz et al., 2014）、REMO（Semmler et al., 2001）、HadRCM、PRECIS（Jones et al., 1995; Jones et al., 2004）、HIRHAM5（Christensen et al., 1996; Christensen et al., 2007）、RACMO（van Meijgaard et al., 2012）、RCA4（Samuelsson et al., 2011）、CNRM_RCSM（Sevault et al., 2014），美洲的 WRF（Skamarock et al., 2008）、CWRF（Liang et al., 2012）、CanRCM4（Scinocca et al., 2016）等。这些模式广泛应用于全球不同区域的气候和极端气候变化的预估，为区域可持续发展提供强有力支持。其中高学杰等（Gao et al., 2017）曾经对 RegCM 在东亚地区的应用进行了回顾。

近些年来，随着全球变化科学的发展和国家可持续性发展的要求，区域气候模式水平分辨率从 50 千米左右逐渐提高至 10～25 千米，乃至 10 千米以下，并发展出云可分辨版本，以期模拟复杂地形、中尺度对流系统等对区域气候的影响，提高对中小尺度极端事件（短时期强降水、热浪、热带—亚热带风暴等）的再现能力（Jacob et al., 2014；Prein et al., 2015；Kendon et al., 2012）。

国际区域气候模式发展的最新趋势，除了上述更高分辨率及对流可分辨版本的应用外（如 Ban et al., 2014），还将考虑完备区域地球系统过程的影响，发展区域地球系统模式（Giorgi, 1993; Giorgi and Gao, 2018）。在 WRF、RegCM 等模式中，耦合海洋、海冰、动态植被、地下和地表水文过程、大气化学化学过程，构建完全耦合地球物理—生物化学过程的模拟系统（图 2–1）。除了准确刻画气候系统内部变率在区域尺度上作用，区域地球系统模式希望能更真实地描述人类活动的强迫作用，增强我们对不同尺度自然和人为强迫情景下的系统各分量的相互作用与反馈的理解。模拟结果显示，耦合区域海洋过程能显著改善东亚季风系统和季风降水的模拟（Zou and Zhou, 2017）。

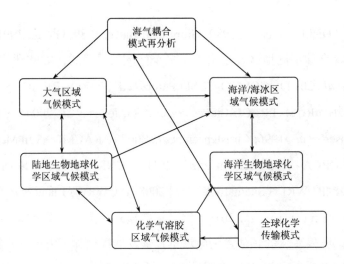

图 2–1　耦合的区域地球系统模式框架及其内部不同组成成分之间与全球气候模式之间的相互作用

注：箭头指示数据的流向，蓝色：由全球模式所驱动的区域模式；红色：区域地球系统模式内部的相互作用（Giorgi and Gao, 2018）。

在模拟方面，趋向于使用多全球—区域模式的集合，了解和减少区域气候预估中的不确定性，如在世界气候研究计划（WCRP）的区域气候降尺度协同试验（Coordinated Regional Climate Downscaling Experiment, CORDEX: Giorgi et al., 2009; Giorgi and Gutowski, 2015）框架下所进行的模拟和分析等。CORDEX 使用动力和统计的方法，在全球各陆地范围进行气候变化的降尺度预估，以提高区域气候模拟、预估的分辨率和可信度，支持区域气候影响评估和适应研究，并为 IPCC AR6（Intergovernmental Panel on Climate Change Sixth Assessment Report）服务。

三、CMIP5–6 区域气候模式国内研究进展

近年来，国内学者在区域气候模式的应用与发展方面进一步开展了大量工作。一方面，在模式模拟方面，为提高东亚区域气候模拟能力，对模式的

参数化方案和缺省参数等进行不同的组合调试和测试,以提高模式的综合模拟效果。如高学杰等（Gao et al., 2016）对使用 CLM 的 RegCM4 模式进行了不同对流参数化方案的测试,并指出伊曼纽尔（Emanuel）方案相比其他方案,对中国区域气温和降水的模拟效能更高,并在此基础上,进行了当代气候的长期积分试验,同时还与观测资料对比,进行了模式检验（Gao et al., 2017）,确定了适合于这一区域的推荐模式版本。

杨林韵等（Yang et al., 2019）分析 WRF 模式物理过程的影响时发现,在东亚和中国地区,陆面过程和对流参数化是影响 WRF 模式模拟气温的关键控制因素。此外模式对辐射的计算也有一定影响,譬如辐射方案中 RRTMG 的模拟气温比 CAM 要更暖,因此在华南地区极端高温天气的模拟中,RRTMG 效果更好。G3D 积云对流参数化和 CAM 辐射传输方案的组合能够很好地模拟出各地区的降水日变化。黄海波（Huang, 2011）在研究中指出,对于部分区域 WRF 云微物理过程方案对降水的影响要远大于积云参数化方案对降水的影响。汤剑平等（Tang et al., 2017）将谱逼近方法应用到 WRF 中,结果显示该方法能有效提高 WRF 对平均气温和降水的模拟。

在气候变化预估应用中,开始在 CORDEX 框架下,进行多区域模式的集合模拟,以更好地了解气候变化预估中的不确定性。如汤剑平等（Tang et al., 2016）使用一个大气环流模式（General Circulation Model, GCM）,驱动多个 RCM,在 CORDEX 东亚区域开展模拟并分析了未来气温的变化；李等（Li et al., 2016）基于此模拟结果,分析了降水的变化；牛晓瑞等（Niu et al., 2018）分析了其中近段时间的变化等。

如高学杰等（Gao et al., 2018）基于所确定的 RegCM4 东亚版本,选取四个对中国区域模拟较好的全球气候模式：CSIRO-Mk3-6-0、ECEARTH、HadGEM2-ES 和 MPI-ESM-MR,使用改进后的 RegCM4,对中国区域进行了中等排放情景 RCP 4.5 下 25 千米高水平分辨率的连续积分模拟。基于此结果,吴婕等（2018）和高学杰等（Gao et al., 2018）分别进行了雄安地区及周边区域气候变化和中国区域未来舒适度的预估等方面的研究。

此外，区域气候模式在中国区域还被广泛应用于植被改变、气溶胶的气候效应等不同物理过程（Zhang et al., 2009；吉振明等，2010），以及极端事件模拟和预估（Zhang et al., 2006；徐集云等，2013）、舒适度模拟和预估（Gao et al., 2018）等方面的研究。

近年来，在区域气候模式的发展和改进方面的工作，与各个分量模式耦合方面取得较多进展，并开展了大量应用工作，如周天军等（2016）通过改进 RegCM 中对流触发的相对湿度阈值，减少了模式模拟的海表面温度冷偏差，同时改善了模式模拟的对流云降水比例，此外，还采用谱逼近法订正了模式的大气环流模拟偏差。刘博等（2015）利用区域海气耦合模式（Flexible Regional Ocean-Atmosphere-Land System model, FROALS）讨论了西北太平洋海表面温度和表层洋流的气候态及年际变率，结果指出该模式对气候平均态的表层洋流有较高的模拟技巧，而从表层洋流的年际变率来看，模式模拟的与 ENSO 相联系的年际变率信号与观测较为相似。

此外也开始继续向区域地球系统耦合模式方向的发展，如图 2-2 所示，

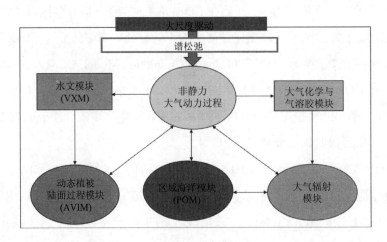

图 2-2　RIEMS 区域地球系统模式框架

资料来源：引自 http://www.tea.ac.cn/kxyj/msfz/qymsriems/201405/t20140526_236213.html。

为 RIEMS 区域地球系统模式的框架示意图，模式系统得到越来越多的应用（曹富强等，2014）。近期区域地球系统耦合模式的发展得到了国家重点研发计划"全球变化及应对"专项项目的资助。

第四节　CMIP5–6 气候统计预估研究进展

近年来，随着全球大气、海洋观测资料的完善以及模式初值化技术的发展，基于地球系统模式的年代际气候预测取得重要进展。由于具有计算资源需求较低、针对性强、物理意义明确等优点，统计方法仍然被广泛应用在气候预估中。针对传统统计预报中存在的一些缺陷和不足，通过引入尺度分离、集合预报等技术来弥补。近年来一些新的统计预估方法被提出，并表现出一定的预测技巧。与此同时，机器学习、非线性动力学等领域的快速发展，也为气候统计预估提供了新的思路和方法。气候统计预估方法概括起来主要可以分为物理统计法、统计降尺度法以及时间序列外推法三大类，下面进行简要介绍。

一、物理统计模型研究进展

传统的统计预测模型大多基于时间序列的平稳性假设，而气候系统是典型的非平稳和非线性系统，存在显著的年代际变率，且不同的年代际背景下预报量和预报因子之间的关系往往发生变化，使得统计预测结果出现较大偏差。针对这一问题，通常的处理方法是首先对预报量进行尺度分离，分别针对年代际和年际尺度分量进行统计建模进行预测。另一种方法是将原始时间序列转化为增量序列，即定义年际增量为当年的变量值减去前一年的变量值，然后建立针对年际增量的预测模型。该方法主要考虑了对流层大气环流和气象要素中广泛存在的准两年周期振荡，因而使用年际增量的方法能够准确地反映气候变量的准两年变化特征，放大了预测对象的预测信号使之更加容易预测，其次是在一定程度上消除了预测年代际信号对统计预测的影响。针对年际增量预测采用的常见预报模型包括多元线性回归（肖科丽等，2017）、典型相关分析（Barnett and Preisendorfer Canonical Correlation Analysis, BP-CCA）和集合典型相关分析（Ensemble Canonical Correlation, ECC）等（刘婷婷等，2016）。近年来该年际增量方法被广泛应用于汛期降水、气温和冬季北大西洋涛动的预测中（吕廷珍等，2015；Tian and Fan. 2015；郑然等，2019），取得了良好的预测效果。

对于客观预测的统计模型而言，经验统计预测的预测因子仅仅是高相关的气候变量，由此得到的预测模型一般回报结果较好，但预测结果往往并不理想，其主要原因在于缺乏物理过程的支持。物理统计预测方法由于因子和预测量之间有物理联系，因此可以用来提高预测的稳定性，但在实际应用中，物理统计预测和经验统计预测相似，预测结果也不稳定。这主要源于物理统计预测建模时忽略了物理过程的持续性或可发展性。同时，利用传统的统计方法进行气候预测时，预测模型往往在训练期的拟合率比较高，但实际预测准确率下降明显。造成这种现象的主要原因包括：一是预测因子和预测对象之间的相关关系不稳定；二是预测模型不能准确地描述两者之间的相互作用关系。由于预测因子和预测对象之间相关关系的不稳定性，如二者关系在不同的年代际背景下的变化，因而采用一个固定不变的统计模型进行预测是存在缺陷的。毛炜峄等（2017）从深入分析气候预测对象与影响因子关系不稳定性问题入手，提出物理统计与集合分析相结合的气候预测建模方案，设计了"滑动相关—逐步回归—集合分析"的气候预测模型。该方案借鉴动力模式集合预报处理由初值和模式物理过程引入不确定性的做法，利用滑动相关等方法构建统计模型的集合成员，建立了统计集合预测模型，将物理统计预测模型与集合分析方法有机结合，改进了模型的预测效果。

郑彬等（2017）利用影响南海夏季风年际变化的主要气候现象（ENSO 和对流层准两年振荡）相关的气候因子，提出了以过程判别函数确定物理过程的持续性，建立年际尺度的集成物理统计预测模型，并与传统的经验统计模型相结合，发展了集成物理—经验统计预测模型。评估结果显示，与传统经验统计模型相比，集合—经验统计预测模型在独立样本预测时技巧更高，且预测结果相对稳定。此外，集成物理—经验统计预测模型对南海夏季风降水的空间分布也有一定的预测能力。

近年来，徐邦琪等（Hsu et al., 2015）提出了一种新的统计预报方法——时空投影法（Spatial-Temporal Projection Model, STPM）。该方法利用奇异值分解建立起预报量与前期因子的关系，并用长期历史数据对模型进行训练，将前期环流场投影到预报因子上得到随时间演变的预报量，有效地提取和利用了观测数据中的低频分量和历史信息。时空投影法被广泛地应用于强降水、热带对流活动、南海夏季风爆发和热带气旋等（Zhu et al., 2015; Zhu and Tim, 2017a; Zhu et al., 2017b）的延伸期预报上，并取得了较好的预测效果。与此同时，也有学者尝试基于时间序列周期分解技术，采用纯粹的统计方法来预测未来年代际的气候状态。例如，在工程领域得到广泛应用的经验模态分解技术（Empirical Mode Decomposition, EMD），已经被推广到气候变化研究领域。许多学者开始利用 EMD 方法对全球、区域或者代表站点的长期观测温度序列进行分解，得到期变化趋势和年代际变化部分，然后建立回归方程，对未来几十年的温度变化进行预估。

二、统计降尺度研究进展

站点尺度的极端天气气候信息，很难通过网格化的区域气候模式模拟来获得。特别是涉及复杂地形（如山地、高原等）的暴雨，极端高、低温等天气气候事件。统计降尺度在这方面的气候预估具有独特优势，它是开展区域气候变化情景预估，特别是站点尺度情景预估的一个重要途径。

统计降尺度基于这样的观点：区域气候是受两种因子控制着，一种是大尺度气候状态，另外一种是受区域或当地的地文特征（指在每个区域内都能观察到的各种自然地理现象）例如地形、海陆分布、土地利用等。统计降尺度法利用多年（通常大于 30 年）的历史观测资料建立大尺度气候状况（主要是大气环流）和区域站点气候要素之间的统计关系，并用独立的观测资料检验这种关系，最后再把这种统计关系应用于 GCM 输出的大尺度气候信息，来预估区域未来的气候变化情景（如气温和降水等）。换句话说，就是需要建立大尺度气候预报因子与区域气候预报变量间的统计函数关系式：

$$Y=F(X) \qquad 公式 2-1$$

其中 X 代表大尺度气候预报因子，Y 代表区域气候预报变量，F 为建立的大尺度气候预报因子和区域气候预报变量间的一种统计关系。统计降尺度中 X 包含了大尺度气候状态，F 包含了区域或当地的地形，海陆分布和土地利用等地文特征（范丽军等，2005）。与动力降尺度相比，统计降尺度计算量相当小，因而可以模拟长期的局地气候演变，易于利用多个 GCM 模拟结果进行集成分析以判别相应的不确定性（Wang et al., 2016）。

以往大多数统计降尺度模型以单站或多站点观测资料建立的，因而无法应用于台站资料缺乏的地区（Lu and Qin, 2014）。然而近年来有些学者也尝试建立网格化的统计降尺度模型，以期弥补统计降尺度在台站资料缺乏的地方不能应用的缺陷（Werner and Cannon, 2016; Liu et al., 2019）。

统计降尺度不仅应用平均气温和降水的模型，在预估局地极端天气气候事件如暴雨，高温，热浪等方面尤其具有优势。它可以直接建立极端气候指数和大尺度气候因子的之间的统计函数关系，直接预估未来极端气候指数（Fan et al., 2013）。近几年开展了大量的关于极端温度和降水事件的降尺度预估研究（Monjo et al., 2016; Lin et al., 2017）。除此之外，在风速的降尺度方面也开展了一些研究。统计降尺度不仅应用于气候变化的预估，还被运用于模拟其他相关领域（如农业、水文、城市、野火、人口等）所关注的特征要素变化（Abatzoglou and Brown, 2012; Wibly and Dawson, 2013; Gutmann *et al.*, 2015），更直接地服务于气候变化的影响评估和适应决策。

在应用统计降尺度时，我们还需要考虑我们所关注的气候变量的时间尺度。通常统计降尺度研究最多的为月和日的时间尺度。近年来，更有学者涉及逐小时时间尺度的统计降尺度的研究，如小时降水的研究（Fatichi *et al.*, 2013; Lin *et al.*, 2017，刘卫东 等，2019）。

统计降尺度一个重要的步骤是大尺度预报因子的选择，这个步骤很大程度上决定了统计降尺度方法的物理意义，常用的预报因子为海平面气压场，位势高度场。除此之外，休伊特森等（Hewitson *et al.*, 2014）还建议使用 GCM 模拟性能好的因子，以及考虑携带气候变化信号和反映年际一逐日等时间尺度变率信号的因子。

常用的统计降尺度分为三大类：转换函数方法、天气分型方法和天气发生器。其中转换函数方法包括线性方法如线性回归模型、典型相关分析法、奇异值分解（Singular Value Decomposition，SVD）等（Wu *et al.*, 2016）。近年来广义线性模型（Generalized Linear Model, GLM）、分位数回归模型也逐渐应用于降尺度研究中（Fan *et al.*, 2015; Fan and Xiong, 2015; Liu *et al.*, 2019）。非线性方法主要有神经网络法（Artificial Neural Network, ANN）、支撑向量机（Support Vector Machine, SVM）、模糊回归树（Gerlitz, 2015）等。其次是天气分型方法，主要是把与区域气候变化有关的大尺度大气环流信息分成不同的天气类型，再对各类型下发生的气候通过统计特征进行降尺度。常用的分型技术分为两种，第一种是客观方法如主成分分析法（Principal Component Analysis, PCA）、典型相关分析法（Canonical Correlation Analysis, CCA）、神经网络法（ANN）、模糊规则分类法等分型；第二种是经验的环流分型法如拉姆天气分类法（Lamb Weather Type）（Fan *et al.*, 2015）；第三种是天气发生器。统计降尺度中使用的天气发生器不仅与前一天的天气状况有关，而且以大尺度气候状况为条件的。天气发生器多用于降水模型，首先利用如逻辑回归方法或马尔科夫链等方法，判定某天降水是否发生；一旦确定降水发生，需要利用统计分布函数和天气发生器来确定该天的降水量。近年来三类统计降尺度方法，常常被联合使用。范丽军等（Fan et al., 2015）建立了基于环流分型、广义线性模型和天气发生器三种方法联合的逐日降水统计降尺度模型。林国峰等（Lin et al., 2017）介绍了一个降水分型方法（把降水分为三种类型：零降水、一般降水和极端降水）和 SVM 联合的降尺度方法。卢等（Lu et al., 2015）把天气发生器和 K 最邻近算法（K-Nearest Neighbor, KNN）联合来预估极端降水。除了以上三大类降尺度方法，相似方法、分位数映射、数据挖掘、机器学习等方法也开始用于降尺度研究（Hewitson et al., 2014; Hyung et al., 2017; Vandal et al., 2017; Sachindra et al., 2018）。另外，还有一类主要以偏差订正方法为主的降尺度方法。该方法与其他方法联合使用如偏差订正—空间分解方法（Bias Correction and Spatial Disaggregation, BCSD）、偏差订正—相似法（Bias Correction Constructed Analogue, BCCA）、偏差订正—气候印记法（Bias Correction Climate Imprint, BCCI）（Hyung-Il et al., 2017）等。严亨镒和坎农（Hyung-Il and Cannon, 2017）用偏差订正、分位数映射法和累积分布函数（Cumulative Distribution Function, CDF）一起用于降尺度韩国极端气候。同时部分作者开发了统计降尺度软件包如 SDSM、GLIMCLIM 等，得到广泛使用（Wibly and Dawson, 2013; Hu et al., 2013; Tang et al., 2016）。

三、时间序列外推法研究进展

随着观测系统的发展，特别是气象卫星观测和高分辨率气候模式的应用与气候数据容量的快速增长，气候预测已经进入了大数据时代（Wang et al., 2016）。大数据是继云计算、物联网之后信息技术的又一次革命。大数据理论和技术及其应用将为气候预测提供新的思路和方法。从本质上来说，气候预测是时空序列的预测问题（张彬等，2014）。预测所采用的各种客观方法和气候模式依赖于对大气运动客观规律的认识与理解，然后用复杂的方程和参数来表征这种物理规律，并通过数值计算得到对未来气候状态的预测结果。大数据理论中的深度学习技术则采取了另一种预测思路（Salcedo-Sanz *et al.*，2016），即计算机基于输入和输出数据构建一个由数学模型构成的"黑箱"，并且根据训练期的预测性能不断对模型中的方程和参数进行调整，这样模型就可以通过不断的自我学习过程去模拟和逼近输入与输出数据之间真实的统计关系。这里，输入数据指各种气象观测数据，类似于气候模式的初始场，输出数据为气候预测的各种预报量。目前深度学习模型中普遍采用的卷积神经网络模型由人工神经网络发展而来。区别于传统的浅层学习，深度学习网络模型有更强的特征学习能力，且采用分层无监督训练的方法，有效地解决了神经网络训练难的问题，使得模型的学习能力大大增加，分类和预报效果获得极大提升。

在神经网络技术快速和广泛应用的背景下，一些如支持向量机、遗传算法等新兴的机器学习算法在气候预测中也取得了较好的效果。与传统的人工神经网络模型相比，支持向量机方法因其利用最小结构风险求解寻优问题，避免了神经网络方法容易陷入局部最小值的缺点。此外，神经网络的拓扑结构是通过经验试算的方法，而支持向量机的拓扑结构通过支持向量决定，这使得支持向量机方法较之人工神经网络，运算速度更快，预测结果更加稳定。理论上而言，支持向量机能够逼近任意函数，泛化能力强，能成功处理分类、密度函数估计等问题。支持向量机对于小样本、非线性和高维模式识别等问题具有较大的优势，因此成为人工神经网络之后新的研究热点。支持向量机分类和回归方法被应用于气象预报预测以来，一直受到气象科研和业务人员的关注。近年来，支持向量机方法和小波分解、相空间重构等非线性时间序列处理方法相结合，并应用于降水、海平面气压等气候变量的预报（Nikam and Gupta，2014；Ortiz，2014）。

灰色预测是通过分析系统与其影响因素之间的关联性，对原始数据进行特殊处理后充分挖掘时间序列中的有效信息，从而建立适应于系统的方程，预测时间序列未来发展趋势的模型。该理论的基本原理是，将按时间顺序收集到的数据看作是在一定范围内变化的灰色量，通过使用恰当的方式将这组随机序列进行处理，将灰色数进一步变换为生成数，使得数据序列中的随机性得以降低，进而从生成数中得到规律性更强的生成函数，提高预测精度。灰色数据模型在处理小样本量数据时具有一定优势，该模型的主要缺点是只有在时序按指数规律变化时才能得到较好的拟合和预测效果（时召军等，2015）。

数据挖掘技术由于可以从大量繁杂的数据中快速、有效地发掘出潜在的规律和关键信息，并且根据这些规律和信息的组合，合理地选取因子属性，构建预测模型，通过客观规则自动进行筛选预测，因此在气候预测中显示出一定的优势，并逐渐得到关注和应用（Li *et al*., 2018；孙全德等，2019；张文海和李磊，2019）。在上述统计预测模型和方法之外，近年来一些应用相对较少的预测模型也在气候预测方面取得了较好的成果，如分型模型、状态空间理论、情景模式模型、决策支持系统、粗糙集理论、决策树等（Ouyang *et al*., 2016; Feng *et al*., 2015; Chattopadhyay M and Chattopadhyay S, 2016）。

参考文献

Abatzoglou J. T., T. J. Brown, 2012. A comparison of statistical downscaling methods suited for wildfire applications. *International Journal of Climatology*, 32(5).

Andrew O., E. Buitenhuis and C. L. Quere, *et al*., 2017. Biogeochemical modelling of dissolved oxygen in a changing ocean. *Philosophical Transactions of The Royal Society A*, 375(2102).

Arakawa A., C.M. Wu, 2013. A unified representation of deep moist convection in numerical modelling of the atmosphere. Part I. *Journal of the Atmospheric Sciences*, 70(7).

Arakawa A. a, V. R. Lamb, 1981. A potential enstrophy and energy conserving scheme for the shallow water equations. *Monthly Weather Review*, 109(1).

Aumont O., C. Ethe and A. Tagliabue, *et al.*, 2015. PISCES-v2: an ocean biogeochemical model for carbon and ecosystem studies. *Geoscientific Model Development*, 8(8).

Balaji V., J. Anderson and I. Held, *et al.*, 2006. The Exchange Grid: a mechanism for data exchange between Earth System components on independent grids. *In: Proceedings of the 2005 International Conference on Parallel Computational Fluid Dynamics*. College Park (USA): Elsevier.

Ban N., J. Schmidli, C. Schär, 2014. Evaluation of the convection‐resolving regional climate modeling approach in decade-long simulations. *Journal of Geophysical Research: Atmospheres*, 119(13).

Bellucci A., R. Haarsma and S. Gualdi, *et al.*, 2015b. An assessment of a multi-model ensemble of decadal climate predictions. *Climate Dynamics*, 44(9-10).

Bellucci, A., R. Haarsma and N. Bellouin. 2015a. Advancements in decadal climate predictability: The role of nonoceanic drivers. *Review of Geophysics*, 53(2).

Boer, G. J., D. M. Smith and C. Cassou, *et al.*, 2016. The Decadal Climate Prediction Project (DCPP) contribution to CMIP6. *Geoscientific Model Development*, 9(10).

Bonan, G. B. and S. C. Doney, 2018. Climate, ecosystems and planetary futures: The challenge to predict life in Earth system models. *Science,* 359(6375).

Bretherton C S. and S. Park. 2009. A new moist turbulence parameterization in the Community Atmosphere Model. *Journal of Climate*, 22(12).

Brune S., A. Düsterhus and H. Pohlmann, *et al.*, 2017. Time dependency of the prediction skill for the North Atlantic subpolar gyre in initialized decadal hindcasts. *Climate Dynamics*, 51(5-6).

Brunke M. A., P. Broxton and J. Pelletier, *et al.*, 2016. Implementing and Evaluating Variable Soil Thickness in the Community Land Model. Version 4.5 (CLM4.5). *Journal of Climate*, 29(9).

Calvin K. and B. Bond-Lamberty, 2018. Integrated human-earth system modeling—state of the science and future directions. *Environmental Research Letters,* 13(6).

Cao J., B. Wang and Y.-M. Yang, *et al.*, 2018. The NUIST Earth System Model (NESM) version 3: description and preliminary evaluation. *Geoscientific Model Development*, 11(7).

Castro C. L., Sr. R. A. Pielke and G. Leoneini, 2005. Dynamical downscaling: Assessment of value retained and added using the Regional Atmospheric Modeling System(RAMS). *Journal of Geophysical Research-Atmosphere*, 110(D5).

Chattopadhyay M., S. Chattopadhyay, 2016. Elucidating the Role of Topological Pattern Discovery and Support Vector Machine in Generating Predictive Models for Indian

Monsoon Rainfall. *Theoretical and Applied Climatology*, 126.

Chen Z., J. Liu and M. Song, *et al.*, 2017. Impacts of Assimilating Satellite Sea Ice Concentration and Thickness on Arctic Sea Ice Prediction in the NCEP Climate Forecast System. *Journal of Climate*, 30(21).

Christensen J. H., O. B. Christensen and P. Lopez, *et al.*, 1996. The HIRHAM4 regional atmospheric climate model. *Danish Meteorological Institute Scientific report 96-4*. Copenhagen: DMI.

Christensen O. B., M. Drews and J. H. Christensen, *et al.*, 2007. The HIRHAM regional climate model version 5 (beta). *Technical Report 06-17*. Copenhagen: DMI.

Cox P. and D. Stephenson, 2007. A changing climate for prediction. *Science*, 317(5835).

Craig A. P., R. L. Jacob and B. Kauffman, *et al.*, 2005. CPL6: The New Extensible, High Performance Parallel Coupler for the Community Climate System Model. *International Journal of High Performance Computing Applications*, 19(3).

Craig A. P., M. Vertenstein and R. Jacob, 2012. A New Flexible Coupler for Earth System Modelling developed for CCSM4 and CESM1. *International Journal for High Performance Computing Applications*, 26 (1).

Craig A., S. Valcke and L. Coquart, 2017. Development and performance of a new version of the OASIS coupler, OASIS3-MCT_3.0. *Geoscientific Model Development*, 10(9).

Dai Y., R. E. Dickinson and Y.-P. Wang, 2004. A two-big-leaf model for canopy temperature, photosynthesis and stomatal conductance. *Journal of Climate*, 17(12).

Dai Y., X. Zeng and R. E. Dickinson, *et al.*, 2003. The Common Land Model (CLM). *Bulletin of the American Meteorological Society*, 84(8).

Dickenson R. E., R. M. Errico and F. Giorgi, *et al.*, 1989. A regional climate model for the western United States. *Climate Change*, 15(3).

Doblas-Reyes F., I. Andreu-Burillo and Y. Chikamoto, *et al.*, 2013. Initialized near-term regional climate change prediction. *Nature Communications*, 4.

DuVivier A. 2019. CICE model. https://github.com/CICE-Consortium/CICE/wiki. 2019-04-30.

Fan L. and Z. Xiong, 2015. Using quantile regression to detect relationships between large-scale predicors and local precipitation over northern China. *Advances in Atmospheric Sciences*, 32(4).

Fan L., D. Chen and B. Fu, *et al.*, 2013. Statistical downscaling of summer temperature extremes in Northern China. *Advances in Atmospheric Sciences*, 30(4).

Fan L., Z. Yan and D. Chen, *et al.*, 2015. Comparison between two statistical downscaling methods for summer daily rainfall in Chongqing, China. *International Journal of Climatology*, 35(13).

Fatichi S., V. Y. Ivanov and E. Caporalli, 2013. Assessment of a stochastic downscaling methodology in generating an ensemble of hourly future climate time series. *Climate Dynamics,* 40(7-8).

Feng Q., X. Wen, J. Li, 2015. Wavelet Analysis-Support Vector Machine Coupled Models for Monthly Rainfall Forecasting in Arid Regions. *Water Resource Management*, 29(4).

Fučkar N. S., D. Volpi and V. Guemas, *et al.*, 2014. A posteriori adjustment of near‐term climate predictions: accounting for the drift dependence on the initial conditions. *Geophysical Research Letters*, 41(14).

Gao J., Z. Xie and A. Wang. *et al.*, 2016. Numerical simulation based on two-directional freeze and thaw algorithm for thermal diffusion model. *Applied Mathematics and Mechanics*, 37(11).

Gao X. J., J. S. Pal and F. Giorgi, 2006. Projected changes in mean and extreme precipitation over the Mediterranean region from a high resolution double nested RCM simulation. *Geophysical Research Letters*, 33(3): L03706.

Gao X. J., Y. Shi and D. F. Zhang, *et al.*, 2012. Uncertainties in monsoon precipitation projections over China: results from two high-resolution RCM simulations. *Climate Research*, 52(2).

Gao X. J., Y. Shi and F. Giorgi. 2016. Comparison of convective parameterizations in RegCM4 experiments over China with CLM as the land surface model. *Atmospheric and Oceanic Science Letters*, 9(4).

Gao X. J., Y. Shi, Z. Y. Han, *et al.*, 2017. Performance of RegCM4 over major river basins in China. *Advances in Atmospheric Sciences*, 34(4).

Gao, X. J., J. Wu and Y. Shi, *et al.*, 2018. Future changes in thermal comfort conditions over China based on multi-RegCM4 simulations. *Atmospheric and Oceanic Science Letters*, 11(4).

Gerlitz L., 2015. Using fuzzified regression trees for statistical downscaling and regionalization of near surface temperatures in complex terrain. *Theoretical and Applied Climatology,* 122(1-2).

Giorgi F. and G. T. Bates, 1989. The climatological skill of a regional model over complex terrain. *Monthly Weather Review*, 117(11).

Giorgi F. and X. J. Gao, 2018. Regional earth system modeling: review and future directions. *Atmospheric and Oceanic Science Letters,* 11(2).

Giorgi F. and Jr. W. J. Gutowski, 2015. Regional dynamical downscaling and the CORDEX initiative. *Annual Review of Environment and Resources*, 40.

Giorgi F., E. Coppola and F. Solmon, *et al.*, 2012. RegCM4: Model Description and Preliminary Tests over Multiple CORDEX Domains. *Climate Research*, 52(1).

Giorgi F., C. Jones and G. R. Asrar, 2009. Addressing climate information needs at the regional level. The CORDEX framework. *WMO Bulletin*, 58(3).

Giorgi F., 1991. Sensitivity of simulated summertime precipitation over the western United States to different physics parameterizations. *Monthly Weather Review,* 119(12).

Giorgi F., 1993. Perspectives for regional earth system modeling, *Global and Planetary Change*, 10(199.5): 23-42.

Goll D., A. Winkler and T. Raddatz, *et al.*, 2017. Carbon-nitrogen interactions in idealized simulations with JSBACH (version 3.10). *Geoscientific Model Development*, 10(5).

Gutmann E., T. Pruitt and M. Clark, *et al.*, 2015. An intercomparison of statistical downscaling methods used for water resource assessments in the United States. *Water Resources Research*, 50(9).

Hawkins E. and R. Sutton, 2009. The potential to narrow uncertainty in regional climate predictions. *Bull Amer Meteor Soc*, 90(8).

He Y., B. Wang and M. Liu, *et al.*, 2017. Reduction of initial shock in decadal predictions using a new initialization strategy. *Geophysical Research Letters*, 44(16).

Heinzeller D, M. G. Duda and H. Kunstmann, 2016. Towards convection-resolving, global atmospheric simulations with the Model for Prediction Across Scales (MPAS) v3.1: an extreme scaling experiment. *Geoscientific Model Development*, 9(1).

Hewitson B. C., J. Daron and R. G. Crane, *et al.*, 2014. Interrogating empirical-statistical downscaling. *Climatic Change*, 122(4).

Hill C., C. DeLuca and V. Balaji, *et al.*, 2004. Architecture of the Earth System Modelling Framework. Computing. *Science & Engineering*, 6(1).

Hsu P.-C., L. Tim and L. You, *et al.*, 2015. A spatial-temporal projection method for 10–30-day forecast of heavy rainfall in Southern China. *Climate Dynamics*, 44(5-6).

Hu Y., S. Maske and S.Uhlenbrook, 2013. Downscaling daily precipitation over the Yellow River source region in China: A comparison of three statistical downscaling methods. *Theoretical and Applied Climatology*, 112(3-4).

Huang H. B., 2011. Impacts of different cloud microphysical processes and horizontal resolutions of WRF model on precipitation forecast effect. *Meteorological Science & Technology*, 39(5).

Huang W., B. Wang and L. Li, *et al.*, 2014b. Improvements in LICOM2. Part II: Arctic Circulation. *Journal of Atmospheric and Oceanic Technology*, 31(1).

Huang W., B. Wang, Y. Yu, *et al.*, 2014a. Improvements in LICOM2. Part I: Vertical Mixing. *Journal of Atmospheric and Oceanic Technology*, 31(2).

Huang X., Q. Tang and Y. Tseng, *et al.*, 2016. P-CSI v1.0, an accelerated barotropic solver for the high-resolution ocean model component in the Community Earth System Model v2.0. *Geoscientific Model Development*, 9(11).

Hurrell J. W., M. M. Holland and P. R. *Gent, et al.*, 2013. The Community Earth System Model: A Framework for Collaborative Research. *Bulletin of the American Meteorological Society*, 94(9).

Hyung-Il E., A. J. Cannon, T. Q. Murdock, 2017., Intercomparison of multiple statistical downscaling methods: multi-criteria model selection for South Korea. *Stoch Environ Res Risk Assess*, 31(3).

Hyung-Il E., A. J. Cannon, 2017. Intercomparison of projected changes in climate extremes for South Korea: application of trend preserving statistical downscaling methods to the CMIP5 ensemble. *International Journal of Climatology*, 37(8).

Jacob D., J. Petersen and B. Eggert, *et al.*, 2014. EURO-CORDEX: new high-resolution climate change projections for European impact research. *Regional environmental change*, 14(2).

Jacob R., J. Larson and E. Ong, 2005. M×N Communication and Parallel Interpolation in Community Climate System Model version 3 using the Model Coupling Toolkit. *International Journal for High Performance Computing Applications*, 19(3).

Ji D., L. Wang and J. Feng, *et al.*, 2014. Description and basic evaluation of Beijing Normal University Earth System Model (BNU-ESM) version 1. *Geoscientific Model Development*, 7(5).

Jin J. B., Q. C. Zeng and L. W, *et al.*, 2017. Formulation of a new ocean salinity boundary condition and impact on the simulated climate of an oceanic general circulation model. *Science China Earth Sciences*, 60(3).

Jones R. G., J. M. Murphy and M. Noguer, 1995. Simulation of climate change over Europe using a nested regional-climate model. I: Assessment of control climate, including sensitivity to location of lateral boundaries. *Quarterly journal of the Royal meteorological society*, 121(526).

Jones R., M. Noguer and D. C. Hassell, *et al.*, 2004. *Generating high resolution climate change scenarios using PRECIS.* Exeter (UK): Met Office Hadley Centre.

Jungclaus J. H., N. Fischer and H .Haak, *et al.*, 2013. Characteristics of the ocean simulations in the Max Planck Institute Ocean Model (MPIOM), the ocean component of the MPI-Earth system model. *Journal of Advances in Modeling Earth Systems*, 5(2).

Keeley S. and K. Mogensen. 2019. Dynamic Sea Ice in the IFS-ECMWF. https://www.ecmwf.int/en/newsletter/156/meteorology/dynamic-sea-ice-ifs. 2019-04-30.

Kendon E. J., N. M. Roberts and C. A. Senior, *et al.*, 2012. Realism of rainfall in a very high-resolution regional climate model. *Journal of Climate*, 25(17).

Koldunov N.V., S. Danilov and D. Sidorenko, *et al.*, 2019. Fast EVP solutions in a high‐resolution sea ice model. *Journal of Advances in Modeling Earth Systems*, 11(5).

Koven C. D., W. J. Riley and Z. M. Subin, *et al.*, 2013. The effect of vertically resolved soil biogeochemistry and alternate soil C and N models on C dynamics of CLM4. *Biogeosciences*, 10(11).

Kröger J., H. Pohlmann and F. Sienz, *et al.*, 2017. Full-field initialized decadal predictions with the MPI earth system model: an initial shock in the North Atlantic. *Climate Dynamics*, 51(7-8).

Kushnir Y., A. A. Scaife and R. Arritt, *et al.*, 2019. Towards operational predictions of the near-term climate. *Nature Climate Change*, 9(2).

Laloyaux P., M. Balmaseda and D. Dee, *et al.*, 2016. A coupled data assimilation system for climate reanalysis. *Quarterly Journal of the Royal Meteorological Society*, 142(694).

Larson J., R. Jacob and E. Ong, 2005. The Model Coupling Toolkit: A New Fortran90 Toolkit for Building Multiphysics Parallel Coupled Models. *International Journal for High Performance Computing Applications*, 19(3).

Larson V. E. and J. C. Golaz, 2005. Using probability density functions to derive consistent closure relationships among higher-order moments. *Monthly Weather Review*, 133(4).

Law R. M., T. Ziehn and R. J. Matear, *et al.*, 2017. The carbon cycle in the Australian Community Climate and Earth System Simulator (ACCESS-ESM1) – Part 1: Model description and pre-industrial simulation. *Geoscientific Model Development*, 10(7).

Li H.., L. Leung and A. Getirana, *et al.*, 2015. Evaluating global stream-flow simulations by a physically-based routing model coupled with the Community Land Model. *Journal of Hydrometeorology*, 16(2).

Li J., Q. Dai and R. Ye, 2018. A novel double incremental learning algorithm for time series prediction. *Neural Computing and Applications*, 29(6).

Li Q., S. Wang, D. K. Lee, *et al.*, 2016. Building Asian climate change scenario by multi‐regional climate models ensemble. Part II: mean precipitation. *International Journal of Climatology*, 36(13).

Li Q., A. Webb and B. Fox-Kemper, *et al.*, 2016. Langmuir mixing effects on global climate: WAVEWATCH III in CESM. *Ocean Modelling*, 103.

Li X. L., Y. Q. Yu and H. L. Liu, *et al.*, 2017. Sensitivity of Atlantic Meridional Overturning Circulation to the dynamical framework in an ocean general circulation model. *Journal of Meteorological Research*, 31(3).

Li Y. W., H. L. Liu and P. F. Lin, 2018. Interannual and decadal variability of the North Equatorial Undercurrents in an eddy-resolving ocean model. *Scientific Reports*, 8(1).

Liang X. Z., M. Xu and X. Yuan, *et al.*, 2012. Regional climate–weather research and forecasting model. *Bulletin of the American Meteorological Society*, 93(9).

Lin G., M. Chang and C. Wang, 2017. A novel spatiotemporal statistical downscaling method for hourly rainfall. *Water Resources Management*, 31(11).

Lin G. F., M. J. Chang and J. T. Wu, 2017. A hybrid statistical downscaling method based on the classification of rainfall patterns. *Water Resources Management*, 31(1).

Lin H. J., Y. F. Qian and Y. C. Zhang, *et al*., 2006. A regional coupled air–ocean wave model and the simulation of the South China sea summer monsoon in 1998. *International Journal of Climatology*, 26(14).

Lin P. F., H. L. Liu and J. Ma, *et al*., 2019. Ocean mesoscale structure Induced Air-sea Interaction in a High-resolution Coupled Model. *Atmospheric and Oceanic Science Letters*, 12(2).

Lin P. F., H. L. Liu and W. Xue, *et al*., 2016. A Coupled Experiment with LICOM2 as the Ocean Component of CESM1. *Journal of Meteorological Research*, 30 (1).

Liu L., G. Yang and B. Wang, *et al*., 2014. C-Coupler1: a Chinese community coupler for Earth system modeling. *Geoscientific Model Development*, 7(5).

Liu L., C. Zhang and R. Li, *et al*., 2018. C-Coupler2: a flexible and user-friendly community coupler for model coupling and nesting. *Geoscientific Model Development*, 11(9).

Liu S., Z. Xie and Y. Zeng, *et al*. 2019. Effects of anthropogenic nitrogen discharge on dissolved inorganic nitrogen transport in global rivers. *Global Change Biology*, 25(4).

Liu Y., J. Feng and Z. Yang, *et al*., 2019. Gridded statistical downscaling based on interpolation of parameters and predictor location for summer daily precipitation in North China. *Journal of Applied Meteorology and Climatology*, 58(10).

Liu Y., J. Feng and X. Liu, *et al*., 2019. A method for deterministic statistical downscaling of daily precipitation at a monsoonal site in Eastern China. *Theoretical and Applied Climatology*, 135(1-2).

Losch M. and S. Danilov, 2012. On solving the momentum equations of dynamic sea ice models with implicit solvers and the elastic–viscous–plastic technique. *Ocean Modelling*, 41.

Lu Y., X. S. Qin and P. V. Mandapaka, 2015. A combined weather generator and K-nearest neighbor approach for assessing climate change impact on regional rainfall extremes. *International Journal of Climatology* 35(15).

Lu Y. and X. S. Qin, 2014. Multisite rainfall downscaling and disaggregation in a tropical urban area. *Journal of Hydrology*, 509.

Meehl G. A., L. Goddard and G. Boer, *et al*., 2014. Decadal climate prediction: an update from the trenches. *Bulletin of the American Meteorological Society*, 95(2).

Meehl G. A., L. Goddard and J. Murphy, *et al*., 2009. Decadal prediction: can it be skillful?. *Bulletin of the American Meteorological Society*, 90(10).

Monjo R., E. Gaitan and J. Portoles, *et al*., 2016. Changes in extreme precipitation over Spain using statistical downscaling of CMIP5 projections. *International Journal of Climatology*, 36(2).

Mulcahy J. P., C. Jones and A. Sellar, et al., 2018. Improved aerosol processes and effective radiative forcing in HadGEM3 and UKESM1. *Journal of Advances in Modeling Earth Systems*, 10(11).

Nguyen-Quang T., J. Polcher and A. Ducharne, et al., 2018. ORCHIDEE-ROUTING: revising the river routing scheme using a high-resolution hydrological database, *Geoscientific Model Development*, 11(12).

Nikam V., K. Gupta, 2014. SVM-Based Model for Short-Term Rainfall Forecast at a Local Scale in the Mumbai Urban Area, India. *Journal of Hydrological Engineering*, 19(5).

Niu X., S. Wang and J. Tang, et al., 2018. Ensemble evaluation and projection of climate extremes in China using RMIP models. *International Journal of Climatology*, 38(4).

Notz D., A. Jahn and M. Holland, et al., 2016. The CMIP6 Sea-Ice Model Intercomparison Project (SIMIP): understanding sea ice through climate-model simulations. *Geoscientific Model Development*, 9(9).

Oleson K.W., Y. Dai and G. Bonanet, et al., 2013. *Technical description of version 4.5 of the Community Land Model (CLM)*. National Center for Atmospheric Research, Boulder, Colorado.

O'Neill B. C., C. Tebaldi and D. P. van Vuuren, et al., 2016. The Scenario Model Intercomparison Project (ScenarioMIP) for CMIP6. *Geoscientific Model Development*, 9(9).

Orr J.C., R. G. Najjar and O. Aumont, et al., 2017. Biogeochemical protocols and diagnostics for the CMIP6 Ocean Model Intercomparison Project (OMIP). *Geoscientific Model Development*, 10(6).

Ortiz E. G., 2014. Accurate Precipitation Prediction with Support Vector Classifiers: A Study Including Novel Predictive Variables and Observational Data. *Atmospheric Research*, 139(6).

Ouyang Q., W. Lu and W. Xin, et al., 2016. Monthly Rainfall Forecasting Using EEMD-SVR Based Phase-Space Reconstruction. *Water Resource Management*, 30(7).

Panitz H. J., A. Dosio and M. Buchner, et al., 2014. COSMO-CLM (CCLM) climate simulations over CORDEX-Africa domain: analysis of the ERA-Interim driven simulations at 0.44 and 0.22 resolution. *Climate Dynamics*, 42(11-12).

Park S., 2014. A unified convection scheme (UNICON). Part I: Formulation. *Journal of the Atmospheric Sciences*, 71(11).

Paulsen H., T. Ilyina and K. D. Six, et al., 2017. Incorporating a prognostic representation of marine nitrogen fixers into the global ocean biogeochemical model HAMOCC. *Journal of Advances in Modeling Earth Systems*, 9(1).

Penny S. G. and T. M. Hamill, 2017. Coupled data assimilation for integrated earth system analysis and prediction. *Bulletin of the American Meteorological Society*, 98(7).

Penny S. G., S. Akella and O. Alves, *et al.*, 2017. *Coupled Data Assimilation for Integrated Earth System Analysis and Prediction: Goals, Challenges and Recommendations*. WWRP 2017-3. Geneva (Switzerland): World Meteorological Organization.

Petersen M. R., D. W. Jacobsen and T. Ringler, *et al.*, 2015. Evaluation of the arbitrary Lagrangian–Eulerian vertical coordinate method in the MPAS-Ocean model. *Ocean Modelling*, 86.

Polhlmann H., J. Kröger and R. J. Greatbatch, *et al.*, 2017. Initialization shock in decadal hindcasts due to errors in wind stress over the tropical Pacific. *Climate Dynamics*. 49(7-8).

Prein A. F., W. Langhans and Fosser, *et al.*, 2015. A review on regional convection‐permitting climate modeling: Demonstrations, prospects and challenges. *Reviews of Geophysics*, 53(2).

Qiao F. L., Y. L. Yuan and T. EZER, *et al.*, 2010. A three-dimensional surface wave–ocean circulation coupled model and its initial testing. *Ocean Dynamics*, 60(5).

Qiao F. L., Y. L. Yuan and Y. Z. Yang, *et al.*, 2004. Wave‐induced mixing in the upper ocean: distribution and application to a global ocean circulation model. *Geophysical Research Letters*, 31(11).

Qin Y., Y. Lin and S. Xu, *et al.*, 2018. A Diagnostic PDF Cloud Scheme to Improve Subtropical Low Clouds in NCAR Community Atmosphere Model (CAM 5). *Journal of Advances in Modeling Earth Systems*, 10(2).

Rampal P., S. Bouillon and E. Olason, *et al.*, 2016. neXtSIM: a new Lagrangian sea ice model. *The Cryosphere*, 10(3).

Redler R., S. Valcke and H. Ritzdorf, 2010. OASIS4 - a coupling software for next generation earth system modeling. *Geoscientific Model Development.*, 3(1).

Rex M., M. Shupe and K. Dethloff, *et al.*, 2019. MOSAiC. https://www.mosaic-expedition.org. 2019-04-30.

Riahi K., D. P. van Vuuren and E. Kriegler, *et al.*, 2017. The Shared Socioeconomic Pathways and their energy, land use and greenhouse gas emissions implications: An Overview. *Global Environmental Change*, 42.

Ringler T., M. Petersen and R. L. Higdon, *et al.*, 2013: A multi-resolution approach to global ocean modeling. *Ocean Modelling*, 69.

Ringler T., L. Ju and M. Gunzburger, 2008. A multiresolution method for climate system modeling: application of spherical centroidal Voronoi tessellations. *Ocean Dynamics*, 58(5-6).

Roberts M, P. L. Vidale and R. Haarsma, 2019. *Global High Resolution Modelling*, CMIP6 workshop. Barcelona.

Sachindra D. A., K. Ahmed and R. M. Mamunur, *et al.*, 2018. Statistical downscaling of precipitation using machine learning techniques. *Atmospheric Research*, 212: 240-258.Salcedo-Sanz S., R. C. Deo and L. Carro-Calvo, *et al.*, 2016. Monthly prediction of air temperature in Australia and New Zealand with machine learning algorithms. *Theoretical and Applied Climatology*, 125(1-2).

Samuelsson P., C. G. Jones and U. Will′ En, *et al.*, 2011. The Rossby Centre Regional Climate model RCA3: model description and performance. *Tellus A: Dynamic Meteorology and Oceanography*, 63(1).

Sanchez-Gomez E., C. Cassou and Y. Ruprich-Robert, *et al.*, 2016. Drift dynamics in a coupled model initialized for decadal forecasts. *Climate Dynamics*, 46(5-6).

Satoh M., H. Tomita and H. Yashiro. *et al.*, 2014. The Non-hydrostatic Icosahedral Atmospheric Model: description and development. *Progress in Earth and Planetary Science*.

Schröder D., D. L. Feltham and D. Flocco, *et al.*, 2014. September Arctic sea-ice minimum predicted by spring melt-pond fraction. *Nature Climate Change*, 4(5).

Scinocca J. F., V. V. Kharin and Y. Jiao, *et al.*, 2016: Coordinated global and regional climate modeling. *Journal of Climate*, 29(1).

R. Séférian, C. Delire and B. Decharme, *et al.*, 2016. Development and evaluation of CNRM Earth system model –CNRM-ESM1, *Geoscientific Model Development*, 9(4).

Semmler T., D. Jacob and R. Podzun, 2001. *Sensitivity experiments with the regional climate model REMO on the influence of the ice edge*. Proceedings of the CLIMPACT-Workshop in Tromsoe, Norway. April 2-5, 2000.

Sevault F., S. Somot and A. Alias, *et al.*, 2014. A fully coupled Mediterranean regional climate system model: design and evaluation of the ocean component for the 1980–2012 period. *Tellus A: Dynamic Meteorology and Oceanography*, 66(1).

Shangguan W., Y. J. Dai and Q. Y. Duan, *et al.* 2014. A global soil data set for earth system modeling. *Journal of Advances in Modeling Earth Systems*, 6(1).

Skamarock W. C., J. B. Klemp and J. Dudhia, *et al.*, 2008. *A description of the advanced research WRF version 3. NCAR Technical Note.* Boulder (USA): National Center for Atmospheric Research.

Smith D. M., J. A. Screen and C. Deser, *et al.*, 2019. The Polar Amplification Model Intercomparison Project (PAMIP) contribution to CMIP6: investigating the causes and consequences of polar amplification. *Geoscientific Model Development*, 12(3).

Soden B. J., W. D. Collins and D. R. Feldman, 2018. Reducing uncertainties in climate models. *Science*, 361(6400).

Sun J., F. Xu and L. Y. Oey, *et al.*, 2019. Monthly variability of Luzon Strait tropical cyclone intensification over the Northern South China Sea in recent decades. *Climate Dynamics*, 52

(5–6).

Tang J. P., Q. Li and S. Y. Wang, et al., 2016. Building Asian climate change scenario by multi-regional climate models ensemble. Part I: surface air temperature. *International Journal of Climatology*, 36(13).

Tang J P, S. Y. Wang and X. R. Niu, et al., 2017. Impact of spectral nudging on regional climate simulation over CORDEX East Asia using WRF. *Climate Dynamics*. 48(7-8).

Tang J., X. Niu and S. Wang, et al., 2016.Statistical downscaling and dynamical downscaling of regional climate in China: Present climate evaluations and future climate projections. *Journal of Geophysical Research Atmospheres*, 121(5).

Tian B. and K. Fan, 2015. A Skillful Prediction Model for Winter NAO Based on Atlantic Sea Surface Temperature and Eurasian Snow Cover. *Weather and Forecasting*, 30(1).

Tietsche S., J. J. Day and V. Guemas, et al., 2014. Seasonal to interannual Arctic sea ice predictability in current global climate models. *Geophysical Research Letters*, 41(3).

Tjiputra J. F., C. Roelandt and M. Bentsen, et al., 2013. Evaluation of the carbon cycle components in the Norwegian Earth System Model (NorESM). *Geoscientific Model Development*, 6(2).

Valcke S. 2013. The OASIS3 coupler: A European climate modelling community software. *Geoscientific Model Development*, 6(2).

van Meijgaard E., L. van Ulft and G Lenderink, et al., 2012. *Refinement and application of a regional atmospheric model for climate scenario calculations of Western Europe.* Climate changes spatial planning publication. Wageningen: KvR 054/12.

Vancoppenolle M., S. Bouillon and T. Fichefet, 2012. The Louvain-la-Neuve sea Ice Model. *Journal of Geophysical Research Oceans.*

Vandal T. , E. Kodra E and A. R. Ganguly, 2017. Intercomparison of Machine Learning Methods for Statistical Downscaling: The Case of Daily and Extreme Precipitation. *Theoretical and Applied Climatology*, 137(1-2).

Wang B., D. L. Liu and I. Macadam, et al., 2016. Multi-model ensemble projections of future extreme temperature change using a statistical downscaling method in South eastern Australia. *Climatic Change*, 138(1-2).

Wang L. and F. Xu, 2018. Decadal variability and trends of oceanic barrier layers in tropical Pacific. *Ocean Dynamics*, 68 (9).

Wang X. W., S. Q. Peng and Z. Y. Liu, et al., 2016. Tidal mixing in the south China sea: an estimate based on the internal tide energetics. *Journal of Physical Oceanography*, 46(1).

Wang X., L. Song and G. Wang, et al., 2016. Operational Climate Prediction in the Era of Big Data in China: Reviews and Prospects. *Journal of Meteorological Research*, 30(3).

Wang X.J., R. Murtugudde and E. Hackert, et al., 2015. Seasonal to decadal variations of sea surface p CO_2 and sea-air CO_2 flux in the equatorial oceans over 1984-2013: A basin-scale comparison of the Pacific and Atlantic Oceans. *Global Biogeochem. Cycles*, 29(5).

WCRP. 2011. Data and bias correction for decadal climate predictions. International CLIVAR Project Office Publication Series 150. https://www.wcrp-climate.org/decadal/references/DCPP_Bias_Correction.pdf.

Werner A T and Cannon A J. 2016. Hydrologic extremes – an intercomparison of multiple gridded statistical downscaling methods. *Hydrology and Earth System Sciences*, 20(4).

Wibly R. L. and C. W. Dawson, 2013. The Statistical Downscaling Model: insights from one decade of application. *International Journal of Climatology*, 33(7).

Wolfram P. J. and T. D. Ringler, 2017. Computing eddy-driven effective diffusivity using Lagrangian particles. *Ocean Modelling*, 118.

Wolfram P. J. and T. D. Ringler, 2017. Quantifying Residual, Eddy, and Mean Flow Effects on Mixing in an Idealized Circumpolar Current. *Journal of Physical Oceanography*, 47 (8).

Wu B., T. Zhou and F. Zheng, 2018. EnOI-IAU initialization scheme designed for decadal climate prediction system IAP-DecPreS. *Journal of Advances in Modeling Earth Systems*, 10(2): 342–356.

Wu D., Z. H. Jiang, T. T. Ma, 2016. Projection of summer precipitation over the Yangtze-Huaihe River basin using multimodel statistical downscaling based on canonical correlation analysis. *Journal of Meteorological Research*, 30(6).

Wu T. W., Y. X. Lu and Y. J. Fang, *et al.*, 2019. The Beijing Climate Center Climate System Model (BCC-CSM): Main Progress from CMIP5 to CMIP6. *Geoscientific Model Development*, 12(4).

Xie Z., Z. Di. and Z. Luo, *et al.*, 2012. A Quasi-Three-Dimensional Variably Saturated Groundwater Flow Model for Climate Modeling. *Journal of Hydrometeorology*, 13(1).

Xin X. G., F. Gao and M. Wei, *et al.*, 2018. Decadal prediction skill of BCC-CSM1.1 climate model in East Asia. *International Journal of Climatology*, 38(2).

Xu F., 2018. Test and evaluation of a simple parameterization to enhance air-sea coupling in a global coupled model. *Satellite Oceanography and Meteorology*, 3(2).

Xu S. M., B. Wang and J. P. Liu, 2015. On the use of Schwarz–Christoffel conformal mappings to the grid generation for global ocean models. *Geoscientific Model Development*, 8(10).

Xu S., L. Zhou and J. Liu, *et al.*, 2017. Data Synergy between Altimetry and L-band Passive Microwave Remote Sensing for the Retrieval of Sea Ice Parameters - A Theoretical Study of Methodology. *Remote Sensing*, 9 (10).

Yamazaki D., S. Kanae and H. Kim, *et al.*, 2011. A physically based description of floodplain inundation dynamics in a global river routing model. *Water Resources Research*, 47.

Yang L. Y., S. Y. Wang and J. P. Tang, *et al.*, 2019. Evaluation of the effects of a multiphysics ensemble on the simulation of an extremely hot summer in 2003 over the CORDEX-EA-II region. *International Journal of Climatology*, 39(8).

Yang S., W. Dong and J. Chou, *et al.*, 2015. A brief introduction to BNU-HESM1.0 and its earth surface temperature simulations. *Advances in Atmospheric Sciences*, 32(12).

Yang X., Z. Song and Y.H Tseng, *et al.*, 2017. Evaluation of three temperature profiles of a sublayer scheme to simulate SST diurnal cycle in a global ocean general circulation model. *Journal of Advances in Modeling Earth Systems*, 9(4).

Yuan H., R. E. Dickinson and Y. J. Dai Y, *et al.*, 2014. A 3D canopy radiative transfer model for global climate modeling: Description, validation and application. *Journal of Climate*, 27(3).

Zeng X. D., F. Li and X. Song, 2014. Development of the IAP Dynamic Global Vegetation Model. *Advances in Atmospheric Sciences*, 31 (3).

Zeng Y., Z. Xie and S. Liu, *et al.*, 2018. Global land surface modeling including lateral groundwater flow. *Journal of Advances in Modeling Earth Systems*, 10(8).

Zeng Y., Z. Xie and Y. Yu, *et al.*, 2016. Effects of anthropogenic water regulation and groundwater lateral flow on land processes. *Journal of Advances in Modeling Earth Systems*, 8 (3).

Zhang D. F., A. Zakey and X. J. Gao, *et al.*, 2009. Simulation of dust aerosol and its regional feedbacks over East Asia using a regional climate model. Atmospheric Chemistry and Physics, 9(4).

Zhang H., T. Suzuki and T. Nakajima, *et al.*, 2006. Effects of band division on radiative calculations. *Optical Engineer*, 45(1).

Zhou L. J., L.J. Lin and J.H. Chen, *et al.*, 2019. Toward Convective-Scale Prediction within the Next Generation Global Prediction System. *Bulletin of the American Meteorological Society*, 100(7).

Zhou L., S. Xu, J. Liu, *et al.*, 2018. On the Retrieval of Sea Ice Thickness and Snow Depth using Concurrent Laser Altimetry and L-Band Remote Sensing Data. *The Cryosphere*, 12(3).

Zhu Z. and L. Tim, 2017. Empirical prediction of the onset dates of South China Sea summer monsoon. *Climate Dynamics*, 48(5-6).

Zhu Z., L. Tim and L. Bai, *et al.*, 2017. Extended-range forecast for the temporal distribution of clustering tropical cyclogenesis over the western North Pacific. *Theoretical and Applied Climatology*, 130(3-4).

Zhu Z., L. Tim and P. C. Hsu, *et al.*, 2015. A spatial-temporal projection model for extended-range forecast in the tropics. *Climate Dynamics*, 45(3-4).

Zou J., Z. Xie and Y. Yu, *et al.*, 2014. Climatic responses to anthropogenic groundwater exploitation: a case study of the Haihe River Basin, Northern China. *Climate Dynamics*, 42(7-8).

Zou L. W. and T. Zhou, 2017. Dynamical downscaling of East Asian winter monsoon changes with a regional ocean–atmosphere coupled model. *Quarterly Journal of the Royal Meteorological Society*, 143(706).

Zou L. W., T. J. Zhou and F. L. Qiao, et al,. 2017. Development of a regional ocean - atmosphere-wave coupled model and its preliminary evaluation over the CORDEX East Asia domain. *International Journal of Climatology*, 37(12).

包庆、吴小飞、李矜霄等："2018~2019 年秋冬季厄尔尼诺和印度洋偶极子的预测",《科学通报》, 2019 年第 1 期。

曹富强、丹利、马柱国："区域气候模式与陆面模式的耦合及其对东亚气候模拟的影响",《大气科学》, 2014 年第 2 期。

曹丽格、方玉、姜彤等："IPCC 影响评估中的社会经济新情景（SSPs）进展",《气候变化研究进展》, 2012 年第 1 期。

戴永久、魏楠、黄安宁等："通用陆面模式(CoLM)湖泊过程方案与性能评估",《科学通报》, 2018 年第 28 期。

丁一汇、柳艳菊、梁苏洁等："东亚冬季风的年代际变化及其与全球气候变化的可能联系",《气象学报》, 2014 年第 5 期。

丁一汇、司东、柳艳菊等："论东亚夏季风的特征、驱动力与年代际变化",《大气科学》, 2018 年第 3 期。

范丽军、符淙斌、陈德亮："统计降尺度法对未来区域气候变化情景预估的研究进展",《地球科学进展》, 2005 年第 3 期。

高学杰、石英、Giorgi F.："中国区域气候变化的一个高分辨率数值模拟",《中国科学：地球科学》, 2010 年第 7 期。

高学杰、石英、张冬峰等："RegCM3 对 21 世纪中国区域气候变化的高分辨率模拟",《科学通报》, 2012 年第 5 期。

黄荣辉、刘永、皇甫静亮等："20 世纪 90 年代末东亚冬季风年代际变化特征及其内动力成因",《大气科学》, 第 2014 年第 4 期。

吉振明、高学杰、张冬峰等："亚洲地区气溶胶及其对中国区域气候影响的数值模拟",《大气科学》, 2010 年第 2 期。

李崇银："关于年代际气候变化可能机制的研究",《气候与环境研究》, 2019 年第 1 期。

李维京、刘景鹏、任宏利等："中国南方夏季降水的年代际变率主模态特征及机理研究",《大气科学》, 2018 年第 4 期。

梁苏洁、丁一汇、赵南等："近 50 年中国大陆冬季温度和区域环流的年代际变化研究",《大气科学》, 2014 年第 5 期。

刘博、周天军、邹立维等："区域海气耦合模式 FROALS 模拟的西北太平洋环流及其年际变率"，《海洋学报》，2015 年第 9 期。

刘婷婷、陈海山、蒋薇等："基于土壤湿度和年际增量方法的中国夏季降水预测试验"，《大气科学》，2016 年第 40 卷第 3 期。

刘卫东等：《共建绿色丝绸之路资源环境基础与社会经济背景》，北京：商务印书馆，2019 年。

吕廷珍、邓少格、胡轶佳等："利用年际增量法对西北东部汛期降水的定量预测研究"，《干旱气象》，2015 年第 3 期。

毛炜峄、刘长征、陈颖等："气候预测对象与影响因子关系不稳定性及其统计集合预测模型的改进"，《干旱区研究》，2017 年第 3 期。

时召军、朱梅、周迪等："不同小波函数对灰色模型精度影响分析"，《水文》，2015 年第 3 期。

宋振亚、鲍颖、乔方利："FIO-ESM v2.0 模式及其参与 CMIP6 的方案"，《气候变化研究进展》，2019 年第 5 期。

孙全德、焦瑞莉、夏江江等："基于机器学习的数值天气预报风速订正研究"，《气象》，2019 年第 3 期。

唐孟琪、曾刚："近 30 多年中国东北地区春季寒潮的年代际变化及其可能原因"，《气候与环境研究》，2017 年第 4 期。

王斌、周天军、俞永强："地球系统模式发展展望"，《气象学报》，2008 年第 6 期。

王欢、李栋梁："人类活动排放的二氧化碳及气溶胶对 20 世纪 70 年代末中国东部夏季降水年代际转折的影响"，《气象学》，2019 年第 2 期。

王世玉、钱永甫："P-7 坐标区域气候模式的垂直分辨率对模拟结果的影响"，《高原气象》，2001 年第 1 期。

王雅琪、刘海龙、林鹏飞等："CMIP6 FAFMIP 计划概况与评述"，《气候变化研究进展》，2019 年第 15 卷第 5 期。

吴方华、范植松、楚合涛："近惯性内波破碎混合方案对 MOM4 模式的影响"，《海洋学报》，2019 年第 3 期。

吴婕、高学杰、徐影："RegCM4 模式对雄安及周边区域气候变化的集合预估"，《大气科学》，2018 年第 3 期。

肖科丽、赵国令、方建刚等："影响陕西夏季降水主要因子及增量预测方法"，《应用气象学报》，2017 年第 28 卷第 4 期。

徐集云、石英、高学杰等："RegCM3 对中国 21 世纪极端气候事件变化的高分辨率模拟"，《科学通报》，2013 年第 1 期。

于溢、刘海龙、林鹏飞等："耦合模式中潮汐对北大西洋模拟的影响研究"，《气候与环境研究》，2018 年第 3 期。

于子棚、刘海龙、林鹏飞："潮汐混合对大西洋经圈翻转环流(AMOC)模拟影响的数值模拟研究"，《大气科学》，2017 年第 1 期。

于子棚、林鹏飞、刘海龙等："CMIP6 OMIP 计划概况与评述"，《气候变化研究进展》，2019 年第 5 期。

俞永强、唐绍磊、刘海龙等："任意正交曲线坐标系下的海洋模式动力框架的发展与评估"，《大气科学》，2018 年第 42 卷。

张彬、金莲姬、王革丽："非平稳时间序列的区域预测研究"，《气候与环境研究》，2014 年第 1 期。

张杰、曹丽格、李修仓等："IPCC AR5 中社会经济新情景（SSPs）研究的最新进展"，《气候变化研究进展》，2013 年第 9 卷第 3 期。

张文海、李磊："人工智能在冰雹识别及邻近预报中的应用"，《气象学报》，2019 年第 2 期。

郑彬、李春晖、林爱兰等："集成物理统计模型在南海夏季风预测中的应用"，《应用气象学报》，2017 年第 5 期。

郑然、刘嘉慧敏、马振峰："年际增量法在西南夏季降水预测中的"，《应用气象学报》，2019 年第 3 期。

周天军、邹立维、韩振宇等："区域海气耦合模式 FROALS 的发展及其应用"，《大气科学》，2016 年第 1 期。

周天军、邹立维、陈晓龙："第六次国际耦合模式比较计划（CMIP6）评述"，《气候变化研究进展》，2019 年第 5 期。

第三章 气候变化的检测和归因

气候变化的检测和归因是政府间气候变化专门委员会（IPCC）历次评估报告的重要章节之一。检测和归因的目标是检测并量化由外强迫引起的变化，识别人为和自然强迫对气候变化的相对贡献。它有助于全面评估气候系统是如何受人类活动影响的，所得结论对未来气候变化预估的信度而言至关重要。针对气候变化研究领域常用的检测和归因方法，《第三次气候变化国家评估报告》已进行了详细介绍，包括检测研究中的数据信息的均一性保障技术、气候突变及其检测、气候系统长期变化的信号检测和极端天气气候事件检测等。在此基础上，本章将重点介绍近年来检测归因研究方法的新进展，重点包括最优指纹法的发展、基于观测时间序列的归因、基于观测和模拟结果的归因、极端天气气候事件的归因和归因分析不确定性量化等。此外，用于检测归因研究的数值模拟近年来也更为完善。

第一节 气候统计方法概述

一、气候统计方法的基本概念

德国统计学家斯勒兹曾说：统计是动态的历史，历史是静态的统计，这句名言充分体现了统计学的重要性。统计学是在统计实践的基础上，自17世纪中叶产生并逐渐发展起来的一门学科。统计学研究的对象是能反映客观现象总体特征的数据，包括对数据的测定、收集、整理、归纳和分析，进而依据统计学原理选择合适的统计方法对相应科学问题进行统计特征分析以及推断，从而得出结论并对所分析现象给出正确认识的科学方法论。统计学是一门研究随机现象的数量规律的学科，其基础是概率论。统计学研究的核心是"不确定性"问题，通过统计方法对"不确定性"问题做出相应的推断或预估，从而做出决策（Wilks, 2011）。气候统计方法是气候学与统计学的交叉学科，其与数学的主要区别之一在于统计学需要"观测数据"。现代气候学研究更加离不开数据来获取信息，并进而构建气候统计模型概念以及动力变化过程。大量直接或间接获取的观测数据、再分析数据以及模式生成数据隐含大量的气候系统平均及其变化信息，如何从中提取基本信息、演变规律以及不同变量相互之间的关系，是气候学统计学研究的重要内容。气候统计方法将统计学的理论与方法同气象学和气候学相结合，既可对历史气候变量的时空分布及其变化特征进行分析，也可用于对未来气候变化特征的预估分析（Jolliffe, 2007; Siegert *et al.*, 2017）。

二、气候统计方法的必要性

气候学最初是地理学的分支学科，主要描述气候平均态及其变化，例如标准差以及其它偏差的简单估计。时至今日，气候平均态及其变化仍是气候学家关注的重点内容之一。但当前气候研究已从最初描述性方法扩展到对气候动力过程的理解以及利用计算机模拟并分析气候状态及其变化。从而气候统计学也从描述性方法逐渐扩展至对气候变化及其产生过程的理解和统计推断。气候统计分析由大量方法构成，并涉及数据收集等多方面因素。

气候系统既受到大气内部成员如温度、气压、风速、湿度、云和降水等因素的影响，同时也需考虑海洋、冰雪、地表和生物系统以及太阳的作用，并且还存在着各种复杂的相互作用。此外，作为高度复杂的动力系统，气候的演变满足物理定律，例如角动量守恒、质量守恒等。如果我们已对气候系统有了完全的了解，则不再需要气候统计方法。然而鉴于气候系统的复杂性，以及无法获得所有变量在任一时空尺度上的精确观测值（Mudelsee, 2009），同时也不能精确地掌握影响气候变化的动力过程，也就是天气和气候状况的变化存在"不确定性"以及随机性。这种随机因素的影响是不容忽视的。气候统计方法可从概率上对不确定性或具有随机性的气候现象进行分析和预测/预估，因此，统计学方法在气候学中具有重要的应用价值（von Storch and Zwiers, 1999; Visconti, 2018）。

随着计算机水平的快速发展，气候统计分析方法作为不可或缺的研究工具，可通过大量地收集并分析各种气象和气候要素数据来寻找历史气候变化的基本规律，进而预估未来气候变化的可能格局。基于大数据分析，可减小"不确定性"对气候变化过程的影响，从而更精准地描述或推断气候系统的时空变化过程。在此基础上，观测以及模式输出的气候数据均可通过统计诊断分析获取历史以及未来气候变化信息。

三、气候统计方法在气候研究中的应用

气候学研究关乎国家人民生活、经济规划、粮食、畜牧业以及水产业生产等众多方面，而气候学研究的许多方面涉及统计分析方法的使用。例如对当前全球增暖的研究是全球气候学家关注的焦点，而统计方法中的线性趋势估计分析是常用于提取增暖信息的方案之一。一般而言，气候统计学是根据大量观测或模拟等数据对气候变化及异常的程度以及可能的原因做出分析和判断的研究手段。这些研究涉及到地球气候系统的五大圈层及其相互影响。气候统计既可以应用于简单问题分析，如基于数据样本分布估计气候平均态

的不确定性，又可采用复杂的方法从基本统计诊断到气候系统的动力过程分析，也可对短期到中长期气候变化进行预测和预估（van den Dool, 2007）。最终目的是服务于人民生活和生产安全，保障国家经济规划和建设顺利进行。但尚需注意的是，如不能正确理解和使用统计方法，即使是最简单的统计方法也可能被错误的使用并得出不正确的解释（von Storch and Zwiers, 1999）。

四、气候统计分析的要点

气候统计分析或者方法的使用涉及与统计学和气候学等相关知识的全方位理解与应用。整个过程包含从基础数据的收集到对更高阶数据的分析和解释。一般可从以下几个部分展开分析（魏凤英，2007; Zwiers and Storch, 2004）：
（1）资料的提取或收集、质量控制以及代表性。资料（数据）是气候统计分析的根基。这些数据包括站点实测数据、卫星以及雷达反演的遥感观测数据、由树轮、珊瑚、冰芯以及沉积物等古气候指标提取的气候代用资料，以及再分析数据等各种海量数据。从研究的实际问题出发，选取合适的数据集，并确保所选择的数据已进行质量控制，且满足准确性、精确性以及遵从均一化、代表性和比较性的原则。明确数据所具有的代表性，如可适用于分析城市增暖效应研究、未来情景预估分析以及气候变化研究等方面的数据。（2）合理有效的选择相关分析方法。从研究目标出发，依据研究对象选择合适的分析方法，从而寻找观测或未来气候变化的物理意义与影响因素。诸如寻找和分析各种气候变化模态，例如全球尺度的气候模态北极涛动（Arctic Oscillation，AO），以及属于子系统振荡的马登—朱利安振荡（Maddden-Julian Oscillation，MJO）。对于上述问题可有各种方法进行分析，例如经验正交函数分解（Empirical Orthogonal Functions, EOFs）、旋转 EOFs（rotatesd EOFs）、扩展 EOFs（extended EOFs）、希尔伯特 EOFs（Hilbert EOFs）、奇异谱分析（Singular Spectrum analysis, SSA）、多通道奇异谱分析（multi-channel SSA）、遥相关分析、经验正交遥相关型（Empirical Orthogonal Teleconnections）、合成分析以及典型相关分析等。在上述分析基础上，还需结合相关专业知识对统计分析结果进行合理解释及推断。

五、气候平均态及其变化

气候平均态及其异常或变化是最基本的气候统计分析内容之一。平均值或中位数是最常用的气候统计量及基本的气候参数，描述了气候变量最可能发生的状态，是对气候系统长期平均态的估计，但可能存在时空观测等误差信息。需要注意的是，长期平均态平滑掉了许多不规则的、剧烈的变化，掩盖了大量的年际变化，从而有别于气候典型特征。在概率统计原理下，依据大数定律，样本容量的增加有助于气候变量长期平均的估计更精准。在分析某个时段的气候平均状况时，均值的计算通常需要选择一个标准或参考时段。这个参考时段应足够长从而能包含足够的气候变化信息，但同时不能过长从而受到更长期气候变化的显著影响。在当前气候增暖背景下，均值计算的参考时段也随时间而不断发生变化。世界气象组织（World Meteorological Organization，WMO）将30年平均的气候值作为气候平均态，且自1956年开始要求每隔10年对气候标准时段进行更新（Arguez and Vose，2011）。

气候异常是相对于气候平均态的差异。通常采用距平、标准差、距平百分率等变量来定量描述气候变量偏离平均态的程度。气候异常的程度与所参考的时间尺度有关，如在某一个时间段内的异常现象在更长的时间段内可能就不再看作是异常现象。有别于广义气候异常，狭义上指严重偏离气候正常态的异常态，即当气候异常达到一定的程度后，这种气候异常可称之为气候极值。在气候统计分析中异常状态常用概率作为判断标准，在所分析时段，气候极值对应较少发生的小概率气候事件，这种严重气候异常现象通常会给人类生产和生活带来灾害性影响，如长时间持续的干旱、洪涝、热浪、寒潮、特强台风等气象和气候极值现象。当前，全球及区域天气和气候极值现象频发，例如自 1950 年以来全球许多地区的干旱风险增加（Dai, 2013）。

气候变量平均值或异常值的长期动态变化过程可称之为气候变化。气候变化对应不同时间尺度的变化过程和特征。通常气候变化按时间尺度可分为六类（李崇银，2000）：以月或季为主要时间尺度的短期气候变化、中期气候变化或年际气候变化、时间尺度为几十年的长期气候变化、超长期或世纪尺度气候变化、千年时间尺度的历史时期气候变化以及万年或更长时间尺度的地质期气候变化。引起气候变化的原因包括气候系统内部自然变化过程以及外部强迫。气候系统内部变化过程包括大气内部变化（大气辐射过程、大气环流等）以及海气和陆气相互作用过程。外部强迫过程包括太阳黑子变化、火山爆发以及人类活动引起的大气成分（温室气体、气溶胶以及臭氧等）的变化以及土地覆盖/土地利用的变化等。

第二节 气候变化的检测

一、气候变化检测的研究内容

根据 IPCC 第五次评估报告（AR5）第一工作组的定义（Bindoff *et al.*, 2013），气候变化的检测是证明气候或者受气候影响的系统在某种统计意义上已经发生变化的过程，但并不提供这种变化的原因；如果观测到的某种变化不太可能只是由气候系统内部变率随机产生的（如可能性小于 10%或 5%），则可以说这种变化被检测到了。气候系统"内部变率"包括了大气、海洋等自身的变率，例如，大气中的北大西洋涛动（North Atlantic Oscillation, NAO）、南极涛动（Antarctic Oscillation, AAO）和海洋中的太平洋年代际振荡（Pacific Decadal Oscillation, PDO）、大西洋多年代际振荡（Atlantic Multi-decadal

Oscillation, AMO）等。

现代气象观测是衡量气候状态的最精确的数据基础，长期气象观测序列是反映气候变化的最基本的依据。气候变化可用不同时期的气候状态之差来衡量，观测序列的时间跨度越长，就越有利于描述较长期的气候变化。然而，中国地区的观测数据存在较多的非均一性，即由于仪器更换、观测时次变化、中国快速城市化进程中因城市扩张引发的观测地址变更等非自然因素引起的。因此，气候变化检测的首要工作是对观测数据进行均一化的订正。

本章介绍的气候变化的检测方法涉及三部分：（1）气候数据的质量控制和均一化保障技术；（2）气候变化的信号检测技术；（3）极端气候事件的定义及其变化的检测技术等。

二、气候变化检测方法

（一）气候数据的质量控制和均一性保障技术

和天气资料不同，在某种意义上气候资料是"二手"资料，即需要对采集、积累的原始资料进行加工，才能形成真正意义上的气候资料"产品"（李庆祥，2016；2018）。气候资料质量保障的基本要求是将人为（非气候）信号去除。在此过程中，原始观测资料的质量控制和气候序列非均一性检验与订正是两个关键环节。前者的重点在于避免将极端天气气候事件的正确观测资料剔除；后者主要是对数据集中一些系统性偏差进行检查和控制。核心是气候资料的均一性问题（廖捷和周自江，2018）。

气候数据质量控制是气象观测资料质量管理的重要技术手段，是保障正确可信的气象观测资料进入天气预报等应用系统的前提（廖捷和周自江，2018）。传统的质量控制主要根据气象学、天气学、气候学原理，以气象要素的时间、空间变化规律和各要素间相互联系的规律为线索，分析气象资料是否合理。范围检查、阈值检查、内部一致性检查、时空一致性检查、气象关系检查、统计学检查、均一性检查等方法被广泛应用到地面气象资料的质量控制中（刘小宁和任芝花，2005；封秀燕，2018）。目前，中国气象资料质量控制业务处在完善阶段，已自主研发了一批常规气象观测资料质量控制技术方案（涵盖地面、高空和辐射数据），建立了实时—历史气象资料一体化业务流程，实现了从传统的"非实时质控+人工审核"向"实时资料质量控制、评估和反馈"的转变（廖捷和周自江，2018）。

高质量的气候观测数据是气候变化检测和归因的基础。然而，在实际中观测记录不可避免地受到气象台站迁址、观测仪器换型、观测时次改变、人工观测转自动观测、周边环境变化等非自然因素的影响，导致气候观测序列相应时段包含了相对于自然变率不可忽视的系统性偏差，使得一个气候序列在时间上不是一致可比的，即非均一的（Inhomogeneous）。这类系统性偏差也被称为非均一性。非均一性的存在将严重影响对长期气候变率和变化趋势的真实估计。为描述各站实际发生的气候变化，必须校订当地气候序列中的非均一性，即均一化（Homogenization）（严中伟等，2014）。严格来讲，只有均一的资料方能作为气候分析和服务的基础。同样，历史天气事件的统计、数值模式的验证、遥感数据的定标定位、新型观测数据的应用和检验、大气再分析产品的评估检验等，都需要用到均一性的气候数据。因此，气候资料的均一性在气候变化研究中是尤为重要的，既是具有"气候质量"要求的气候数据产品的核心要件，同时也是准确应用所有长期数据的重要保障（李庆祥等，2016；2018）。

近几十年来气候资料非均一性研究领域已经形成较为成熟的方法体系。概括起来，气候资料均一性检验与订正有两类方法：主观方法和客观方法。前者主要通过元数据信息和简单的主观对比，采用主观调整的方法进行断点的检查与订正，并直观地判断序列产生非均一性变点的时间及原因。然而，受历史多种因素影响，详尽的台站元数据信息很难获取，因此，采取一定的统计量和显著性检验为工具，对序列中的非均一性（不连续性）信号进行检测，使得其在统计上体现出来的客观方法被越来越多的科学家采用。世界气象组织（WMO）气候学委员会推荐的客观方法有 10 多种，每一种具有各自的特点和优势。近年来，中国学者应用比较广泛、检验精度优势较明显的几种方法有：标准正态检验（Standard Normal Homogeneity Test, SNHT）、二项回归技术（TPR）、多元线性回归（Multiple Linear Regression, MLR）、序列均一性多元分析（Multivariate Analysis of Sequence Homogeneity, MASH）、相对均一性检验（Relative Homogeneity test, RHtest）等。这些方法也随着均一性研究精度要求的提高不断得以发展，形成了一系列更为完善的均一性检验方法、思路和软件（李庆祥等，2016；2018）。此外，中国学者也在均一化方法发展和改善方面开展了一些工作，如发展了基于小波分析的逐日气温序列均一化方法（Li et al., 2014），发展了 ECDF 和 MASH 相结合的逐日降水序列均一化方法（Li et al., 2015a），提出了均一化日值气温资料物理不一致问题的解决方案（Li et al., 2015b），并对基于不同方法的中国均一化气温序列集进行了比较研究，量化了均一化结果的不确定性（Li et al., 2016）。总体来看，均一化的方法研究也从过去主要着眼于气候平均态，发展到更关注逐日观测序列中的气候极值问题。基于上述多种均一化方法，中国研制了一批高质量的均一化气候数据集产品，涉及地面、探空及辐射资料；同时，数据集产品已从原来的月尺度以上发展为逐日尺度，为气候变化或极端气候事件的检测提供了更为可靠的数据基础。

（二）气候变化的信号检测技术

IPCC 第五次评估报告定义的气候变化是指气候状态的变化，包括平均值和/或变率的变化。关于证明气候已经发生变化了，较多的是进行趋势分析，包括线性趋势和非线性趋势。其中，对于线性趋势而言，由于气候序列的年或季节平均值容易服从正态分布，因而一般采用最小二乘线性回归（Linear Regression of Least Squares, OLS）方法估计其线性趋势，并使用学生 T 检验来判断其趋势的统计显著性（例如，5%水平下是统计显著的）。在使用学生 T 检验时还要考虑被检验的序列是否具有自相关并加以考虑，例如考虑一阶自相关（r_1）时，有效样本（N_e）减少为（Hartmann et al., 2013）：

$$N_e = \begin{cases} N\dfrac{1-r_1}{1+r_1}, & r_1 > 0 \\ N, & r_1 \leq 0 \end{cases}$$ 公式 3–1

线性趋势是一种常用的、容易理解的方法，但不是所有数据都适用于线性趋势来近似表示的。近些年，一些非线性趋势估计方法，例如，集合经验模分解（Ensemble Empirical Mode Decomposition, EEMD, Wu and Huang, 2009）等被运用于气候数据的趋势拟合。对于 EEMD 趋势的显著性检验，一般基于蒙特卡洛方法，例如：（1）利用符合正态分布的短程相关（Ji et al., 2014）或长程相关（Franzke, 2010）替代序列；（2）利用人为给定的分布和短程或长程相关替代序列（Franzke, 2012）；（3）利用相同自相关、但分布不一定相同的替代序列（Franzke, 2012）；（4）利用相同分布且相同自相关的替代序列（Qian, 2016）。其中第 4 种检验方法是自适应的，根据数据本身特点自动计算显著性检验所用的替代序列，因而具有广泛的使用价值。除了广泛研究的平均值的变化外，近些年来，一些研究开始关注变率的变化。例如，年循环是地表气温的主导分量，而且它的振幅是随时间变化的。人类活动对这种变率的影响已经可以被检测出来（Qian and Zhang, 2015）。估计年循环振幅变化的方法可以通过 EEMD 这样的滤波器提取气候变量的年循环进而计算振幅而得出，也可以通过冬夏温差的趋势得出。两种方法在趋势上的结果是几乎一致的（Qian and Zhang, 2015）。

以上趋势分析方法都是证明气候已经变化了，但要证明这种变化不太可能是由气候系统内部变率产生的，则更多地需要借助于气候模拟和最优指纹（Optimal Fingerprinting）检测技术。气候模拟可以实现清楚地分离外强迫和内部变率的目的，其内部变率可通过工业革命前控制（piControl）

试验来估计。

（三）极端天气气候事件的定义及其相关检测技术

气候变化是通过极端天气/气候事件的形式反映出来并引起公众察觉的。IPCC 第五次评估报告都对极端天气气候事件进行了明确的定义，从概率分布角度看，极端天气事件通常指在某一特定时间和地点，该类天气现象的发生概率低于同类事件的 10%（Hartmann *et al.*, 2013）。

为便于全球各地的比较研究，国际学术界通过"气候变化检测、监测和指数专家组（Expert Team on Climate Change Detection and Indices, ETCCDI）"提出了 27 个核心的极端气候指数，涵盖高温、暴雨等极端事件的强度、频率和持续时间等方面（Zhang *et al.*, 2011）。此外，中国气象局根据中国的气候状况，定义了一些特殊的指数。例如，根据中国气象局规定（中国气象局令第 16 号）和《中华人民共和国国家标准 气象灾害预警信号图标（GB/T 27962—2011）》，将日最高气温 ≥35 摄氏度作为 1 个高温日；连续 3 天及以上出现高温天气称为一次热浪事件等。

对于极端天气气候事件变化的检测，则与前述的平均值变化的检测不同，因为很多极端天气气候事件并不服从正态分布（Qian *et al.*, 2019），不能用常规的学生 T 检验来估计线性趋势的显著性，并且极端天气气候事件存在一些离群值，而常用的 OLS 方法对这些离群值很敏感，特别是气候序列端点处的离群值（张嘉仪和钱诚，2020）。因而，一些研究使用基于非参数的森泰尔趋势（Sen-Theil Tendency, 1968）计算极端气候指数的线性趋势的斜率，然后使用曼–肯德尔检验（Mann-Kendall test）判断趋势的统计显著性。但是，曼–肯德尔检验和森泰尔趋势方法使用的前提条件是变量是独立不带自相关的，而这个前提条件对于不少的指数并不满足（Qian *et al.*, 2019）。钱诚等（Qian *et al.*, 2019）推荐使用一种考虑自相关的非参数方法，称之为 WS2001。该方法最初由张学斌等（Zhang *et al.*, 2000）提出，后由王和斯威尔（Wang and Swail,

2001）改进。该方法考虑到序列中存在自相关，并且自相关和趋势是共存的，所以在森泰尔（Sen, 1968）的非参数方法估计森泰尔趋势斜率和曼–肯德尔检验（Mann, 1945; Kendall, 1955）趋势的统计显著性之前，采用迭代方案计算一阶自相关进而进行了预白化处理，使得输入森泰尔（Sen, 1968）的趋势斜率估计和曼–肯德尔检验的数据满足独立的条件。由于森泰尔（Sen, 1968）的趋势斜率估计是根据所有长度片段的趋势斜率的中位数计算的，因而这种趋势估计方法对离群值不敏感。WS2001 方法继承了森泰尔趋势的这一优点。另外，考虑序列中可能存在相同值的情况，钱诚等（Qian *et al.*, 2019）对 WS2001 方法进一步地完善，曼–肯德尔检验的统计量 S 的方差为：

$$\frac{n(n-1)(2n+5)-\sum_{j=1}^{g}u_j(u_j-1)(2u_j+5)}{18}$$

其中，n 为数据样本的长度，g 为序列中存在相同值的列数，u_j 是第 j 列中存在相同值的数量。若显著性水平为 0.05，当 $p<0.05$ 时，认为趋势是统计显著的。

由于前述极端天气气候事件不一定满足正态分布，因而在用最优指纹检测技术证明其变化不太可能仅由气候系统内部变率产生时，需要进行一些特殊的处理，例如，先用广义极值（General Extreme Value, GEV）分布拟合极端气候指数，然后运用最优指纹检测技术（Zwiers *et al.*, 2011）。

第三节　气候变化的归因

一、气候变化归因的定义

根据 IPCC 第五次评估报告定义，气候变化归因是指在一定置信水平上，评估地球系统不同外部强迫因子对观测到的某种气候变化特征或某类气候事件的影响程度的过程（Hegerl et al., 2010; Bindoff et al., 2013; NAS, 2016; Chen et al., 2018）。地球系统外部强迫因子有多种，包括人为外强迫和自然外强迫。前者包括诸如人类活动引起的温室气体、气溶胶以及臭氧浓度变化等；后者包括太阳辐射变化和火山爆发等。相对于自然外强迫对气候变化的影响，大规模人类活动的影响更受关注。因此，从某种意义上讲，气候变化归因旨在回答"观测到的气候变化在多大程度上是由人类活动引起的"这一科学问题。气候变化归因科学发展之初主要是针对一些长期气候变化特征的归因。近年来，随着高影响极端天气气候事件的增多，极端事件归因和影响归因发展迅速。长期气候变化和极端天气气候事件的不同特点决定了需要不同的归因 方法。

二、归因研究的气候模拟进展

为区分不同外强迫因子和气候系统内部变率对气候变化的影响，常借助气候模式来模拟气候系统对外强迫的响应。目前多个国际计划和研究机构已经建立起了多套较为完整、成熟的归因计划和系统，包括单独大气模式和耦合模式。

1. 耦合模式归因系统

目前应用较多的耦合模式即参与 CMIP5 的各个模式。这些模式考虑了大气、海洋、冰冻圈、陆面过程以及碳循环等过程及其相互作用。其中一些模式包括不同强迫下的历史试验，如只考虑太阳辐射和火山喷发的自然强迫试验，仅包括温室气体强迫的试验，仅包括人为气溶胶强迫的试验，以及包括各种强迫要素的全强迫试验。

从 CMIP5 到 CMIP6，模式物理架构更复杂，从气候系统模式到地球系统模式的发展，以及模式分辨率的提高，为检测与归因研究提供了更完善、更可信的模拟数据基础（Eyring et al., 2016; 赵宗慈等，2016; 2018; 周天军等，2019）。此外，CMIP6 专门批准了检测归因模式比较计划（Detection and

Attribution Model Intercomparison Project, DAMIP; Gillett *et al*., 2016），其主要科学目标是：（1）促进更好地估计观测到的全球变暖以及全球和区域尺度其他气候变量的变化中人为和自然强迫变化所做的贡献；（2）促进估计历史排放已经改变和正在改变当前的气候风险；（3）促进更好地进行观测约束下的未来气候变化预估。除了提供 CMIP5 已有的试验外，DAMIP 还有四个新的亮点：（1）提供仅包含气溶胶、仅包含平流层臭氧、仅包含二氧化碳、仅包含太阳辐射和仅包含火山活动的新的单独强迫历史模拟试验，有利于更准确地估计单强迫因子的气候影响；（2）提供单因子强迫的未来模拟试验，实现更合理的观测约束的未来气候变化预估；（3）包含能使有、无耦合大气化学模块的模式能在同一层面上进行比较的试验设计；（4）采用不同的人为气溶胶和自然强迫估计以评估强迫场的不确定性对归因结果不确定性的影响（钱诚和张文霞，2019）。目前国际上有 17 个气候模式承诺参与 DAMIP 计划，如表 3–1 所示。其中中国有四个模式参与，包括北京气候中心 BCC-CSM2-MR 模式、中国科学院 CAS-ESM1-0、FGOALS-g3 模式以及南京信息工程大学 NESM3 模式。

表 3–1 参与 CMIP6 DAMIP 的模式

模式名称	机构、国家（地区）	模式名称	机构、国家（地区）	模式名称	机构、国家（地区）
BCC-CSM2-MR	BCC/中国	GFDL-ESM4	NOAA-GFDL/美国	NESM3	NUIST/中国
CanESM5	CCCma/加拿大	GISS-E2-1-G	NASA-GISS/美国	NorESM2-LM	NCC/挪威
CAS-ESM1-0	CAS/中国	GISS-E3-G	NASA-GISS/美国	NorESM2-MH	NCC/挪威
CESM2	NCAR/美国	HadGEM3-GC31-LL	MOHC/英国	NorESM2-MM	NCC/挪威
CNRM-CM6-1	CNRM-CERFACS/法国	MIROC6	AORI-UT-JAMSTEC-NIES/日本	VRESM-1-0	CSIR-CSIRO/南非
FGOALS-g3	CAS/中国	MRI-ESM2-0	MRI/日本		

2. 大气模式归因系统

大气模式归因系统通常由全强迫和自然强迫两类历史试验构成。其中，全强迫试验由观测海温和海冰作为边界条件，并以历史人为强迫和自然强迫因子驱动。在自然强迫试验中，去掉了人为强迫对边界场的贡献，并以自然强迫因子驱动。为构建大集合模拟样本，对模式初始场进行不同的扰动，从而得到足够的样本量来表征气候系统内部变率的可能影响，同时也有利于对一些在观测数据中发生概率极小的"破纪录"的极端事件进行归因分析，减小由于不充分采样带来的不确定性。目前常用的大气模式归因系统包括多模式参与的气候变率及可预测性计划（Climate Variabilityand Predictability Programme, CLIVAR）与检测与归因子计划（Stone *et al.*, 2019）。区域气候模式大样本集合也包含基于单个模式的超大样本集合模拟，如哈德莱中心的HadGEM3-A-N216（Christidis *et al.*, 2013; Ciavarella *et al.*, 2018）等。需要注意的是，在应用大气模式进行归因时，对自然强迫试验中海温场的构建方法会对归因结论造成一定的影响（Pall *et al.*, 2011; Sparrow *et al.*, 2018）。

耦合模式归因系统的优点是适用于尺度较大并且受海—陆—气相互作用影响较为明显的气候要素，如大范围高温热浪、寒潮、干旱等。相较于耦合模式，大气模式归因系统的优点在于计算成本低，能够以较少的计算资源获得较大的模拟样本量。

三、长期气候变化归因方法

长期气候变化归因方法大致分为基于指纹分析的归因法和其他归因法两类。前者包括最优指纹法和非最优指纹法，后者主要包括观测时间序列法等。目前关于长期气候变化归因的研究大多选用最优指纹法。

（一）最优指纹归因法

指纹归因法将气候系统对外部强迫的响应称为"指纹"（fingerprint），借助动力模式模拟气候系统对某种外强迫的响应，并将其与观测的变化进行比较，评价二者的相关性是否统计显著，如果显著，则说明观测的变化中包含相应强迫的指纹或信号。例如，桑特等（Santer et al., 1996）通过比较气候模式模拟的大气垂向温度分布的时空变化模态与观测的模态之间的空间相关系数，发现只有在人为强迫下，二者才具有较高的相关系数，从而认为人为强迫是导致变暖的主要原因。类似地，德尔沃斯和曾（Delworth and Zeng, 2014）发现澳大利亚降水下降的趋势与包含人为强迫的模式结果具有统计显著的一致性，而与只包含自然强迫的模式结果不一致，从而将澳大利亚降水下降归因于人类活动的影响。

气候系统内部各圈层之间复杂相互作用会产生自然变率。由于自然变率的影响，基于有限的观测和模式资料，即便模式能够准确模拟气候系统的运行机制，也很难获得气候变化信号的可靠估计，而是或多或少地被自然变率"污染"。这种影响对诸如降水等信噪比较低的气候变量在小尺度空间上以及当模式样本数量较少等情况下尤其突出。最优指纹法考虑自然变率对观测和模式信号的影响，通过最大化信噪比，提高归因结论的可靠性（王绍武等，2012; Bindoff et al., 2013; NAS, 2016）。最优指纹法基于两个基本假定：第一，模式能够准确模拟气候变量对外强迫响应的时空型；第二，气候变量对外强迫的响应等于其对各强迫因子响应的线性叠加。与非最优法一致，最优指纹法也是通过比对观测和模式信号进行归因。不同的是，这里的比对是通过广义线性回归来实现（Allen and Stott, 2003; Ribes et al., 2013）：$Y=X\beta+\varepsilon_Y$，$X=X^*+\varepsilon_X$，其中，Y 是观测的气候变化信号（如经过滤波的时间序列或时空型），X 是模式模拟的对外部强迫的响应信号，误差项 ε_Y 和 ε_X 分别代表气候系统内部自然变率对观测和模式信号的影响。缩放系数 β 和消除自然变率影

响的模式信号 $\mathbf{X}^*$ 是需要估计的未知量，通常采用最小二乘法求解。很长一段时间以来，最优指纹法求解涉及到对误差项协方差矩阵的经验正交分解，基于专业经验确定需要保留的正交函数个数（Allen and Stott, 2003）。为了改进以往基于 EOF 截断时的主观性，里贝斯（Ribes *et al*., 2013）提出了调整最优指纹（Regularized Optimal Fingerprinting）的方法，把正则化协方差矩阵估算方法引入到最优指纹法求解中，大幅简化了最优指纹法的求解难度，提高了检测归因结论的可靠性。近些年，一些研究进一步探讨了如何使 β 及其置信区间计算地更准确。例如，汉纳特（Hannart *et al*., 2014）提出用最大似然法来估计 β 的置信区间；德尔索尔（DelSole *et al*., 2019）建议用自举（bootstrap）法来更好地估计信号较弱时的 β 的置信区间。

上述回归方程中，缩放系数 $\boldsymbol{\beta}$ 表示为使模式和观测信号一致需要对模式信号进行缩放调整的程度，是进行归因结论的基础，也是评价模式性能的统计学依据。当 $\boldsymbol{\beta}$ 在某一统计信度下显著大于 0 时，则表示相应外强迫的指纹可以在观测的变化中检测到；若 $\boldsymbol{\beta}$ 同时与 1 保持统计意义上的一致，则表示模式对相应外强迫响应的模拟没有系统性偏差。依据对 $\boldsymbol{\beta}$ 和 $\mathbf{X}^*$ 的估计，可以进一步量化不同外强迫因子对观测变化的相对贡献。除了经典统计学的最小二乘法之外，贝叶斯方法也被应用于缩放系数和模式信号的估计（Berliner *et al*., 2000; Lee *et al*., 2005），但其应用并不如最小二乘法广泛。

最优指纹法需要借助气候模式估算气候系统对外部强迫的响应以及内部自然变率。不同复杂程度的气候模式被用于气候变化归因研究中，从高度简化的能量平衡模式（如 Stone and Allen, 2005），到相对复杂的海气耦合模式（如周天军等，2008; Zhang *et al*., 2007），再到逐渐发展为主流的复杂地球系统模式（如 Mao *et al*., 2016; Li *et al*., 2017）。回答不同的科学问题需要选用不同类型的模式，例如，能量平衡模式能够回答全球温度变化的归因问题，而对一些生物地球化学过程变量的归因必须借助地球系统模式实现。同时，必须注意，对归因结果的解释在一定程度上依赖于所采用的气候模式以及外强迫试验。

最优指纹法主要有以下优点：（1）能够最大化信噪比从而提高归因结论的可靠性；（2）能够量化多个不同外强迫因子对观测到的变化的相对贡献；（3）为模式评估提供了严格的统计学依据；（4）为模式系统误差校正提供了方案；（5）不仅适用于长期气候变化归因，也适用于高影响极端天气气候事件归因；（6）能够为未来气候变化预估提供观测约束依据。这些优点使得最优指纹法成为目前国际上主流的气候变化归因方法。IPCC 第五次评估报告中关于长期气候变化归因的结论主要是基于最优指纹法得出（Bindoff et al., 2013）。近年来，该方法被用来重建观测约束的对外强迫的响应和内部变率（Qian and Zhang, 2019）；也被用于一些极端事件的归因，如 2003 年欧洲热浪（Christidis et al., 2013）、2013 年中国东部热浪（Sun et al., 2014），以及被用于研究观测约束的区域极端夏季高温的未来预估等（Mueller et al., 2016; Li et al., 2017）。

（二）基于观测时间序列的方法

与指纹法不同，该方法不依赖于气候模式，而单纯是基于观测数据，通过时间尺度（Schneider and Held, 2001）、空间型（Thompson et al., 2009）或时空型来区分气候变化信号和噪音。其基本原理是通过说明噪音无法很好地解释观测的变化，从而达到间接归因变化是否有人类活动影响的目的。例如，钱诚（Qian, 2016a）借助自适应信号处理技术对 1909～2010 年中国东部区域平均气温观测序列进行不同时间尺度的信号分解，得出其中可能和大西洋多年代际振荡（AMO）有关的 60～80 年周期的多年代际变率对最近 30 年（1981～2010 年）的快速增温趋势贡献仅占 1/3，佐证了人类活动是这段时间中国增温趋势的主要贡献者。基于同样的方法，钱和周（Qian and Zhou, 2014）发现在华北干旱最严重的时段（1960～1990 年）与太平洋年代际振荡（PDO）有关的 50～70 年周期的多年代际变率主导了这段时间的干旱化趋势

(约贡献 70%)。

四、重大极端天气/气候事件的归因方法

重大极端天气/气候事件的归因是近 10 多年来气候变化归因领域发展最快的方向之一。在 IPCC 第五次评估报告中，针对单个高影响极端事件的归因做出如下总结"在持续时间较短的高影响极端事件个例中，人类活动造成的变暖对其总体强度的贡献相对较小，将个例极端事件归因到某一因子仍非常有挑战性"（Stocker et al., 2013）。近年来的极端事件归因技术的发展使得我们对某个或者某类高影响极端事件的归因结论的信心得到大幅提升。特别是自 2012 年以来，美国气象学会会刊（Bulletin of the American Meteorological Society, BAMS）每年都会出版一期专刊对过去一年发生的高影响极端天气/气候事件进行归因分析。在 2012~2016 年的五期专刊中，大约有 65%的归因分析认为人类活动造成的气候变化对所分析极端事件的频率或强度产生了统计显著的影响（Peterson et al., 2012; 2013; Herring et al., 2014; 2015; 2016）。其中分析较多的事件是热浪（28%）、强降水（23%）和干旱（16%）。针对热浪的归因，几乎所有的研究（97%）都认为人类活动对热浪的频率/强度的增加有显著贡献，但针对强降水的归因分析中，大多数研究（62%）未能检测出人类活动的影响。针对干旱的归因分析不确定性也很高，大约一半研究认为人类活动导致的气候变化影响了干旱的概率和强度，而另一半则认为人类活动的贡献并不重要。因此，已有研究针对不同类型的极端事件的归因能力和归因结论的信度差异明显（图 3-1）。

人类活动在重大极端天气气候事件的贡献通常通过"风险增长率"（Risk Ratio，RR）以及"可归因风险比例"（Fraction of Attributable Risk, FAR）两个指标来评价。假设某一个（类）事件在有人类活动强迫下发生的概率是 P1，在没有人类活动影响下的发生概率是 P0，风险增长率计算为 RR=P1/P0，可

归因风险比例计算为 FAR=（P1-P0）/P1。

重大极端天气气候事件的归因在很大程度上依赖于分析中所采用的方法。经过十多年的发展，目前主要有以下几种常用的事件归因方法。

（一）完全基于观测资料的归因方法

第一类是应用极端值分布理论，进行统计拟合的方法，即通过选择能够反映人类活动的"协变量"，如全球地表平均温度或二氧化碳浓度，作为广义极值分布（GEV）或广义帕累托分布（Generalized Pareto Distribution, GPD）参数的协变量，并以此计算不同时段（代表受人类活动影响程度不同）目标事件的发生概率，从而进一步通过 RR 或者 FAR 来量化人类活动的影响。该方法中通常选择 19 世纪末期（当观测记录较长）或 20 世纪中期（当观测记录较短时）来表征人类活动影响较弱的时期，而选择目标事件发生的时期表征当前人类活动的影响时期（van Oldenborgh *et al*., 2015; King *et al*., 2015）。该方法通常对极端温度事件或与温度密切相关的极端事件的归因效果较好。对于一些气候模式无法很好模拟的变量，如极端降水，通常也选择此方法。需要注意的是，对一些受自然变率影响较大的极端事件进行归因分析时，需要慎重选择此类方法，原因在于基于有限的观测资料往往不能准确估计受自然变率影响较大的气候变量对长期变暖的响应（Li *et al*., 2019; Zhang and Zhou, 2019），从而影响人类活动信号的可检出时间（例如 Li *et al*., 2018; Li *et al*., 2020）。

第二类常用的基于观测的归因方法是"环流相似"方法。其主要原理是首先确定目标事件所对应的环流型（通常采用 500hPa 位势高度或者海平面气压表征），之后找到相似环流型集合的日数对应的变量（如温度、降水）异常，进而与实际观测的目标事件变量异常比较。此方法可以用来直接量化相似的动力条件对某一个（类）极端事件的贡献，进而间接得出人类活动造成的热力异常的贡献（Yiou *et al*., 2007; Cattiaux *et al*., 2010; Jézéquel *et al*., 2018），但该方法基于"天气尺度的环流异常并未发生显著的趋势性变化,即受人类活动影响较小"这一假设。最近的一些研究表明一些典型的环流模态并不满足该假设(Schaller et al., 2016; Mann et al., 2017)。

(二)基于观测和模式模拟相结合的归因方法

观测和模式数据相结合是目前最常用的归因方法。基本思路是从观测资料出发,定义极端事件并建立表征极端事件特征的指数,进一步比较模式模拟中有无人类活动影响的强迫试验中极端事件特征的差异,并求取 RR 和 FAR,量化人类活动的影响。基于观测和模式的事件归因方法可以大致分为以下几类:

1. 基于耦合模式

目前应用较多的耦合模式即参与 CMIP5 的各个模式,包括不同强迫下的历史模拟试验,如只包括太阳辐射和火山活动的自然强迫试验、仅包括温室气体强迫的试验、仅包括人为气溶胶强迫的试验,以及包括各种强迫要素的全强迫试验。CMIP5 的历史模拟仅到 2005 年,因而无法提供 2005 年以后的模拟数据进行归因分析,通常需采用某种排放路径下的数据来代替实际的模拟数据(Zhou et al., 2014)。这样的近似处理办法会给归因结论带来一定的不确定性。随着 CMIP6 的进行,其检测归因模式比较计划(DAMIP)将为检测与归因研究提供更为完善的试验设计和更丰富的模拟数据。基于耦合模式的归因通常适用于尺度较大并且受海—陆—气相互作用影响较为明显的事件类型,如大范围高温热浪、寒潮、干旱等。

2. 以实际观测的海温(冰)驱动的大气模式

基于大气模式的归因系统因其计算成本低,往往能提供较大样本的集合模拟,有利于对一些在观测数据中发生概率极小的"破纪录"的极端事件进行归因分析,减小由于不充分采样带来的不确定性。例如,基于哈得莱中心的 HadGEM3-A-N216 大气模式归因系统,针对 2016 年中国东部因强寒潮引发的破纪录冷事件的归因分析（Qian et al., 2018）、中国东部 2017 年夏季破纪录高温热浪的归因分析（Chen et al., 2019）以及 2018 年夏季中国中西部持续性强降水事件的归因分析（Zhang et al., 2019）等。

3. 应用季节预报的结果

为了提供准实时的归因结论，越来越多的研究开始借助于模式的季节预报结果进行归因分析，该项技术也日趋成熟（Schiermeier et al., 2018）。霍林等（Hoerling et al., 2013）在对 2011 年的德州干旱进行归因时应用了 NOAA 气候预测系统在 2011 年 6 月 1 日起每 6 小时一次的预报结果，分成两组试验，一组将大气中的二氧化碳浓度设定在 1988 年水平，另一组设定在当时的实际水平，进而分析 1988 年以来由于二氧化碳的浓度增长导致德州干旱的变化。霍普等（Hope et al., 2019）在分析 2017 年 2 月澳大利亚东部的山火季时采用了澳大利亚气象局的海洋大气季节预测模式（POAMA-2），只是其将早期阶段的二氧化碳水平设定在 1960 年的水平上（350ppm）。中国目前尚未采用该方法开展相关的归因研究。

4. 条件归因

即在满足特定条件下的归因分析。该方法的本质是将不同强迫试验数据依据某种条件进行细分、再组合。实际上，可以将基于大气模式的归因方法归于此类，其是在特定的海温背景下（预设的观测海温）的归因。此外，基于观测数据的环流相似归因方法也可以归于此类，其是在某特定环流背景下的归因分析。条件归因可以用于量化自然强迫、人类活动的影响、动力因子（环流）的影响（Pall et al., 2017）。孙和苗（Sun and Miao, 2017）在对 2016 年 6~7 月江淮强降水事件进行归因时，将 CMIP5 各个强迫试验的输出数据依据 El Nino 发生与否进行细分，比较全强迫下有无 El Nino 条件下的事件概率，推算出 El Nino 对事件的影响；比较全强迫和自然强迫实验中 El Nino 发生时极端事件的概率差异，突出了在 El Nino 背景下人类活动对本次事件的影响。经此条件归因后的结论显著不同于简单比较 CMIP5-ALL 和 CMIP5-NAT

得到的人类活动的贡献。这样的条件归因在受 El Nino 影响显著的地区非常有必要（Zhou *et al*., 2017; Yuan, 2018; Freychet *et al*., 2018）。

条件归因方法还可以用来量化不同因子之间，特别是动力—热力因子之间的相互作用对极端事件的影响，进而使得归因方法和归因结论的物理意义更加明确（Cheng *et al*., 2018）。夏勒等（Schaller *et al*., 2016）通过条件归因法发现人类活动造成的变暖可以使得英国南部地区盛行西风环流的日数增加，为强降水日数的增长提供了有利的环流条件。沃塔德等（Vautard *et al*., 2016）通过条件归因的方法，有效地分离并量化了动力、热力因子的"净贡献"。

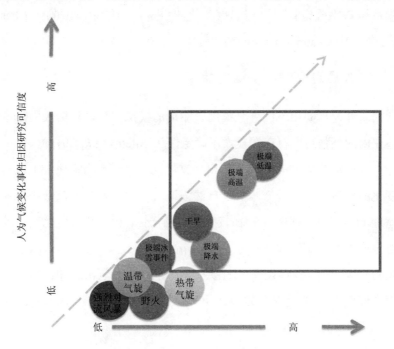

图 3–1　气候变化对极端事件影响的理解（横坐标）与事件归因研究可信度（纵坐标）。

五、不确定性分析

气候变化归因研究得出结论的可信度和不确定性是一个值得关注的科学

问题。当前不确定性是气候变化归因研究尚待解决的重要研究内容，主要集中在以下几方面：

（一）观测资料的不确定性

观测资料是气候变化归因研究中比对的参照物和基础，因此归因研究的可靠程度取决于观测资料的准确性。观测资料的不确定性可来源于观测记录有限的时间和空间覆盖范围、从站点插值到格点的格点化过程、偏差校正方法以及均一性等数据质量问题（Jones and Kennedy, 2017）。例如，已有研究表明观测资料不确定性对全球温度变化的定量归因结果有影响（Ribes and Terray, 2013; Jones and Kennedy, 2017）。

（二）外强迫资料的不确定性

归因研究通常使用不同外强迫因子驱动的模拟试验，包括人为强迫和自然强迫在内的外强迫资料存在较大不确定性（Gillett et al., 2016）。对于人为强迫、人为气溶胶排放的空间分布和排放强度均存在不确定性；土地利用和覆盖变化的资料可靠性较低。对于自然强迫，太阳辐射强迫在低频振荡部分（如超过 11 年周期的振荡）存在较大的不确定性；火山喷发硫化气溶胶引起的辐射强迫强度存在较大不确定性（Solomon, 2007）。为此，CMIP6 的检测归因模式比较计划（DAMIP）将提供采用不同的人为气溶胶和自然强迫场驱动的历史模拟试验，以考察强迫场的不确定性对归因结果的影响（Gillett et al., 2016; 钱诚和张文霞，2019）

（三）模式的不确定性

为了能较准确地模拟地球系统各圈层的物理、生物和化学等过程以及对外强迫的响应和反馈，通常利用简单或复杂的气候模式进行气候变化归因研究。然而目前复杂的地球系统模式在很多方面还不完善，同时全球气候系统的相互作用和反馈过程的错综复杂性，均在一定程度上增加了归因研究的不确定性和难度（Santer *et al*., 2011; Santer *et al*., 2013）。例如，观测温度变化中可归因于外强迫因子的定量贡献或人为强迫对一次极端事件的定量影响存在较大的模式间差异（Jones *et al*., 2016; Hauser *et al*., 2017）。其中，不同模式对气溶胶强迫的响应差异是分离气溶胶和温室气体强迫响应的重要不确定性来源之一（Boucher *et al*., 2013; Ribes and Terray, 2013; Gillett *et al*., 2016）。此外，模式对物理过程的刻画也是归因结果的不确定性来源之一。因此，在归因研究前，有必要评估模式对相关物理过程的模拟能力，以提高归因结果的可靠性。特别是对强降水事件的归因，模式对于相关的大尺度环流特征的模拟能力是归因研究的必要基础（Zhang *et al*., 2019）。通过比较单独大气模式和海气耦合模式结果，可考察海气耦合过程对归因结果的影响（Ma *et al*., 2017）。

（四）归因方法的不确定性

不同归因方法（如仅基于观测资料的归因和观测与模拟结合的归因）对同一极端事件的归因结果存在定量差异（Hauser *et al*., 2017）。其次，在极端天气/气候事件归因中，对极端事件的定义（如观测事件的阈值、事件的时空尺度）将影响定量归因结果。总体而言，考虑的极端事件的时间、空间尺度越大，即信噪比越高，则可归因于人为强迫的影响越强（Young *et al*., 2019）。此外，如何选择"无人类活动影响"的模拟试验，如使用工业革命前控制试验，仅包含自然强迫的历史模拟试验或 20 世纪中期的全强迫历史模拟试验，对定量归因结果也有影响（Hauser *et al*., 2017）。因此，有必要考察归因结果中的不确定性来源，并尽可能使用高质量的观测资料、多模式、多方法来增加归因结果的可靠性和稳健性。

参考文献

Alexandersson, H., 1986. A homogeneity test applied to precipitation data. *International Journal of Climatology*, 6:661-675.

Allen, M. R., S. F. Tett, 1999. Checking for model consistency in optimal fingerprinting. *Climate Dynamics*, 15:419-434.

Allen, M. R., P. A. Stott, 2003. Estimating signal amplitudes in optimal fingerprinting: I. Theory. *Climate Dynamics*, 21, 477- 491.

Arguez, A., R. S. Vose, 2011. The definition of the standard WMO Climate Normal: The key to deriving alternative climate normal. *Bull. Amer. Meteor.* Soc., 92: 699-704.

Beniston, M., D. B. Stephenson, O. B. Christensen, *et al.* 2007. Future extreme events in European climate : An exploration of regional climate model p rojections. *Clim Chang*, 81 (Sup 1) : 71295.

Berliner, L. M., R. A. Levine and D. J. Shea, 2000. Bayesian climate change assessment. *Journal of Climate*, 13:3805-3820.

Bindoff, N. L., P. A. Stott, K. M. AchutaRao, *et al.*, 2013. Detection and attribution of climate change: From global to regional. Climate Change 2013: *The Physical Science Basis. Contribution of Working Group I to the Fifth Assessment Report of the Intergovernmental Panel on Climate Change*, T. F. Stocker, D. Qin, G. -K. Plattner, *et al.*, Eds., Cambridge University Press, Cambridge, United Kingdom and New York, NY, USA, 867-952.

Boucher, O., D. Randall, P. Artaxo, *et al.* 2013. Clouds and Aerosols, in: Climate Change 2013: The Physical Science Basis. *Contribution of Working Group I to the Fifth Assessment Report of the Intergovernmental Panel on Climate Change*, edited by: Stocker, T. F., Qin, D., Plattner, G.-K., Tignor, M., Allen, S. K., Boschung, J., Nauels, A., Xia, Y., Bex, V., and Midgley, P.M., Cambridge University Press, Cambridge, UK and New York, NY, USA.

Cattiaux, J., R. Vautard, C. Cassou, *et al.* 2010. Winter 2010 in Europe: A cold extreme in a warming climate. *Geophysical Research Letters*, 37.

Chen, D., T. Ou, L. Gong, *et al.* 2010. Spatial Interpolation of Daily Precipitation in China: 1951—2005. *Adv Atmos Sci*, 27(6): 1221-1232.

Chen, Y., W. Chen, Q. Su, *et al.* Anthropogenic Warming has Substantially Increased the Likelihood of July 2017–Like Heat Waves over Central Eastern China. *Bulletin of the American Meteorological Society*, 2019, 100(1): S91-S95.

Chen, Y., W. Moufouma-Okia, V. Masson-Delmotte, et al. Recent Progress and Emerging Topics on Weather and Climate Extremes Since the Fifth Assessment Report of the Intergovernmental Panel on Climate Change. *Annual Review of Environment and Resources*, 2018, 43: 35-59.

Cheng, L., M. Hoerling, L. Smith, et al. 2018. Diagnosing Human-Induced Dynamic and Thermodynamic Drivers of Extreme Rainfall. *Journal of Climate*, 31(3): 1029-1051.

Christidis, N., P. A. Stott, A. A. Scaife, et al. 2013. A new HadGEM3-A-based system for attribution of weather-and climate-related extreme events. *Journal of Climate*, 26(9): 2756-2783.

Ciavarella, A., N. Christidis, M. Andrews, et al. 2018. Upgrade of the HadGEM3-A based attribution system to high resolution and a new validation framework for probabilistic event attribution. *Weather and climate extremes*, 20: 9-32.

Cynthia, R., P. Neofotis, 2013. Detection and attribution of anthropogenic climate change impactsWIREs. *Clim ate Change*, 4:121-150.

Dai, A. 2013. Increasing drought under global warming in observations and models. Nature *Climate Change*, 3: 52-58, doi: 10.1038/NCLIMATE1633.

DelSole, T., L. Trenary, X. Yan, et al. 2019. Confidence intervals in optimal fingerprinting. Clim. Dyn. 52(7-8), 4111-4126.

Delworth, T. L., F. Zeng, 2014. Regional rainfall decline in Australia attributed to anthropogenic greenhouse gases and ozone levels. *Nature Geoscience*, 7(8), 583.

Easterling, D. R., T. C. Peterson, 1995. A new method for detecting and adjusting for undocumented discontinuities in climatological time series. *International Journal of Climatology*, 15: 369-377.

Eyring, V., S. Bony, G. A. Meehl, et al. Overview of the Coupled Model Intercomparison Project Phase 6 (CMIP6) experimental design and organization. *Geoscientific Model Development*, 2016, 9: 1937-1958. DOI: 10.5194/gmd-9-1937-2016 .

Field, C. B., V. Barros, T. Stocker, et al. 2012. Managing the risks of extreme events and disasters to advance climate change adaptation. *Special report of the Intergovernmental Panel on Climate Change*. Cambridge University Press.

Franzke, C., 2010. Long-range dependence and climate noise characteristics of Antarctic temperature data. *J. Clim*, 23:6074-6081.

Franzke, C., 2012. Nonlinear Trends, Long-Range Dependence, and Climate Noise Properties of Surface Temperature. *J. Clim*. 25:4172-4183.

Freychet, N., S. Sparrow, S. F. B. Tett, et al. 2018. Impacts of anthropogenic forcings and El Niño on Chinese extreme temperatures. *Advances in Atmospheric Sciences*, 35(8): 994-1002.

Gillett, N. P., H. Shiogama, B. Funke, *et al.* 2016. The Detection and Attribution Model Intercomparison Project (DAMIP v1.0) contribution to CMIP6. *Geosci. Model Dev.* 9, 3685–3697. doi:10.5194/gmd-9-3685-2016.

Granger, C. W., 1986. Developments in the study of cointegrated economic variables. Oxford Bulletin Of Economics And Statistics, 48: 213-228.

Hannart, A., A. Ribes, and P. Naveau, 2014. Optimal fingerprinting under multiple sources of uncertainty. Geophys. *Res. Lett.* 41, 1261–1268. doi:10.1002/2013GL058653.

Hartmann, D. L., A. M. G. Klein Tank, M. Rusticucci, *et al.* 2013. Observations: Atmosphere and Surface. In: climate Change 2013: The Physical Science Basis. *Contribution of Working Group I to the Fifth Assessment Report of the Intergovernmental Panel on Climate Change* [Stocker, T.F., D. Qin, G.-K. Plattner, M. Tignor, S.K. Allen, J. Boschung, A. Nauels, Y. Xia, V. Bex and P.M. Midgley (eds.)]. Cambridge University Press, Cambridge, United Kingdom and New York, NY, USA.

Hasselmann, K., 1979. On the signal-to-noise problem in atmospheric response studies. *Meteorology of tropical oceans*, 251-259.

Hasselmann, K., 1997. Multi-pattern fingerprint method for detection and attribution of climate change. *Climate Dynamics*, 13: 601-611.

Hauser, M., L. Gudmundsson, R. Orth, *et al.* 2017. Methods and model dependency of extreme event attribution: The 2015 european drought. *Earth's Future*, 5, 1034-1043.

Hegerl, G., K. Hasselmann, U. Cubasch, *et al.* 1997. Multi-fingerprint detection and attribution analysis of greenhouse gas, greenhouse gas-plus-aerosol and solar forced climate change. *Climate Dynamics*, 13: 613-634.

Hegerl, G. C., O. Hoegh-Guldberg, G. Casassa, *et al.* 2010. Good practice guidance paper on detection and attribution related to anthropogenic climate change. *In Meeting Report of the Intergovernmental Panel on Climate Change Expert Meeting on Detection and Attribution of Anthropogenic Climate Change*, ed. TF Stocker, C Field, Q Dahe, V Barros, G-K Plattner, *et al.*, pp. 1-8. Bern, Switz.:Univ. Bern.

Hense, K., H. Paeth and W. T. Kwon, 2004. A Bayesian decision method for climate change signal analysis. *Meteorologische Zeitschrift*, 13:421-436.

Herring, S. C., A. Hoell, M. P. Hoerling, *et al.* 2016. Explaining extreme events of 2015 from a climate perspective. *Bull. Am. Meteorol. Soc.* 97:S1-S145.

Herring, S. C., M. P. Hoerling, T. C. Peterson, *et al.* 2014. Explaining extreme events of 2013 from a climate perspective. *Bull. Am. Meteorol.* Soc. 95:S1-S104.

Herring, S. C., M. P. Hoerling, J. P. Kossin, *et al.* 2015. Explaining extreme events of 2014 from a climate perspective. *Bull. Am. Meteorol. Soc.* 96:S1-S172.

Hoerling, M., A. Kumar, R. Dole, *et al.* 2013. Anatomy of an extreme event. *Journal of Climate*

26(9):2811-2832. DOI: 10.1175/jcli-d-12-00270.1.

Hope, P., M. T. Black, E. P. Lim, *et al*. On Determining the Impact of Increasing Atmospheric CO_2 on the Record Fire Weather in Eastern Australia in February 2017. *Bulletin of the American Meteorological Society*, 2019, 100(1): S111-S117.

Jézéquel, A., P. Yiou and S. Radanovics, 2018. Role of circulation in European heatwaves using flow analogues. *Climate dynamics*, 50(3-4): 1145-1159.

Ji, F., Z. Wu, J. Huang, *et al*. 2014. Evolution of land surface air temperature trend, *Nat. Clim. Change*, 4: 462-466, doi:10.1038/nclimate2223.

Jolliffe, I. T., 2007. Uncertainty and inference for verification measures. Wea. Forecasting, 22, 637–650, doi:10.1175/WAF989.1.

Jones, G. S., J. J. Kennedy, 2017. Sensitivity of attribution of anthropogenic near-surface warming to observational uncertainty. *J. Clim*. 30, 4677-4691. doi:10.1175/JCLI-D-16-0628.1.

Jones, G. S., P. A. Stott and J. F. B. Mitchell, 2016. Uncertainties in the attribution of greenhouse gas warming and implications for climate prediction, *J. Geophys. Res. Atmos.*, 121, 6969-6992, doi:10.1002/2015JD024337.

Kendall, M. G., 1955. *Rank Correlation Methods* (*second edition*), Charles Griffin: London, 196pp.

King, A. D., G. J. van Oldenborgh, D. J. Karoly, *et al*. 2015. Attribution of the record high central England temperature of 2014 to anthropogenic influences. *Environmental Research Letters*, 10(5). DOI: 10.1088/1748-9326/10/5/054002.

Kirchmeier‐Young, M. C., H. Wan, X. Zhang, *et al*. 2019. Importance of framing for extreme event attribution: The role of spatial and temporal scales. *Earth's Future*, 7, 1192-1204.

Lee, T. C., F. W. Zwiers, X. Zhang, *et al*. 2005. A Bayesian approach to climate change detection and attribution. *J. Clim*, 18:2429-2440.

Li, Q., W. Dong，W. Li, *et al*. 2010. Assessment of the uncertainties in temperature change in China during the last century. *Chin Sci Bull*, 55(19): 1974～1982. doi:10.1007/s11434-010-3209-1.

Li, Z., L. J. Cao, Y. N. Zhu, *et al*. 2016. Comparing two homogenized datasets of daily maximum/mean/minimum temperatures in China during 1960～2013. *J. Meteor. Res*., 30(1), 053-066.

Li, Z., Z. W. Yan, L. J. Cao, *et al*. 2014. Adjusting inhomogeneous daily temperature variability using wavelet analysis. *Int. J. Climatol.*, 34, 1196-1207.

Li, C., F. W. Zwiers, X. Zhang, *et al*. 2019, How much information is required to well constrain local estimates of future precipitation extremes? *Earth's Future*, 7, 11-24.

Li, W., Z. Jiang, *et al*. 2020, Detection trend signal in precipitation over China during

1961-2017, submitted to *Environmental Research Letters*.

Li, Wei, Z. Jiang, X. Zhang, et al. 2018, On the emergence of anthropogenic signal in extreme precipitation change over China, *Geophysical Research Letters*, 45, 9179-9185.

Li, Z., Z. W. Yan and H. Y. Wu, 2015b. Updated Homogenized Chinese Temperature Series with Physical Consistency. *Atmos. Ocea. Sci. Lett.*, 8(1), 17-22.

Li, Z., Z. W. Yan, K. Tu, et al. 2015a. Changes and Possible Urbanization Effect of Precipitation and Extremes in Beijing Metropolitan Region during 1960-2012 based on Homogenized Observations. *Adv. Atmos. Sci.*, 32(9), 1173-1185.

Li., C, X. Zhang, F. Zwiers, et al. 2017. Recent Very Hot Summers in Northern Hemispheric Land Areas Measured by Wet Bulb Globe Temperature Will Be the Norm Within 20 Years. *Earth's Future*, 5, 1203-1216.

Lorenz, E. N., 1963. Deterministic Nonperiodic Flow. *Journal of Atmospheric Sciences*, 20(2): 130-141.

Lorenz, E. N., 1976. Nondeterministic Theories of Climate Change. *Quaternary Research*, 6: 495-506.

Lund, R., J. Reeves, 2002. Detection of undocumented changepoints: A revision of the two-phase regression model. *Journal of Climate*, 15:2547-2554.

Ma, S., T. Zhou, O. Angélil, et al. 2017. Increased chances of drought in southeastern periphery of the Tibetan Plateau induced by anthropogenic warming. *Journal of Climate*, 30(16), 6543-6560.

Mann, H. B., 1945. Nonparametric tests against trend. *Econometrica* 13: 245-259.

Mann, M. E., S. Rahmstorf, K. Kornhuber, et al. 2017. Influence of anthropogenic climate change on planetary wave resonance and extreme weather events. *Scientific Reports*, 2017, 7: 45242.

Mao, J., A. Ribes, B. Yan, et al. 2016. Human-induced greening of the northern extratropical land surface, *Nature Climate Change*, 6, 959-963.

Min, S. K., A. Hense, 2006. A Bayesian approach to climate model evaluation and multi-model averaging with an application to global mean surface temperatures from IPCC AR4 coupled climate models. *Geophysical Research Letters*, 33:L08708.

Mudelsee, M., 2009. Climate time series analysis: classical statistical and bootstrap methods. Springer Science+Business Media.

Mueller, B., X. Zhang and F. W. Zwiers, 2016. Historically hottest summers projected to be the norm for more than half of the world's population within 20 years. *Environmental Research Letters*, 11(4): 044011.

National Academies of Sciences, Engineering and Medicine. 2016. *Attribution of Extreme Weather Events in the Context of Climate Change*. Washington, DC: Natl. Acad. Press.

Packard, N. H., J. P. Crutchfield, J. D. Farmer, et al. 1980. Geometry from a time series. *Phys Rev Lett*, 45 (9) : 712-716.

Pall, P., C. M. Patricola, M. F. Wehner, et al. Diagnosing conditional anthropogenic contributions to heavy Colorado rainfall in September 2013. *Weather and Climate Extremes*, 2017, 17: 1-6.

Pall, P., T. Aina, D. A. Stone, et al. 2011. Anthropogenic greenhousegas contribution to flood risk in England and Wales in autumn 2000. *Nature*, 470(7334):382-385.

Peterson, T. C., D. R. Easterling, et al. 1998. Homogeneity adjustments of in situ atmospheric climate data :a review. *Int J Climatol*,18:1493-1517.

Peterson, T. C., M. P. Hoerling, P. A. Stott, et al. 2013. Explaining extreme events of 2012 from a climate perspective. *Bull. Am. Meteorol. Soc.* 94:S1-S74.

Peterson, T. C., P. A. Stott and S. Herring, 2012. Explaining extreme events of 2011 from a climate perspective. *Bull. Am. Meteorol. Soc.* 93:1041-67.

Qian, C., J. Wang, S. Dong, et al. 2018. Human influence on the record-breaking cold event in january of 2016 in Eastern China. *Bulletin of the American Meteorological Society*, 99(1): S118-S122.

Qian, C., 2016. Disentangling the urbanization effect, multi-decadal variability, and secular trend in temperature in eastern China during 1909-2010. *Atmospheric Science Letters*, 17(2): 177-182.

Qian, C., 2016. On trend estimation and significance testing for non-Gaussian and serially dependent data: quantifying the urbanization effect on trends in hot extremes in the megacity of Shanghai. *Climate Dynamics*, 47, 329-344.

Qian, C., T. Zhou, 2014: Multidecadal variability of North China aridity and its relationship to PDO during 1900-2010. *J. Climate*, 27, 1210-1222.

Qian, C., X. Zhang, 2015. Human influences on changes in the temperature seasonality in mid- to high-latitude land areas. *J. Climate*, 28(15), 5908-5921.

Qian, C., X. Zhang, 2019: Changes in temperature seasonality in China: human influences and internal variability. *J. Climate*, 32(19), 6237-6249.

Qian, C., X. Zhang, and Z. Li, 2019. Linear trends in temperature extremes in China, with an emphasis on non-Gaussian and serially dependent characteristics. *Climate Dynamics*, 53(1), 533-550.

Ribes, A., L. Terray, 2013. Application of regularised optimal fingerprinting to attribution. Part II: application to global near-surface temperature, *Clim. Dynam.*, 41, 2837-2853.

Santer, B. D., J. F. Painter, C. A. Mears, et al. 2013. Identifying human influences on atmospheric temperature. *Proceedings of the National Academy of Sciences*, 110: 26-33.

Santer, B., C. Mears, C. Doutriaux, et al. 2011. Separating signal and noise in atmospheric temperature changes: The importance of timescale. *Journal of Geophysical Research: Atmospheres*, 116: D22105.

Santer, B. D., T. M. Wigley, T. P. Barnett, *et al.* 1996. Detection of climate change and attribution of causes (pp. 407-443). Cambridge University Press, Cambridge, United Kingdom and New York, NY, USA.

Schaller, N., A. L. Kay, R. Lamb, *et al.* 2016. Human influence on climate in the 2014 southern England winter floods and their impacts. *Nature Climate Change*, 6(6): 627.

Schiermeier, Q., 2018. Droughts, heatwaves and floods: How to tell when climate change is to blame. *Nature*, 560: 20-22.

Schneider, T., I. M. Held, 2001: Discriminants of Twentieth-Century Changes in Earth Surface Temperatures. *J. Climate*, 14, 249-254.

Schnur, R., K. Hasselmann, 2005. Optimal filtering for Bayesian detection and attribution of climate change. *Climate Dynamics*, 24: 45-55.

Sen, P. K. 1968. Estimates of the regression coefficient based on Kendall's Tau. *J Am Stat Assoc*, 63:1379–1389.

Sexton, D., D. Rowell, C. Folland, *et al.* 2001. Detection of anthropogenic climate change using an atmospheric GCM. *Climate Dynamics*, 17:669-685.

Siegert, S., O. Bellprat, M. Ménégoz, *et al.* 2017: Detecting improvements in forecast correlation skill: statistical testing and power analysis. *Monthly Weather Review*, 145, 437-450, doi:10.1175/MWR-D-16-0037.1.

Solomon, S., 2007. Climate Change 2007: the physical science basis: contribution of Working Group I to the Fourth Assessment Report of the Intergovernmental Panel on Climate Change. Cambridge: Cambridge Univ. press.

Solow, A. R., 1987. Testing for climate change: An application of the two-phase regression model. *Journal of Climate and Applied Meteorology*, 26:1401~1405.

Sparrow, S., Q. Su, F. Tian, *et al.* Attributing human influence on the July 2017 Chinese heatwave: the influence of sea-surface temperatures. *Environmental Research Letters*, 2018, 13(11): 114004.

Stocker, T., D. Qin, G. Plattner, *et al.* 2013. Climate Change 2013: The Physical Science Basis. Contribution of Working Group I to the Fifth Assessment Report of the Intergovernmental Panel on Climate Change. Cambridge, UK: Cambridge Univ. Press.

Stone, D. A., N. Christidis, C. Folland, *et al.* 2019. Experiment design of the international CLIVAR C20C+ detection and attribution project. *Weather and Climate Extremes*, 100206.

Stone, D. A., M. R. Allen, 2005, Attribution of global surface warming without dynamic models, *Geophysical Research Letters*, 32, L18711.

Stott, P. A., D. A. Stone and M. R. Allen,2004. Human contribution to the European heatwave of 2003. *Nature*, 432(7017): 610-614.

Sun, Q, C. Miao, 2018. Extreme Rainfall (R20mm, RX5day) in Yangtze-Huai, China, in June-July 2016: The Role of ENSO and Anthropogenic Climate Change. *Bulletin of the American Meteorological Society*, 99(1): S102-S106.

Sun, Y., X. Zhang, F. Zwiers, et al. Rapid increase in the risk of extreme summer heat in Eastern China. *Nature Clim Change*, 4, 1082–1085 (2014) doi:10.1038/nclimate2410.

Takens, F., 1981. Detecting strange attractors in turbulence:Dynamical Systems and Turbulence. Warw ick: Springer- Verlag, 266-381.

Taylor, K. E., R. J. Stouffer and G. A. Meehl, 2012. An overview of CMIP5 and the experiment design. *Bulletin of the American Meteorological Society*, 93(4): 485-498.

Thompson, D. W. J., J. M. Wallace, P. D. Jones, et al. Identifying signatures of natural climate variability in time series of global-mean surface temperature: Methodology and insights. *Journal of Climate*, 2009, 22(22): 6120-6141.

van den Dool, H., 2007. Empirical methods in short-term climate prediction. Oxford University Press.

van Oldenborgh, G. J., D. B. Stephenson, A. Sterl, et al. 2015. Correspondence: Drivers of the 2013/14 winter floods in the UK. *Nature Climate Change*, 5(6): 490-491.

Vautard, R., P. Yiou, F. Otto, et al. 2016. Attribution of human-induced dynamical and thermodynamical contributions in extreme weather events. *Environmental Research Letters*, 11(11): 114009.

Visconti, G., 2018. Problems, philosophy and politics of climate science. Springer Climate, Springer International Publishing.

Von Storch, H., F. W. Zwiers, 1999. Statistical analysis in climate research. England: Cambridge University Press.

Wang, X. L., V. R. Swail, 2001. Changes of extreme wave heights in Northern Hemisphere oceans and related atmospheric circulation regimes. *J Climate*, 14: 2204-222.

Wigley, T. M., M. E. Schlesinger, 1985. Analytical solution for the effect of increasing CO_2 on global mean temperature. *Nature*, 315:649-652.

Wigley, T., S. Raper, 1990. Natural variability of the climate system and detection of the greenhouse effect. *Nature*, 344:324-327.

Wilks, D. S., 2011. *Statistical methods in the atmospheric science*. 3rd Edition, Academic Press, Elisevier.

Wu, Z., N. E. Huang, 2009: Ensemble Empirical Mode Decomposition: a noise-assisted data analysis method. *Advances in Adaptive Data Analysis.*, 1(1): 1-41.

Yiou, P., R. Vautard, P. Naveau, et al. 2007. Inconsistency between atmospheric dynamics and temperatures during the exceptional 2006/2007 fall/winter and recent warming in Europe.

Geophysical Research Letters, 34(21).

Yuan, X., S. Wang and Z. Z. Hu, 2018. Do Climate Change and El Niño Increase Likelihood of Yangtze River Extreme Rainfall?. *Bulletin of the American Meteorological Society*, 99(1): S113-S117.

Zhang, X., L. A. Vincent, W. D. Hogg, *et al.* 2000. Temperature and precipitation trends in Canada during the 20th century. *Atmos Ocean*, 38:395- 429.

Zhang, X., F. W. Zwiers and G. Li, 2004. Monte Carlo experiments on the detection of trends in extreme values. *J Climate*, 17:1945-1952.

Zhang, W., W. Li, L. Zhu, *et al.* 2019. Anthropogenic influence on 2018 summer persistent heavy rainfall in central western China. *Bulletin of the American Meteorological Society*.

Zhang, W., T. Zhou, 2019. Significant increases in extreme precipitation and the associations with global warming over the global land monsoon regions. *Journal of Climate*.

Zhang, X., L. Alexander, G. C. Hegerl, *et al.* 2011: Indices for monitoring changes in extremes based on daily temperature and precipitation data. *Wiley Interdisciplinary Reviews: Climate Change*, 2(6), 851-870.

Zhang, X., F. W. Zwiers, G. C. Hegerl, *et al.* 2007, Detection of human influence on twentieth-century precipitation trends, *Nature*, 448, 461-465.

Zhou, C., K. Wang and D. Qi, 2018. Attribution of the July 2016 Extreme Precipitation Event Over China's Wuhang. *Bulletin of the American Meteorological Society*, 99(1): S107-S112.

Zhou, T., S. Ma, L. Zou, 2014. Understanding a hot summer in central eastern China: summer 2013 in context of multi-model trend analysis. *Bulletin of the American Meteorological Society*, 95(9): S54-S57.

Zwiers, F. W., and H. von Storch, 2004. On the role of statistics in climate research. *Int. J. Climatol.*, 24:665-680.

Zwiers, F. W., X. Zhang and Y. Feng, 2011: Anthropogenic Influence on Long Return Period Daily Temperature Extremes at Regional Scales. *J. Climate*, 24, 881-892.

封国林、龚志强、支蓉：“气候变化检测与诊断技术的若干新进展"，《气象学报》，2008 年第 6 期。

封秀燕："地面气象资料质量控制的若干进展及未来建议"，《浙江气象》，2018 年第 1 期。

李崇银：《气候动力学引论（第二版）》，北京：气象出版社，2000 年。

李庆祥：《基准气候数据集气候变化观测》，北京：气象出版社，2018 年。

李庆祥：《气候资料均一性研究导论》，北京：气象出版社，2011 年。

李庆祥："中国气候资料均一性研究现状与展望"，《气象科技进展》，2016 年第 3 期。

廖捷、周自江："全球常规气象观测资料质量控制研究进展与展望"，《气象科技进展》，

2018 年第 1 期。

刘小宁、任芝花：“地面气象资料质量控制方法研究概述”，《气象科技》，2005 年第 3 期。

钱诚、张文霞：“CMIP6 检测归因模式比较计划（DAMIP）概况与评述”，《气候变化研究进展》，2019 年第 5 期。

任国玉、郭军、徐铭志等："近 50 年中国地面气候变化基本特征"，《气象学报》，2005 年第 6 期。

任芝花、张强、高峰等："CMA 气象数据质量控制体系"，《气象科技进展》，2018 年第 1 期。

王绍武、罗勇、赵宗慈等："气候变暖的归因研究"，《气候变化研究进展》，2012 年第 8 卷。

王绍武："近百年来中国气温变化趋势和周期"，《气象》，1990 年第 2 期。

魏凤英：《现代气候统计诊断与预测技术（第 2 版）》，北京：气象出版社，2007 年。

严中伟、李珍、夏江江："气候序列的均一化—定量评估气候变化的基础"，《中国科学：地球科学》，2014 年第 10 期。

张嘉仪、钱诚："1960～2018 年中国高温热浪的线性趋势分析方法与变化趋势"，《气候与环境研究》，2020 年。

赵宗慈、罗勇、黄建斌："CMIP6 的设计"，《气候变化研究进展》，2016 年第 3 期。

赵宗慈、罗勇、黄建斌："从检验 CMIP5 气候模式看 CMIP6 地球系统模式的发展"，《气候变化研究进展》，2018 年第 6 期。

周天军、李立娟、李红梅等："气候变化的归因和预估模拟研究"，《大气科学》，2008 年第 4 期。

第四章　气候变化与环境空气质量

　　气候变化可影响局地或区域的环境空气质量，带来室内空气质量的改变，但这些影响还存在不确定性。高强度排放是导致环境空气污染的内因、主因；气象、气候条件是关键的影响外因。气象、气候条件影响环境空气质量，而环境空气污染也会反过来对气象、气候条件产生重要影响。环境空气污染持续累积会显著改变边界层气象条件，如逆温加重、大气相对湿度增加、湍流强度降低等，促使污染物在更小范围、更接近地面的低层大气中集聚、形成。本章分气候变化对室外空气质量的影响、气候变化对室内空气质量的影响、气候变化与空气污染治理三部分，回顾和总结国内外在气候变化与环境空气质量研究方面的进展。与前三次气候变化国家评估报告不同，本章为第四次气候变化国家评估报告新增内容。重点针对中国空气污染的特点，综述气候变化对颗粒物污染和臭氧污染的影响，气候变化对空气污染物长距离输送的影响机制、主要影响途径和评估方法，气候变化对室内臭氧浓度、室内空气流通、空调使用等方面的影响，介绍了近年中国空气污染治理采用的政策及所取得的成效。根据已有现象和影响预测，讨论了未来气候变化适应战略和研究需求。

第一节　气候变化对室外空气质量的影响

气候变化对室外环境空气质量有重要影响。室外环境空气质量受室外空气污染物排放、气象条件等多种因素影响。气候变化可通过扰动通风率（风速、混合层高度、垂直扩散、水平输送）、降水清除、干沉降、化学转化以及自然排放和背景浓度变化等影响室外环境空气质量（图4–1）。全球气候变化会对大城市群的气候、环境、宜居性等带来显著影响（Baklanov et al., 2016），使许多污染地区的空气质量下降（Fiore et al., 2015）。

图4–1　气候变化与空气质量之间的联系

资料来源：Fiore et al., 2015。

室外环境空气质量变化在很大程度上取决于气象条件，因此对气候变化十分敏感（Nolte et al., 2018）。在全球变暖背景下，气候变化对室外环境空气质量的影响也急剧增大。政府间气候变化专门委员会（Intergovernmental Panel on Climate Change, IPCC）发布的《全球变暖1.5摄氏度特别报告》（IPCC, 2018）预计与工业化前水平相比，未来全球气候变暖达到1.5摄氏度。许多地区极端炎热天气的频率和强度增加（Seneviratne et al., 2016; Dosio et al., 2018）。

以全球变暖为主要特征的气候变化会使大气层结更加稳定。影响大气污染的天气条件总体来看是不利的，容易导致雾-霾加重（Cai et al., 2017）。城市热岛效应会放大城市热浪的影响，与高温相关疾病的发病率、死亡率及臭氧相关的死亡率会随变暖增加而增大（Mitchell et al., 2016; Gasparrini et al., 2017）。

气候变化、空气污染和城市热岛效应之间的相互作用，将增加全球城市的健康负担（Hong et al., 2019）。室外环境空气污染（主要污染物为$PM_{2.5}$和臭氧）将导致全球每年约330万人过早死亡（Lim et al., 2013），对中国的影响最大（Lelieveld et al., 2015）。

气候变化与空气污染存在着双向反馈机制。气候变化影响空气污染，而空气污染也会反过来对气候产生重要影响。人类活动引起的气候变化可能会改变气象因子在时间和空间上的分布，从而影响环境空气质量。大气污染物及其前体物的排放决定了区域环境空气质量，并对气候产生复杂的影响。一些气溶胶污染物对辐射的削弱甚至可抵消温室气体造成的辐射强迫增加（Rosenfeld et al., 2019）。黑碳和臭氧等一些大气污染物吸收太阳辐射，具有气候增暖效应。含有硫酸盐、硝酸盐和有机化合物的气溶胶会反射太阳光。这种气溶胶屏蔽减少了太阳辐射并具有冷却效果（Li et al., 2016; Salzmann, 2016）。

一、气候变化对臭氧及其前体物的影响

对流层臭氧（O_3）是光化学烟雾的主要成分之一。臭氧被称为"二次"污染物，因为它不直接排放，而是前体物发生光化学反应生成。主要的臭氧前体物包括氮氧化物（NOx）、挥发性有机化合物（Volatile Organic Compounds, VOC）、一氧化碳（CO）以及甲烷（CH_4）。除了作为臭氧前体物的作用外，CO、NOx 和 VOC 也是大气污染物。NOx 和 VOC 的主要来源包括机动车尾气、工业设施和化学溶剂的排放。甲烷的主要来源包括废物、化石燃料和农业。由于甲烷作为前体物的巨大作用，减少甲烷的排放将显著减少对流层臭氧浓度及其破坏性影响。短期和长期臭氧暴露与过早死亡、哮喘、中风、心脏病和肺病有关（Sun et al., 2015; Stowell et al., 2017）。中国的臭氧短期暴露对死亡风险影响的暴露—反应关系系数影响较高（董继元等，2016）。

气候变化对臭氧及其前体物的影响因素包括：温度、太阳辐射、风向风速和其他气象因子。温度、风、太阳辐射、大气湿度、通风和混合等气象条件会影响臭氧和臭氧前体物形成有关的化学与物理过程（Zhao et al., 2016）。温度升高和净辐射通量增加会通过加速光化学反应的速率增加臭氧的浓度。臭氧峰值通常出现在炎热、干燥、静风的夏季和春季（Brown et al., 2013）。较高的温度加速形成臭氧和二次颗粒物的化学反应，也会导致植被排放与臭氧相关 VOC 前体物的增加（Hogrefe et al., 2005）。在臭氧前体物集中的下风地区，例如靠近交通繁忙的城市地区或发电厂的郊区与农村地区，臭氧浓度通常最高。

研究表明气候变暖将增加对流层臭氧的浓度，当前体物排放保持不变时，还将增加发病率和死亡率。随着城市及周边地区人口密度的增加，臭氧前体物排放的可能性也会增加。由于全球气温呈升高趋势，一年中有利于臭氧形成的气象条件的天数也将增加（Kim et al., 2016）。

评估气候变化对臭氧及其前体物的影响主要有两种不同的技术途径，即监测评估方法以及气候化学模型预估。

（一）气候变化对臭氧及其前体物影响的监测数据评估方法

地面站点监测及卫星监测是获取臭氧及其前体物数据的最直接方法。中国环境空气质量监测网络于20世纪80年代创建，已经对中国主要类型室外污染物开展了连续的观测，近年来还开展了臭氧及其前体物甲烷、一氧化碳等监测，并将臭氧日最大8小时平均值和1小时平均值纳入环境空气质量评价，形成了站点—区域尺度的综合观测体系，积累了环境空气质量的长期观测数据。2008年以来，中国FY-3A/B/C卫星上搭载的TOU探测仪利用大气紫外后向散射进行全球臭氧分布反演，帮助我们了解全球或区域的臭氧浓度分布状况及其随时间演变。利用这些长期连续的监测数据做出统计分析，结合气象数据可以得到气候变化与臭氧及其前体物的关系（刘萍等，2017；程麟钧等，2019；王后茂等，2019）。但由于FY-3/TOU的空间分辨率为50km×50km，这不能很好地满足城市等人口密集区域的环境污染监测的要求，空间分辨率还有待提高。

（二）气候变化对臭氧及其前体物影响的气候化学模型预估

有大量模拟使用IPCC的排放情景特别报告（Special Report on Emissions Scenarios, SRES）作为人为污染物的未来排放情景，利用大气环流模型耦合的化学传输模型模拟未来气候变化对对流层臭氧的影响有着广泛的应用（He et al., 2016; Li et al., 2016; Schnell et al., 2016; Watson et al., 2016; Zeng et al., 2017）。鉴于IPCC《全球变暖1.5摄氏度特别报告》的发布和第24届联合国气候变化大会（24th UN Climate Change Conference of the Parties, COP24）的成果，迫切需要了解气候变化+1.5摄氏度的影响。利用耦合的气候—化学模型已成为模拟和预估未来气候变化对空气质量影响的重要途径。

臭氧及其前体物对气候变化也会产生复杂的影响，目前对其影响的评估依然存在着较大的不确定性。针对臭氧等二次污染物的减排存在诸多困难，因为许多物理和化学过程，如表面化学反应、氧化、聚类和动力学效应同时发生。减少臭氧前体物甲烷（甲烷）是通过降低甲烷和对流层臭氧来减缓短期气候变暖的一种方法。前体物 NOx 有利于臭氧产生（增暖效应），但也会与甲烷反应减少其在大气中的寿命（冷却效应）（Fiore et al., 2012）。试图控制一种污染物会增加其他污染物的浓度，中国学者对中国东部地区的研究表明，减少 NOx 排放可能引起夏季臭氧浓度增加十倍（Ding et al., 2013a），减少燃烧烟羽会增加日照水平和温度，并改变降雨和降雪模式（Ding et al., 2013b）。臭氧及其前体物因其大气寿命较短，属于短期气候污染物（Short Lived Climate Pollutants, SLCPs）（IGSD, 2013）。IPCC 于 2018 年 5 月举行了一次关于 SLCP 的专家会议，SLCP 在 IPCC 第五次评估报告（AR5）（IPCC, 2014）中被称为短期气候强迫因子（Near Term Climate Forces, NTCF），其对气候的影响主要发生在排放到大气中的前 10 年。IPCC 全体会议决定进一步开展短寿命气候强迫因子（Short Lived Climate Factors, SLCF）清单工作，协调现有的温室气体清单方法和 SLCF 清单方法。

二、气候变化对大气颗粒物的影响

大气颗粒物（Particulate Matter, PM）是空气污染的常见衡量标准，它所影响到的人群比任何其他污染物都要多（WHO, 2014）。大气颗粒物的主要成分是硫酸盐、硝酸盐、氨、氯化钠、黑碳和矿物粉尘。它由悬浮在空气中的有机和无机物质的固体与液体颗粒的复杂混合物组成。构成颗粒物的气溶胶可以直接排放（一次），或者由前物体转化形成为二次气溶胶。其中二次转化过程包括多相化学过程的成核与生长。大气颗粒物的来源包括发动机燃烧（柴油和汽油）、固体燃料（煤、褐煤、重油和生物质）燃烧、用于家庭和工业中的能源生产，以及其他工业活动（建筑、采矿、水泥生产、陶瓷和砖以及冶炼）。长期暴露于高浓度颗粒物环境会导致患心血管疾病、呼吸系统疾病以及肺癌的风险（Sun et al., 2015; Doherty et al., 2017）。世界卫生组织空气质量指南（WHO, 2006）估计，将年平均 $PM_{2.5}$ 浓度从许多发展中城市常见的 $35\mu g/m^3$ 降至世界卫生组织的指导水平 $10\mu g/m^3$，可以减少约 15% 的与空气污染有关的死亡人数。

气候变化对大气颗粒物的影响评估，其方法主要有：颗粒物监测数据评估、遥感数据评估及模型分析预估。

（一）气候变化对大气颗粒物影响的监测数据评估方法

地面空气质量监测是获取颗粒物数据最直接的方法。中国环境空气质量监测网络已经对中国主要类型室外污染物 SO_2、NO_2、PM_{10} 开展了全面自动观测。2012 年 2 月中国颁布了《环境空气质量标准》（CB3095–2012），将 $PM_{2.5}$ 纳入了空气质量必测项目，形成了颗粒物站点—区域尺度的综合观测体系。利用这些长期连续的监测数据做出统计分析，结合气象数据可以得到气候变化与大气颗粒物浓度的关系（Song et al., 2017; Li et al., 2017; Wang et al., 2017; Wang et al., 2018）。

（二）气候变化对大气颗粒物影响的遥感数据评估方法

卫星遥感也是获取颗粒物数据的常用方法，中国学者利用 MODIS 等卫星数据遥感大气气溶胶光学厚度（Aerosol Optical Depth, AOD），对 AOD 进行订正以后得到地面消光系数。它和地面可吸入颗粒物（PM_{10}、$PM_{2.5}$）的质量浓度具有显著的相关，结合其它污染气体监测结果及气象数据，建立评价模型，可应用于高分辨率颗粒物污染和气候变化的研究（贾松林等，2014），但目前关于气候变化方面的应用较少。

（三）气候变化对大气颗粒物影响的模型分析预估方法

有大量模拟研究使用政府间气候变化专门委员会（IPCC）的排放情景特别报告（SRES）作为人为污染物的未来排放情景，利用气候—化学耦合模型模拟未来气候变化对全球或区域颗粒物的影响（Tagaris et al., 2007）。基于 IPCC 耦合模型第 5 阶段比较计划（CMIP5）对未来气候进行长期模拟，并采用其中的 RCP 排放情景研究气候变化对颗粒物影响也有广泛的应用（Westervelt et al., 2016; Cai et al., 2017; Shen et al., 2017）；此外，也有研究使用多元线性回归（MLR）模型等研究 $PM_{2.5}$ 对气候变化敏感性的影响（贾松林等，2014）。

气候变化对大气颗粒物的影响比臭氧更复杂和不确定（孙家仁等，2011）。高强度排放是导致室外颗粒物污染的主要内因；气象、气候条件是影响的外因。气候变化所带来的气温升高、中纬度气旋频率减少、天气系统停滞阻塞现象多发、东亚冬季风削弱等事件都可能引起区域或局地颗粒物污染加剧（Horton et al., 2014; Ding et al., 2014; Li et al., 2016; Wang et al., 2018）。风速小对污染物水平输送极其不利，近地面逆温、大气边界层高度降低、大气垂直方向静稳度增加不利于污染物垂直扩散；相对湿度增加有利于 $PM_{2.5}$ 的吸湿增长，还会促使气态前体物向颗粒物加速转化，导致颗粒物浓度快速增加。中国颗粒物浓度在冬季最高、夏季最低。冬季中国颗粒物污染频发（Song et al., 2017; Li et al., 2017; Wang et al., 2017）。霾的发生与大气污染，特别是大气中的颗粒物密切相关。研究表明气候变化导致京津冀发生严重霾的天气条件更加频发（Cai et al., 2017）。研究预计未来颗粒物中硫酸盐浓度会随着温度的升高而增加，半挥发性组分如硝酸盐和有机物会降低，有机碳可能成为未来 $PM_{2.5}$ 质量的主要成分（Tagaris et al., 2007）。

三、气候变化对污染物长距离输送的影响

气候变化对污染物长距离输送有重要影响。大气中大气污染物的物理输送已得到广泛研究。虽然大多数室外空气污染的相关影响通常被视为局地或区域问题，但在某些大气条件下，空气污染可以跨越国界长距离输送（Oh et al., 2015; Abas et al., 2019），从而影响远离其原始来源的人群并产生跨界健康影响（Lelieveld et al., 2015; Zhang et al., 2017）。虽然对流层臭氧主要被认为是一种局部污染物，但它在大气中持续的时间可以长到足以跨洲传输，前体物气体也可以在转换成臭氧之前长距离输送，使对流层臭氧成为跨界污染问题（Amann et al., 2008）。对中国 $PM_{2.5}$ 区域输送特征的研究表明，内陆省份的排放可能通过输送一次和二次污染物造成沿海省份的空气污染。京津冀（22%）、长三角（37%）及珠三角地区（28%）的 $PM_{2.5}$ 排放来自其他地区的贡献（Xue et al., 2014）。

评估气候变化对污染物长距离输送的影响，目前多采用观测结果与数值模拟相结合的方法。研究使用飞机、卫星、探空仪和地面观测数据来更好地了解污染物长距离输送的机制，观测包括 $PM_{2.5}$、PM_{10}、臭氧，以及臭氧前体物 NOx、VOCs、CO、甲烷等数据，再结合化学传输模型解释观察结果（Verstraeten et al., 2015; Qu et al., 2016; Wang et al., 2016）。也有研究用拉格朗日粒子分散模型 FLEXPART 模拟示踪剂输送，导出全球网格上示踪剂浓度的年龄谱，以确定由温度、湿度、对流等影响的污染物长距离输送的途径和时间尺度（Stohl et al., 2002）。污染物长距离输送具有全球及多区域属性，对于气候变化与污染物长距离输送的相关评估需从全球尺度入手，综合分析各个国家、区域间的经济、能源和环境系统，针对污染物长距离输送问题探讨不同国家间的相互关系与影响。

洲际输送（Intercontinental Transport, ICT）是污染物长距离输送的重要组

成,在 3~30 天的时间尺度上发生,因此与寿命在此范围内的污染物最相关。这涉及臭氧及其前体物、气溶胶、持久性有机污染物(Persistent Organic Pollutants,POPs)和重金属(如汞)。全球变暖直接促进了 POPs 的二次排放(Wang et al., 2016)。ICT 还通过与中间活化物的化学反应影响寿命较短的自由基和寿命较长的物种如大多数温室气体。跨越太平洋的污染物输送是污染物输送跨洋途径之一。太平洋地区中纬度西风的输送占主导地位。污染物通过西风带从欧亚大陆输送到太平洋盆地并穿过北美洲。有研究发现亚洲臭氧及其前体物排放的增加,通过跨太平洋输送会对北美的空气质量产生影响(Verstraeten et al., 2015)。由于黑碳和对流层臭氧对排放区域的影响更大,采取行动减轻这些污染物的国家或地区,将主要受益于健康、农作物、森林和可持续发展。除非采取预防措施,否则预期经济扩张将带来更多污染,整个太平洋地区生态系统、气候和人类健康受到不利影响的风险将会增加。尽管臭氧、$PM_{2.5}$ 等污染物在大气中持续寿命很短,但它们对全球辐射强迫具有很大的影响,而辐射强迫是气候变化的主要驱动因子。

气候变化对污染物长距离输送的影响尚不确定。IPCC AR5(IPCC, 2014)预估的气候变化对大气污染气象条件潜在影响的区域差异很大。气候变化对空气质量的影响应该考虑到化学—气候相互作用,包括二氧化碳(推动气候变化)、NOx(驱动大气化学)或碳元素(驱动气候变化以及空气质量的直接变化)的人为排放。气候变化会影响自然排放(生物圈、尘埃、火灾、闪电),影响空气质量。大气化学的变化会影响空气质量(PM 和臭氧)和气候(PM、臭氧、甲烷)。未来化学作用可能成为主要的气候强迫过程,通过对流层臭氧和颗粒物使空气污染成为全球变暖的重要来源。

第二节　气候变化对室内空气质量的影响

气候变化对室内空气质量也有重要影响。人的一生有 70% 时间在室内度过，因此室内空气质量十分重要。室内污染物包括最受公共卫生关注的颗粒物、一氧化碳、臭氧、二氧化氮和二氧化硫。短期或长期接触这些污染物，可能会出现健康问题。据世界卫生组织（WHO）统计，全球有近 30 亿人依赖污染性燃料，包括生物质燃料和煤炭，以满足其能源需求。在明火或传统炉灶上使用污染性燃料进行烹饪和加热会导致高水平的家庭空气污染。

室内烟雾含有一系列对健康有害的污染物，如细颗粒和一氧化碳。颗粒污染水平可能比公认的准则值高 20 倍。其他室内大气污染物，包括霉菌、建筑材料、家用产品、挥发性有机化合物（VOC）和天然气体如氡。这些也会带来严重的健康风险。通风不良会加剧室内污染物带来的健康风险。有证据表明，室内空气污染可导致哮喘、缺血性心脏病、中风、慢性阻塞性肺病和肺癌（Leung et al., 2015; D'amato et al., 2016）。根据研究，2016 年家庭空气污染造成全球 380 万人死亡，占死亡人数的 7.7%（WHO, 2016）。

一、气候变化对室内空气臭氧浓度的影响

城市居民在室内度过大约 90% 的时间（Delgado-Saborit et al., 2011），特别是当室外空气质量较差时，在室内环境中形成的二次污染物可能对整体污染暴露有显著贡献。室内活动，如烹饪、吸烟、取暖和家具释放，会产生一系列有害健康的污染物排放（Nazaroff, 2013），包括颗粒物、一氧化碳、甲烷、VOCs、NOx 和多环芳烃（PAH），增加吸入的污染物（Vu et al., 2002）。一氧化碳、甲烷、VOCs、NOx 不仅是臭氧前体物，也是危害健康的大气污染物。

室内一氧化碳由含碳燃料的不完全燃烧产生，暴露于一氧化碳中具有许多健康风险（WHO, 2010）。生物质、生物燃料和化石燃料在低效炉灶、明火或灯芯灯中不完全燃烧会释放出甲烷。VOCs 存在于燃烧排放物中或由建筑材料排放。包括甲醛在内的挥发性有机化合物可以从家用产品中排出。臭氧驱动的化学反应生成二次污染物也是潜在健康问题的室内来源（Gligorovski and Weschler, 2013）。室内臭氧和甲苯可发生化学反应，生成包括超细颗粒物在内的可吸入细颗粒物，影响室内空气质量。

气候变化对室内空气臭氧的影响评估，采用的方法主要有：室内采样分析法、环境室实验模拟法以及文献调查法。

（一）室内采样分析方法

根据室内污染物的性质和粒径大小，使用不同的仪器测量室内污染物的物理性质，因为粒子能否被过滤分离，以及能否渗透沉积在肺中，都与其粒径大小有关。使用扫描电迁移率粒径谱仪（0.003～1 纳米），通过其中的静电迁移率分析仪和凝聚粒子计数器来扫描测量超细气溶胶颗粒的粒径和浓度；使用空气动力学粒度仪（0.5～20 纳米），测量气溶胶粒子的特性；使用吸湿串联差分电迁移率分析仪，测定气溶胶在不同相对湿度条件下的吸湿增长因子。由于采样时间、地点、背景环境的不同，其结果常常会有差异（Vu *et al.*, 2016）。

（二）环境室实验模拟法

烟雾室实验模拟存在一定的缺陷，主要是烟雾室通常是静态系统，而室内环境是动态的。改进的方法是使用动态腔室设计，其中较小的腔室嵌套在较大的腔室中，两者之间发生空气交换混合。该腔室可以使用静态或动态模式操作，可控制环境室的温度，可向腔室供应清洁的空气、臭氧以及需要进行实验的反应物，从而使用多种仪器监测颗粒数浓度和粒径分布随时间的变

化 (Langer S et al., 2008)。

（三）文献调查法

有研究结合观测数据与历史文献分析了全球和局地不同室内环境中暴露于臭氧的影响。由于气候变化的影响，对流层臭氧有增加的趋势，室内臭氧浓度通常会随之升高（特别是夏季）(Salonen et al., 2018)。

室内臭氧不仅来自于室内排放，还来自于室外臭氧的渗入。室外空气是室内最常见的臭氧源。而室内臭氧的生成和室外臭氧的渗入都受到建筑通风以及温度、湿度和风速等气象条件的影响。最近的研究发现，由于夏季室外臭氧浓度显著升高，夏季室内浓度通常也会升高（Salonen et al., 2018)。夏季室内由臭氧反应生成的二级颗粒物与室外细颗粒变化具有一致性（Wainman et al., 2001)。虽然近年来关注室内空气质量的研究数量有所增加，但目前关于气候变化对室内空气臭氧浓度影响的工作较少。

二、气候变化对室内空气流通的影响

通风系统可以过滤大颗粒，但不能过滤 VOC，NO_x 和 SO_2 等气体。这些气体会形成超细硫酸盐、硝酸盐和有机颗粒。由于可以冷凝的颗粒较少，这些气体产生二次气溶胶的风险在空气过滤过程中上升。在室内进行化学反应的时间取决于建筑物的通风速率和反应物的干沉降速率。通风速率还影响渗透和内部产生污染物的浓度（Ji et al., 2015)。污染物从家庭烟囱和建筑结构中的开口处流出，并且可以在住宅附近徘徊。这种被污染的空气通过窗户、门和缝隙循环回到家中，进一步降低了室内空气质量。通过改善或避免燃烧来减少源头排放，是改善室内空气质量的最佳方法。扩大清洁家庭能源获得的渠道，将成为解决全球室内空气污染危机的关键（Bruce et al., 2015)。

气候变化很可能对室内空气流通有影响，但这个作用大小和具体影响目前尚不能确定，评估方法并不成熟，有待进一步完善。近年对气候变化影响的评估发现（Fiore et al., 2012; Horton et al., 2014），气候变化会导致天气系统阻塞现象频发，特别是在热带和亚热带地区，这会导致室外污染物积累，增大进入室内的污染物，不利于室内外污染物的扩散。室内通风条件由加热、通风和空气调节系统（Heating, Ventilating, and Air-Conditioning, HVAC）控制。室内/室外（I/O）浓度比通常随粒径增加。夏季的 I/O 比率高于冬季。在温暖的月份，颗粒物浓度的室内和室外相关性略微变弱（Wang et al., 2010）。室内环境的通风效率（Ventilation Efficiency, VE）指数被广泛用于评估室内区域的污染物去除能力。这些指数也被认为对室外空气质量评估有效。室内 VE 指数有三个指标：吹扫流量（Purge Flow, PFR：从域中清除污染物所需的有效气流速率）、访问频率（Visit Frequency, VF：污染物进入域并通过它的次数）和停留时间（Time of Pause, TP：污染物从一旦进入或在该区域中产生直至其离开所花费的时间），可以通过计算流体动力学（Computational Fluid Dynamics, CFD）来模拟（Cao et al., 2016; Gilani et al., 2016; Tong et al., 2016）。

三、气候变化对室内空调使用的影响

全球气候变化增加了城市地区的热负荷，IPCC 预计未来大多数陆地地区的炎热天数将增加，热带地区的增幅最大（高信度）（IPCC, 2018）。随着全球地表平均温度上升，大部分陆地地区逐日和季节时间尺度上发生高温极端事件的频率将增高。热浪很可能将会更为频繁地发生，持续时间将会更长，对热浪的暴露度增加会造成工作效率下降、发病率日益增高（例如，脱水、中暑和热衰竭）和死亡率上升（IPCC, 2014）。

针对气候变化对室内空调使用等的影响研究，其方法主要有数值模拟方法和数据统计分析法。

（一）数值模拟方法

采用模型定量评估气候变化对室内空调使用等的影响是应用最广泛、发展最迅速的研究方法之一。如利用多个大气环流模型（Global Climate Models, GCM）和气候情景（Representative Concentration Pathways, RCP）评估一系列潜在气候变化，建立自上而下的模型评估空调使用需求、能源消耗等驱动因素和变化趋势。气候变化会显著影响消费者对建筑物能源的需求，因为气温的变化可能会改变供暖和制冷负荷，气候变暖也可能导致建筑物中冷却技术使用的增加（Reyna et al., 2017）。由于收入增长和防止高温暴露的需要，空调使用正在迅速增长，特别是在南亚和东南亚地区（Lundgren et al., 2013）。研究预计由于气候变化，空调能源需求在2000～2100年将迅速增长，到2100年全球供暖能源需求减少34%，空调能源需求增加72%，特别是在南亚地区，与没有气候变化的情况相比，住宅空调的能源需求可能增加约50%（Isaac et al., 2009）。随着人口增长和预计的温度升高，2020～2060年间美国住宅用电需求可能增加41～87%，一年中能源密集度最高的小时峰值电力需求可能增加超过220%（Reyna et al., 2017）。

（二）数据统计分析法

数据统计分析法也是目前评估影响常用的方法之一，据《2018年中国气候公报》统计，2018年夏季全国平均气温21.9摄氏度，较常年同期偏高1摄氏度，为历史同期最高，降温耗能相应也较常年同期偏高。2018年夏季全国用电量为18668亿千瓦时，较2017年同期增长7.9%。对长三角地区居民用电量的最新研究发现（Li et al., 2019），全球平均地表温度每升高1°C，年电力消耗每年增加9.2%，年峰值用电量增加36.1%。

为了增强未来城市地区的气候适应能力，需要采取减缓气候变化的措施，扩大低碳能源供给技术的规模，例如利用可再生能源（风能、太阳能、生物能、地热、水电等)、核能,特别是太阳能光伏(Photovoltaic, PV)发电为空调供电;提高设备效率(采暖/制冷系统、热水、照明、电器)和系统性效率(低碳/零碳能耗建筑、集中采暖/制冷、智能电网);改变行为和生活方式(例如电器使用、调节温控);以及其他减少热量暴露的可持续方法,以响应《巴黎协议》的需求。

第三节 气候变化与空气污染治理

一、区域性空气污染特征与雾-霾治理

国际标准化组织(International Organization for Standardization, ISO)将空气污染定义为人类活动或自然过程使某些物质输送入大气中并达到充足的浓度和时间,对人类或环境产生危害的现象。经济繁荣、人工密集、工业生产活跃区域往往也是容易出现空气污染的区域(宋海鸥等,2016;周侃等,2016;张立文等,2019a)。

2012年中国颁布了新的环境空气质量标准,2013年开始逐步开放环境空气质量监测数据;2015年中国气象数据开放共享平台——中国气象数据网正式上线,极大便利了科研工作者对气象资料和污染数据的获取。依托地基、探空、卫星、雷达、汽艇、飞机等探测手段,中国环境气象观测由点到面再到体,从二维观测逐步向三维观测推进。气象资料和污染数据愈发多元、多源、全面、高精度。优质观测资料的获取是数值模拟参数优化和效果评估的重要保障。

由于大气流动影响因素繁多,外场观测实验成本高,数值模拟成为大气控制实验的最佳科研工具。目前主流的空气质量模型可分为大气扩散模型和化学传输模型两大类。大气扩散模型是通过物理和数学方法,根据源排放数

据和气象条件模拟大气污染物输送和扩散的模型，主要包括高斯模型、拉格朗日模型、密度气体模型和欧拉模型等；化学传输模型用于模拟大气化学条件，通过求解示踪气体物种的质量守恒方程来确定大气污染物的结果。主流的大气化学传输模型包括 WRF-Chem、WRF-Cmaq、CAMx、MOZART、GEOS-CHEM 等（El-Harbawi M, 2013）。

通过观测资料分析和模型模拟研究，一批定性、定量的大气污染科研成果涌现，为政府决策、大气污染治理提供了科学支撑。

区域空气质量受排放源、地理环境、气象因子等因素共同作用。在排放源相对固定的情况下，气象因子对区域性空气污染的出现起着至关重要的作用。静小风天气条件抑制了污染物的输送和扩散，有利于污染物累积；等温或逆温条件下，大气层结稳定，垂直对流弱，湍流活动也弱，污染物扩散条件差；边界层高度影响区域大气污染物浓度，边界层高度较低时，污染物垂直扩散空间受限制，易出现污染物累积；盛行风影响污染物在区域内的空间分布形态，一般而言，区域内排放源下风向容易出现较高污染物浓度。

中国自 20 世纪 80 年代进入经济高速发展期，空气质量恶化问题日益凸显。2013 年，中国颁布的《大气污染防治行动计划》中将京津冀城市群、长三角城市群和珠三角城市群列为重点防治区域。至 2017 年，珠三角城市群已率先达标。在 2018 年中国国务院新颁布《打赢蓝天保卫战三年行动计划》中，汾渭平原取代了珠三角城市群，与京津冀城市群、长三角城市群并列三大重点防治区域。研究指出，中国大气污染呈现出区域性复合型污染特征（Tang et al., 2018），且季节差异明显。中国东部三大城市群中，珠三角的空气质量最优，长三角次之，京津冀最差，空气污染程度自南向北呈现阶梯状上升态势（徐健等，2018）；成渝地区经济增速快，大气污染在三区十群中仅次于京津冀地区，环境治理和经济发展矛盾将愈发突出（朱文英等，2016）。中国三大主要经济区污染特征如下：

（1）京津冀地区：夏季面临严重的大气复合污染，易出现 $PM_{2.5}$ 和臭氧浓度"双高"的现象（Tang et al., 2018）；冬季则以颗粒物污染为主；

（2）长三角地区：颗粒物质量浓度呈北高南低、西高东低的空间分布特征，长三角北部 PM_{10} 污染突出，$PM_{2.5}$ 和臭氧的区域性污染特征明显，区域 SO_2 浓度水平仍然较高（石颖颖等，2018）；

（3）珠三角地区：空气质量受季风影响明显，夏季风盛行期空气质量优于冬季风盛行期，臭氧问题较为突出（庄欣等，2017）。

大气污染对人体健康、社会经济等均会产生负面影响。中国正处于经济转型的关键时期，2012 年以来环境保护被推上新高度，大气污染防治成为重中之重（张立文等，2019b）。2013 年以来，中国依次颁布了《大气污染防治行动计划》《打赢蓝天保卫战三年行动计划》，修订了《中华人民共和国环境保护法》和《中华人民共和国大气污染防治法》。2017 年 3 月，国务院原总理李克强提出设立雾—霾研究专项。国务院常务会议当年 4 月确定，组织由 200 多家单位、近 2 000 人组成的科技攻关队伍针对京津冀及周边地区秋冬季大气重污染成因等难题开展集中攻关。

经过不懈努力，近年中国空气质量持续改善，大气环境质量得到明显的改善和提升，雾霾治理成效明显。产业、能源和交通三大重点领域结构得到优化，大气污染防治的新机制基本形成（张立文等，2019b）。根据环境保护部发布的 2015、2016 年中国环境状况公报和生态环境部发布的 2017、2018 年中国生态环境状况公报，2015～2018 年期间，全国 338 个地级以上城市中，环境空气质量达标城市数量逐年增加，达标城市数量依次为 73、84、99 和 121。从图 4-2 给出 2015 年、2018 年中国 338 个地级以上城市环境空气质量 6 项指标（$PM_{2.5}$、PM_{10}、二氧化硫、二氧化氮、臭氧、一氧化碳）不同浓度区间城市比例的对比可见，经过大力治理，2018 年中国环境空气质量比 2015 年有十分明显的改善。

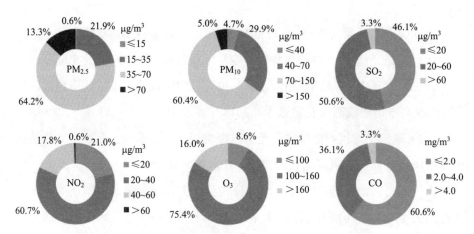

2015年338个地级以上城市各指标不同浓度区间城市比例

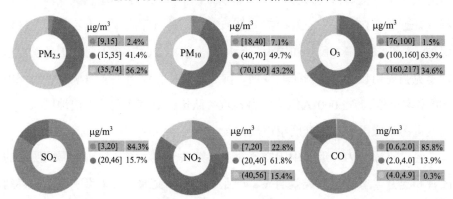

2018年338个城市六项污染物不同浓度区间城市比例分布

图 4-2 2015 年、2018 年中国 338 个地级以上城市环境空气质量 6 项指标不同浓度区间城市比例的对比

资料来源：2015 年中国环境状况公报、2018 年中国生态环境状况公报。

国家气候中心数据显示（图 4-3），2011~2016 年，中国气候条件不利于大气污染物清除，但 2013 年以后霾天气过程和 $PM_{2.5}$ 浓度呈现明显下降，雾霾治理成效明显。

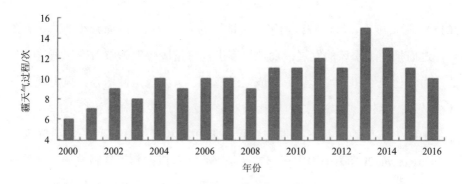

图 4-3 2000~2016 年中国霾天气过程统计

二、重空气污染过程与天气气候相互作用

重空气污染过程是大气污染领域的研究热点。基于高精度的三维立体观测手段和模型模拟结果，近年来大气重污染过程成因剖析及其与天气气候相互作用的相关研究成果丰硕。

大气重污染过程的形成，排放源过量排放为主要影响因素，不利气象条件作用也是重要原因。静小风、逆温、边界层高度低等均有利于颗粒物重污染形成；高温、强太阳辐射等均有利于臭氧重污染形成。不利气象条件的持续，往往伴随着区域性持续性污染过程。自 2013 年以来，霾天气作为一种灾害性天气开始引起学者的广泛关注。中国在霾天气的气候特征和成因方面取得了很多研究成果（Yin and Wang, 2016a）。基于中国气象局长时间序列的霾日观测及数理统计方法与数值模拟研究发现，中国东部霾的发生受太平洋年代际震荡、北太平洋海表温度、北冰洋海冰厚度等变化的影响（Wang et al., 2015; Zhao et al., 2016; Yin et al., 2016b; Yin et al., 2017）。霾日的增加与东亚冬季风强度等有关（Li et al., 2016）。

中国受季风影响显著，气溶胶对季风的影响成为研究热点之一。基于相关分析、模式控制性对比实验，研究结果表明（Gettelman et al., 2015; Li, et al.,

2016),大尺度上,气溶胶减弱了到达地面的太阳辐射,从而减小海陆热力差异,进而抑制了季风的发展;局地尺度上,气溶胶辐射影响改变了低层大气的热力学稳定性和对流形势,造成气温降低,大气稳定性增强,风力和大气环流减弱;此外,气溶胶通过间接效应影响云的形成、对流和降水。

中国中东部地区雾霾事件与青藏高原环境和气候变化有关。研究表明(Zhang et al., 2018)中国中东部地区是一个大范围的频繁雾霾气候"易受影响地区"。该地区因中纬度西风的作用,而受到高原的影响。高原热强迫的年际变化与中国中东部地区冬季霾的发生呈正相关。气候变暖引起了大气环流的变化,驱动了中国中东部地区频繁的霾事件。中国中东部地区频繁出现霾事件与冬季风减少、对流层低层气流增强、大气稳定性增强相联系,并与上游青藏高原的热异常有关。因此,中国雾霾的变化与青藏高原的动力和热力强迫有关。中国的大气污染调控政策应考虑到青藏高原大地形对环境和气候变化的影响。

中国气象科学研究院徐祥德团队(Zhu et al., 2018)研究表明京津冀地区大气温度垂直结构有着特殊的季节性特征。冬季对流层中低层呈"上暖下冷"类似"暖盖"的结构特征,加剧了大气污染排放的环境影响效应。冬季对流层中下层深厚的"暖盖"结构为冬季重污染天频发提供了重要气候背景。2016年冬季京津冀地区异常污染过程存在大气中下层强而深厚的气温距平"暖盖"结构。该"暖盖"结构与低层边界层高度呈反相关。大气中低层"暖盖"越强,边界层高度越低。2016年冬季$PM_{2.5}$浓度异常高与该年边界层高度低、暖盖特征显著和低层高湿等多种因素显著相关。"暖盖"结构为低层重污染天气过程提供了重要背景。在此基础上提出了京津冀冬季大气重污染过程的气象条件综合影响模型(见图4-4)。

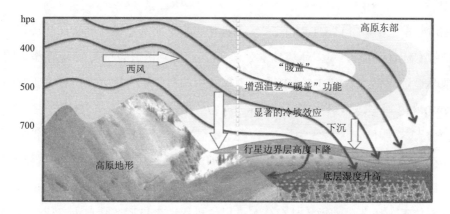

图 4-4 京津冀冬季大气重污染过程的气象条件综合影响模型

三、化学天气模式预测与重污染天气应对

近年来，中国多地遭受过大范围、持续性的重污染天气困扰。重污染天气不仅影响到公众的健康，而且还会给社会带来不稳定因素，因而受到越来越多人的关注（于振波等，2018）。研究表明，在重污染天气发生当天即使减排量达到50%，$PM_{2.5}$的峰值浓度只能削减10%左右，而同等条件下，若是提前两到三天实施减排措施，则可以实现$PM_{2.5}$的峰值浓度分别削减30%和40%左右（翟世贤等，2014）。北京市环科院薛亦峰等（薛亦峰等，2016）的研究成果也表明，在应急响应措施实施两到三天后，方可达到明显的减排效果。

化学天气模式是重污染预测应对的有效工具。化学天气模式嵌套完整的气溶胶模型和化学机制，同时考虑了真实大气中不同污染物之间的相互转化和影响，具备同时模拟臭氧、气溶胶及酸沉降等多尺度污染问题的能力（黄志炯，2017）。中国气象局2009年开发了一个独立于气象、气候模式的大气化学系统CUACE（Chinese Unified Atmospheric Chemistry Environment）为环境空气质量及气候变化模式提供大气成分计算的通用平台，其后陆续开发了沙尘暴数值预报系统CUACE/Dust和雾—霾数值预报系统CUACE/Haze-fog。

在这些模型中，由 U.S. EPA 国家暴露研究实验室大气建模与分析部开发和维护的 CMAQ 模型、美国环境技术公司（ENVIRON）开发的 CAMx 模型、美国 NCAR 开发的 WRF–CHEM 模型以及中国科学院大气物理所自主研发的 NAQPMS 模型应用最为广泛（Wang et al., 2010; Egan et al., 2015; 王哲等, 2014）。在中国相关研究中，化学天气模型的排放源多采用清华大学研制的 2010 年 0.25°分辨率排放清单，而气象数据则来源于 WRF、MM5 等天气模型。以排放清单和天气数据构建初始场，再通过模式的物理化学规律进行模拟，便可以得到特定污染物的时空分布模拟结果。许多模型还具有大气化学资料同化和污染源反演模块（Tang et al., 2011），能有效减小模式对大气化学成分的模拟误差。这些模型在中国重污染预测与应对方面展现了良好的应用效果（叶斯琪等, 2016; 季冕等, 2018; 刘明, 2018）。

相比传统的单一化学天气模型，多模式集合预报能获得更好的预报准确度（Gao et al., 2018）。而多模式集合预报的应用也为各种重大活动提供了进一步保障，如 2007 年北京市环保局将 NAQPMS、CMAQ 和 CAMx 共同组成"北京奥运会空气质量集合预报"，为奥运会期间的污染监管调控提供了重要参考（王自发等, 2008）。

此外，化学天气模型作为一种重要的研究工具，在减排政策的影响预估（Lee et al., 2016）、中国污染源解析（Yang et al., 2020）、重污染下的辐射平衡（Liu et al., 2016）、生物质排放对污染的影响评估（Xu et al., 2018）等领域均被广泛应用。

为有效控制区域空气污染态势，减缓大气重污染过程，全国各城市相继出台重污染天气应急预案，并进行了多次修订。许多研究针对重污染应对措施进行了评估。通过对不同类型重污染过程归类，形成不同重污染过程的调控方案情景组合，结合各类排放源在重污染过程中的贡献率，充分考虑各类控制措施对应排放源的可削减空间、控制措施的可执行性，以及控制措施的经济可行性等因素，对方案进行及时修正优化（刘冰等, 2015; 孔凡华等,

2017)。应急预案的调整和实施,对控制重污染过程起到积极作用。

四、近年空气质量改善与气候变化关系评估

研究表明,空气质量与气候变化之间存在相互作用(Nabat *et al.*, 2015; Yan *et al.*, 2015; Liao *et al.*, 2017; Zhao *et al.*, 2018; Samset *et al.*, 2018)。空气质量与大气中气溶胶浓度有显著关系,而气溶胶对气候的影响主要通过两种方式:一种是大气气溶胶粒子通过吸收和散射太阳短波辐射改变地—气系统的能量收支平衡,直接影响气候;另一种是气溶胶通过扮演云凝结核或者冰核而使得云的光学和微物理特性及降水率发生改变,从而间接影响气候。而气候对空气质量的影响,与气温、风、降水等气象要素的变化关系密切。所以,改善空气质量与减缓气候变化的相关政策应联合推行(Maione *et al.*, 2016; Radu *et al.*, 2016)。

近年来中国持续开展大气污染防治行动,随着 2013 年《大气污染防治行动计划》(亦称为"大气十条")的颁布和实施,成效显著。2017 年全国 338 个地级及以上城市 PM_{10} 年均浓度范围为 23~154 微克/立方米,平均浓度为 75 微克/立方米,比 2013 年下降 22.7%;$PM_{2.5}$ 年均浓度范围为 10~86 微克/立方米,平均为 43 微克/立方米。京津冀、长三角、珠三角区域 $PM_{2.5}$ 平均浓度比 2013 年分别下降 39.6%、34.3%、27.7%。2017 年全国 338 个地级及以上城市中,有 99 个城市环境空气质量达标,占全部城市数的 29.3%;平均优良天数比例为 78.0%。研究表明,从 2005~2015 年 $PM_{2.5}$ 质量浓度呈现上升趋势,但是从 2013 年后有比较明显的下降趋势,而近几年来空气质量改善导致北京总辐射量有所增加(唐利琴,2018)。

2018 年 10 月 8 日,联合国政府间气候变化专门委员会(IPCC)在韩国仁川发布了《IPCC 全球升温 1.5 摄氏度特别报告》(IPCC, 2018),报告评估了全球温升 1.5 摄氏度与 2 摄氏度的气候影响以及可能的减排路径。报告指

出，目前全球气温较工业化前水平已经增加了 1 摄氏度；全球升温 1.5 摄氏度最快有可能在 2030 年达到。为实现 1.5 摄氏度温控目标，全球气候行动亟待加速。

气候变暖和人类温室气体排放有关，缓解气候变暖的步伐还是要靠减排。中国近年来通过调整能源结构等措施积极应对气候变化，减少温室气体排放。通常在减排温室气体的过程中会同时减排大气污染物，不论是从长远角度缓解气候变暖还是当前治理区域大气环境污染，都有裨益。如果二氧化碳和短期气候污染物能协同减排，减缓气候变化速度和减少短期影响是对适应性战略和可持续发展的重要补充，更可为气候、作物和人类健康提供全球效益。由于采取了一系列管控措施，中国的排放格局在 2015 年左右有明显的结构性突破，二氧化碳排放量持续性下降（Guan *et al.*, 2018）。

参考文献

Abas, N., M. S. Saleem, E. Kalair, *et al*. 2019. Cooperative control of regional transboundary air pollutants. *Environmental Systems Research*, 8(1):10.

Amann, M., 2008. Health risks of ozone from long-range transboundary air pollution. WHO Regional Office Europe.

Baklanov, A., L. T. Molina and M. Gauss, 2016. Megacities, air quality and climate. *Atmospheric Environment*, 126:235-249.

Bruce, N., D. Pope, E. Rehfuess, *et al*. 2015. WHO indoor air quality guidelines on household fuel combustion: Strategy implications of new evidence on interventions and exposure–risk functions. *Atmospheric Environment*, 106：451-457.

Cai, W., K. Li, H. Liao, *et al*. 2017. Weather conditions conducive to Beijing severe haze more frequent under climate change. *Nature Climate Change*, 7(4):257-262.

Cao, S. J., D. H. Zhu and Y. B.Yang, 2016. Associated relationship between ventilation rates and indoor air quality. *Rsc Advances*, 6(112):111427-111435.

D'amato, G., R. Pawankar, C. Vitale, *et al*. 2016. Climate change and air pollution: effects on respiratory allergy. *Allergy, asthma & immunology research*, 8(5):391-395.

Delgado-Saborit, J. M., N. J. Aquilina, C. Meddings, et al. 2011. Relationship of personal exposure to volatile organic compounds to home, work and fixed site outdoor concentrations. *Science of the Total Environment*, 409(3):478-488.

Ding, A. J., C. B. Fu, X. Q. Yang, et al. 2013. Intense atmospheric pollution modifies weather: a case of mixed biomass burning with fossil fuel combustion pollution in eastern China. *Atmospheric chemistry and physics*, 13(20):10545-10554.

Ding, A. J., C. B. Fu, X. Q. Yang, et al.2013. Ozone and fine particle in the western Yangtze River Delta: an overview of 1 yr data at the SORPES station. *Atmospheric Chemistry and Physics*, 13(11):5813-5830.

Ding, Y. H., Y. J. Liu, 2014. Analysis of long-term variations of fog and haze in China in recent 50 years and their relations with atmospheric humidity. *Science China Earth Sciences*, 57(1):36-46.

Doherty, RM., MR. Heal and FM. O'Connor, 2017. Climate change impacts on human health over Europe through its effect on air quality. *Environmental Health*, 16(1):118.

Dosio, A., L. Mentaschi, EM. Fischer, et al. 2018. Extreme heat waves under 1.5°C and 2°C global warming. *Environmental research letters*, 13(5):054006.

Egan, S. D., M. Stuefer, P. W. Webley, et al. 2015. WRF-Chem modeling of sulfur dioxide emissions from the 2008 Kasatochi Volcano. *Annals of Geophysics*, 57:1-6.

El-Harbawi, M., 2013. Air quality modelling, simulation, and computational methods: a review. *Environmental Reviews*, 21(3): 149-179.

Fiore, A. M., V. Naik, D. V. Spracklen, et al. 2012. Global air quality and climate. *Chemical Society Reviews*, 41(19):6663-6683.

Fiore, A.M., V. Naik and E. M. Leibensperger, 2015. Air quality and climate connections. *Journal of the Air and Waste Management Association*, 65(6):645-685.

Gao, M., Z. Han, Z. Liu, et al. 2018. Air quality and climate change, Topic 3 of the Model Inter-Comparison Study for Asia Phase III (MICS-Asia III)–Part 1: Overview and model evaluation. *Atmospheric Chemistry and Physics*, 18(7):4859.

Gasparrini, A., Y. Guo, F. Sera, et al. 2017. Projections of temperature-related excess mortality under climate change scenarios. *The Lancet Planetary Health*, 1(9):360-367.

Gettelman, A., D. T. Shindell and J. F. Lamarque, 2015. Impact of aerosol radiative effects on 2000–2010 surface temperatures. *Climate dynamics*, 45(7-8):2165-2179.

Gilani, S., H. Montazeri and B. Blocken, 2016. CFD simulation of stratified indoor environment in displacement ventilation: Validation and sensitivity analysis. *Building and Environment*, 95:299-313.

Gligorovski, S., C. J. Weschler, 2013. The oxidative capacity of indoor atmospheres, 47(24):13905-13906.

Grell, G. A., S. E. Peckham, R. Schmitz, et al. 2005. Fully coupled "online" chemistry within the WRF model. *Atmospheric Environment*, 39(37): 6957-6975.

Guan, D., J. Meng, D. M. Reiner, et al. 2018. Structural decline in China's CO_2 emissions through transitions in industry and energy systems. *Nature Geoscience*, 11(8):551.

He, H., X. Z. Liang, H. Lei, et al. 2016. Future US ozone projections dependence on regional emissions, climate change, long-range transport and differences in modeling design. *Atmospheric environment*, 128:124-133.

Hogrefe, C., L. R. Leung, L. J. Mickley, et al. 2005. Considering climate change in US air quality management (No. PNNL-SA-45957). Pacific Northwest National Lab.(PNNL), Richland, WA (United States).

Hong, C., Q. Zhang, Y. Zhang, et al. 2019. Impacts of climate change on future air quality and human health in China. *Proceedings of the National Academy of Sciences*, 116(35): 17193-17200.

Horton, D. E., C. B. Skinner, D. Singh, et al. 2014. Occurrence and persistence of future atmospheric stagnation events. *Nature climate change*, 4(8):698.

IGSD, 2013. Primer on Short-Lived Climate Pollutants. Institute for Governance & Sustainable Development.

IPCC, 2018. Special report on global warming of 1.5 °C.

Isaac, M., D. P. V. Vuuren, 2009. Modeling global residential sector energy demand for heating and air conditioning in the context of climate change. *Energy policy*, 37(2):507-521.

Ji, W., B. Zhao, 2015. Contribution of outdoor-originating particles, indoor-emitted particles and indoor secondary organic aerosol (SOA) to residential indoor PM2.5 concentration: A model-based estimation. *Building and environment*, 90:196-205.

Kim, E. J., 2016. The impacts of climate change on human health in the United States: A scientific assessment, by us global change research program. *Journal of the American Planning Association*, 82(4):418-419.

Lee, Y., D. T. Shindell, G. Faluvegi, et al. 2016. Potential impact of a US climate policy and air quality regulations on future air quality and climate change. *Atmospheric Chemistry and Physics*, 16(8):5323.

Lelieveld, J., J. S. Evans, M. Fnais, et al. 2015. The contribution of outdoor air pollution sources to premature mortality on a global scale. *Nature*, 525(7569):367.

Leung, D.Y., 2015. Outdoor-indoor air pollution in urban environment: challenges and opportunity. *Frontiers in Environmental Science*, 2:69.

Li, B., T. Gasser, P. Ciais, et al. 2016. The contribution of China's emissions to global climate forcing. *Nature*, 531(7594):357.

Li, Q., R. Zhang and Y. Wang, 2016. Interannual variation of the wintertime fog–haze days across central and eastern China and its relation with East Asian winter monsoon. *International Journal of Climatology*, 36(1):346-354.

Li, R., L. Cui, J. Li, *et al.* 2014. Spatial and temporal variation of particulate matter and gaseous pollutants in 26 cities in China. *Journal of Environmental Sciences*, 26(1):75-82.

Li, Y., W. A. Pizer, L. Wu, 2017. Spatial and temporal variation of particulate matter and gaseous pollutants in China during 2014–2016. *Atmospheric environment*, 161:235-246.

Li, Z., W. K. M. Lau, V. Ramanathan, *et al.* 2016. Aerosol and monsoon climate interactions over Asia. Rev. Geophys. 54 (4): 866-929.

Lian-Chun, S., G. Rong, L. I. Ying, *et al.* 2014. Analysis of China's haze days in the winter half-year and the climatic background during 1961–2012. *Advances in climate change research*, 5(1):1-6.

Liao, Z., M. Gao, J. Sun, *et al.* 2017. The impact of synoptic circulation on air quality and pollution-related human health in the Yangtze River Delta region. *Science of the Total Environment*, 607: 838-846.

Lim, S. S., T. Vos, A. D. Flaxman, *et al.* 2012. A comparative risk assessment of burden of disease and injury attributable to 67 risk factors and risk factor clusters in 21 regions, 1990–2010: a systematic analysis for the Global Burden of Disease Study 2010. *The lancet*, 380(9859):2224-2260.

Liu, L., X. Huang, A. Ding, *et al.* 2016. Dust-induced radiative feedbacks in north China: A dust storm episode modeling study using WRF-Chem. *Atmospheric Environment*, 129:43-54.

Lundgren, K., T. Kjellstrom, 2013. Sustainability challenges from climate change and air conditioning use in urban areas. *Sustainability*, 5(7):3116-3128.

Maione, M., D. Fowler, P. S. Monks, *et al.* 2016. Air quality and climate change: Designing new win-win policies for Europe. *Environmental Science and Policy*, 65: 48-57.

Mitchell, D., C. Heaviside, S. Vardoulakis, *et al.* 2016. Attributing human mortality during extreme heat waves to anthropogenic climate change. *Environmental Research Letters*, 11(7):074006.

Nabat, P., S. Somot, M. Mallet, *et al.* 2015. Direct and semi-direct aerosol radiative effect on the Mediterranean climate variability using a coupled regional climate system model. *Climate dynamics*, 44(3-4):1127-1155.

Nazaroff, W. W., 2013. Exploring the consequences of climate change for indoor air quality*. *Environmental Research Letters*, 8(1):015022.

Nolte, C. G., T. L. Spero, J. H. Bowden, *et al.* 2018. The potential effects of climate change on air quality across the conterminous US at 2030 under three Representative Concentration Pathways. *Atmospheric chemistry and physics*, 18(20):15471-15489.

Oh, H.R., C. H. Ho, J. Kim, *et al.* 2015. Long-range transport of air pollutants originating in

China: A possible major cause of multi-day high-PM10 episodes during cold season in Seoul, Korea. *Atmospheric Environment*, 109:23-30.

Qu, Y., J. An, Y. He, *et al.* 2016. An overview of emissions of SO2 and NOx and the long-range transport of oxidized sulfur and nitrogen pollutants in East Asia. *Journal of Environmental Sciences*, 44:13-25.

Radu, O. B., M. van den Berg, Z. Klimont, *et al.* 2016. Exploring synergies between climate and air quality policies using long-term global and regional emission scenarios. *Atmospheric environment*, 140:577-591.

Reyna, J. L., M. V. Chester, 2017. Energy efficiency to reduce residential electricity and natural gas use under climate change. *Nature communications*, 8:14916.

Rosenfeld, D., Y. Zhu, M. Wang, *et al.* 2019. Aerosol-driven droplet concentrations dominate coverage and water of oceanic low-level clouds. *Science*, 363(6427):eaav0566.

Salonen, H., T. Salthammer, L. Morawska. 2018. Human exposure to ozone in school and office indoor environments. *Environment international*, 119:503-514.

Salzmann, M., 2016. Global warming without global mean precipitation increase?. *Science advances*, 2(6):1501572.

Samset, B. H., 2018. How cleaner air changes the climate. *Science*, 360(6385):148-150.

Schnell, J. L., M. J. Prather, B. Josse, *et al.* 2016. Effect of climate change on surface ozone over North America, Europe, and East Asia. *Geophysical Research Letters*, 43(7): 3509-3518.

Seneviratne, SI., MG. Donat, AJ. Pitman, *et al.* 2016. Allowable CO_2 emissions based on regional and impact-related climate targets. *Nature*, 529(7587):477.

Shen, L., L. J. Mickley and L. T. Murray, 2017. Influence of 2000–2050 climate change on particulate matter in the United States: results from a new statistical model. *Atmospheric Chemistry and Physics*, 17(6):4355-4367.

Song, C., L. Wu, Y. Xie, *et al.* 2017. Air pollution in China: status and spatiotemporal variations. *Environmental pollution*, 227:334-347.

Stowell, J. D., Y. M. Kim, Y. Gao, *et al.* 2017. The impact of climate change and emissions control on future ozone levels: Implications for human health. *Environment international*, 108: 41-50.

Sun, J., J. S. Fu, K. Huang and Y. Gao, 2015. Estimation of future PM2.5 and ozone-related mortality over the continental United States in a changing climate: an application of high-resolution dynamical downscaling technique. *Journal of the Air and Waste Management Association*, 65(5):611-623.

Tagaris, E., K. Manomaiphiboon, K. J. Liao, *et al.* 2007. Impacts of global climate change and emissions on regional ozone and fine particulate matter concentrations over the United

States. *Journal of Geophysical Research: Atmospheres*, 112(D14):312-323.

Tang, X., J. Zhu, Z. F. Wang, *et al.* 2011. Improvement of ozone forecast over Beijing based on ensemble Kalman filter with simultaneous adjustment of initial conditions and emissions. *Atmospheric Chemistry and Physics*, 11(24): 12901-12916.

Tang, B., J. Xin, W. Gao, *et al.* 2018. Characteristics of complex air pollution in typical cities of North China. *Atmospheric and Oceanic Science Letters*, 11(1):29-36.

Tong, Z., Y. Chen, A. Malkawi, *et al.* 2016. Quantifying the impact of traffic-related air pollution on the indoor air quality of a naturally ventilated building. *Environment international*, 89:138-146.

Verstraeten, W. W., J. L. Neu, J. E. Williams, *et al.* 2015. Rapid increases in tropospheric ozone production and export from China. *Nature geoscience*, 8(9):690.

Vu, T. V., J. Ondracek, V. Zdímal, *et al.*, 2017. Physical properties and lung deposition of particles emitted from five major indoor sources. Air Quality, *Atmosphere and Health*, 10(1):1-14.

Wang, H., H. Chen, J. Liu, *et al.* 2015. Arctic Sea Ice Decline Intensified Haze Pollution in Eastern China. *Atmospheric and Oceanic Science Letters*, 8(1):1-9.

Wang, L. T., C. Jang, Y. Zhang, *et al.* 2010. Assessment of air quality benefits from national air pollution control policies in China. Part II: Evaluation of air quality predictions and air quality benefits assessment. *Atmospheric Environment*, 44(28):3449-3457.

Wang, S., C. Zhou, Z. Wang, *et al.* 2017. The characteristics and drivers of fine particulate matter (PM2.5) distribution in China. *Journal of cleaner production*, 142:1800-1809.

Wang, X., D. Sun, T. Yao, 2016. Climate change and global cycling of persistent organic pollutants: a critical review. *Science China Earth Sciences*, 59(10):1899-1911.

Wang, Y., P. K. Hopke, D. C. Chalupa, *et al.* 2010. Long-term characterization of indoor and outdoor ultrafine particles at a commercial building. *Environmental science and technology*, 44(15):5775-5780.

Wang, J., J. Xu, Y. He, *et al.* 2016. Long range transport of nitrate in the low atmosphere over Northeast Asia. *Atmospheric environment*, 144:315-324.

Wang, X., R. E. Dickinson, L. Su, *et al.* 2018. PM2.5 pollution in China and how it has been exacerbated by terrain and meteorological conditions. *Bulletin of the American Meteorological Society*, 99(1):105-119.

Watson, L., G. Lacressonnière, M. Gauss, *et al.* 2016. Impact of emissions and+ 2° C climate change upon future ozone and nitrogen dioxide over Europe. *Atmospheric environment*, 142:271-285.

Westervelt, D.M., L.W. Horowitz, V. Naik, *et al.* 2016. Quantifying PM2. 5-meteorology sensitivities in a global climate model. *Atmospheric environment*, 142:43-56.

World Health Organization, 2006. Air quality guidelines: global update 2005: particulate matter, ozone, nitrogen dioxide, and sulfur dioxide. World Health Organization.

World Health Organization, 2010. WHO guidelines for indoor air quality: selected pollutants.

World Health Organization, 2014. Ambient (outdoor) air quality and health. Fact sheet N° 313.

World Health Organization, 2014. Burden of disease from household air pollution for 2012. World Health Organization, 1211.

World Health Organization, 2016. Ambient air pollution: A global assessment of exposure and burden of disease.

World Health Organization, Air Pollution, percentage of population using biomass fuels, Millennium Indicators Database, United Nations, Department of Economic and Social Affairs. Economic and Social Development, Statistics Division.

Xu, R., X. Tie, G. Li, *et al*. 2018. Effect of biomass burning on black carbon(BC) in South Asia and Tibetan Plateau: The analysis of WRF-Chem modeling. *Science of The Total Environment*, 645:901-912.

Xue, W. B., F. Fu, J. N. Wang, *et al*. 2014. Numerical study on the characteristics of regional transport of PM2. 5 in China. *China Environmental Science*, 34(6):1361-1368.

Yan, H., Y. Qian, C. Zhao, *et al*. 2015. A new approach to modeling aerosol effects on East Asian climate: Parametric uncertainties associated with emissions, cloud microphysics, and their interactions. *Journal of Geophysical Research: Atmospheres*, 120(17):8905-8924.

Yang, J., S. Kang, Z. Ji, *et al*. 2020. A hybrid method for PM2.5 source apportionment through WRF-Chem simulations and an assessment of emission-reduction measures in western China. *Atmospheric Research*, 236:104787.

Yin, Z., H. Wang, 2016a. Seasonal prediction of winter haze days in the north central North China Plain. *Atmospheric Chemistry and Physics*, 16(23): 14843-14852.

Yin, Z., H. Wang, 2016b. The relationship between the subtropical Western Pacific SST and haze over North-Central North China Plain. *International Journal of Climatology*, 36(10): 3479-3491.

Yin, Z., H. Wang, 2017. Role of atmospheric circulations in haze pollution in December 2016. *Atmospheric Chemistry and Physics*, 17(18):11673-11681.

Zeng, G., O. Morgenstern, H. Shiona, *et al*. 2017. Attribution of recent ozone changes in the Southern Hemisphere mid-latitudes using statistical analysis and chemistry–climate model simulations. *Atmospheric Chemistry and Physics*, 17(17):10495-10513.

Zhang, Q., X. Jiang, D. Tong , *et al*. 2017. Transboundary health impacts of transported global air pollution and international trade. *Nature*, 543(7647):705.

Zhang, Z. Y., X. D. Xu, Qiao Lin, *et al*. 2018. Numerical simulations of the effects of regional topography on haze pollution in Beijing，*Sci Entific Reports*, (2018) 8:5504

DOI:10.1038/s41598-018-23880-8.

Zhao, S., H. Zhang, B. Xie, 2018. The effects of El Niño–Southern Oscillation on the winter haze pollution of China. *Atmospheric Chemistry and Physics*, 18(3):1863.

Zhao, W., S. Fan, H. Guo, *et al.* 2016. Assessing the impact of local meteorological variables on surface ozone in Hong Kong during 2000–2015 using quantile and multiple line regression models. *Atmospheric environment*, 144:182-193.

Zhao, S., J. Li, C. Sun, 2016. Decadal variability in the occurrence of wintertime haze in central eastern China tied to the Pacific Decadal Oscillation. *Scientific reports*, 6(1): 27424.

Zhu, W. H., X. D. Xu, J. Zheng, *et al.* 2018. The Characteristic of abnormal wintertime pollution events in the Jing-Jin-Ji region and its relationships with meteorological factors. *Science of the Total Environment*, 626, 887-898.

程麟钧、王帅、宫正宇等：“中国臭氧浓度的时空变化特征及分区”，《中国环境科学》，2017年第37卷。

董继元、刘兴荣、张本忠等：“中国臭氧短期暴露与人群死亡风险的Meta分析”，《环境科学学报》，2016年第36卷。

黄志炯：“基于敏感性和不确定性分析的气溶胶数值模拟改进研究”（博士学位论文），华南理工大学，2017年。

季冕、尚晶晶、张稳定：“NAQPMS模型预报合肥、蚌埠和芜湖空气质量的效果评估”，《中国环境管理干部学院学报》，2018年第28卷。

贾松林、苏林、陶金花等：“卫星遥感监测近地表细颗粒物多元回归方法研究”，《中国环境科学》，2014年第34卷。

孔凡华、曹俊萍：“环境监测预警在重污染天气应对中的作用”，《环境与发展》，2017年第29卷。

刘冰、彭宗超：“跨界危机与预案协同——京津冀地区雾霾天气应急预案的比较分析”，《同济大学学报（社会科学版）》，2015年第26卷。

刘明：“基于CMAQ的交通限行措施对兰州市空气质量影响的研究”（硕士学位论文），兰州大学，2018年。

刘萍、翟崇治、余家燕等：“重庆大气中臭氧浓度变化及其前体物的相关性分析”，《环境科学与管理》，2013年第38卷。

石颖颖、朱书慧、李莉等：“长三角地区大气污染演变趋势及空间分异特征”，《兰州大学学报（自然科学版）》，2018年第2期。

宋海鸥、王滢：“京津冀协同发展:产业结构调整与大气污染防治”，《中国人口•资源与环境》，2016年第S1期。

孙家仁、许振成、刘煜等：“气候变化对环境空气质量影响的研究进展”，《气候与环境研究》，2011年第6期。

唐利琴：“近十年北京地区气溶胶对太阳辐射的影响研究”（硕士学位论文），成都信息工程大学，2018 年。

王后茂、王咏梅、王维和等："FY-3 星紫外臭氧总量探测仪(TOU)监测大气臭氧及吸收性气溶胶"，《气象科技进展》，2019 年第 9 卷第 1 期。

王哲、王自发、李杰等："气象—化学双向耦合模式(WRF-NAQPMS)研制及其在京津冀秋季重霾模拟中的应用"，《气候与环境研究》，2014 年第 19 卷。

王自发、庞成明、朱江等："大气环境数值模拟研究新进展"，《大气科学》，2014 年第 4 卷。

徐健、李莉、安静宇等："中国三大城市群经济能源交通结构对比及其对大气污染的影响分析"，《中国环境管理》，2018 年第 10 卷第 1 期。

薛亦峰、周震、聂滕等："2015 年 12 月北京市空气重污染过程分析及污染源排放变化"，《环境科学》，2016 年第 37 卷。

叶斯琪、陈多宏、谢敏："珠三角区域空气质量预报方法及预报效果评估"，《环境监控与预警》，2016 年第 8 卷。

于振波、李广来、刘薇："中国重污染天气应急管理中存在的问题与建议"，《环境保护与循环经济》，2018 年 38 卷。

翟世贤、安兴琴、刘俊："不同时刻污染减排对北京市 PM2.5 浓度的影响"，《中国环境科学》，2014 年第 34 卷。

张立文、程东坡、许玲丽："新时代背景下环境保护政策对雾霾防治的效应分析——基于 PM_(2.5)浓度变化视角的实证研究"，《上海财经大学学报》，2019 年第 21 卷第 2 期。

中华人民共和国环境保护部："2015 中国环境状况公报"，2016 年。

中华人民共和国环境保护部："2016 中国环境状况公报"，2017 年。

中华人民共和国生态环境部："2017 中国生态环境状况公报"，2018 年。

中华人民共和国生态环境部："2018 中国生态环境状况公报"，2019 年。

周侃、樊杰："中国环境污染源的区域差异及其社会经济影响因素——基于 339 个地级行政单元截面数据的实证分析"，《地理学报》，2016 年第 71 卷第 11 期。

朱文英、蔡博峰、刘晓曼："区域大气复合污染动态调控与多目标优化决策技术研究"，《中国环境管理》，2016 年第 6 期。

庄欣、黄晓锋、陈多宏："基于日变化特征的珠江三角洲大气污染空间分布研究"，《中国环境科学》，2017 年第 6 期。

第五章 碳收支的评估

陆地生态系统是全球碳循环过程的重要组成部分,对于调节全球碳收支扮演着极其重要的角色,对其碳收支评估的准确性直接决定了能否准确模拟和预测气候变化的趋势。陆地生态系统碳循环过程具有多个过程相互耦合、时空异质性大、并且受气候因素影响显著等特点,这在一定程度上增加了评估陆地生态系统碳收支的难度。为此,系统地梳理陆地生态系统碳收支评估方法,分析现有方法的优劣特征,是认识陆地生态系统碳收支评估不确定性的关键。本章综述陆地生态系统碳收支的评估方法,重点介绍自第三次国家气候变化评估报告出版以来,从区域到全球尺度的陆地碳收支评估的原理和方法、极端气候事件对陆地碳收支影响的评估方法、土地覆盖和土地利用变化影响的评估方法、人为管理措施的影响评估方法,以及非二氧化碳形态的碳收支评估方法。

第一节 区域和全球碳收支评估方法

一、基于碳储量调查数据的碳收支评估方法

利用长期陆地生态系统监测站点观测的植物生物量和土壤碳储量数据,

评估生态系统区域碳库及碳通量变化是一种经典的碳收支评估方法。这些观测数据通常具有较长的观测时间，并且代表着不同类型的生态系统。观测数据具有很好的时空代表性，利用其开展的评估因此具有较高的可信度，是目前主流的生态系统碳收支评估方法（Xia et al., 2018; Li et al., 2018）。这种评估方法的优点是评估方法简单、精度高，但是，由于其观测周期长，经常会出现观测数据存在时间序列不连续等数据缺失现象。其次，利用这种研究方法评估区域碳收支时，还需要充分考虑观测数据的代表性，有可能受制于观测站点空间分布不均一的特点，在区域评估时会出现某些空间区域不连续的问题。最后，这种评估方法本质上属于数据驱动的评估方法，其精度极大地取决于观测样点的时空分布密度，以及生态系统类型代表性等方面的限制。

2011 年，中国科学院启动战略性先导科技专项"应对气候变化的碳收支认证及相关问题"，其中的生态固碳项目群采用科学的空间抽样技术，在中国森林、草地、灌丛和农田等生态系统建立了 16 000 多个可核查的标准调查样地，为长期开展陆地生态系统碳汇效应评估、生物多样性保育和生态质量评估等提供了重要的基础。基于样地的植被和土壤实测数据，评估得出中国陆地生态系统碳贮量约为 79.24Pg C（1Pg=10^{15}g=10 亿吨）。其中，森林、草地、灌丛和农田生态系统碳贮量分别约为 38.9%、32.15%、8.4%和 20.6%（Tang et al., 2018; Fang et al., 2018）。2001~2010 年，中国六大生态工程（天然林保护工程、退牧还草工程、三北防护林工程、京津风沙源治理工程、退耕还林工程、长江珠江防护林工程平均每年的碳汇效应约为 74.0Tg C yr^{-1}（1 Tg C=10^{12} g C），约占全国总量的 56%（Lu et al., 2018）。其中，天然林保护工程、退牧还草工程、三北防护林工程、京津风沙源治理工程、退耕还林工程、长江珠江防护林工程的固碳速率分别为 14.0、14.7、12.0、7.0、18.0 和 8.3 Tg C yr^{-1}（Lu et al., 2018）。

二、基于生态系统通量观测的评估方法

涡度相关技术（Eddy Covariance Technique）是近 20 年来，随着微气象涡度相关技术的发展而得到广泛应用的一种可直接测定陆地生态系统植被冠层与大气间二氧化碳、水和热量通量的方法（Baldocchi, 2014；于贵瑞和孙晓敏, 2018）。涡度相关法的原理在于通过测定和计算物理量（如温度、二氧化碳和水）的脉动与垂直风速脉动的协方差来求算湍流输通量（于贵瑞和孙晓敏, 2006; Baldocchi, 2008）。该方法在观测和求算过程中具有坚实的理论基础，研究结果可信可靠，可对生态系统进行长期连续的自动观测，并且可在不同时间尺度上进行生态系统碳、水和能量交换通量分析（于贵瑞和孙晓敏, 2006）。但是，由于通量观测站点非常有限，并且站点通常建立在植被生长良好的地区，基于该观测评估碳收支的代表性具有一定局限性。

从 20 世纪末开始，涡度相关技术观测站点的建设得到迅猛发展，全球已建立 600 余个涡度相关通量站点，覆盖森林、草地、农田、湿地、苔原、沙漠等多种生态系统类型，形成了 FLUXNET、CarboEurope、AmeriFlux、Fluxnet-Canada、ChinaFlux、AsiaFlux、OzFlux、CarboAfrica、USCCC 等监测网络（于贵瑞和孙晓敏, 2018）。中国陆地生态系统通量观测研究网络（ChinaFLUX）于 2001 年创建。2014 年，ChinaFLUX 积极联合国内行业部门及高等院校，共同组建了中国通量观测研究联盟（ChinaFLUX）（于贵瑞, 2014a; Yu et al., 2016）。目前，中国通量观测联盟已经拥有 71 个台站（网），其中森林站 22 个、草地（含荒漠）站 17 个、农田站 17 个，湿地站 13 个、城市站 1 个和湖泊观测网 1 个，其生态观测站点基本涵盖了中国主要的地带性陆地生态系统类型，初步形成了国家层次的陆地生态系统通量观测研究网络体系（Yu et al., 2016）。

目前，涡度相关通量观测技术正向着多目标、精细化和集成化的研究方

向快速发展。ChinaFLUX 在原先单一的涡度相关观测系统的基础上，系统性地设计出了多尺度、多要素协同观测的技术体系，构建了站点—样带—区域生态系统通量的多尺度综合观测技术体系，研发了生态系统水—碳—氮通量与同位素通量整合的综合观测系统（于贵瑞，2014; Yu et al., 2016）。基于中国和全球主要陆地生态系统碳、氮、水和能量通量的长期观测数据，研究者们定量评价了中国和全球生态系统碳源/汇功能的时空格局与变化特征（Yu et al., 2013, 2014b; Chen et al., 2013; Wang et al., 2015），揭示了碳通量组分空间分异的生物地理学调控机制（Yu et al., 2013; Chen et al., 2015a, 2015b），分析了中国陆地生态系统蒸散量的季节变化和空间格局（Zheng et al., 2014; Zheng et al., 2016），并定量评估了中国陆地生态系统的碳、氮和水分利用效率的特征与格局（Gao et al., 2014; Zhu et al., 2015; Zhu et al., 2017; Chen et al., 2018）。

三、基于遥感数据的评估

目前利用遥感数据估算区域碳收支的模型主要有两种。一种是根据生态系统碳交换（Net Ecosystem Exchange, NEE）与遥感反演的参量或者遥感反射率数据之间的相关关系，建立回归统计模型。例如，肖等（Xiao et al., 2008）利用 MODIS 多个波段的反射率数据和计算的植被指数建立 NEE 回归模型，从而计算区域尺度的 NEE。唐等（Tang et al., 2011, 2012）利用 MODIS 数据反演陆面地表水分指数（Land Surface Water Index, LSWI）、陆面地表温度（Land Surface Temperature, LST）和植被增强指数（Enhanced Vegetation Index, EVI）等因子，建立这些因子与 NEE 之间的回归关系，计算森林生态系统的 NEE。这类方法涉及的参数少，为遥感计算 NEE 提供了思路和方法。但是，这类模型考虑的因子和模型结构简单，缺乏严密的生理、生态理论学依据，有以点代面的缺点，所以不可避免地存在误差。另外一种是以光能利用率模型为基础的通过计算总初级生产力（Gross Primary Production, GPP）和 Re 之差来计算 NEE 的模型，如 VPRM 模型（Pathmathevan et al., 2008; Hilton et al., 2012）、DCFM 模型（Xiao et al., 2011）、C-Fix 模型（Veroustraete et al., 2002; Chiesi et al., 2011）和 CFLUX 模型（Turner et al. 2006, 2009; King et al., 2011）等。这种模型逐渐被接受并应用到 NEE 区域计算中。但是构成该 NEE 遥感模型的 GPP 和 Re 遥感模型均存在着不足之处。近年来，迅速发展起来的区域尺度冠层叶绿素荧光（Solar-Induced Chlorophyll Fluorescence, SIF）监测手段为直接估算区域尺度的 GPP 提供了可能，另外，新的全球土壤水分卫星遥感产品（如 SMAP）的应用将大大降低 Re 估算的不确定性。这两种遥感产品的融合将提升区域碳收支估算的不确定性。

四、基于大气二氧化碳浓度观测数据反演的评估

结合大气传输模型和高塔的大气二氧化碳浓度观测数据，可以反演区域陆地生态碳收支状况。这种方法一般被称为自上而下的估计方法。具体而言，该方法基于大气传输模型，将观测到的大气二氧化碳浓度进行模型分解，量化出不同来源的碳源和碳汇，以实现评估陆地生态系统碳收支强度（Ju et al., 2018）。联合同化卫星和地面大气二氧化碳浓度、站点通量数据、遥感地表参数等数据是全球碳同化系统的发展趋势。为弥补地面二氧化碳观测数据的不足，日本和美国先后发射了 GOSAT 和 OCO-2 碳卫星。这类评估方法最为常用的反演算法有：贝叶斯综合反演法（Enting et al., 1995）、基于时间拓展的贝叶斯综合反演法（Rayner et al., 1999）、卡尔曼滤波的方法（Zhang et al., 2015）、四维变分的方法（Tian et al., 2018）等。国外从上世纪 80 年代就开始采用大气反演方法进行全球地表碳通量的估算，并于 2007 年建立了全球碳追踪系统 Carbon Tracker，引起了巨大反响。虽然大气反演方法所反演的二氧化碳浓度在全球尺度上与观测较为一致，但是该方法的精度很大程度上依赖于陆地先验通量的准确性、大气二氧化碳观测数据的分布和频率、大气传输模

式的性能等。现阶段该方法与其他方法相比，对区域碳通量的模拟还存在较大的不确定性。在中国，南京大学率先开展了中国区域陆地生态系统碳源汇的大气反演研究，建立了全球第一套以中国区域为中心的嵌套式全球碳源汇大气反演系统。反演研究发现了中国东部以及东北地区为明显的碳汇，2000~2009 年中国陆地碳汇呈明显的增加趋势（中国 2006~2009 年平均碳汇为 -0.46Pg C yr-1）（Jiang et al., 2013, 2014, 2016）。此外，中科院地理所也引进了美国的 Carbon Tracker，开展了东亚及中国的陆地生态系统碳源汇反演研究（Zhang et al., 2014a, b）。随着全球二氧化碳观测数据的逐渐增多，特别是随着碳卫星的发射，对同化系统的同化能力提出了更高的要求。全球多个国家的科研团队都在研究新一代的全球碳同化系统，以更好地应用碳卫星反演的二氧化碳柱浓度数据。

五、基于过程和遥感模型的评估

另外一种常用的评估方法是综合利用生态系统过程模型和遥感模型，采用自下而上的技术途径开展陆地碳收支评估。这种方法将人们目前对于陆地碳收支过程的理解从局地和站点尺度推演到区域和全球，使得大面积的评估成为可能。这种方法依据所使用模型的不同，大致可以分为三类：基于陆地生态系统过程模型的评估、基于遥感模型的评估以及基于数据—模型融合技术的综合评估。

自从 2000 年考克斯（Cox）等率先将基于过程的碳循环模型作为一个耦合模块嵌套进了复杂地球系统模式（Earth System Model, ESM）以后，基于过程的碳循环模型成为了地球系统模式的重要组件，在碳循环—气候模式耦合计划（C4MIP; Friedlingstein et al., 2006）以及第 5 次耦合模式比较计划（CMIP5; Taylor et al., 2012）中发挥了重要作用。此类耦合了碳循环的地球系统模式主要用来模拟和评估不同时间尺度上陆地、海洋和大气的碳交换与反馈过程。目前全球各种 ESM 预测的陆地碳收支对气候变化和大气二氧化碳浓度变化的响应差异很大，模拟结果仍然具有很大的不确定性（Ahlström et al., 2017）。导致 ESM 预测的碳收支差异的原因有很多，其中之一是不同的 ESM 耦合了不同的碳循环模块。这些碳循环模块用不同的公式和模型构架去描述气候系统内部的生物地球化学过程与反馈（Anav et al., 2013, Todd-Brown et al., 2013）。另一个原因是 ESM 中气候与碳循环过程是动态耦合与反馈的，不同的 ESM 模拟的气候变量跟观测数据相比有差异。这些气候驱动数据的差异会导致模拟的碳收支的差别（Ahlström et al., 2017）。由于 ESM 的复杂性和模拟结果的多样性，采用多模式集合平均碳收支作为模拟结果是过去评估碳收支对气候变化响应的常用方法，但是这种方法并不是最优方法（Eyring et al., 2019）。未来的多模式集合研究将结合观测数据、新的模型评估工具和数据挖掘技术，快速和全面评估各种 ESM 的可靠性以及模型之间的依赖性，从而对不同的 ESM 赋予不同的权重来评估碳收支对气候变化的响应和反馈。

六、基于地球系统模式的评估

地球系统模式（Earth System Model，ESM）主要用于评估碳收支对气候变化的响应。在早期的耦合模型研究中，考克斯等（2000）率先将碳循环作为一个耦合模块嵌套进了复杂地球系统模式，此后碳循环模块成为了地球系统模式的重要组件，在碳循环—气候模式耦合计划（C4MIP; Friedlingstein et al., 2006）以及第 5 次耦合模式比较计划（CMIP5; Taylor et al., 2012）中发挥了重要作用。此类耦合了碳循环的地球系统模式主要用来模拟不同时间尺度上陆地、海洋和大气的碳交换与反馈过程。在中国，北京大学朴世龙研究团队基于 ESM 模型的模拟结果量化了中国森林的固碳潜力及其与林龄、气候等的关系（Yao et al., 2018）。评估得出，截至 2040 年中国森林植被生物量碳将增加 8.89～10.37Pg C，其增加的主要原因是中国植被林龄增加所致。目前全球各种 ESM 预测的陆地碳收支对气候变化和大气二氧化碳浓度变化的响应差异很大，模拟结果仍然具有很大的不确定性（Ahlström et al., 2017）。导致 ESM 预测的碳收支差异的原因有很多，其中之一是不同的 ESM 耦合了不同的碳循环模块。这些碳循环模块用不同的公式和模型构架去描述气候系统内部的生物地球化学过程与反馈（Anav et al., 2013, Todd-Brown et al., 2013）。另一个原因是 ESM 中气候与碳循环过程是动态耦合与反馈的。不同的 ESM 模拟的气候变量跟观测数据相比有差异。这些气候驱动数据的差异会导致模拟的碳收支的差别（Ahlström et al., 2017）。由于 ESM 的复杂性和模拟结果的多样性，利用多模式集合平均碳收支结果是过去评估碳收支对气候变化响应的常用方法，但是这种方法并不是最优方法（Eyring et al., 2019）。未来的多模式集合研究将结合观测数据、新的模型评估工具和数据挖掘技术，快速和全面评估各种 ESM 的可靠性以及模型之间的依赖性，从而对不同的 ESM 赋予不同的权重来评估碳收支对气候变化的响应和反馈。

七、基于数据驱动方法的评估

随着全球通量观测站、遥感卫星、气象卫星以及多源融合技术的不断发展，大量高质量、高分辨率的长时间观测数据得到了有效积累。"基于数据"就是以联合地面实测数据、卫星遥感数据以及气象数据为基础，运用各种统计模型来推算区域尺度的碳收支。驱动数据通常必须具有一定数量，拥有较高的质量以及具有代表性。近年来，机器学习理论与技术得到快速发展，使得基于数据驱动模型的工具集不断地丰富起来。人们利用机器学习等统计算法对大量的地面监测数据进行训练，得到 GPP、NPP、ET 等关键变量与驱动数据的统计关系，将此统计关系与全球遥感数据、格网化气象数据相结合，可以在区域尺度上模拟 GPP、NPP、ET，计算区域上的碳收支情况。

植被光合作用以及与之相伴的蒸散过程取决于生理、生态、生物化学、土壤因子与气候条件间的复杂的、非线性的相互作用。复杂的作用机制对陆地生态系统碳收支的模拟和预测带来了很大的不确定性。基于数据驱动方法的评估没有固定的方程式，对碳水通量与其控制因子间的作用关系具有很强的非线性表达的能力，可以自适应地模拟输入与输出间的关系，弥补了传统陆表过程模型存在的模型机械性和固定性的不足。因此，在评估陆地生态系统碳水通量的研究中得到越来越多的关注，常用的方法主要是人工神经网络（van Wijk and Bouten, 1999; He *et al.*, 2006; Evrendilek, 2014）和支持向量机（Yang *et al.*, 2006; Ichii *et al.*, 2017）。近年来回归树算法（Xiao *et al.*, 2008; Jung *et al.*, 2011; Yao *et al.*, 2018）在模拟生态系统碳收支方面也表现出较好的性能。然而，该类方法基于空间分布的数据建立机器学习模型，因此所建立的模型能够较好地反映碳通量的空间变化格局，难以反映其时间变化，不能应用于评估通量的长期变化趋势。

第二节 极端气候事件对碳收支影响的评估方法

随着全球气候变化的加剧，极端气候事件的发生频率和强度都呈现逐步增强的趋势，其对陆地生态系统碳循环的影响越来越引起学术界的关注。IPCC 第五次评估报告明确强调需要加强开展极端天气与气候事件对陆地生态系统碳收支影响的评估（IPCC, 2014）。

具体的评估过程中，首先需要确定极端气候事件的发生时间、地点和强度。一般地，通过以下三种方法确定极端气候时间的发生及其强度。

一、基于气象要素观测数据的分析方法

这种方法是利用气象和生态野外观测台站监测的气象要素数据，进一步

结合时间序列分析方法识别极端气候事件和自然灾害发生的时间和空间范围以及强度（Yuan et al., 2016）。此外，还可以利用古籍文献记载、树木年轮、冰芯、沉积物等古环境感应体来推测过去长期极端事件的发生信息。

二、基于卫星遥感资料的分析方法

与第一种方法形成补充的是利用卫星遥感数据来识别极端气候事件的发生和发展。借助于遥感数据的时空连续等特征，可以获取空间大范围内高频次、多时像的遥感监测数据（Peleg et al., 2018; Baumbach et al., 2017），特别是遥感数据能提供区域乃至全球范围内的极端气候和自然灾害事件信息，这是开展大尺度评估所必需的信息。中国从 20 世纪 70 年代就通过卫星遥感来监测大气与气象情况，并对自然灾害进行预测和预报（李京，1989；郭兵等，2017），在该方面开展了诸多有益的尝试。

在确定了极端气候事件发生时间、地点和强度的基础上，利用野外台站的观测资料、卫星遥感数据以及模型模拟方法评估极端气候事件对碳收支的影响。目前，国内外已经建立了多个生态系统长期野外监测台站。这些台站对生态系统碳循环要素开展了定期的常规监测，能够捕捉到极端气候事件发生时生态系统碳循环关键要素的变化特征，不但能够帮助科学家量化影响的强度，还能够理清其影响的过程（Wilcox et al., 2017; Yuan et al., 2018）。但是，由于野外台站的数量有限，其能够刻画极端气候事件对空间和区域生态系统影响的能力就显得力不从心。在这种情况下，基于遥感数据和生态系统模型模拟的评估方法就发挥了非常关键的补充作用。卫星观测的植被指数、叶绿素荧光等信号能够直接反映绿色植物的光合作用能力，即生长状况。为此，借助于遥感数据连续的时空特性，通过分析植被指数和叶绿素荧光信号的变化，进而识别极端气候事件对生态系统的影响。同样地，生态系统过程模型已经充分耦合了观测和实验中的知识，显著提高了对于极端气候事件对生态系统影响的模拟能力，可以作为区域工具进一步反映和模拟其对于生态系统碳收支的影响强度。

需要指出地是，极端气候事件对陆地碳收支的影响评估依然存在着极大的不确定性。首先，对于极端气候事件和自然灾害的识别仍然需要进一步提高其精度。地面观测数据的空间代表性以及遥感数据的可靠是决定了极端气候事件精度的主要因素。其次，是极端气候和自然灾害事件对碳收支影响的不确定性。如前所述，利用实际观测开展影响评估主要弊端在于观测站点的分布不均一，区域代表性不足。而利用遥感和生态系统过程模型的评估在很大程度上受制于遥感观测质量和模型精度。由于气候系统以及生态系统响应的复杂性，多尺度多方法相结合的研究将有利于揭示生态系统对极端事件的响应过程及机理，从而深入了解其相关反馈过程以及恢复机制。

第三节　人为管理措施对碳收支的影响评估方法

一、人为管理措施对碳收支影响的评估原理

2019 年 8 月，IPCC 就气候变化与土地专题发表了"气候变化、沙漠化、土地退化、可持续土地管理、粮食保障及陆地生态系统中的温室气体通量特别报告"（简称 SRCCL）。该报告一方面强调了农业、林业及其他土地利用（Agriculture, Forestry and Other Land Use）方式导致了 2007～2016 年人类活动产生的温室气体排放总量的 23%，另一方面也提出可持续土地管理措施将很有可能为减缓、适应气候变化提供一种性价比高、快速有效、长期有益的解决方案（IPCC, 2019）。国内外学者就不同人为管理措施（森林管理、农田和草地管理等）对碳收支的影响从现状评估、未来预测等角度进行了研究。

对于已经实行的人为管理措施对碳收支影响的现状评估，主要衡量的是

某一项人为管理措施实施后，一定区域内生态系统的碳汇能力在时间序列上的变化。通过清单调查、遥感、模型模拟等方法来评估人为管理措施实行后单位面积上增加的碳汇效应（称为"潜力固碳量""碳收支贡献"），并以此体现某一项人为管理措施对生态系统碳收支的影响（刘魏魏等，2016；Zomer et al., 2016）。更加精细的评估还会考虑假定不实行人为管理措施情况下原生态系统的碳汇效应（称为"基准固碳量"）（Lu et al., 2018）。

人为管理措施对碳收支影响的预测，主要是基于实测（现状评估）数据来模拟不同社会经济、自然条件场景下人为管理措施的潜力固碳量（Griscom et al., 2017; Smith et al., 2007）。现状评估虽然可信度较高，但是受限于已经实行的人为管理措施的观测数据，对于不同时间、不同地区的人为管理措施往往难以进行定量描述和对比。而通过模型对人为管理措施的潜力固碳量进行预测的结果尽管有较高的不确定性，其形成的涵盖不同人为管理措施的潜力固碳量参数体系为区域或全球范围内各项人为管理措施对碳收支影响的综合评估奠定了基础（Roe et al., 2017）。

第四节　生态系统管理对碳收支影响的评估方法

一、森林管理对碳收支影响的评估方法

森林管理措施是增加陆地生态系统碳汇的有效途径。这些人为管理措施主要包括造林再造林、退耕还林、天然林保护和森林抚育。其中造林与再造林碳汇效应的评估方法在第三次气候变化评估报告中做了介绍和分析，本章将重点介绍森林管理措施对森林碳汇效应的评估方法。

在评估退耕还林、天然林保护和森林抚育等措施的净碳汇功能时，还必须考虑管理过程中的碳泄露因素。当考虑管理过程的碳泄露和边界内温室气

体排放时，森林管理措施的碳汇功能计量方程为：

$$PICS_{cj} = CSC_{Pj} - CSC_{Bj} - GHG - LK \qquad 公式\ 5\text{--}1$$

$$PICS_{Rj} = CSR_{Pj} - CSR_{Bj} - GHG - LK \qquad 公式\ 5\text{--}2$$

在不考虑边界内的碳泄露时为：

$$PICS_{cj} = CSC_{Pj} - CSC_{Bj} \qquad 公式\ 5\text{--}3$$

$$PICS_{Rj} = CSR_{Pj} - CSR_{Bj} \qquad 公式\ 5\text{--}4$$

式中，$PICS_{cj}$ 是 j 种情景下或 j 种驱动因素影响下增加的固碳量；CSC_{Pj} 和 CSC_{Bj} 分别为对应的 j 种情景下或因素驱动下的潜力固碳量和基准固碳量；$PICS_{Rj}$ 是 j 种情景下或 j 种驱动因素影响下增加的碳汇强度；CSR_{Pj} 和 CSR_{Bj} 分别为对应的 j 种情景下或因素驱动下的潜力碳汇强度和基准碳汇强度；GHG 表示实施的项目边界内温室气体的排放量；LK 表示由于此固碳措施的实施导致的碳泄漏量。

参照 IPCC 国家温室气体计算方法，根据生态系统的碳库组分和不同周转时间，可以进一步区分为地上、地下、凋落物、枯死木、林产品和土壤六个碳库，再分别计量各种碳库的变化（IPCC，2006）。在考虑碳泄露和边界温室气体排放时，森林生态系统碳汇计量方程为：

$$\begin{aligned}PICS_{cj} &= CSC_{Pj} - CSC_{Bj} - GHG - LK \\ &= \Delta C_{AB} + \Delta C_{BB} + \Delta C_{DW} + \Delta C_{LI} + \Delta C_{SO} + \Delta C_{HWP} - GHG - LK \qquad 公式\ 5\text{--}5\end{aligned}$$

或

$$PICS_{Rj} = CSR_{Pj} - CSR_{Bj} - GHG - LK \qquad 公式\ 5\text{--}6$$

在不考虑碳泄露和边界温室气体排放时森林碳汇计量方程为：

$$PICS_{cj} = CSC_{Pj} - CSC_{Bj} = \Delta C_{AB} + \Delta C_{BB} + \Delta C_{DW} + \Delta C_{LI} + \Delta C_{SO} + \Delta C_{HWP}$$

$$公式\ 5\text{--}7$$

式中，ΔC_{AB}、ΔC_{BB}、ΔC_{DW}、ΔC_{LI}、ΔC_{SO}、ΔC_{HWP} 分别为地上植物生物量碳库、地下植物生物量碳库、枯死木碳库、凋落物碳库、土壤碳库、采伐木产品的碳库的变化量（tC/a）。

二、农田和草地管理对碳收支影响的评估方法

合理的农田管理措施也是增加陆地生态系统碳汇的有效途径。这些人为管理措施主要包括：（1）农田生态系统的少耕、免耕、秸秆还田和施用有机肥；（2）草地生态系统的天然草地封育、退耕还草和天然草地刈割。在评估这些管理措施的净碳汇功能时还必须考虑管理过程中的碳泄露因素。

当考虑管理过程的碳泄露和边界内温室气体排放时，人为管理措施的碳汇功能计量方程为：

$$PICS_{cj} = CSC_{Pj} - CSC_{Bj} - GHG - LK \qquad \text{公式 5-8}$$

$$PICS_{Rj} = CSR_{Pj} - CSR_{Bj} - GHG - LK \qquad \text{公式 5-9}$$

在不考虑边界内的碳泄露时为：

$$PICS_{cj} = CSC_{Pj} - CSC_{Bj} \qquad \text{公式 5-10}$$

$$PICS_{Rj} = CSR_{Pj} - CSR_{Bj} \qquad \text{公式 5-11}$$

式中，$PICS_{cj}$ 是 j 种情景下或 j 种驱动因素影响下增加的固碳量；CSC_{Pj} 和 CSC_{Bj} 分别为对应的 j 种情景下或因素驱动下的潜力固碳量和基准固碳量；$PICS_{Rj}$ 是 j 种情景下或 j 种驱动因素影响下增加的碳汇强度；CSR_{Pj} 和 CSR_{Bj} 分别为对应的 j 种情景下或因素驱动下的潜力碳汇强度和基准碳汇强度；GHG 表示实施的项目边界内温室气体的排放量；LK 表示由于此固碳措施的实施导致的碳泄漏量。

参照 IPCC 国家温室气体计算方法，根据生态系统的碳库组分和不同周转时间，可以进一步区分为地上、地下、凋落物、枯死木、林产品和土壤六个碳库，再分别计量各种碳库的变化（IPCC, 2006）。对于农田生态系统而言，因为这类生态系统不仅没有枯死木碳库和采伐木产品碳库，而且凋落物碳库也可以不予考虑，因此在考虑碳泄露和边界温室气体排放时碳汇计量方程进一步简化为：

$$PICS_{cj} = CSC_{Pj} - CSC_{Bj} - GHG - LK$$
$$= \Delta C_{AB} + \Delta C_{BB} + \Delta C_{SO} - GHG - LK \qquad 公式\ 5\text{-}12$$

或

$$PICS_{Rj} = CSR_{Pj} - CSR_{Bj} - GHG - LK \qquad 公式\ 5\text{-}13$$

其中，农田土壤温室气体排放（GHG）由于其空间上分散、时间上不稳定的特性往往难以直接计量。现有的研究中常通过区位、环境因子、管理措施等变量来构建模型，模拟农田土壤温室气体排放量（Paustian *et al*., 2016）。

在不考虑碳泄露和边界温室气体排放时的碳汇计量方程为：

$$PICS_{cj} = CSC_{Pj} - CSC_{Bj} = \Delta C_{AB} + \Delta C_{BB} + \Delta C_{SO} \qquad 公式\ 5\text{-}14$$

对于草地生态系统而言，因为没有枯死木碳库和采伐木产品碳库，所以在考虑碳泄露和边界温室气体排放时的碳汇计量方程可以简化为：

$$PICS_{cj} = CSC_{Pj} - CSC_{Bj} - GHG - LK$$
$$= \Delta C_{AB} + \Delta C_{BB} + \Delta C_{LI} + \Delta C_{SO} - GHG - LK \qquad 公式\ 5\text{-}15$$

$$PICS_{Rj} = CSR_{Pj} - CSR_{Bj} - GHG - LK \qquad 公式\ 5\text{-}16$$

在不考虑碳泄露和边界温室气体排放时的碳汇计量方程为：

$$PICS_{cj} = CSC_{Pj} - CSC_{Bj} = \Delta C_{AB} + \Delta C_{BB} + \Delta C_{SO} + \Delta C_{LI} \qquad 公式\ 5\text{-}17$$

三、预测人为管理措施对碳收支影响的方法

在区域或全球范围内对人为管理措施的潜力固碳量进行预测，通常需要预设一个社会经济、自然条件场景。如 IPCC 排放场景专题报告中的 SRES 场景（Nakicenovic *et al*., 2000）、IPCC 第五次评估报告之决策者摘要中的典型排放路径 RCP 场景（IPCC, 2014）、IPCC 全球变暖 1.5 摄氏度专题报告中共享社会经济路径 SSP 场景（IPCC, 2018）或多种场景交叉。这些社会经济、自然条件场景为基于模型的潜力固碳量预测提供了参数基础。

在某一场景下对于人为管理措施对碳收支影响的预测，整体上仍遵循

IPCC 碳收支核算的基本方程（IPCC, 2006）

$$\text{Emissions} = AD \times EF \qquad \text{公式 5–18}$$

其中 AD（ActivityData，活动数据）指人类活动的影响范围，EF（Emission Factor，排放因子）指单位人类活动导致的碳排放/碳去除量。在大多数情况下，人为管理措施的潜力固碳量核算中的"活动数据"指某一项管理措施（预计）实行的空间范围，"排放因子"指某一项管理措施在单位面积上（基于现状评估或模型模拟）的平均固碳量。少数的如评估"减少木柴燃料使用"措施时则从需求侧入手，用（预计）减少木柴燃料使用的人口数和单位人口使用木柴燃料带来的碳排放量之积，来作为这一措施的潜力固碳量（Griscom et al., 2017）。

对于涉及多种地表覆盖类型、多种人为管理措施的碳收支影响的核算，可以对各项人为管理措施的潜力固碳量进行累计。多项人为管理措施的总潜力固碳量计算方程为（改编自 Tyukavina et al., 2015）：

$$\text{Total Mitigation Potential} = \sum (AD_i \times EF_i) \qquad \text{公式 5–19}$$

其中 AD_i 是 i 种人为管理措施的活动数据，EF_i 是该种人为管理措施的排放因子。根据这一方程，可以对区域或全球范围内多种人为管理措施的潜力固碳量进行综合评估。

第五节　其他温室气体源汇评估

除了二氧化碳以外，甲烷、挥发性有机物、氧化亚氮等也是由陆地生态系统排放到大气中的重要温室气体，其对于气候系统的影响也是不容忽视的。本章将介绍甲烷、植物源挥发性有机物和氧化亚氮的评估方法。

一、甲烷收支的评估方法分析

甲烷（甲烷）是除二氧化碳外最重要的温室气体之一，虽然其在大气中的浓度不高，但是其辐射强迫却是二氧化碳的 25 倍，被公认为是仅次于二氧化碳的温室气体（马向贤等，2012）。大气中的甲烷源主要包括自然和人为排放，其中自然源包括主要的陆地生态系统类型，如沼泽、湿地、湖泊、海洋等，其排放约占大气甲烷总源的 30%～50%；人为源主要包括化石能源燃烧、生物物质缺氧加热或燃烧等，约占大气甲烷总源的 50%～70%（乐群等，2012）。

在局地尺度上，研究甲烷源和汇主要借助于微气象学和箱式测量方法。前者是通过测量近地表的空气湍流状况和甲烷气体的浓度来计算得到甲烷通量，包括涡度相关法、质量平衡法、能量平衡法和空气动力学法等。箱式法则是采用一定体积的透明或者黑箱罩在一定面积的土壤上方，隔绝箱体内外气体交换，连续测定箱内甲烷浓度随时间的变化趋势，计算土壤甲烷排放或吸收通量。

评估区域尺度的陆地生态系统甲烷收支方法包括基于卫星和航空观测数据、经验回归模型、过程模型和模型—数据融合方法等（于贵瑞等，2011）。总体可以分为自下而上和自上而下两种方法。前者是指充分利用地面实测数据，结合模型模拟生态系统—大气甲烷交换通量；后者则是基于卫星反演的大气中甲烷浓度，利用大气传输模型进行估算甲烷收支（Bridgham *et al.*, 2013）。随着大气甲烷浓度的卫星观测技术的提高和改进，卫星观测技术越来越多地被应用于评估陆地生态系统甲烷收支。

二、植物源挥发性有机物（BVOC）收支评估方法

挥发性有机化合物（Volatile Organic Compounds, VOCs）是由各种人类活动和生物代谢排放到大气中的挥发性有机化合物的总称。由植物代谢排放的 VOCs 称为植物源挥发性有机物（Biogenic Volatile Organic Compounds, BVOCs）。BVOCs 产生和释放的种类数以万计，主要包括异戊二烯（Isoprene, C_5H_{10}）和单萜烯（Monoterpenes, $C_{10}Hx$）等挥发性强的化合物，以及其它类挥发性不强的化合物（OVOCs）（何念鹏等，2005；石明等，2008；白建辉等，2012；Maeda et al., 2015；李军，2016；Goh et al., 2016）。植物释放的 VOCs 占全球总量的 90% 以上，异戊二烯和单萜烯总排放的贡献分别为 44% 和 11%，即异戊二烯是最大的 VOC 排放源。VOCs 化学活性强，对流层大气中通过一系列氧化还原反应，对臭氧合成、CO 生成、甲烷氧化等有重要作用，改变大气的化学组成，对区域乃至全球的环境和气候都产生一定的影响。BVOCs 绝大多数最终会转化为二氧化碳，进入陆地生态系统碳循环，是碳循环的组成要素之一。

BVOCs 测量和研究主要包括大气中 BVOCs 浓度的测定、代表性植物 BVOCs 排放通量的测定、区域 BVOCs 排放通量的估算等。BVOCs 收集方法主要有两类：固相微萃取和固体吸附法。BVOCs 提取方法有固相萃取、固相微萃取、超临界流体萃取等，一般可不经过浓缩，直接进样分析（Bicchi et al., 2000；李军，2016）。植物挥发性有机化合物一般采用气相色谱（Gas Chromatography, GC）、气相色谱—质谱联用（GC-MS）或质子转移反应质谱（Proton-Transfer-Reaction Mass Spectrometer）等分析测定（Kos et al., 2013；Impraga et al., 2016）。目前 BVOCs 通量研究方法包括站点仪器观测、卫星观测、飞行器观测以及模型估算等。站点仪器观测主要包括静态和动态箱式通量观测、通量—梯度廓线观测、涡动协方差通量观测及弛豫涡旋积累通量观

测等技术和方法。基于卫星观测可获得异戊二烯氧化产物（如 CH_2O 和 CO）等空间分布格局，反映异戊二烯的排放通量。除了上述测量手段，利用飞机和系留气球获得的异戊二烯等浓度，依据反向模拟和梯度法估算异戊二烯的排放特征。

BVOCs 区域生物排放模型是估算区域 BVOCs 排放通量的有效途径。科学家通过对不同国家、不同地区代表性树种 BVOCs 的排放通量的长期观测以及系统的实验室内外测量及模式研究，建立和发展了 BVOCs 排放模式。例如，冈瑟等（2006）在改进 BVOCs 计算方法等基础上，首次建立了 BVOCs 排放通量的全球模式。冈瑟对全球 BVOCs 排放的季节变化以及年际变化情况进行了估算，该方法也是目前公认的较为合理的 BVOCs 算法之一。除了上述冈瑟等模型外，基于光合过程的模型也被用于 BVOCs 排放通量的估算（Pacifico et al., 2011）。

三、陆地生态系统土壤氧化亚氮释放评估方法

氧化亚氮（N_2O）是另外一种重要的温室气体，在大气中的浓度为325.9ppb（Tarasova et al., 2015），其辐射强迫是二氧化碳的 310 倍。氧化亚氮主要来源于自养硝化、异养硝化和反硝化这三个过程。氧化亚氮过程模型，从土壤氧化亚氮排放的过程和机理出发，阐述土壤理化性质和环境因子对氧化亚氮排放的影响，用数学公式表达相关的物理、化学和生物过程。根据其复杂程度，氧化亚氮过程模型可以分为简单模型、概念模型和复杂模型三类。简单模型，如 DAISY 模型（Hansen et al., 1990）和 ANIMO 模型（Groenendijk and Kroes., 1999），仅仅考虑反硝化过程中释放的氧化亚氮。概念模型，如 Daycent 模型（Parton et al., 2001）、GERES-EGC 模型（Parton et al., 2006）、ORCHIDEE 模型（Zaehle et al., 2010）和 Dlem 模型（Tian et al., 2015），模拟硝化过程和反硝化过程中排放的氧化亚氮。简单模型和概念模型首先计算最大硝化/反硝

化速率，乘以环境限制方程（如土壤温度、湿度、pH 值和基质利用率）得到实际硝化/反硝化速率。环境限制方程往往是半经验的，并且是在特定站点/特定生态系统中进行参数化。模拟其他站点或其他生态系统氧化亚氮通量时，简单模型和概念模型需要重新进行参数化，因此在大尺度氧化亚氮模拟上适用性较差。复杂模型，如 ECOSYS（Grant *et al*., 1991）、DNDC 模型（Li *et al*., 2000）和 MiCNiT 模型（Blagodatsky *et al*., 2011），模拟氮循环中的 N 转换过程、微生物动态及气体扩散过程。氧化亚氮复杂模型过程明确、机理性强、适用范围广、结果准确，但是模型结构复杂、参数较多。随着氧化亚氮过程模型的不断发展，模拟精确度不断提高。但是，仍然有一些重要的氮循环过程模型不能准确模拟，这是氧化亚氮模型不确定性较大的原因之一（Tian *et al*., 2018）。目前的氧化亚氮过程模型都不模拟异养硝化过程。在氮循环过程中，释放氧化亚氮的过程包括：铵根（NH_4^+）的自养硝化、有机氮的异养硝化、硝酸根（NO_3^-）的反硝化、亚硝酸根（NO_2^-）和羟胺（NH_2OH）的化学分解以及亚硝酸（NO_2^-）氨化（Van Cleemput and Baert 1984; Papen *et al*. 1989; Wrage *et al*., 2001; Laughlin and Stevens 2002; Wrage *et al*., 2005; Rütting *et al*., 2010; Müller *et al*., 2014）。在这些过程中，NH_4^+ 的自养硝化、有机氮的异养硝化和 NO_3^- 的反硝化是氧化亚氮的主要来源（Zhang *et al*., 2015）。自养硝化是自养硝化菌将 NH_4^+ 氧化为 NO_3^- 的好氧过程（Mushinski *et al*., 2019）。异养硝化是有机氮/NH_4^+ 被异养硝化细菌或真菌氧化为 NO_3^- 的好氧过程，在酸性土壤的氮循环过程中发挥重要作用（Huygens *et al*., 2008; Zhang *et al*., 2011, 2015）。反硝化是 NO_3^- 被异养微生物逐步还原为 N_2（$NO_3^- \rightarrow NO_2^- \rightarrow NO \rightarrow N_2O \rightarrow N_2$）的厌氧过程（Zhang *et al*., 2015b）。目前的氧化亚氮过程模型中，氧化亚氮的释放过程主要是自养硝化过程和反硝化过程（Butterbach-Bahl *et al*., 2013）。异养硝化是酸性森林和草地土壤氧化亚氮排放的重要来源：在酸性森林土中，异养硝化对氧化亚氮排放的贡献率为 27%～42%（Stange *et al*., 2009; Zhang *et al*., 2011）；在酸性草地土壤中，异养硝化对氧化亚氮排放的贡献率为54%～85%（Rütting *et al.*, 2010）。因此，为了更加准确地模拟土壤氧化亚氮排放的量级和季节性，需要在模型中加入对异养硝化的模拟。

参考文献

Ahlström, A., G. Schurgers and B. Smith, 2017. The large influence of climate model bias on terrestrial carbon cycle simulations. *Environmental Research Letters*, 12.

Anav, A. P., M. Friedlingstein, Kidston, *et al*, 2013. Evaluating the land and ocean components of the global carbon cycle in the CMIP5 Earth system models. *Journal of Climate*, 26.

Arnone III, J., P. Verburg, D. Johnson, *et al*, 2008. Prolonged suppression of ecosystem carbon dioxide uptake after an anomalously warm year. *Nature*, 455.

Ayres, R.U., A. Kneese, 1969. Production, Consumption and Externalities. *American Economic Review*, 59(3).

Baldocchi, D, 2008. Breathing of the terrestrial biosphere: Lessons learned from a global network of carbon dioxide flux measurement systems. *Australian Journal of Botany*, 56.

Baldocchi, D, 2014. Measuring fluxes of trace gases and energy between ecosystems and the atmosphere – the state and future of the eddy covariance method. *Global Change Biology*, 20(12).

Barber, V.A., G. P. Juday and B. P. Finney, 2000. Reduced growth of Alaskan white spruce in the twentieth century from temperature-induced drought stress. *Nature*, 405.

Baumbach, L., J. F. Siegmund, M. Mittermeier, *et al*, 2017. Impacts of temperature extremes on European vegetation during the growing season. *Biogeosciences*, 14.

Bicchi, C., C. Cordero, C. Ioric, *et al*, 2000. Headspace sorptiveextraction (HSSE) in the headspace analysis of aromatic and medicinalplants. *Journal of High Resolution Chromatography*, 23(9).

Blagodatsky, S., R. Grote, R. Kiese, *et al*, 2011. Modelling of microbial carbon and nitrogen turnover in soil with special emphasis on N-trace gases emission. *Plant Soil*, 346.

Breshears, D., C. D. Allen, 2002. The importance of rapid, disturbance-induced losses in carbon management and sequestration. *Global Ecology and Biogeography*, 11.

Bridgham, S.D., H. Cadillo-Quiroz, J. K. Keller. *et al*, 2013. Methane emissions from wetlands: biogeochemical, microbial, and modeling perspectives from local to global scales. *Global Change Biology*, 19.

Burniaux, J. M., H. L. Lee, 2003. *Modelling Land Use Changes in GTAP.*

Butterbach-bahl, K., E. M. Baggs, M. Dannenmann, et al, 2013. Nitrous oxide emissions from soils: how well do we understand the processes and their controls? *Philosophical transactions-Royal Society. Biological sciences*, 368(1621).

Chamberlain, P. M., B. A. Emmett, W. A. Scott, et al, 2010. No change in topsoil carbon levels of Great Britain, 1978- 2007. *Biogeosciences Discuss*, 7(2).

Chen, G. S., D. J. Hayes and A. D. McGuire, 2017. Contributions of wildland fire to terrestrial ecosystem carbon dynamics in North America from 1990 to 2012. *Global Biogeochemical Cycles*, 31.

Chen, Z., G. R. Yu, J. P. Ge, et al, 2013. Temperature and precipitation control of the spatial variation of terrestrial ecosystem carbon exchange in the Asian region. *Agricultural and Forest Meteorology*, 182-183.

Chen, Z., G. R. Yu, et al, 2018. Ecosystem carbon use efficiency in China: Variation and influence factors. *Ecological Indicators*, 90.

Chen, Z., G. R. Yu, J. P. Ge, et al, 2015a. Roles of climate, vegetation and soil in regulating the spatial variability in ecosystem carbon dioxide fluxes in the Northern Hemisphere. *PLoS One*, 10(4).

Chen, Z., G. R. Yu, J. P. Ge, et al, 2015b. Covariation between gross primary production and ecosystem respiration across space and the underlying mechanisms: a global synthesis. *Agricultural and Forest Meteorology*, 203.

Chiesi, M., L. Fibbi, L. Genesio, et al, 2011. Integration of ground and satellite data to model Mediterranean forest processes. *International Journal of Applied Earth Observation and Geoinformation*, 13(3).

Ciais, P., M. Reichstein, N. Viovy, et al, 2005. Europe-wide reduction in primary productivity caused by the heat and drought in 2003. *Nature*, 437.

Cox, P., R. Betts, C. Jones, et al, 2000. Acceleration of global warming due to carbon-cycle feedbacks in a coupled climate model. *Nature*, 408.

Boer, W., G. A. Kowalchuk, 2001. Nitrification in acid soils: micro-organisms and mechanisms. *Soil Biology and Biochemistry*, 33.

DeConto, R., S. Galeotti, M. Pagani, et al, 2012. Past extreme warming events linked to massive carbon release from thawing permafrost. *Nature*, 484.

Del Grosso, S., W. Parton, T. Stohlgren, et al, 2008. Global potential net primary production predicted from vegetation class, precipitation, and temperature. *Ecology*, 89 (8).

Delgado, B. M., P. B. Reich, A. N. Khachane, et al, 2016. It is elemental: soil nutrient stoichiometry drives bacterial diversity. *Environmental Microbiology*, 19(3).

Droge, S., 2009. Tackling leakage in a world of unequal carbon prices. Climate Strategies, Cambridge, UK.

Evrendilek, F., 2014. Modeling net ecosystem carbon dioxide exchange using temporal neural networks after wavelet denoising. *Geographical Analysis*, 46(1).

Eyring, V., P. M. Cox, G. M. Flato, 2019. Taking climate model evaluation to the next level. *Nature Climate Change*, 9(2).

Fan, J., H. Zhong, W. Harris, *et al*, 2008. Carbon storage in the grasslands of China based on field measurements of above- and below-ground biomass. *Climatic Change*, 86(3).

Fang, J, A. Chen, C. Peng, *et al*, 2001. Changes in forest biomass carbon storage in China between 1949 and 1998. *Science*, 292(5525).

Fang, J., G. R. Yu, L. L. Liu, *et al*, 2018. Climate change, human impacts, and carbon sequestration in China Introduction. *Proceedings of the National Academy of Sciences of the United States of America*, 115(16).

Friedlingstein, P., P. Cox, R. Betts, *et al*, 2006. Climate–carbon cycle feedback analysis: Results from the C4MIP model intercomparison. *Journal of Climate*, 19.

Frolking, S., M. L. Goulden, S. C. Wofsy, *et al*, 1996. Modelling temporal variability in the carbon balance of a spruce/moss boreal forest. *Global Change Biology*, 2(4).

Fu, Y, Z. Zheng and G. Yu, 2009. Environmental influences on carbon dioxide fluxes over three grassland ecosystems in China. *Biogeosciences*, 6.

Gabrielle, B., P. Laville, C. Hénault, *et al*, 2006. Simulation of Nitrous Oxide Emissions from Wheat-cropped Soils using CERES. *Nutrient Cycling in Agroecosystems*, 74(2).

Gao, Y., X. J. Zhu, G.R. Yu, *et al*, 2014. Water use efficiency threshold for terrestrial ecosystem carbon sequestration in China under afforestation. *Agricultural & Forest Meteorology*, 195(198).

Goh, H., K. Khairudin, N. A. Sukirann, *et al*, 2016. Metabolite profiling reveals temperature effects on the VOCs and flavonoids ofdifferent plant populations. *Plant Biology*, 18 (Supplement S1).

Goldstein, A., N. E. Hultman, J. M. Fracheboud, *et al*, 2000. Effects of climate variability on the carbon dioxide, water, and sensible heat fluxes above a ponderosa pine plantation in the Sierra Nevada (CA). *Agricultural and Forest Meteorology*, 101.

Grant, R., 1995. Mathematical modelling of nitrous oxide evolution during nitrification. *Soil Biology & Biochemistry*, 27.

Griscom, B. W., *et al*, 2017. "Natural climate solutions." *Proceedings of the national Academy of Sciences*,114(44).

Guenther, A., T. Karl, P. Harley, *et al*, 2006. Estimates of global terrestrial isoprene emissions using MEGAN (Model of Emissions of Gases and Aerosols from Nature). *Atmospheric Chemistry and Physics*, 6.

Hansen, S., H. E. Jensen, N. E. Nielsen, *et al*, 1991. Simulation of nitrogen dynamics and biomass production in winter wheat using the Danish simulation model DAISY. *Nutrient Cycling in Agroecosystems*, 27(2).

Harper, C.W., J. M. Blair, P. A. Fay, et al, 2005. Increased rainfall variability and reduced rainfall amount decreases soil CO_2 flux in a grassland ecosystem. *Global Change Biology*, 11.

He, H., G. Yu, L. Zhang, et al, 2006. Simulating CO_2 flux of three different ecosystems in ChinaFLUX based on artificial neural networks. *Science in China*, 49(2 Supplement).

Heistermann, M., C. Mülle and K. Ronneberger, 2006. Land in sight: achievements, deficits and potentials of continental to global scale land-use modeling. *Agriculture, Ecosystems and Environment*, 114(2-4).

Hilton, T.W., K. J. Davis, K. Keller, et al, 2012. Improving terrestrial CO_2 flux diagnosis using spatial structure in land surface model residuals. *Biogeosciences Discuss*, 9.

Houghton, R. A., J. L. Hackler and K. T. Lawrence, 1999. The U.S. carbon budget: Contributions from land-use change. *Science*, 285(5427).

Houghton, J.T., Y. Ding and D. J. Griggs, 2001. Climate Change 2001: The Scientific Basis. Intergovernmental Panel on Climate Change (IPCC) Working Group I Third Assessment Report. In, New York.

Huang, Y., W. Zhang, W. J. Sun, et al, 2007. Net Primary Production of Chinese Croplands from 1950 to 1999. *Ecological Applications*, 17(3).

Hufkens, K., M. A. Friedl, T. F. Keenan, et al, 2012. Ecological impacts of a widespread frost event following early spring leaf-out. *Global Change Biology*, 18.

Huygens, D., P. Boeckx, P. Templer, et al, 2008. Mechanisms for retention of bioavailable nitrogen in volcanic rainforest soils. *Nature Geoscience*, 1(8).

Ichii, K, M. Ueyama, M. Kondo, et al, 2017. New data-driven estimation of terrestrial CO_2 fluxes in Asia using a standardized database of eddy covariance measurements, remote sensing data, and support vector regression. *Journal of Geophysical Research: Biogeosciences*, 122(4).

Impraga, M., J. Takabayashi and J.K. Holopainen, 2016. Language of plants: Where is the word? *Journal of Integrative Plant Biology*,58(4).

IPCC, 2007. Climatic change 2007: The physical science basis, Cambridge, UK, Cambridge University Press.

IPCC, 2011. Managing the risks of extreme events and disasters to advance climate change adaptation (SREX), Cambridge, UK, Cambridge University Press.

IPCC, 2014. Climate Change 2013: the physical science basis: contribution of working group I to the fifth assessment report of the intergovernmental panel on climate change. Cambridge University Press, Cambridge, United Kingdom and New York, NY, USA.

IPCC, 2019. "Climate Change and Land: an IPCC special report on climate change, desertification, land degradation, sustainable land management, food security, and greenhouse gas fluxes in terrestrial ecosystems". In press.

IPCC, 2018: Global Warming of 1.5°C. An IPCC Special Report on the impacts of global warming of 1.5°C above pre-industrial levels and related global greenhouse gas emission pathways, in the context of strengthening the global response to the threat of climate change, sustainable development, and efforts to eradicate poverty. In Press.

IPCC, 2007. Summary for Policymakers of Climate Change 2007: The Physical Science Basis. Contribution of Working Group I to the Fourth Assessment Report of the Intergovernmental Panel on Climate Change. Cambridge, Cambridge University Press.

IPCC, 2014. Climate Change 2014: Synthesis Report. Contribution of Working Groups I, II and III to the Fifth Assessment Report of the Intergovernmental Panel on Climate Change. IPCC, Geneva, Switzerland, 151 pp.

Jentsch, A., J. Kreyling, M. Elmer, et al, 2011. Climate extremes initiate ecosystem-regulating functions while maintaining productivity. *Journal of Ecology*, 99.

Jiang, F., J. M. Chen, L. X. Zhou, et al, 2016. A comprehensive estimate of recent carbon sinks in China using both top-down and bottom-up approaches, *Scientific Reports*, 6.

Jiang, F., H. M. Wang, J. M. Chen, et al, 2014. Carbon balance of China constrained by CONTRAIL aircraft CO_2 measurements, *Atmospheric Chemistry and Physics*, 14(18).

Jiang, F., H. M. Wang, J. M. Chen, et al, 2013. Nested atmospheric inversion for the terrestrial carbon sources and sinks in China, *Biogeosciences*, 10(8).

Jung, M., 2015. Global patterns of land-atmosphere fluxes of carbon dioxide, latent heat, and sensible heat derived from eddy covariance, satellite, and meteorological observations[J]. *Journal of Geophysical Research Biogeosciences*, 117(G4).

Kalani, K., C. Vinita, P. Trivedi, et al, 2019. Dihydroartemisinin and its analogs: A new class of antitubercular agents. *Current topics in medicinal chemistry*, 19(8).

King, D.A., D. P. Turner and W. D. Ritts, 2011. Parameterization of a diagnostic carbon cycle model for continental scale application. *Remote Sensing of Environment*, 115(7).

Knapp, K.R., J.P. Kossin, 2007. New global tropical cyclone data from ISCCP B1 geostationary satellite observations. *Journal of Applied Remote Sensing*, 1.

Kos, M., B. Houshyani, A. J. Overeem, et al, 2013. Genetic engineering of plant volatile terpenoids: effects on a herbivore, a predator and aparasitoid. *Pest Management Science*, 69(2).

Kuypers, M. M. M., H. K. Marchant and B. Kartal, 2018. The microbial nitrogen-cycling network. *Nature Reviews Microbiology*, 16(5).

Laughlin, R. J., R. J. Stevens, 2002. Evidence for fungal dominance of denitrification and codenitrification in grassland soil. *Soil Science Society of America Journal*, J66.

Lenzen, M., K. Kanemoto, D. Moran, *et al*, 2012. Mapping the Structure of the World Economy. *Environmental Science & Technology*, 46.

Lenzen, M., L. Pade, J. Munksgaard, 2004. CO_2 Multipliers in Multi-region Input-Output Models. *Economic Systems Research*, 16.

Leontief, W., 1970. Environmental Repercussions and the Economic Structure: An Input-Output Approach. *Review of Economics and Statistics*, 52.

Li, Z. P., F. X. Han, Y. Su, *et al*, 2007. Assessment of soil organic and carbonate carbon storage in China. *Geoderma*, 138(1-2).

Liu, M. L., H. Q. Tian, 2010. China's land cover and land use change from 1700 to 2005: Estimations from high-resolution satellite data and historical archives. *Global Biogeochemical Cycles*, 24.

Lu, F., H. F. Hu, W. J. Sun, *et al*, 2018. Effects of national ecological restoration projects on carbon sequestration in China from 2001 to 2010. *Proceedings of the National Academy of Sciences of the United States of America*, 115(16).

Maeda, T., H. Kishimoto, L. C. Wright, *et al*, 2015. Mixture ofsynthetic herbivore-induced plant volatiles attracts more Stethoruspunctum picipes(Casey) (Coleoptera: Coccinellidae) than a singlevolatile. *Journal of Insect Behavior*, 28(2).

Maestre, F. T., M. Delgado-Baquerizo, T. C. Jeffries, *et al*, 2015. Increasing aridity reduces soil microbial diversity and abundance in global drylands. *Proceedings of the National Academy of Sciences*, 112(51).

Miller, R.E., P. D. Blair, 2009. Input-Output Analysis: Foundations and Extensions. Cambridge: Cambridge University Press.

Müller, C, R. J. Laughlin, O. Spott, *et al*, 2014. Quantification of N2O emission pathways via a 15N tracing model. *Soil Biol Biochem*, 72.

Mushinski, R. M., R. P. Phillips, Z. C. Payne, *et al*, 2019. Microbial mechanisms and ecosystem flux estimation for aerobic NOy emissions from deciduous forest soils. *Proceedings of the National Academy of Sciences of the United States of America*, 116(6).

Nakicenovic, N., O. Davidson, G. Davis, 2000. Special report on emissions scenarios (SRES), a special report of Working Group III of the intergovernmental panel on climate change.

Nemani, R. R., C. D. Keeling, H. Hashimoto, *et al*, 2003. Climate-driven increases in global terrestrial net primary production from 1982 to 1999. *Science*, 300.

Ni, J., 2003. Net primary productivity in forests of China: Scaling- up of national inventory data and comparison with model predictions. *Forest Ecology and Management*, 176(1-3).

Nielsen, S. N., P. M. Anastácio, A. F. Frias, *et al*, 1999. CRISP-crayfish rice integrated system of production. 5. Simulation of nitrogen dynamics. *Ecological Modelling*, 123(1).

Niu, S. L., Y. Q. Luo, D. J. Li, *et al*, 2014. Plant growth and mortality under climatic extremes: An overview. *Environmental and Experimental Botany*, 98.

Norman, J., P. E. Jansson, N. Farahbakhshazad, *et al*, 2008. Simulation of NO and N2O emissions from a spruce forest during a freeze/thaw event using an N-flux submodel from the PnET-N-DNDC model integrated to CoupModel. *Ecological Modelling*, 216(1).

NovelliL, P. C., P. Steele and P. P. Tans, 1992. Mixing ratios of carbon monoxide in the troposphere. *Journal of Geophysical Research*, 97.

Pachauri, R. K., A. Reisinger, 2007. Contribution of Working Groups I, II and III to the Fourth Assessment Report of the Intergovernmental Panel on Climate Change. In, Geneva, Switzerland.

Pacifico, F., S. P. Harrison, C. D. Jones, *et al*, 2011. Evaluation of aphotosynthesis -based biogenic isoprene emission scheme in JULES and simulation of isoprene emissions under present-day climate conditions. *Atmospheric Chemistry and Physics*, 11.

Papen, H., 1989. Heterotrophic nitrification by Alcaligenes faecalis : NO2-, NO3-, N2O, and NO production in exponentially growing cultures. *Applied and Environmental Microbiology*, 55(8).

Parton, W. J., E. A. Holland, S. J. D. Grosso, *et al*, 2001. Generalized model for NOx and N2O emissions from soils. *Journal of Geophysical Research Atmospheres*,106.

Pathmathevan, M., S. C. Wofsy, D. M. Matross, *et al*, 2008. A satellite-based biosphere parameterization for net ecosystem CO_2 exchange: Vegetation Photosynthesis and RespirationModel (VPRM). *Global Biogeochemical Cycles*, 22.

Paul, J.C., 1991. Methane's sinks and sources. *Nature*, 350.

Paustian, K., J, Lehmann, S. Ogle, *et al*, 2016. "Climate-smart soils." *Nature*, 532.

Peleg, N., F. Marra, S. Fatichi, *et al*, 2018. Spatial variability of extreme rainfall at radar subpixel scale. *Journal of Hydrology*, 556.

Peng, L., C. Zhao and Y. Lin, 2007. Analysis of carbon monoxide budget in North China. *Chemosphere*, 68.

Penman, J., M. Gytarsky, T. Hiraishi, *et al*, 2000. Good Practice Guidance for Land Use. *Land-Use Change and Forestry*. http://www.ipcc-nggip.iges.or.jp/public/gp/chinese/gpgaum_cn.html.

Peters, G., E. Hertwich, 2004. Production Factors and Pollution Embodied in Trade: Theoretical Development. *IndEcol Working Papers*.

Peters, G. P., S. J. Davis and R. M. Andrew, 2012. A synthesis of carbon in international trade. *Biogeosciences*, 9.

Piao, S., J Fang, P. Ciais, *et al*, 2009. The carbon balance of terrestrial ecosystems in China. *Nature*, 458(7241).

Piao, S., J. Fang, L. Zhou, et al, 2007. Changes in biomass carbon stocks in China's grasslands between 1982 and 1999. *Global Biogeochemical Cycles*, 21(2).

Prosser, J. I., G. W. Nicol, 2012. Archaeal and bacterial ammonia-oxidisers in soil: the quest for niche specialisation and differentiation. *Trends in microbiology*, 20(11).

Reeburgh, W.S., J. Y. King, S. K. Regli, et al, 1998. A CH_4 emission estimate for the Kuparuk River basin, Alaska. *Journal of Geophysical Research-Atmospheres*, 103.

Reichstein, M., M. Bahn, P. Ciais, et al, 2013. Climate extremes and the carbon cycle. *Nature*, 500.

Roe, S., S. Weiner, M. Obersteiner, et al, 2017. "How improved land use can contribute to the 1.5C goal of the Paris Agreement". *Climate Focus and the International Institute for Applied Systems Analysis*.

Rütting, T., T. J. Clough and C. Müller, P. C. D. Newton, 2010. Ten years of elevated atmospheric carbon dioxide alters soil nitrogen transformations in a sheep-grazed pasture. *Global Change Biology*, 16.

Sanyal, J., X. X. Lu, 2004. Application of remote sensing in flood management with special reference to monsoon Asia: A review. *Natural Hazards*, 33.

Smith, M.D., 2011. The ecological role of climate extremes: Current understanding and future prospects. *Journal of Ecology*, 99.

Smith, P., D. Martino, Z.C. Cai, et al, 2007. "Greenhouse gas mitigation in agriculture." Philosophical transactions of the royal Society B: *Biological Sciences*, 363(1492).

Stange, C. F., O. Spott, C. Müller, 2009. An inverse abundance approach to separate soil nitrogen pools and gaseous nitrogen fluxes into fractions related to ammonium, nitrate and soil organic nitrogen. *European Journal of Soil Science*, 60(6).

Stange, F., K. Butterbach-Bahl, and H. Papen, 2000. A process-oriented model of N2O and NO emissions from forest soils 2. *Sensitivity analysis and validation. Journal of Geophysical Research*, 105(4).

Sun, W. J., Y. Huang, W. Zhang, et al, 2009. Estimating topsoil SOC sequestration in croplands of Eastern China from 1980 to 2000. *Australian Journal of Soil Research*, 2009, 47(3).

Tanaka, S., R. Nishii, 1997. A model of deforestation by human population interactions. *Environmental and Ecological Statistics*, 4.

Tang, X. L., X. Zhao, Y. F. Bai, et al, 2018. Carbon pools in China's terrestrial ecosystems: New estimates based on an intensive field survey. *Proceedings of the National Academy of Sciences of the United States of America*, 115(16).

Tang, X.G., D. W. Liu, K. S. Song, et al, 2011. A new model of net ecosystem carbon exchange for the deciduous-dominated forest by integrating MODIS and flux data. *Ecological Engineering*, 37(10).

Tang, X.G., Z. M. Wang, D. W. Liu, et al, 2012. Estimating the net ecosystem exchange for the major forests in the northern United States by integrating MODIS and AmeriFlux data. *Agricultural and Forest Meteorology*,156.

Tao, B., H. Q. Tian, G. S. Chen, et al, 2013. Terrestrial carbon balance in tropical Asia: Contribution from cropland expansion and land management. *Global and Planetary Change* 100.

Taylor, K. E., R. Stouffer and G. Meehl, 2012. An overview of CMIP5 and the experiment design. *Bulletin of the American Meteorological Society*, 93.

Tian. H., G. Chen, C. Lu, et al, 2016. Global methane and nitrous oxide emissions from terrestrial ecosystems due to multiple environmental changes. *Ecosystem Health and Sustainability*, 1(1).

Tian, H., J. Yang, C. Q. Lu, et al, 2018. The global N_2O model intercomparison project. *Bulletin of the American Meteorological Society*, 99(6).

Todd-Brown, K. E. O., J. T. Randerson, W. M. Post, et al, 2013. Causes of variation in soil carbon simulations from CMIP5 Earth system models and comparison with observations. *Biogeosciences*, 10.

Turner, D.P., W. D. Ritts and J. M. Styles, 2006. A diagnostic carbon flux model to monitor the effects of disturbance and interannual variation in climate on regional NEP. *Tellus B Chemical & Physical Meteorology*, 58(5).

Turner, D.P., W. D. Ritts, S. Wharton, et al, 2009. Assessing FPAR source and parameter optimization scheme in application of a diagnostic carbon flux model. *Remote sensing of Environment*, 113(7).

Ungar, S. G., J. S. Pearlman, J. A. Mendenhall, et al, 2003. Overview of the earth observing one (EO-1) mission. *IEEE Transactions on Geoscience and Remote Sensing*, 41.

Van Cleemput, O., L. Baert, Nitrite, 1984. a key compound in N loss processes under acid conditions. *Plant Soil*, 76.

van der Molen, M. K., A. J. Dolman, P. Ciais, et al, 2011. Drought and ecosystem carbon cycling. *Agricultural and Forest Meteorology*, 151.

Veroustraete, F., H. Sabbe and H. Eerens, 2002. Estimation of carbon mass fluxes over Europe using the C-Fix model and Euroflux data. *Remote Sensing of Environment* 83(3).

Qiufeng Wang, Han Zheng, Zhu Xianjin, et al, 2015. Primary estimation of Chinese terrestrial carbon sequestration during 2001-2010. *Science Bulletin*, 60(6).

S. Wang, Wang, Y. 2003. Quick Measurement of CH_4, CO_2 and N_2O Emissions from a Short-Plant Ecosystem. *Advances in Atmospheric Sciences*, 20.

XF Wen, Wang HM, Wang JL, et al, 2010. Ecosystem carbon exchanges of a subtropical evergreen coniferous plantation subjected to seasonal drought, 2003–2007. *Biogeosciences*,

7.

Wiedmann T., 2009. A review of recent multi-region input–output models used for consumption-based emission and resource accounting. *Ecological Economics*, 69.

Wijk M T V, W. Bouten, 1999. Water and carbon fluxes above European coniferous forests modelled with artificial neural networks. *Ecological Modelling*, 120(2-3).

Wilcox KR, Z Shi, LA. Gherardi, et al, 2017. Asymmetric responses of primary productivity to precipitation extremes: A synthesis of grassland precipitation manipulation experiments. *Global Change Biology*, 23.

Williams CA, H. Gu, R. MacLean, et al, 2016. Disturbance and the carbon balance of US forests: A quantitative review of impacts from harvests, fires, insects, and droughts. *Global and Planetary Change*. 143.

Wilting HC., 2012. Sensitivity and uncertainty analysis in mrio modelling: some empirical results with results with regard to the dutch carbon footprint. *Economic Systems Research*, 24.

Wrage N., J W V. Groenigen, O. Oenema, et al, 2005. A novel dual-isotope labelling method for distinguishing between soil sources of N_2O. *Rapid Communications in Mass Spectrometry*, 19(22).

Wrage, N., G. V. Velthof, M. L. van Beusichem, et al, 2001. Role of nitrifier denitrification in the production of nitrous oxide. *Soil Biol. Biochem.*, 33.

Xiao J, Q Zhuang, D DBaldocchi, et al, 2008. Estimation of net ecosystem carbon exchange for the conterminous United States by combining MODIS and AmeriFlux data. *Agricultural and Forest Meteorology*, 148(11).

JF Xiao, Liu SG, and PC. Stoy, 2016. Preface: Impacts of extreme climate events and disturbances on carbon dynamics. *Biogeosciences*, 13.

Xiao, J. F., K. J Davis, N. M. Urban, et al, 2011. Upscaling carbon fluxes from towers to the regional scale:Influence of parameter variability and land cover representationon regional flux estimates. *Journal of Geophysical Research*, 116. .

Xiao, J. f., Q. L. Zhuang, D. D. Baldocchi, et al, 2008. Estimation of net ecosystem carbon exchange for the conterminous United States by combining MODIS and Ameri Flux data. *Agricultural and forest meteorology* 148(11).

Z Xie, Zhu J, Liu G, et al, 2007. Soil organic carbon stocks in China and changes from 1980s to 2000s. *Global Change Biology*, 13(9).

B Xu, Gong P, E Seto, et al, 2003. Comparison of gray level reduction and different texture spectrum encoding methods for land-use classification using a panchromatic IKONOS image. *Photogrammetric Engineering and Remote Sensing*, 69(5).

Yamakawa A, GP. Peters, 2009. Using time-series to measure uncertainty in environmental input-output analysis. *Economic Systems Research*, 21.

JH Yan, Zhang YP, Yu GR, *et al*, 2013. Seasonal and inter-annual variations in net ecosystem exchange of two old-growth forests in southern China. *Agricultural and Forest Meteorology*, 182.

F Yang, M A White, A R Michaelis, *et al*, 2006. Prediction of Continental-Scale Evapotranspiration by Combining MODIS and AmeriFlux Data Through Support Vector Machine. *IEEE Transactions on Geoscience and Remote Sensing*, 44(11).

J Yang, Tian HQ, Pan SF, *et al*, 2018. Amazon drought and forest response: Largely reduced forest photosynthesis but slightly increased canopy greenness during the extreme drought of 2015/2016. *Global Change Biology*, 24.

YH Yang, Fang JY, Ma WH, *et al*, 2010a. Large-scale pattern of biomass partitioning across China's grasslands. *Global Ecology and Biogeography*, 19.

YH Yang, Fang JY, Ma WH, *et al*, 2010b. Soil carbon stock and its changes in northern China's grasslands from 1980s to 2000s. *Global Change Biology*, 16.

YH Yang, Fang JY, P Smith, *et al*, 2009. Changes in topsoil carbon stocks in the Tibetan grasslands between the 1980s and 2004. *Global Change Biology*, 15.

YH Yang, Fang JY, Tang YH, *et al*, 2008. Storage, patterns, and controls of soil organic carbon in the Tibetan grasslands. *Global Change Biology*, 14.

Y Yao, Li Z, Wang T, *et al*, 2018. A new estimation of China's net ecosystem productivity based on eddy covariance measurements and a model tree ensemble approach. *Agricultural and Forest Meteorology*, 253-254.

Yitong Yao, Piao Shilong, Wang Tao, 2018. Future biomass carbon sequestration capacity of Chinese forests. *Science Bulletin* 63.

GR Yu, Chen, Z., Piao, S.L., *et al*, 2014. High carbon dioxide uptake by subtropical forest ecosystems in the East Asian monsoon region. Proceedings of the National Academy of *Sciences of the United States of America*, 111(13).

GR Yu, Zhang LM, Sun XM, *et al*, 2008. Environmental controls over carbon exchange of three forest ecosystems in eastern China. *Global Change Biology*, 14.

GR Yu, Zhu XJ, Fu YL, He HL, Wang QF, *et al*, 2013. Spatial pattern and climate drivers of carbon fluxes in terrestrial ecosystems of China. *Global Change Biology*, 19(3).

GR Yu, Chen Z, Piao SL, *et al*, 2014. High carbon dioxide uptake by subtropical forest ecosystems in the East Asian monsoon region. *Proceedings Of The National Aacdemy Of Science Of The United States Of America*, 13(111).

Guirui Yu, Ren Wei, Chen Zhi, *et al*, 2016. Construction and progress of Chinese terrestrialecosystem carbon, nitrogen and water fluxescoordinated observation. *Journal of Geographical Sciences*, 26(7).

Zaehle S, A D Friend., 2010. Carbon and nitrogen cycle dynamics in the O‐CN land surface model: 1. Model description, site‐scale evaluation, and sensitivity to parameter estimates. *Global Biogeochemical Cycles*, 24(1).

Huifang Zhang, Chen Baozhang, *et al*, 2014. Estimating Asian terrestrial carbon fluxes from CONTRAIL aircraft and surface CO_2 observations for the period 2006–2010. *Atmospheric Chemistry and Physics*, 14(11).

Huifang Zhang, Chen Baozhang, *et al*, 2014. Net terrestrial CO_2 exchange over China during 2001-2010 estimated with an ensemble data assimilation system for atmospheric CO_2, Journal of Geophysical. *Research: Atmospheres*, 119(6).

J Zhang, Cai Z and Zhu T., 2011. N2O production pathways in the subtropical acid forest soils in China. *Environmental Research*, 111(5).

J Zhang, Müller, Christoph, Cai Z., 2015. Heterotrophic nitrification of organic N and its contribution to nitrous oxide emissions in soils. *Soil Biology and Biochemistry*, 84.

L Zhang, Zeng G, Zhang J, *et al*, 2015b. Response of denitrifying genes coding for nitrite (nirKornirS) and nitrous oxide (nosZ) reductases to different physico-chemical parameters during agricultural waste composting. *Applied Microbiology and Biotechnology*, 99(9).

M Zhang, Yu GR, Zhang LM, *et al*, 2010. Impact of cloudiness on net ecosystem exchange of carbon dioxide in different types of forest ecosystems in China. *Biogeosciences*, 7.

M Zhang, Yu GR, Zhuang J, *et al*, 2011. Effects of cloudiness change on net ecosystem exchange, light use efficiency, and water use efficiency in typical ecosystems of China. *Agricultural and Forest Meteorology*, 151.

WJ Zhang, Xiao HA, Tong CL, *et al*, 2008. Estimating organic carbon storage in temperate wetland profiles in Northeast China. *Geoderma*, 146(1-2).

S. Zhang, Zheng X., Chen J. M. Chen Z., *et al*, 2015. A global carbon assimilation system using a modified ensemble Kalman filter. *Geoscientific Model Development*, 8(3).

Daolan Zheng, Stephen Prince and Robb Wright., 2003. Terrestrial net primary production estimates for 0.5° grid cells from field observations - a contribution to global biogeochemical modeling. *Global Change Biology*, 9(1).

H Zheng, Wang QF, Zhu XJ, *et al*, 2014. Hysteresis Responses of Evapotranspiration to Meteorological Factors at a Diel Timescale: Patterns and Causes. *PLoS One*, 9.

H. Zheng, Yu G.R., Wang Q.F., *et al*, 2016. Spatial variation in annual actual evapotranspiration of terrestrial ecosystems in China: Results from eddy covariance measurements. *Journal of Geographical Sciences*, 26(10).

J-X Zhu, He N, Zhang J, *et al*, 2017. Estimation of carbon sequestration in China's forests induced by atmospheric nitrogen deposition: Principles of ecological stoichiometry. *Environmental Research Letters*, 12.

X-J Zhu, Yu G-R, Wang Q-F, *et al*, 2015. Spatial variability of water use efficiency in China's terrestrial ecosystems. *Global and Planetary Change*, 129.

Zomer, R. J., H Neufeldt, Xu JC, *et al*, 2016. Global Tree Cover and Biomass Carbon on Agricultural Land: The contribution of agroforestry to global and national carbon budgets. *Scientific reports*, 6.

白建辉、林凤友、万晓伟等："长白山温带森林挥发性有机物的排放通量",《环境科学学报》, 2012 年第 6 期。

白文广、张鹏、张兴赢等："用卫星资料分析中国区域 CO 柱总量时空分布特征",《应用气象学报》, 2010 年第 4 期。

查宗祥、吴明辉、任效颖："全国 1:50 万土地利用数据库",《国土资源信息化》, 2001 年第 1 期。

陈建宇、赵景波："1960~2014 年内蒙古极端天气事件趋势分析",《干旱区研究》, 2017 年第 34 卷。

陈泮勤:《地球系统碳循环》, 北京: 科学出版社, 2004 年。

陈强、潘英姿、蒋卫国等："湿地甲烷排放估算模型的研究进展",《环境工程技术学报》, 2012 年第 2 期。

陈亚宁、王怀军、王志成等："西北干旱区极端气候水文事件特征分析",《干旱区地理》, 2017 年第 40 卷。

丁裕国、郑春雨、申红艳："极端气候变化的研究进展",《沙漠与绿洲气象》, 2008 年第 2 期。

方精云、郭兆迪、朴世龙等："1981~2000 年中国陆地植被碳汇的估算",《中国科学: 地球科学》, 2007 年第 6 期。

高涛、谢立安："近 50 年来中国极端降水趋势与物理成因研究综述",《地球科学进展》, 2014 年第 29 卷。

高学杰："中国地区极端事件预估研究",《气候变化研究进展》, 2007 年第 3 期。

葛萃、蔡菊珍、张美根："东亚地区对流层 O_3 和 CO 模拟",《中国科学院研究生院学报》, 2007 年第 24 卷。

葛全胜、戴军虎、何凡能等："过去 300 年中国土地利用、土地覆被变化与碳循环研究",《中国科学（D 辑）》, 2008 年第 2 期。

郭兵、姜琳、罗巍等："极端气候胁迫下西南喀斯特山区生态系统脆弱性遥感评价",《生态学报》, 2017 年第 37 卷。

韩彬、樊江文、钟华平："内蒙古草地样带植物群落生物量的梯度研究",《植物生态学报》, 2006 年第 4 期。

韩冰、王效科、逯非等："中国农田土壤生态系统固碳现状和潜力",《生态学报》, 2008 年第 28 卷第 2 期。

韩会庆、张娇艳、苏志华等："2011~2050 年贵州省极端气候指数时空变化特征",《水土保持研究》,2018 年第 25 卷。
郝祥云、朱仲元、宋小园等:"近 50a 锡林河流域极端天气事件及其与气候变化的联系",《干旱区资源与环境》,2017 年第 31 卷。
何念鹏、韩兴国、潘庆民:"植物源 VOCs 及其对陆地生态系统碳循环的贡献",《生态学报》,2005 年第 8 期。
何念鹏、王秋凤、刘颖慧等:"区域尺度陆地生态系统碳增汇途径及其可行性分析",《地理科学进展》,2011 年第 7 期。
胡宜昌、董文杰、何勇:"21 世纪初极端天气气候事件研究进展",《地球科学进展》,2007 年第 22 卷第 10 期。
胡中民、樊江文、钟华平等:"中国温带草地地上生产力沿降水梯度的时空变异性",《中国科学:地球科学》,2006 年第 12 期。
金琳、李玉娥、高清竹等:"中国农田管理土壤碳汇估算",《中国农业科学》,2008 年第 3 期。
乐群、张国君、王铮:"中国各省甲烷排放量初步估算及空间分布",《地理研究》,2012 年第 31 卷。
李洁静、潘根兴、李恋卿等:"红壤丘陵双季稻稻田农田生态系统不同施肥下碳汇效应及收益评估",《农业环境科学学报》,2009 年第 12 期。
李进虎、丁生祥、郭连云:"青海海南地区近 50 年极端天气气候事件的变化特征",《中国农学通报》,2014 年第 30 卷。
李京:"空间遥感技术在自然灾害预报、监测及救灾工作中的应用",《干旱区资源与环境》,1989 年第 3 期。
李军:"植物挥发性有机化合物研究方法进展",《生态环境学报》,2016 年第 6 期。
李明泽、王斌、范文义等:"东北林区净初级生产力及大兴安岭地区林火干扰影响的模拟研究",《植物生态学报》,2015 年第 39 卷。
李洋、王玉辉、吕晓敏等:"1961~2013 年东北三省极端气候事件时空格局及变化",《资源科学》,2015 年第 37 卷。
林云萍、赵春生、彭丽等:"利用 MOPITT 卫星资料计算 CO 源排放的新方法",《科学通报》,2007 年第 52 卷。
刘诚、白文广、张鹏等:"基于卫星平台的全球大气一氧化碳柱浓度反演方法及结果分析",《物理学报》,2013 年第 62 卷。
刘纪远、王绍强、陈镜明等:"1990~2000 年中国土壤碳氮蓄积量与土地利用变化",《地理学报》,2004 年第 4 期。
刘卫林、熊翰林、刘丽娜等:"基于 CMIP5 模式和 SDSM 的赣江流域未来气候变化情景预估",《水土保持研究》,2019 年第 2 期。
刘魏魏、王效科、逯非等:"造林再造林、森林采伐、气候变化、二氧化碳浓度升高、火灾和虫害对森林固碳能力的影响",《生态学报》,2016 年第 36 卷第 8 期。

鲁春霞、谢高地、肖玉等："中国农田生态系统碳蓄积及其变化特征研究",《中国生态农业学报》,2005年第3期。

吕爱锋、田汉勤、刘永强："火干扰与生态系统碳循环",《生态学报》,2005年第25期。

吕仁达、王普才、邱金桓等："大气遥感与卫星气象学研究的进展与回顾",《大气科学》,2003年第27卷。

马向贤、郑国东、梁收运等："地质甲烷对大气甲烷源与汇的贡献",《矿物岩石地球化学通报》,2012年第31卷。

马柱国、任小波："1951~2006年中国区域干旱化特征",《气候变化研究进展》,2007年第3期。

莫兴国、胡实、卢洪健等："GCM预测情景下中国21世纪干旱演变趋势分析",《自然资源学报》,2018年第33卷。

牛玉静、陈文颖、吴宗鑫："全球多区域CGE模型的构建及碳泄漏问题模拟分析",《数量经济技术研究》,2012年第11期。

朴世龙、方精云、贺金生等："中国草地植被生物量及其空间分布格局",《植物生态学报》,2004年第28卷第4期。

秦瑜、赵春生：《大气化学基础》,北京：气象出版社,2003。

冉有华、李文君、陈贤章："TM图像土地利用分类精度验证与评估——以定西县为例",《遥感技术与应用》,2003年第2期。

任国玉、封国林、严中伟："中国极端气候变化观测研究回顾与展望",《气候与环境研究》,2010年第15卷。

石明洁、延晓冬、贾根锁："生物挥发性有机物研究进展",《地球科学进展》,2008年第23卷第8期。

史培军、陈晋、潘耀忠："深圳市土地利用变化机制分析",《地理学报》,2000年第2期。

唐俊梅、张树文："基于MODIS数据的宏观土地利用/土地覆盖监测研究",《遥感技术与应用》,2002年第2期。

王木林、李兴生："浙江临安水稻田甲烷排放通量的观测研究",《应用气象学报》,1994年第5卷。

王绍强、刘纪远、于贵瑞："中国陆地土壤有机碳蓄积量估算误差分析",《应用生态学报》,2003年第5期。

王绍强、周成虎："中国陆地土壤有机碳库的估算",《地理研究》,1999年第4期。

王志福、钱永甫："中国极端降水事件的频数和强度特征",《水科学进展》,2009年第20卷。

邬彩霞：《减少碳泄漏的贸易政策研究》,山东大学（博士学位论文）,2012。

肖冬梅、王淼、姬兰柱等："长白山阔叶红松林土壤氮化亚氮和甲烷的通量研究",《应用生态学报》，2004 年第 15 卷。

谢来辉、陈迎："碳泄漏问题评析"，《气候变化研究进展》，2007 年第 3 卷。

徐宗学、刘琳、杨晓静："极端气候事件与旱涝灾害研究回顾与展望"，《中国防汛抗旱》，2017 年第 27 期。

杨红龙、许吟隆、张镭等："SRES A2 情境下中国区域 21 世纪末平均和极端气候变化的模拟"，《气候变化研究进展》，2010 年第 6 卷。

于东升、史学正、孙维侠等："基于 1∶100 万土壤数据库的中国土壤有机碳密度及储量研究"，《应用生态学报》，2005 年第 13 期。

于贵瑞、孙晓敏：《陆地生态系统通量观测的原理与方法》，北京：高等教育出版社，2006 年。

于贵瑞、孙晓敏：《陆地生态系统通量观测的原理与方法》，北京：高等教育出版社，2018 年。

于贵瑞、孙晓敏：《中国陆地生态系统碳通量观测技术及时空变化特征》，科学出版社，2008 年。

于贵瑞、王秋凤、朱先进："区域尺度陆地生态系统碳收支评估方法及其不确定性"，《地理科学进展》，2011 年第 1 期。

于贵瑞、何念鹏、王秋凤：《中国生态系统碳收支及碳汇功能》，北京：科学出版社，2013 年。

于贵瑞、张雷明、孙晓敏："中国陆地生态系统通量观测研究网络（ChinaFLUX）的主要进展及发展展望"，《地理科学进展》，2014 年第 7 期。

翟盘茂、王萃萃、李威："极端降水事件变化的观测研究"，《气候变化研究进展》，2007 年第 3 卷。

张仁健、王明星："大气中一氧化碳浓度变化的模拟研究"，《大气科学》，2001 年第 25 卷。

张旭东、彭镇华、漆良华等："生态系统通量研究进展"，《应用生态学报》，2005 年第 16 卷。

赵荣钦、秦明周："中国沿海地区农田生态系统部分碳源/汇时空差异"，《生态与农村环境学报》，2007 年第 2 期。

赵玉焕、范静文、易瑾超："中国—欧盟碳泄漏问题实证研究"，《中国人口•资源与环境》，2011 年。

赵宗慈、罗勇、黄建斌："用动力模式做热带气旋的季节内到百年预测与预估的评估"，《气候变化研究进展》，2018 年第 14 卷。

赵宗慈、罗勇、江滢等："未来 20 年中国气温变化预估"，《气象与环境学报》，2008 年第 24 卷。

第六章 影响评估与脆弱性分析

本章围绕影响、风险与脆弱性三个核心,从气候变化的自然影响(水资源、陆地生态系统、海平面与海岸带、冰冻圈)、社会经济影响(农业)、影响的突变检验与阈值确定,到气候变化的突发事件风险、渐变风险与脆弱性分析,理论结合实际,详细阐述了上述诸方面的最新研究方法、使用步骤,适用性、发展状态与优缺点,并给予示例说明。

第一节 气候变化对自然系统的影响

一、水资源

随着人类对自然资源的需求越来越大,资源约束趋紧、生态环境破坏、生态系统退化等问题越来越严重。其中,水资源问题尤为引人关注。水资源变化与气候密切相关,降水、气温等气候要素对流域及区域水资源量、动态变化有决定性影响。在现有气候时空差异格局下,中国地表水资源分布表现为明显的北方少、南方多特征。虽然西北地区近些年有转为"暖湿"的趋势,但水资源压力仍很大。南方地区,如长江流域、珠江流域等,虽然水资源较为丰沛,但受降水、气温影响,水资源年内分配十分不均。在全球变暖背景下,干旱、洪涝灾害等问题越发突出。科学评估气候变化对水文水资源影响、分析水资源脆弱性变化，进而探寻适应性措施是水资源问题研究的关键。

气候对水资源影响的评估方法在逐步发展和完善（丁一汇，2002；IPCC，2007；秦大河，2012；IPCC，2013），由最初的气候模式直接输出径流法、特定参数水资源评估法，到水资源情景预估法，再到近些年的脆弱性评价指标法等。目前应用最为普遍的气候变化影响水资源评估方法是模型情景预估与脆弱性指标评价相结合的方法。

（一）不同气候情景下水资源的模型评估步骤

利用水文模型模拟分析水资源对不同气候情景的响应和变化常遵循这一模式："未来气候情景设置—水文模拟—影响研究"（李峰平等，2013）。详细的步骤及模式流程如图 6-1 所示。在这些步骤中，水文模型的建立、未来气候变化情景的生成以及陆—气模型耦合是影响评价研究的关键。通过模型模拟输出不同气候变化情景下流域水文循环过程和水文变量，进而评价气候变化对水文水资源的影响，并根据水文水资源的变化规律和影响程度，提出相适应的对策和措施。

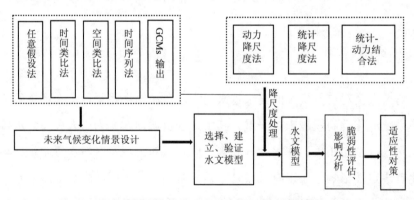

图 6-1　未来气候变化情景下水文水资源的响应研究框架流程

除了水资源量的变化研究外，近年来国内外更加重视对于水资源脆弱性的量化评价，包括替代值法、函数法和指标法等。而指标法是现有许多水资源脆弱性评价中常用的方法，其核心步骤为：（1）选取指标，构建水资源脆弱性评价指标体系；（2）对数据进行标准化；（3）确定评价指标权重；（4）构建水资源脆弱性评价模型，计算指数，定量评价水资源脆弱性。

（二）气候变化对水资源影响研究方法

气候变化对水资源影响研究方法主要包括两个方面：（1）对水资源量的影响研究方法；（2）气候变化对水资源脆弱性影响评估方法；（3）气候变化背景下水资源演变的归因研究方法。

依据近年研究成果，气候变化对水资源量的影响研究方法大致可分为如下四种。

1. 敏感性分析

从实测资料中通过回归分析等方法得到气候因子（主要是气温、降水）与水资源（主要是径流）之间逐年或逐月的关系，把拟定的增量情景带入分析结果就可以得到径流对气候各因子的敏感性（施雅风，2001）。构建双变量函数（模型），如建立径流与潜在蒸散发和降水的双变量函数等，也是目前分析水文要素对气候因子变化敏感程度的主要方法之一。此外，基于布代科（Budyko）理论的弹性系数法以及构建人工神经网络模型也可以有效分析流域径流变化对降水、潜在蒸散发等参数的敏感性，目前国内应用这些方法已在中国西北天山、西南丘陵地等进行了诸多研究（朱云梅等，2006；赵琳林等，2018；刘洋等，2020）。

2. 利用水文模型和增量情景进行分析

选定水文基准系列并建立水文模型，用假定的或根据多个GCMs情景综合得出的增量情景，将基准系列的温度、降水、辐射等气象因素修正后输入水文模型，得到气候变化条件下的径流或水资源变化（郝振纯等，2007）。这种方法使用普遍，不足之处在于只考虑了气候突变时的情景，缺乏气候缓慢变化过程中的水资源信息。此外，大多数的情况下的水资源预估都是通过

GCMs 降尺度，进而参数输入水文模型进行预估。这种垂向的降尺度方法存在一定的局限性，例如，由于 GCM 所能探测到的不确定性范围有限，研究人员正依赖于集成来扩大其传播范围，使得建模方法对计算时间和资源的要求更高。当必须分析一个特定的水系统时，问题是首先要知道这种计算密集的垂直方法是必要的，还是我们可以推断出邻近系统中可用的预测来为水系统模型供水，这相当于一个水平的方法（Pina et al., 2015）。

3. 气—陆单向连接分析水文水资源对气候变化的响应

由于 GCMs 模拟的水文要素有 2 个主要的局限性（Gleick, 1989）：一是水文参数化过于简单，不能提供详细的对水资源管理必需的信息；二是空间分辨率太粗，不能提供水文学方面关心的典型尺度上的水文信息。因此出现了气—陆单向连接的思路，即将 GCMs 输出的气象因子利用内插、回归分析、区域气候降尺度等方法进行空间尺度转换之后，输入到区域水文模型，用水文模型的产汇流计算结果来评估气候变化对水文、水资源的影响（郝振纯等，2007；IPCC，2007；IPCC，2013）。然而，GCMs 与水文模型各自对水量平衡及热量平衡进行演算，由于对陆面参数的处理和取值不同，它们对水量平衡及热量平衡描写不一致。另外，因为不能共享对边界层物理过程模拟的结果，水文模型不能实时地利用大气强迫改进土壤水和蒸发的计算以提高其模拟精度，GCMs 模型也不能借鉴水文模拟的结果及时地对气候过程进行修正，二者基本上处于孤立状态。

4. 气—陆耦合

气—陆模型耦合的主要思路是在气候模型的基础上，通过陆地表面过程参数化给气候模型提供更恰当的大气底层边界条件。陆面过程中存在许多重要的与水分循环有关的物理过程（水分循环与输送、土壤水扩散、大尺度降水的非均匀性等），合理解决气—陆耦合研究中的网格尺度、网格内部的不均匀性，以及部分参数不确定等问题，是提高模式模拟气候变化对水资源影响评估能力的重要研究内容之一。

应用水文模型对气候变化影响下的水资源进行评价是最主要的水资源评价手段。《第三次气候变化国家评估报告》(2015)系统归纳了中国在评价气候变化对水文水资源影响方面的代表性模型。近年来，根据气候条件的变化，科研人员又研发了一些新的水文模型。如陈等（Chen et al., 2018）开发的冰冻圈流域水文模型（Cryospheric Basin Hydrological Model，CBHM），该模型更适用于寒冷山区流域的气候影响评估，已在黑河上游流域得到很好的应用。赵等（Zhao et al., 2013）改进 VIC 模型，增加模块，有效分析和评估了气候变化对冰川水资源影响，更加合理地评估了中国西部高山山区及青藏高原的水资源（Jia et al., 2017）。夏军等（2012b）、雒新萍等（2013）根据中国东部季风区气候特征，开发出 RESC 模型，对气候变化影响下的水资源脆弱性进行了较好评估。此外，国内外科学家在地表过程耦合、极端气候事件模拟、地下水及水环境、水生态、人类活动影响、适应性对策等方面也取得了诸多进展（丁永建和周成虎，2013；丁永建等，2017），在 RCPs 气候情景下评估气候变化对水资源的影响方面减小了模型模拟的不确定性，提高了预估精度及科学性。

气候变化对水资源脆弱性影响评价方面，目前存在定性和定量两种评价方法，并且近年来以定量化评价为主（夏军等，2012a）。定量评价水资源脆弱性主要从水资源脆弱性的影响因素出发，方法主要包括指标权重法、综合指标法和函数法等。指标权重法是水资源脆弱性研究中的基本方法，通过构建一系列指数、标准、系数等，可对水资源短缺度、水质脆弱性、水资源开发率、合理配置度等一系列水资源脆弱性指标进行综合评价。该方法可以较全面反映水资源脆弱性特点和属性，评价结果能客观表征水资源脆弱性实质，且易与 GIS 叠置配合进行作图，在国内外得到较为广泛的应用。不足之处在于，目前对水资源脆弱性概念及内涵仍没有统一的认识，且与气候变化影响和调控联系的紧密度、科学性还存在一定欠缺。

水资源变化归因研究为定量化区分气候变化及人类活动对水文水资源影响提供了一种新的思路和途径。水资源变化归因研究方法目前还处于发展完善阶段。分项调查法、经验统计分析法（如降雨—径流双累积曲线法）、水文模型法、弹性系数法（Elasticity-Based Method）、指纹识别法（Fingerprinting）、贝叶斯方法等是目前气候变化背景下水文水资源要素变化归因研究的主要方法（Barnett et al., 2008；丁永建和周成虎，2013；Wang et al., 2013；丁永建等，2017；Jia et al., 2017；Peng et al., 2018）。比较典型的是指纹识别法和模型法。指纹识别法，也称最优指纹法，类似于滤波或信号处理的降维技术，主要思想是找到一维、无量纲指标来代替流域尺度的多维（不同分区、长序列）水资源量系列，通过比较该指标在不同情境下的值来进行定量化的归因研究。上述归因分析方法中，水文模型法最为复杂，所需数据量大，但优势在于精度高、物理概念性强。利用水文模型进行水资源变化归因主要有两种途径：一是通过现有水文模型中不同的模块有针对性的模拟分析，如 SWAT、GBHM、WEP-L 等；二是基于研究需求开发概念模型，进而分析出径流等水文水资源要素变化受不同因子，如气候变化、自然环境、生态系统、人类活动等，各自对水资源变化的影响程度。

二、陆地生态系统

（一）生态系统脆弱性定量评价的难点

生态脆弱性涉及社会系统、自然生态系统以及社会—生态耦合系统三大类。生态脆弱性评价实际上是评估人口、生产、社会发展和环境整体生产能力与潜力以及环境能否被持续稳定利用的综合性衡量（靳毅和蒙吉军，2011；Demirkesen et al. 2017）。它是通过对环境各要素的特殊属性及要素组合的整体效应，认识脆弱生态系统的范围及演变趋向，结合对脆弱生态系统的成因与环境受体的综合分析，以定量或半定量的分析方法，达到对脆弱生态系统整体的概括（魏晓旭等，2016），具有较强的综合性。由于自然生态系统脆弱程度很难预见，并且由于生态系统特性和环境特性相互间的复杂作用，对其

进行定量评价存在诸多困难,主要体现在:

1. 生态系统脆弱性的影响因素的复杂性

生态系统脆弱性评价具有定量和定性两方面特征,并且是一个复杂的持续变化过程。一是难以区分生态系统脆弱性是由于环境变化引起的还是由于生态系统自身变异造成的,特别是要分清环境的变化是短期波动还是长期变异尤其困难;二是生态系统本身是由丰富的物种多样性构成的,不同的物种对于同一种环境变化会有截然不同的反应,不同地区的生态系统对于同一种环境变化的反应可能相差很大;三是生态系统脆弱性对多重扰动都具有敏感性,且不同的扰动其生态系统脆弱性的阈值不一样(徐广才等,2009),影响脆弱性的生物与环境各个要素之间存在着复杂的耦合关系且具有时间分异特征,因此,很难分析和归纳环境变化对生物圈和生态系统的影响。如何量化多重扰动因素及其相互关系,以及确定关键影响因素生态系统脆弱性阈值仍然是当前脆弱性评价面临的挑战之一。

2. 脆弱性"客观性"和"感知性"之间的差异

在评价脆弱性时理想的方法是利用客观性的指标进行衡量,由于系统感知脆弱性是很难被测量的,导致脆弱性系统本身所感知的脆弱性或许与评价结果相差很远。客观评价指标的微弱变化可使脆弱个体或群落的状态产生很大改变,同时系统内部又有很多不确定性,容易导致决策的制定和系统本身实际状态存在不吻合。

3. 评价指标体系及分析模型难以统一

在生态脆弱性评价的指标选择、模型选取等方面,不可避免存在外界干扰及数据不完整等不确定因素的影响,无论是自然条件因素还是社会经济指标都没有统一的分析标准。不同学者在研究中往往有不同的评价指标体系、不同的计算分析方法,未形成一套综合的、完整的、涉及各种对象和尺度的生态脆弱性评价系统,导致评价结果存在不确定性,不同评价区域之间评价结果没有可比性。评价模型方法的标准化仍未得到统一,未形成一套公认的、具有普适性的方法。

4. 人为主观因素影响了评价结果的有效性

针对同样的研究对象，不同的专家学者其评价结果都很难进行对比分析，统一评价指标体系、判分标准及评价等级划分是提升评价结果有效性的关键一环。评价结果等级划分采用自然断点法、自然分界法、专家经验、平均分配等不同方法（张学玲等，2018）。由于不同的专家学者对生态脆弱性评价等级划分及阈值认知不统一，对生态脆弱性评价指标的判分、权重和脆弱性等级划分标准不一，直接导致评价结果的主观性太强。此外，缺乏可靠的长时间的数据，导致结果客观性和准确度不高。

（二）国际上生态脆弱性评价方法

1. 生态环境脆弱性评价内容与表征分析

生态脆弱性评价内容极其复杂，一般涉及到五个方面（图6–2）：（1）数据收集；（2）选择建立评价指标体系；（3）确定指标体系中各因子权重；（4）利用模型分析计算脆弱度指数；（5）评价结果的分析与应用（张学玲、余文波、蔡海生等，2018）。脆弱性表征主要来自三个方面：（1）自然地理条件因素：由于海拔高不同、森林覆盖率低、气候干旱、地质灾害带、生态系统的稳定性差等，直接导致生态环境系统脆弱；（2）系统自身恢复能力：一般生态系统有着潜在脆弱性和再生性特点，脆弱生态系统自我恢复能力比较弱，如果受外力干扰突破了其生态阈值、打破了其生态平衡，若想恢复其生态功能难度极大；（3）人为活动干扰因素：人口密度及经济发展能源需求量超过资源承载力时，容易产生森林过度砍伐、过度利用水资源、随意排污等资源不合理利用，导致土地退化、生态环境污染等问题，生态环境极容易恶化。

2. 生态环境脆弱性评价指标选取及体系构建

全球变化影响到生态系统的各个方面，因此反映生态系统变化的指标是多种多样的。由于不同区域人地关系以及生态系统类型的差异性，造成生态系统脆弱性主导因素不同，所选择的评价指标也不尽相同。生态脆弱性评价指标选取应结合研究区的实际情况，从导致脆弱性的主导因素中科学选取。一般情况下，地形、地貌、气候、水文、土壤、地质等可作为潜在（内在）脆弱因子（李佳芮等，2017）；植被覆盖、土壤侵蚀、土地利用、社会经济等可以作为胁迫（外在）脆弱因子（蔡海生等，2014）。

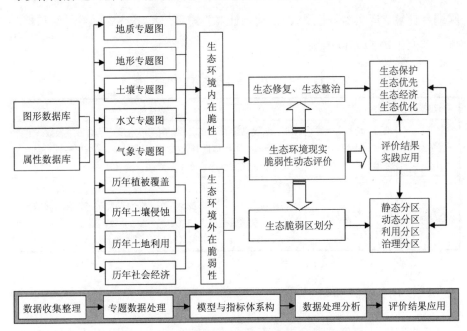

图 6-2　生态环境脆弱性评价内容体系逻辑框架图
资料来源：根据张学玲等，2018 改制。

建立生态环境脆弱性评价指标体系是评价科学性、客观性的关键一环。结合国内外研究情况，针对生态环境脆弱性特征，以自然环境因素为主，综合考虑人为作用因素，兼顾指标的可操作性和可比性，基于层次分析法选取自然因素和人为因素两大一级指标，可以构建一个初步的生态环境脆弱性评价指标体系（表 6-1）。评价指标权重确定，方法主要有主观赋权法和客观赋权法。主观赋权法根据评价者依据经验对各个指标的重视程度决定指标的权重,而客观赋权法是根据各个指标客观上提供的内在信息量来决定指标的权重,方法有层次分析法、熵权法、多层次模糊综合评价法、熵值法、专家经验法等(张德群等,2014;封建民、郭玲霞、李晓华,2016;Yang et al.,2017)。在指标选取和体系构建的基础上,还需要考虑动态评价和静态评价方面的问题。生态环境脆弱性计算和分析主要包括静态计算(潜在脆弱性计算、胁迫脆弱性计算、现实脆弱性计算)、动态计算生态环境脆弱性变化绝对度和相对度(蔡海生等,2009)。

表 6–1　生态环境脆弱性动态评价的指标体系

一级指标	二级指标	三级指标
自然因素	地形、地貌、气候、水文、土壤、地质环境	地形、坡度陆地表面起伏度、雨季降水量、旱季干旱天数、年极端高温天数、年极端低温天数、年风灾天数、土壤可蚀性(K值)、地表径流、湖泊水面退缩率、岩性、地震等
人为因素	植被覆盖、土壤侵蚀、土地利用、社会经济等	植被覆盖率、水土流失强度、多样性指数、坡耕地指数、破碎度指数、人口密度、人均耕地面积、公路密度、二氧化碳排放量、工业用废水排放量、人均 GDP、基尼系数、基本社会保险覆盖率、人均纯收入、失业率(城镇)、城镇化率。

（三）主要评价方法与评价模型

生态脆弱性评价是一个多方面各角度的综合评价,所采用的评价方法随着研究的深入在不断发展。在生态脆弱性评价过程中,根据评价地区的不同特征,应选择不同的评价方法,不同的指标。评价的基本步骤为:(1)选择评价指标,建立指标体系;(2)计算各指标中各因子的权重;(3)选择评价模型进行计算。采用模型进行模拟预测是当前最常用、也是发展最迅速的研究方法之一。特别是在定量评价研究中,模型的应用非常广泛。评价方法模型是生态脆弱性评价最重要的环节,主要包括层次分析法、模糊评价法、主成分法、综合评价法及机器学习等多种(表 6–2)。各种生态系统响应气候变化模型在生态系统脆弱性评价应用过程中均具有一定的应用局限性。

表 6–2　生态环境脆弱性评价方法比较

评价方法	主要内涵	适用范围	优点	缺点	参考文献
层次分析法（AHP）	确定评价指标、评分值及权重，将评分值与其权重相乘，加和得到总分值，据总分值确定脆弱生态环境的脆弱度等级	可用于生态脆弱地区脆弱度比较	计算过程简单，可根据脆弱生态区域的特点选择不同的环境影响因子、权重及评分等级	指标选取、权重赋值以及脆弱度分级等主观性较强	韦晶、郭亚敏、孙林等，2015
模糊评价法	确定指标体系及权重，计算各因子对各评价指标的隶属度，分析结果向量，从而评价各子区域的脆弱度等级并排序	省、区等大范围，及县(市)、乡（镇）等小范围均适用	计算方法简单易行	对指标的脆弱度反映不够灵敏	康永辉、解建仓、黄伟军等，2014
主成分分析法	计算特征值和特征向量、通过累计贡献率计算得到主成分，最后进行综合分析	适用于基础资料较全面的生态环境脆弱程度评估	保证原始数据信息损失最小，以少数的综合变量取代原有的多维变量	存在一定的信息损失	钟晓娟、孙保平、赵岩等，2011
综合评价法	包括现状评价、趋势评价及稳定性评价三部分	需要长时期的数据资料	较为全面、宏观，评价结果具有较强的综合性及逻辑性、系统性	复杂，涉及内容多，难应用于大范围	张龙生、李萍、张建旗，2013
关联评价法	选定评价因子，计算各区各个因子的相对比重，根据公式计算区域的相对脆弱度	适用于生态系统内部或相邻系统的脆弱性程度比较	可进行相信生态系统的脆弱性程度比较	计算过程复杂，对数学水平要求较高	张学玲、余文波、蔡海生，2018
定量评价法	选择主要的成因指标和表现特征指标建立指标体系，并赋予各指标权重	用于各省、区内县、市、镇之间的对比评价	使用方便、快捷	考虑指标有限，不利于某一脆弱生态环境的精细评价	何云玲、张一平，2009
最临近支持向量机	建立模型数理关系曲线，给出系统因子达到脆弱性的状态，通过 PVSM 训练分析因子达到极限状态的值，得到最佳的临界值	高维空间尺度和小型训练样本的分析较优	评价精度高，减少了算法及数值的不确定性	依赖于各个因子达到脆弱性极限的二维曲线关系以及训练样本的拟合精度	Mahmoudi et al, 2016

续表

评价方法	主要内涵	适用范围	优点	缺点	参考文献
状态空间法	采用加权求和算出各脆弱性分指数,利用数理模型求得综合指数	适用于省域、市域等范围	计算方法简单容易	不能反映内部各评价因子的影响大小关系,有一定的主观性	王岩、方创琳,2014
指数评价法(EFI)	确定指标、权重及其生态阈值,在数值标准化基础上,根据计算公式计算生态脆弱性指数EFI,划分脆弱度等级	适于某一区域内部生态环境脆弱程度的比较分析	将脆弱度评价与环境质量紧密结合在一起	结果是相对的	王让会、樊自立,2001
证据权重法	建立脆弱性模型的因子要满足独立性检验条件,通常与GIS空间综合分析技术相结合,获得区域生态环境脆弱性评价后验概率图	中微观尺度的研究较为优	直观明了、实用,能详细显示监测及预测区域内各因子的走势情况	评价精度依靠监测点及证据因子间的空间分布关系	陈佳、杨新军、尹莎等,2016
集对分析法	以联系度为核心,特别是处理不确定性的问题时有较强的吸附作用	用于某一区域内的时序动态评价	计算简单、方法容易	系数的取值问题如何确定	张鑫、杜朝阳、蔡焕杰,2010
随机森林	选取合适因子,生成训练和测试数据集,使用RF方法构建评价模型,验证模型,生成敏感性脆弱性图	合适用于各个尺度	不需要对显性因素进行假设,能分析因素之间的相互作用,随机预测具有低偏差,能处理数据的不均衡和过度拟	在某些噪音较大的分类或回归问题上会过拟;不同取值属性的数据,对其会产生一定的影响	Pham et al,2017
3S技术	将统计数据转换为栅格数据,配合原有的矢量化数据,应用空间分析技术对各评价因子进行叠加分析	可用于区域及内区域内各评价单元的分析及时空动态对比分析	数据处理快,易于管理及后期预测及调控	软件数据处理技术要求相对较高	陈美球等,2003

三、海平面与海岸带

（一）海平面研究的数据资料

海平面变化是由验潮站记录的（验潮站的记录数据必须结合一些其他的因素分析，例如隆起、沉降、压实、排水、侵蚀/沉积，尤其是记录仪器的间隔和移位），因此，必须对个别测潮站的测潮记录进行独立评估。在少数情况下，地壳成分也能为局部海平面升降分量提供可靠的数值（Morner，2014，2015a，2016）。

卫星测高是一种高精度记录整个海洋表面海平面变化的新方法（NOAA，2015；UC，2015）。这种方法引入了卫星数据的内部处理和主观的"修正"（Morner，2015b）。卫星系统试图做的这些"修正"其实就是海平面值的变化。

其他方法包括海岸形态、地层学、水位标志、老照片、绘画和当地人的观察。这些都记录了从过去到现在的海平面变化。在一些地区，学者通过这些方法成功地模拟了过去500年高精度的海平面变化，如马尔代夫（Morner et al.，2004；Morner，2007，2011）、孟加拉国（Morner，2010）、印度南部果阿（Morner，2017b）和斐济群岛（Morner and Matlack-klein，2017；Morner，2017a）。在瑞典和丹麦之间的卡特加特海峡（Kattegatt Sea），通过详细的地壳成分记录，能够建立高精度的局部海面升降因子（Morner，1996，2014，2015a）。波罗的海和下沉的北海海岸也是如此（Morner，1973，2014，2015a）。

（二）海平面变化预估研究方法

不同时间尺度的海平面变化预估方法有多种，通常分为物理模型和数据模型（也称为统计或医学模型）。物理模型包括海洋—大气动力耦合模型（Miles et al.，2014）与大气—海洋耦合环流模型（Gregory and Lowe，2000）。数据模型包括半经验模型（Rahmstorf，2007）与随机模型。此外，可通过现代数据挖掘技术预估海平面变化,如使用人工神经网络预估短期海平面的变化(Röske,1997)。有不少学者认为物理模型的预估效果要优于数据或经验模型,但是近期的实测数据证明,两者可相辅相成(Moore et al.,2013)。目前最广为人知和应用最广泛的是 MyOcean、海洋预测系统(Ocean Prediction Center,OPC)NOAA 和混合坐标海洋模型(Hybrid Coordinate Ocean Model,HYCOM)。

(三)气候变化对海岸带影响研究方法

在以往的研究中,风险的定量评估通常采用数值水力模型。该建模过程与洪泛区概念描述相近,从水力边界条件出发,结合海岸防洪的影响,评估洪泛区内特定位置的淹没概率和破坏程度。相关的洪泛区系统,如栖息地或物理海岸系统,通常被表示为外力和压力,鲜有考虑空间和时间的反馈(Verwaest et al.,2008)。

近年来,系统性的研究气候变化对海岸带的研究方法开始逐渐占据主导,一种更全面的可视化洪水风险评估过程及其所有组成部分的方法都是源—路径—受体—后果(Source Pathways Receptors Consequences,SPRC)概念模型(Gouldby and Samuels,2005)。基于传统的洪水风险估计方法,SPRC 模型将洪水风险估计可视化为一个线性过程,包括洪水的"来源"、洪水的"路径"以及与不同结果相关的受影响的"受体"。在该模型中,气候变化作为驱动因子,以升高海平面和极端天气事件来影响海岸带。洪水"来源"部分包括海平面的上升(长时间尺度上的热膨胀、冰川消融及短时间尺度的作为叠加因素的潮汐、波浪、河流径流增加等);"路径"部分包括海岸带地形高程、河口地区的水流流速、泥沙冲淤平衡等;"受体"则包括建筑、基础设施、农业产区、海岸带居住的人类、动植物栖息地等(Narayan et al.,2014)。

四、冰冻圈

（一）冰川

冰川变化对水文水资源的影响评估，目前主要采用数理统计和数值模拟方法。数理统计方法主要采用冰川流域长时间的水文站夏季径流数据，建立径流与气象要素及冰川变化（面积、物质平衡）之间的数学联系，从而评价气候背景下冰川变化对流域径流的影响及贡献（孙占东等，2010；宋高举等，2010；焦克勤等，2011；孙美平等，2012；张慧等 2017）；数值模拟方法是现阶段定量评估气候变化对冰川及径流影响的主要研究手段。大量研究者利用观测的气象和冰川数据，采用经验、概念性或物理基础的数学模型（Hydrologiska Byråns Vattenbalansavdelning，HBV、Spatial Processes in Hydrology，SPHY 等）来模拟冰川消融、冰川融水径流，通过数值模拟结果结合观测的径流和气象数据，从而定量解析冰川和径流的变化特征及冰川变化对流域径流的影响机理（Gao et al., 2012；Zhang et al., 2012a；Luo et al., 2013；Gao et al., 2015；Zhao et al., 2015；尹振良等，2016；尹梓渊等，2017）。

冰川变化未来预估研究方面，应用的主要方法为模型法及统计估计法。模型预估方法采用包含冰川消融（度日、能量平衡）及动态变化方案（面积—体积关系、ΔH、动力学模型等）的模型，利用降尺度后的 GCM 气候情景预估数据进行驱动，从而对冰川及径流未来变化进行预估（Zhang et al., 2012b；Zhang et al., 2015；Su et al., 2016；Zhang et al., 2016；Zhang et al., 2019；Zhao et al., 2019）；统计方法主要利用历史径流数据与气象观测数据（气温、降水等）建立统计学模型，以此推求未来气候变化情景下的冰川流域径流量（郭生练等，2015；李红霞等，2015；Zhang et al., 2016；詹万志等，2017）。这种方法假设径流与气象要素之间的数学关系是恒定的，而对于西北高山区流域，随着气候变化引起的冰川、积雪及冻土等的改变，这种数学关系肯定也会发生明显变化，因此采用该方法预估未来径流必然存在很大的偏差。

（二）冻土

目前评估多年冻土退化的研究方法一般采取以下步骤：

（1）收集多年冻土的数据资料，包括多年冻土水热过程及其环境因子的全自动综合监测数据、遥感数据和野外调查的综合数据等；（2）确定决定多年冻土分布的指标，如年平均地温、多年冻土顶板温度、活动层深度、温度位移、冻结指数等；（3）利用观测的气象要素和多年冻土退化指标，分析冻土退化对气候变化的响应特征；（4）通过模型对当前冻土分布和气候变化条件下冻土退化的趋势做出模拟和预估。

用于气候变化条件下冻土模拟的模型大致可分为三类：（1）物理过程模型，该模型是以水热传导理论为基础而建立的具有物理意义的数值模型（如Simultaneous Heat and Water，SHAW、 CoupModel、Community Land Model，CLM 等）；（2）物理过程分析和经验相结合的半物理、半经验模型（如库德里亚夫采夫（Kudryavtsev）、尼尔森（Nelson）和斯特凡（Stefan）方法等）；（3）基于观测的冻土和气象数据，建立统计或经验模型。统计或经验模型数据需求量少，对于特定区域和情景的模拟结果较好（李玲萍和李岩瑛，2012；张文杰等，2014），但是建立在经验或统计模型基础上，物理机制尚不清晰，多数不能精确模拟冻土水热特征，且对气候因素的考虑不全面，易受局地气候、复杂下垫面因素的影响，区域和气候普适性受到限制。物理模型以气候模型耦合陆面过程模型为主，相对于经验模型而言，系统地描述了土壤—植被—大气系统内的能量和物质交换过程。物理过程清晰，便于结合新的机理研究成果持续改进，也便于与气候模型耦合，预估气候变化背景下冻土未来变化（魏智等，2011；Guo et al., 2016；马帅等 2017）。半经验、半物理的冻土模型方案，既充分考虑了冻土的物理特性和过程，又可以用大尺度参量获取冻土在水平和垂直空间的变化，目前被广泛应用于冻土的模拟和预估研究

（王澄海等，2014；常燕等，2016）。

（三）积雪

目前评估积雪变化对天气气候的影响主要有两类方法：统计和数值模拟。统计方法主要采用冬季观测或遥感反演的积雪数据与气象站夏季观测的降水、气温等数据建立统计联系，分析积雪变化与夏季的气象要素的关联（周浩等，2010；宋燕等，2011；王芝兰等，2015）。在积雪变化对大气系统的影响研究中，由于资料所限，数值模拟就发挥了很重要的作用。数值模拟方法主要是通过长期的模拟或区域积雪的强迫实验来获得积雪对天气系统影响机理，并分析积雪变化对大气系统的影响（Si and Ding，2013；Wu et al.，2014；张人禾等，2016；杨凯等，2017）。

积雪变化对流域水文水资源的影响，主要体现在两个方面：水量及径流的季节性分配，主要的研究手段为数学统计及水文模拟。数学统计的方法主要根据水文站的观测数据，分析气候变化背景下，流域春季融雪径流的变化特征（水量、季节分配及洪水灾害）（党素珍等，2012；朱景亮等，2015；席小康等，2016）；水文模拟的方法采用气温、降水等观测和气候情景数据，利用含有积雪积累和消融过程的水文模型（SWAT、VIC、DHSVM 等）模拟和预估积雪的空间分布及融雪径流，从而定量分析气候变化对积雪及融雪径流的影响及未来趋势（李晶等，2014；Yang et al.，2015；库路巴依等，2015；关明皓，2016；Zhao et al.，2019）。

气候变暖导致的积雪持续时间和积雪深度变化，对生态系统有重要影响。该方面影响评估，目前主要方法有：（1）实验对比方法，通过增加或减少积雪的对比实验，来分析不同积雪覆盖下植被生长状况或种子发育情况，从而阐述积雪变化对生态系统可能影响（别必武和周晓兵，2016；阿的鲁骥等，2017）；（2）数学统计方法，根据观测或遥感的积雪信息数据（积雪覆盖度、雪深及雪水当量等）和植被信息数据（盖度、高度等）建立统计学关系，从而评价积雪变化对植被的影响（高洁等，2011；Yu et al., 2013；胡霞等，2015；Wang et al.,2017,2018）。

气候变化对积雪影响的评估研究由定性描述向定量评估发展。观测、遥感和数值模拟的结合有助于从物理基础上解释气候变化对积雪变化的机理及影响。这将是未来该方面研究的一个重要方法和趋势。

第二节　气候变化对社会经济领域的影响

气候变化对农业影响评估方法主要包括作物机理模型评估法和数理统计评估法，其中作物机理模型评估法不仅可以评估气候变化对农作物产量的影响，还可以评估气候变化对作物各个生育期的影响，而数理统计方法一般只能评估气候变化对农作物产量的影响。

一、作物机理模型评估法

气候变化对农业的影响主要体现在影响种植制度、影响作物生长发育和产量以及灾害性气候的影响。气候变化对农业的影响是综合的，例如气候变暖气温升高会使农作物光和速率提高，但同时由于需要一定积温的时间缩短，农作物的生育期会普遍缩短，对干物质积累和籽粒重有副作用。热量资源增加对农作物生长发育的影响很大程度上受降水变化的制约，特别是在中国北方地区，降水往往是农作物生长发育的主要抑制因子。为了研究气候变化和气候变率对农作物的影响，需要建立农作物和气候因子相联系的作物生长模型。因此作物机理模型成为评价气候变化对农业影响不可缺少的工具。

作物机理模型研究领域主要存在以荷兰德维特（de Wit）和美国里奇（Ritchie）为代表的两大学派。荷兰学者注重作物生长过程的机理表达，即利用现有知识、理论或假说，首先构建作物过程的模拟模型或子模型，然后再将模拟结果与实验数据进行比较，看现有的知识、理论或假说能否圆满解释生长发育、光合作用、干物质分配和产量形成等生理过程。这一思想贯穿在他们先后推出的 ELCROS（初级作物生长模拟模型）、BACROS（基本作物生长模拟模型）、SUCROS（简单和通用作物生长模拟模型）、MACROS（一年生作物的模拟模型）和 WOFOST（世界粮食作物研究模型）等模型中（van Ittersum *et al.*, 2003）。荷兰学者研制的模型结构严谨，理论性和综合性强，一定程度上代表了本领域研究的最高水平。美国学者则主张作物模拟模型既要在理论上可行，又要便于应用。因此在他们研制的模型中，一方面包含了动力学和生理过程，同时也包含以试验为基础的经验公式或参数。这种模型被称为基于作物过程的模拟模型，最具代表性的是著名的 CERES（作物—环境综合系统）模型系列，目前已覆盖了玉米、小麦、水稻、大麦、高粱、粟、马铃薯、大豆、花生、木薯等多种作物模型。同一时期或稍后，研制的作物模型还有：WINTER WHEAT（冬小麦模型）、GOSSYM（棉花生长模拟模型）（Baker，1983）、RICEMOD（水稻模型）、SICM（大豆综合作物模型）、EPIC（土壤侵蚀影响生产力模拟模型）、SIMRIW（水稻—天气模拟模型）、ORYZAL（水稻生产基本模型）等。

1. WOFOST 作物模型简介

WOFOST（世界粮食作物研究模型）是个机理性模型，其基于作物基本的发育过程，解释了作物的生长，如光合作用和呼吸作用，并描述了这些过程如何受环境条件的影响。作物干物质积累的计算可以用作物特征参数和气象参数，如太阳辐射、温度、风速等的函数来表示。气象数据用逐日数据模拟效果最好，这就是为什么模拟步长为一天的原因。也就是说，作物生长的模拟是以每日数据为基础。在 WOFOST 内，用欧拉（Euler）积分法来对作物生长过程与时间的函数积分。因此，模型必须时时更新时间以及每天计算与时间有关的变量。由子程序 TIMER 来计算，它大量地应用了欧拉积分法。

WOFSOT 模型使用的气象数据为：最高温度、最低温度、全球辐射、风速、水汽压、蒸散量与降雨量。WOFOST模型用笔者（Penman）公式来计算蒸散量。关于参数中的全球辐射和降雨量，必须说明的是在JRC改进的WOFOST其它版本中将可选择其它方法来计算。目前，在WOFOST 6.0的两个版本中，当太阳辐射没有实测值时将采用埃斯屈朗方程（Ångström Formula）来计算太阳辐射。埃斯屈朗方程用日照时数作为输入项。假如日照时数也不可得，在随后联合研究中心开发（Joint Research Center，JRC）的派生版本中，全球太阳辐射将采用苏必特（Supit）（1994）或哈格里夫斯（Hargreaves）（1985）提出的公式来计算。由苏必特提出的方法是根据每日最大最小云量来计算，其估算准确度接近埃斯屈朗方程。哈格里夫斯公式仅仅采用最高最低气温，故其估算准确度比以上二者要低。目前，埃斯屈朗方程的经验系数须由使用者提供。在联合研究中心改进版（Joint Research Center，JRC）的WOFOST中，这些系数将由模型根据气象站的纬度自动计算。两个版本都用实际降雨量为输入项，但在大部分版本中可以选择性地由模型生成降雨量数据。

作物生长以日净同化量为基础，而日净同化量又以光截获为基础。光截获是入射太阳辐射和作物叶面积指数（LAI）的函数。根据吸收的辐射及作物光合能力可以计算每日潜在同化速率。由于水分、氧分胁迫引起的蒸腾量下降降低了同化量，因此导致同化物在多个器官上进行分配。一个作物生长模拟模型还必须跟踪土壤水分变化以确定作物何时、多大程度上感受到水分胁迫。这通过水量平衡公式可以计算出来。它比较两个时间土体内的输入水量和输出水量的差额即是土壤水分含量变化量。WOFOST模型区分三种情况。一是土壤水分含量保持在田间持水量，作物生长达到其潜在生长水平；二是考虑了土壤水分通过的蒸散和下渗而散失的影响，作物由于可利用水的减少而减产；三是不仅考虑水分的蒸散和下渗，而且考虑地下水影响。

WOFOST的计算过程主要是通过气候、作物、土壤参数计算三个模块完成。气候参数与作物参数的计算可以得出潜在生产力，再加上土壤方面描述土壤水文学的参数就可算出水分限制生产力。它应用的公式较多，也较复杂。

本文限于篇幅，不可能对它们详细进行描述，下面只对作物参数处理模块进行说明。

WOFOST 根据作物的品种特征参数和环境条件，描述作物从出苗到开花、开花到成熟的基本生理过程。模型以一天为步长，模拟作物在太阳辐射、温度、降水、作物自身特性等影响下的干物质积累。干物质生产的基础是冠层总二氧化碳同化速率。它根据冠层吸收的太阳辐射能量和作物叶面积来计算。通过吸收的太阳辐射和单叶片的光合特性能计算出作物的日同化量。部分同化产物—碳水化合物被用于维持呼吸作用而消耗，剩下的被转化成结构干物质，在转化过程中又有一些干物质被消耗（生长呼吸作用）。产生的干物质在根、茎、叶、贮存器官中进行分配，分配系数随发育阶段的不同而不同。叶片又按日龄分组，在作物的发育阶段中，有一些叶片由于老化而死亡。发育阶段的计算是以积温或日长（由用户确定）来计算。各器官的总重量通过对每日的同化量进行积分得到。

日同化物的生产与分配是模型描述的最为详尽的部分，作物二氧化碳同化速率由截获到的光驱动，可以通过对一天内瞬时二氧化碳同化速率的积分得到。瞬时二氧化碳同化速率由子程序 ASSIM 计算，对它的积分由子程序 TOTASS 计算。两个程序都采用高斯（Gaussian）积分法进行积分，它是一个简单而快速的数学积分法。对于计算日同化总量，这种三点式积分法表现得非常好。

为了计算整个冠层二氧化碳总的日同化速率，必须对整个时间段进行积分。对于给定的光合有效辐射，计算一天中的三个不同时间的总同化速率。然后三个时间分别乘以不同的权重，对冠层二氧化碳总的日同化速率和时间进行积分。

为了计算整个冠层二氧化碳总的瞬时同化速率，必须对冠层不同深度的瞬时同化速率进行积分。因此要计算冠层三个深度的瞬时同化速率，之后再对三个不同深度的瞬时同化速率加权后进行积分。

一天中选取三个时间段，分别求出他们的冠层同化速率，对时间进行积分得到冠层总同化速率，分别乘以不同的权重，再乘上日长就得到日二氧化碳总同化速率。

$$A_d = D\frac{A_{c,-1} + 1.6A_{c,0} + A_{c,1}}{3.6} \qquad 公式\ 6\text{--}1$$

式中，A_d：总同化速率　　　　[kg ha^{-1} d^{-1}]

D：日长　　　　　　　　[h]

A_c：整个冠层总的瞬时同化速率，$p = -1, 0, 1$　　[kg ha^{-1} d^{-1}]

冠层瞬时同化速率的计算方法与此类似。冠层内三个深度的瞬时同化速率，它们加权平均后得到冠层每单位叶面积总的瞬时同化速率。瞬时同化速率的计算则是在区分阴叶和阳叶的基础上，在冠层内选定三个深度，计算其叶面积指数、吸收的辐射的量、叶二氧化碳的同化量。

2. 叶片的生长与老化

绿色叶面积是光吸收和冠层光合作用的决定性因素。在理想状况下，光强与温度是影响叶片伸展的主要环境因子。光强决定光合速率因此也影响分配到叶片的同化物。温度影响叶片的伸展和细胞的分裂。在作物发育的早期阶段，温度是最重要的环境因子。由于温度影响叶片的伸展和细胞的分裂，作物出苗时第一片叶的伸出和最后一片叶的大小都与温度有极大的关系，这时同化物的供给对叶片生长的作用倒居于次要位置。作物在早期的生长呈指数式增长。一些未公开的田间试验数据表明指数增长阶段必须限制在 $D_{s,t} < 0.3$ 或 $LAI < 0.75$ 的时期，但在模型中假定叶面积指数呈指数式增长直到受干物质供给限制的增长速率等于指数式增长的速率。也就是说，受干物质供给限制的增长速率不能超过指数式增长的速率。

在作物发育的早期阶段，即 LAI 呈指数式增长的阶段，其在单位时间步长的增长可依下式计算：

$$L_{Exp,t} = LAI_t RLT_e \qquad 公式\ 6\text{--}2$$

式中，$L_{Exp,t}$：在指数增长的阶段，t 时间的 LAI 的增长速率　　　　[ha ha^{-1}]

　　LAI_t：t 时间的 LAI　　　　[ha ha^{-1}]

RL：LAI 的最大相对增长速率　　　　[摄氏度 d^{-1}]

　　T_e：日有效温度　　　　[摄氏度]

叶片老化的计算过程较为复杂。老化是指叶片丧失了完成基本生理生态过程的能力并且损失了其生物量的过程。老化的基本过程包括生理老化与蛋白质的分解。很难对这些过程进行定量的描述。WOFOST 在叶片完成其生命过程后就设定其老化死亡。水分胁迫和相互遮阴可能加快叶片老化死亡的速率，因此模型把叶片的老化区分为生理老化、受水分胁迫导致的老化、相互遮阴引起的老化。下面以受水分胁迫导致的老化为例说明计算过程。

由于水分胁迫引起叶片死亡的潜在死亡速率可以依下式计算：

$$\Delta W_d^1 = W_{lv}(1 - \frac{T_a}{T_p})\vartheta_{\max,lv} \qquad 公式\ 6\text{-}3$$

式中，ΔW_d^1：由于水分胁迫引起叶片死亡的潜在死亡速率　　[kg ha^{-1}d^{-1}]

　　$\vartheta_{\max,lv}$：由于水分胁迫引起的死亡的最大死亡速率　　[kg ha^{-1}d^{-1}]

　　W_{lv}：叶片的总干物质重　　　　[kg ha^{-1}]

　　T_a：实际蒸腾速率　　　　[cm d^{-1}]

　　T_p：潜在蒸腾速率　　　　[cm d^{-1}]

已经死亡的叶片的重量要从最老的叶片组中减去。即使只有一个叶片组，它的值也应该是正数。如果有多个叶片组的话，最老的那个组可能会被完全清空，如果还不够的话那就还要从下一个组中减去。这样持续清空最老的叶片组，直到减完为止，这时剩余的叶片重量仍然是个正数。这一阶段结束后，所有叶片组均向前移动一个时间步长。

二、数理统计评估法

农作物的产量受多种因素的影响，包括气候变化、病虫害以及农作物品种改良、耕作措施的改变等。气候变化对农作物产量的影响主要表现在农业气象灾害的影响。农作物产量的形成是整个生育期各个要素的影响，是各种气象灾害和同种气象灾害累积的综合影响。因此同种作物不同生育期累积指数研究非常重要。本报告主要介绍干旱累积指数计算方法。

1. 气象干旱指数 SWAP 计算方法

国内外干旱指数研究很多，其中被广泛使用的干旱指数是气象干旱指数（Standardized Precipitation Index，SPI）。2009 年世界气象组织（World Meteorological Organization，WMO）向全球推荐使用 SPI（Fatemi et al., 2017）。气象干旱指数 SPI 使用简便，但气象干旱指数 SPI 对前期降水采取等权重的计算方法，没有考虑前期降水对干旱指数影响的衰减作用。干旱指数 SWAP（Fisher, 1922）则在 SPI 的基础上考虑前期降水时加入了衰减系数，使得干旱指数更加合理。本文基于气象干旱指数 SWAP，研发新的玉米干旱指数。SWAP 干旱指数在 SPI 的基础上，引入 WAP（the Weighted Average of Precipitation）指数，WAP 指数基于下面的物理模型：

$$df(t)/dt = -bf(t) + P(t) \qquad 公式6\text{-}4$$

通过这个物理模型来描述干旱程度 $(f(t))$ 的变化，其中，t 为时间；$-bf(t)$ 考虑了径流、蒸散、渗透等因素的干旱程度衰减项，$b>0$；$P(t)$ 为降水量。公式可以进一步简化为：

$$WAP = (1-a)\sum_{n=0}^{N} a^n P_n \qquad 公式6\text{-}5$$

对 WAP 指数进行标准化处理得到标准化指数 SWAP。

2. 玉米干旱累积指数计算方法

气象干旱指数 SWAP 利用前期降水计算干旱指数，同时考虑前期降水不同尺度（一周、一个月、两个月等）对当前干旱指数影响不同。越早期降水对当前干旱作用越小。同时干旱指数 SWAP 干旱等级（轻旱、中旱、重旱、特旱）划分是根据百分率划分的，没有实际意义，即 SWAP 干旱指数监测有干旱，玉米不一定发生干旱。因此本研究在气象干旱指数 SWAP 的基础上，提出新的玉米干旱指数 MDI，计算方法如下：

$$MDI = -\sum_{1}^{4} Ai \times ADi \qquad 公式\ 6\text{--}6$$

式中 MDI 为玉米全生育期干旱指数，Ai 为玉米不同生育期干旱对玉米生长影响系数。干旱对玉米生长影响复杂，不同生育期干旱对玉米生长影响不同，在玉米苗期，玉米生长需水量不大，干旱对玉米生长影响不大，但在玉米灌浆期，玉米需水量大，干旱可以严重影响玉米产量。本研究中 Ai 的计算方法为：

$$Ai = Wi/W \qquad 公式\ 6\text{--}7$$

Wi 为玉米不同生育期需水量，W 为玉米全生育期需水量。虽然利用玉米实际供水量和需水量之间的关系也可以诊断玉米干旱的发生，但目前的研究成果中只有玉米不同生育期的需水量，不能用于玉米干旱的逐日监测。式中 ADi 为玉米不同生育期干旱指数，i 为 1 到 4，代表玉米 4 个生育期。ADi 计算方法为：

$$ADi = \sum_{1}^{n} SWAPi \qquad (SWAPi > SWAP0) \qquad 公式\ 6\text{--}8$$

式中，$SWAP_i$ 为逐日气象干旱指数，$SWAP_0$ 为玉米发生干旱的阈值，n 为某一生育期的日数。

3. $SWAP0$ 的计算方法

气象干旱指数 SWAP 利用百分位法将 SWAP 指数划分为无旱、轻旱、中旱、重旱和特旱。气象干旱实际上是反映的某一地区降水的多少，并没有实际意义。当气象干旱发生时，玉米不一定发生干旱。因此，本研究利用土壤相对湿度与气象干旱指数 SWAP 的相关关系，研究玉米不同生长阶段（播种到出苗期、拔节到孕穗期、抽穗到开花期、灌浆到成熟期）玉米干旱界限。玉米不同生长阶段，适宜的土壤相对湿度不同，见表 6–3，玉米播种出苗期、拔节孕穗期、抽穗开花期土壤相对湿度要求不低于 60%，灌浆乳熟期土壤相对湿度要求不低于 70%。

在本研究中，玉米播种出苗期采用 10 厘米土壤相对湿度，共收集到 58 个样本。这些样本土壤相对湿度大部分低于 60%，说明玉米播种出苗期处于干旱，再研究土壤相对湿度与气象干旱指数的关系，见图 6–3（a）。研究发现气象干旱指数（SWAP）与土壤相对湿度有较好的相关关系，相关系数通过信度为 0.05 的检验。当气象干旱指数 SWAP 低于–0.9 时，10 厘米土壤湿度低于 60%，说明在玉米播种出苗期，SWAP 为–0.9 是玉米干旱的界限指标。玉米拔节孕穗后，玉米根系较深，10 厘米土壤相对湿度不足以反映玉米干旱情况，因此采用 20 厘米土壤相对湿度数据。本文中玉米拔节孕穗期共收集到 62 个样本，见图 6–3（b）。这 62 个样本 20 厘米土壤相对湿度在 60%附近。研究发现，气象干旱指数（SWAP）与土壤相对湿度相关系数通过信度为 0.05 的检验。在玉米拔节孕穗期，SWAP 为–1.0 是玉米干旱的界限指标；在玉米抽穗开花期，共收集到 61 个样本，见图 6–3（c）。气象干旱指数（SWAP）与土壤相对湿度相关系数通过信度为 0.05 的检验，SWAP 为–1.2 是玉米干旱临界指标；在玉米灌浆乳熟期，玉米对干旱比较敏感，干旱经常造成玉米严重减产，20 厘米土壤湿度低于 70%就会影响玉米生长。本报告共收集到 47 个研究样本，见图 6–3（d），气象干旱指数（SWAP）与土壤相对湿度相关系数通过信度为 0.05 的检验，SWAP 为–0.7 是玉米干旱界限指标（表 6–3）。

研究发现，气象干旱指数 SWAP 低于–0.5 时认为干旱发生，小于–1.0 时认为发生了中旱。本文在玉米播种出苗期，SWAP 低于–0.9 时，出现玉米干旱；在玉米拔节孕穗期，SWAP 低于–1.0 时，玉米干旱；在玉米抽穗开花期，SWAP 低于–1.2 时，玉米干旱。总体上，在玉米生长前期，气象上发生轻旱

（<-0.5），土壤相对湿度一般都高于 60%，玉米不会发生干旱。但气象干旱在中旱等级以上时，土壤相对湿度一般都低于 60%，出现玉米干旱。在玉米灌浆乳熟期，玉米对水分较为敏感，SWAP 低于-0.7 时，对应 20 厘米土壤相对湿度低于 70%，发生玉米干旱。

表 6-3 东北玉米不同发育阶段玉米干旱发生时的阈值

玉米生育期	播种—苗期	拔节—孕穗	抽穗—开花	灌浆—乳熟
土壤相对湿度阈值（%）	60%（10cm）	60%（20cm）	60%（20cm）	70%（20cm）
干旱发生（$SWAP_0$）	-0.9	-1.0	-1.2	-0.7

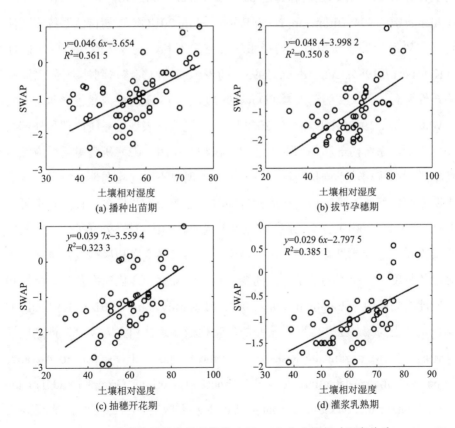

图 6-3 东北地区气象干旱指数（SWAP）和土壤相对湿度关系

第三节 脆弱性与风险分析

一、脆弱性分析

（一）脆弱性的构成

脆弱性一般是指人类和环境系统因外部干扰或胁迫而可能遭受损害的程度（Turner et al., 2003）。根据伯克曼 Birkmann et al., (2007) 对脆弱性文献的统计分析发现，脆弱性概念超过 25 种（Mitchell et al.,1989; Watts et al., 1993; Bohlen et al., 1994; Birkmann, 2006; Fatemi et al., 2017）。最初自然系统脆弱性定义与"风险"概念相似，是指系统暴露于不利影响或遭受损害的可能性（Kates et al.,1985; Cutter et al., 1993）。随着脆弱性研究渗透到社会经济领域，脆弱性概念加入人文驱动因素（Dow,1992）。目前，脆弱性内涵包含四层含义（Watts et al., 1993; Kelly et al., 2000）：（1）脆弱性表现为系统内部和外部的共同影响，系统内部和外部要素之间存在相互作用；（2）研究脆弱性应针对特定类型的扰动，不同扰动情况下，系统表现出不同的脆弱性；（3）脆弱性表明系统内部的不稳定性，在遭受扰动时会造成损失和伤害，且具有不可恢复性（Jones, 2001）；（4）系统对外界干扰和影响比较敏感。IPCC 将脆弱性定义为系统易受或没有能力对付气候变化包括气候变率和极端气候事件不利影响的程度。系统脆弱性是气候的变率特征、幅度和变化速率及其敏感性和适应能力的函数（Houghton et al, 2001; McCarthy et al, 2001）。其中，IPCC 第一工作组与第二工作组联合发布的《管理极端事件和灾害风险、推进气候变化适应》（Managing the Risks of Extreme Events and Disasters to Advance Climate Change Adaptation: A pecial Report of Working Groups I and II of the International Panel on Climate Change, SREX）报告将脆弱性定义为"有受到不利影响的倾向与趋势"。该定义强调了脆弱性的社会内涵（IPCC，2012）。现阶段脆弱性概念已广泛应用于气候变化、资源、环境、生态系统、自然灾害、人地耦合系统、经济（金融、银行体系、企业）、社会（电力系统、重要基础设施、粮食安全、公共健康、贫困、网络）、城市、农业、可持续科学等研究领域。

不同学科对脆弱性概念和内涵认识的不同导致测度脆弱性的方法多种多样（吕昌河，1995；赵跃龙，1999；中国科学院可持续发展研究组，1999；Alwang et al., 2001）。目前，在所见的脆弱性文献中，脆弱性评价方法主要有两种：一种是定性方法，在脆弱性研究初期使用较多，操作简单，评价精度较低，包括归纳分析法、比较分析法等；另一种是定量方法，包括指标评价法（Index evaluation method）、基于GIS和RS的脆弱性评价法（Vulnerability assessment method based on GIS and RS）、图层叠置法（Overlapping method）、脆弱性函数模型评价法（Vulnerability function model evaluation method）、模糊物元评价法（Fuzzy matter element evaluation method）、时间序列法（Time series method）等。脆弱性评价的目的是探究脆弱性驱动因素和演化机理，评价系统的发展状态，维护系统的可持续发展，缓解外界压力对系统的胁迫。目前，很多脆弱性定量评价方法已被提出并得到应用。

21世纪以来，全球气候变化的背景下，脆弱性作为一种全新的研究工具和研究视角发挥着重要作用，同时，脆弱性理论知识和方法体系为生态学和地理学研究、人地相互作用机制以及资源环境保护等提供理论基础和实践应用。国内外学者重视可持续发展理论研究，而脆弱性概念既考虑了系统内外部条件影响，也将人类活动纳入脆弱性评价。纵观国内外几十年的脆弱性研究进展，脆弱性内涵的理解由单一要素向多元要素变化，研究对象和应用视角由单一系统向复合系统变化。国内外学者提出很多重要的脆弱性理论和模型，推动了脆弱性科学问题进展，促进脆弱性学科的形成，为脆弱性研究提供坚实基础和依据（图6-4）。

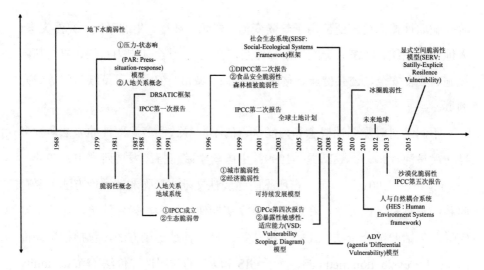

图 6-4　国内外脆弱性研究重要事件

（一）脆弱性评估方法

21 世纪以来，国内外学者对传统脆弱性评价方法进行改进与创新，挖掘遥感等多维度、多时相和多方位数据信息，着重分析人类活动对脆弱性的影响，从多尺度分析脆弱性关键要素阈值与驱动演化机理，完善了脆弱性综合评价的理论与框架，极大地推动了脆弱性研究的新进展。目前比较常用的脆弱性评估方法主要有以下几类：

1. 指标评价法（Index Evaluation Method）

指标评价方法注重指标评价体系构建与脆弱性机理联系，结合区域实际情况筛选指标，在评价时应关注关键要素阈值，分析系统结构和功能变化的根本驱动因素。因此，它整合利用多源数据，从时间序列和横向空间两个角度动态分析系统脆弱性关键要素阈值，综合生态系统结构、功能及生境等特征建立脆弱性指标评价体系，运用合理的脆弱性方法进行区域长时序脆弱性动态评价，真正实现脆弱性评价方法由静态到动态、由定性到定量的转变。具体步骤是分析研究区结构和功能、选择评价指标、评价指标赋权重、计算脆弱性和划分脆弱性等级，通俗易懂，操作简单，适用于多种系统的脆弱性评估，但指数赋权重主观性强，忽略指标内在关系，难以验证脆弱性评价结果，需要解决的关键问题是指标的选取和指标权重的确定。

2. 基于 GIS 和 RS 的脆弱性评价法（Vulnerability Assessment Method based on GIS and RS）

利用遥感和 GIS 软件功能实现对研究区域的脆弱性分析和制图，进而实现空间表达和对比分析，识别脆弱性热点区域，进行更精细的分析和预测，但脆弱性理论体系不完善，发展较慢，需解决的关键问题是脆弱性理论体系统一和完善。

3. 脆弱性函数模型评价法（Vulnerability Function Model Evaluation Method）

出于对脆弱性要素理解，对系统结构和功能进行分析，运用函数模型评估脆弱性要素之间的关系，较准确表达了脆弱性要素之间的关系，突出脆弱性产生的内在机制和特性等，但脆弱性概念和评价体系不完善，要素之间相互关系没有统一的认识，需要解决的关键问题是对脆弱性要素有明确的认识，建立合理函数模型。

4. 模糊物元评价法（Fuzzy Matter Element Evaluation Method）

首先设定一个参照系统（要求参照系统脆弱性最高或者最低），然后计算研究区域与参照系统的相似程度，从而确定研究区域的相对脆弱程度，不考虑变量的相关关系，充分利用原始变量的信息，但参照系统选取主观性强，评价结果只能反映相对大小，需解决的关键问题是设定合理的参照系统。

5. 时间序列法（Time Series Method）

分析随机过程中时间序列的平稳性，如周期性、长期趋势和季节变动，且操作简单，规律性强，但预测过程可能出现未知因素影响，导致未来预测产生偏差，需解决的关键问题是短期脆弱性评价与预测。

二、风险分析

（一）风险的构成

气候变化风险构成包括两个维度（即致险因子和承险体）、三个方面（即可能性、脆弱性和暴露度）（图 6-5）。其中，在气候变化风险研究中，致险因子即自然气候与人为气候的变化，决定着风险发生的可能性（IPCC, 2007）。气候变化风险源主要包括两个方面：一是平均气候状况（气温，降水趋势），属于渐变事件；二是极端天气/气候事件（热带气旋、风暴潮、极端降水、河流洪水、热浪与寒潮、干旱），属于突发事件。承险体即是将遭受负面影响的社会经济和资源环境，包括人员、生计、环境服务和各种资源、基础设施，

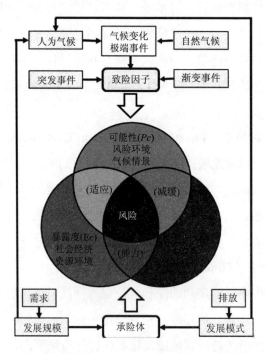

图 6-5 气候变化风险的基本要素与构成形式

资料来源：吴绍洪、高江波、邓浩宇等，2018。

以及经济、社会或文化资产等（Jones, 2004）。暴露度和脆弱性是承险体的两个属性，前者指处在有可能受到不利影响位置的承险体数量，后者指受到不利影响的倾向或趋势，常以敏感性和易损性为表征指标（IPCC, 2012）。也就是说，单独气候变化与极端气候事件并不必然导致灾害，而必须与脆弱性和暴露程度交集之后产生风险。

承险体的发展规模和模式不仅决定着暴露度和脆弱性，即承受极端事件的能力，还对人为气候的变化幅度与速率有直接作用（Cotton et al., 2007; Lamb and Rao, 2015; Schaller et al., 2016）。基于此风险构成理念，从调整承险体的发展规模和模式入手，通过减缓人为气候变化来降低过高增温、降水异动和极端事件发生可能性，同时增强承险体的气候变化适应能力和恢复能力，是降低气候变化风险的有效途径（图6-5）。

（二）风险评估方法

对气候变化风险进行定量评估是风险管理的基础，同时也是适应气候变化需要解决的重要科学问题（Jones, 2001; IPCC, 2012）。气候变化风险最基本的性质可归纳为未来性、不利性和不确定性，即分别从时间的角度、后果的角度以及后果的表征上揭示自然气候变化风险的本质特征（吴绍洪、潘涛、贺山峰，2011）。风险定量评估是在充分考虑影响评价不确定性的基础上，量化系统未来可能遭受的损失。《联合国气候变化框架公约》（United Nations Framework Convention on Climate Change，UNFCCC）最终目标是："将大气中温室气体的浓度稳定在防止气候系统受到危险的人为干扰的水平上，这一水平应当在足以使生态系统能够自然地适应气候变化、确保粮食生产免受威胁并使经济发展能够可持续地进行的时间范围内实现"。

为了响应这一最终目标，本报告基于气候变化风险定量评估理论，根据决定气候变化风险发生的致险因子的分类，分别从突发事件和渐变事件两个方面总结人口、经济、粮食生产和生态等承险体的气候变化综合风险评估方法。对于突发性事件,一旦发生即在短时间显现出危害和后果。气候变化因素相当于自然灾害中的致灾因子(此处为致险因子)——"灾害风险";缓发性变化表现为渐变过程,当超过某个阈值,随即发生突变,产生不利影响,并出现风险。后一类风险往往出现在生态系统中,其突出的特征是,气候变化因素既是生态系统动力生长的动力,同时又是致险因子,导致"生态风险"。

1. 理论内涵

自然灾害风险评估受到国内外学者的广泛关注,许多研究通过对致灾因子危险性与承灾体脆弱性分等定级,借助评估矩阵等方法来对区域风险进行评估(史培军,2005)。随着自然灾害风险向评估结果定量化、区域综合化、管理空间化发展,原有的自然灾害风险等级评估由于不能定量表现各等级之间的具体差别,因而未能满足灾害风险管理的要求。本报告采用包括自然灾害的破坏力或承险体损毁标准(D)、承险体的暴露度(E)、灾害发生的可能性或孕灾环境(P)三个成分的自然灾害风险定量评估模型(图6-6;吴绍洪等,2018;张强等,2020)。

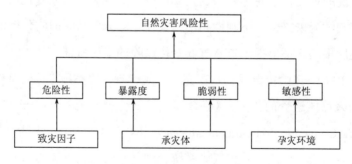

图 6-6 自然灾害风险定量评估概念框架

相应地,突发性极端天气气候事件的风险定量评估模型可表述为:

$$R = (D \times E) \times P \qquad 公式6-9$$

即:风险=(致险因子,即气候变化)破坏力×(承险体)暴露度×发生可能性或孕灾环境。基于对灾害风险上述三要素（D、E、P）的剖析，可根据承险体响应特征差异，将不同灾种风险评估分为"面向类型"的灾害风险评估和"适用区域"的灾害风险评估。前者是指某一等级强度的特定灾种发生后，对承险体的影响程度与幅度是可控的，即对应特定灾害等级的损失标准是相对确定的。后者主要是考虑到自然地理与人文环境的区域差异性，即使是同等强度的灾害发生后，不同地区的损失程度明显不同。

2. 洪水案例

根据上述理论模型的思路，按照过去灾情拟合结果，暴雨洪涝损失在 3 日降雨是趋于最大，因而将 3 日最大降雨作为计算损失的关键节点。气候变化背景下洪水发生可能性的计算是基于 IPCC RCPs 情景中的最大 3 日降雨量达到 30（35）毫米～150 毫米、150 毫米～250 毫米和≥250 毫米的次数，以此作为轻、中、重度洪水的最大发生频次，然后将其转化为发生概率（概率=频次/时间尺度×100%，若发生概率大于 100%则置为 1），进而，考虑到区域自然地理环境的差异性，借助高程和坡度等因子形成的下垫面环境修正参数来对其进行修正，从而得到各地区的洪水的危险性。对于承险体，洪涝灾害可对经济及人口造成严重影响，其脆弱性曲线的构建由不同程度洪水破坏力构成，可根据过去洪水灾害灾情数据拟合获得，对于承险体暴露度，通过IIASAS 预测的未来社会经济统计数据获得。最终，构建气候变化下洪水风险定量评估模型（如下），并获得中国洪涝灾害经济损失风险空间格局。

$$R = (D \times E) \times (F \times I) \qquad 公式 6-10$$

式中：D 为不同程度洪水破坏力，由过去洪水灾害灾情数据拟合获得；E 为承险体暴露度，由 IIASAS 预测的未来社会经济统计数据获得；F 为暴雨发生的可能程度，由 IPCC RCP 情景数据计算所得；I 为地表修正参数，包括海拔、坡度、河网密度、平均受灾面积等。

3. 理论内涵

将生态系统的脆弱性（功能和结构破坏的程度）作为非期望事件发生的

后果程度，按照风险管理的定义，气候变化即为致灾危险性因子，生态系统为承险体，而气候情景即是气候发生变化的可能性，三者构成了气候变化的风险。由此，生态系统风险评估仍可沿用灾害风险评估的主要因素：致险因子危险性、承险体脆弱性、暴露量等。但是，由于气候因子既是生态系统生产的动力，同时又是其致险因子，以及考虑到生态系统的恢复力，因而引入阈值的概念来评估其风险。当生态系统受到环境的胁迫时，结构、功能、生境可能发生变化。其响应与胁迫的幅度和速率有关，与生态系统生物因子本身的稳定性也有关。生态系统所承受的压力与胁迫的速率与幅度成正相关关系。另一方面，生态系统自身具有抗干扰的恢复能力，对外来胁迫进行调节，经过一定过程，系统可能适应或恢复，但如果环境胁迫的速率或幅度超过生态系统的调节能力，则系统将变得脆弱，生态系统也将处于风险状态，气候变化继续加剧则甚至导致系统发生逆向演替。

4. NPP 案例

根据范明南（van Minnen）等人的思想，假设不能接受的气候变化对生态系统生产功能的影响是某种程度的 NPP 损失，即气候变化造成 NPP 的损失如果超过了此类生态系统 NPP 的自然波动范围，就认为其发生风险（van Minnen et al., 2002）。根据世界气象组织对"异常"的定义（即超过平均值的±2 倍标准差）（Jones and Hennessy, 1999; Hulme and Dessai, 2008），选取两套数据对中国生态系统 NPP 的正常波动范围进行计算以便互相验证（一套是根据中国自然环境特点重新参数化的 Lund-Potsdam-Jena 模型模拟结果；另一套是大气—植被相互作用模型 AVIM2 模拟结果）（赵东升等，2011；黄玫等，2013），它们的异常值计算结果分别为 9.9%和 8.5%，与范明南等人计算的欧洲 NPP 的自然波动范围（10%）非常接近。因此，选择相对于平均值 10%的损失作为"不能接受的影响"的参考。以生态系统生产功能"不能接受的影响"为参考，来确定各生态系统的风险标准，将各生态系统分为无风险、低风险、中风险和高风险（石晓丽等，2017）。基于此，获得中国气候变化生态风险格局。

第四节 气候变化阈值分析

一、气候突变

气候突变是指气候系统由一个相对稳定的状态突然地转向另外一个相对稳定的状态。对气候突变的快速、准确的检测，对于我们认识气候系统的变化和对未来气候系统演变趋势的预测有着重要的现实意义和社会经济价值。自 20 世纪 60 年代中期以来突变理论迅速发展，对气候系统突变现象的研究也随之展开，进而涌现出许多突变检验方法。本文主要回顾了近几十年来气候突变检测技术的主要研究进展，其大致可分为三大类，即位相突变检验方法、动力学结构突变检验方法和空间场的突变检验方法，并指出发展针对空间场的突变检测技术是未来的一个可能的发展方向。由于空间场所包含的气候系统的演变信息远高于单点时间序列，场的突变检测技术将会使得对气候突变的检测时间大大缩短，从而使得人们有足够的时间去采取行动，以便为适应气候突变所带来的新挑战做好准备。

（一）系统位相突变检测技术

国内外学者已经就气候突变检测技术展开了大量的相关研究。气候系统位相突变是一种最为常见的突变现象，它主要是指系统状态变量的统计特征在某一时间尺度上发生了统计上显著的变化。这类气候突变可以大致分为五类：均值突变、方差突变、频率突变、概率密度突变和多变量分析。其中均值突变是最常用的位相检测方法，其主要包括六小类，即参数检测方法、非参数检测方法、累积和方法、贝叶斯分析方法、序贯法和基于回归分析的各种检测算法。滑动 t 检验是一种常用的参数检测方法，目前在气象上的应用最为广泛，其主要思想是通过检验两组序列均值的差异是否显著来判断突变是否发生。滑动 t 检验的优点是程序简单、运行效率较高、物理意义明确，但其需要待分析的时间序列满足正态性假设，这使得其适用范围受到了一定程度的限制。

检测要素概率密度分布变化的方法有突变密度、峰度和偏度系数、基于 Box-Cox 变换的滑动偏态指数法。方差结构上的突然变化可以通过要素的二阶统计量的变化来判断。检测这类突变的方法较少，主要有唐顿–卡茨（Downton-Katz）检测法和罗季奥诺夫（Rodionov）检测法。唐顿–卡茨检测法无需假设分布频率，但是需要没有突变的参考序列。罗季奥诺夫检测法可用于检测多个突变点。检测要素频率结构上变化的方法有尼基福罗夫（Nikiforov）法。多变量分析方法常被用于检测系统在整个空间分布上的状态转换，如主成分分析法（Principal Component Analysis, PCA）、平均标准离差方法、向量自回归法。

（二）动力学结构突变检测技术

传统的气候突变检测方法大多基于状态变量在统计意义上的显著变化来判断突变的发生，如滑动 t 检验、克莱默（Cramer）法、山本（Yamamoto）法以及曼肯德尔（Mann-Kendall）法等，其检测结果严重依赖于时间尺度的选取，因而检测到的突变点具有多时间尺度特征。因此，系统位相突变检测技术并不适用于气候动力学结构突变。

近年来，随着非线性科学的发展，一些识别系统动力学突然变化的检测技术相继被提出，如退化指纹法（Degenerate fingerprinting）（Held，2004）、基于气候系统长程相关性特征发展起来的各种方法（He et al., 2008；何文平等，2010；He et al., 2012, 2015）、基于时间序列复杂性的突变检测技术，如滑动近似熵和滑动移除近似熵（王启光等，2008；何文平等，2009；何文平等，2011)、费舍尔（Fisher）熵（Audrey et al., 2006)，以及通过重构相空间来识别系统的动力学变化，如动力学相关因子指数（万仕全等，2005)。这些方法的提出无疑是对传统位相类气候突变检测方法的有益补充。

（三）基于空间图像的气候突变检测技术研究进展

气候系统是一个高度复杂的、非线性的、时空变化的动力系统，其在时空演变上均具有连续性和相关性（即时空关联特征)。气候系统的各个子系统间存在着各种不同强度的耦合作用。目前对气候突变的研究主要是单点时间序列的相关性分析，忽视了气候系统是一个时空演变的整体。因此，对气候突变的研究需要从空间场的角度来分析。已有学者针对复杂时空模态的识别开展了一些相关研究，如模态相关法（Pattern Correlation Methods，PCM）是气候变化研究中一种广泛使用的方法，其主要作用是通过分析各种影响因子在大尺度空间模态上的响应差异，来判断导致气候变化的可能原因（如区分人类活动与自然变率在气候变化中的作用)。贝纳基亚（Bernacchia）等基于累积量函数（Cumulant function）提出了一种空间模态的检测方法，但方法实质上与空间自相关函数相同，主要是用于识别空间模态上的一致性区域。尽管空间模态的识别技术取得了一定的成绩，但这些方法还存在着不同程度的缺陷，从空间模态的角度来检测气候突变的方法和技术几乎还是空白。何文平等（2015，2017）通过发展定量识别空间图像的非线性特征的新方法，提出了从空间图像随时间演变的角度来检测气候突变的新思路。其主要思路如下：空时分布的动力学系统产生的空间图像具有长程相关性，其强弱可以用Hurst指数来定量表征。当系统的耦合强度、参数、外强迫强弱等条件发生变化后，空间分布图像的长程相关性会随之变化。因此，可以根据空间图像的赫斯特（Hurst）指数的平稳或非平稳变化来检测气候系统动力学的变化。

二、气候变化影响阈值分析

阈值是引起一个系统过程发生突然或快速变化的最低值、转折点或引爆点。当系统通过非线性过程超过了由一种状态变成另一种状态的系统性阈值,可引起大范围地区具有危险状况的后果。平稳和渐进的气候变化一旦超过某一临界点,也可导致不可承受的影响。这个影响可以是全球性,也可是区域性的。气候变化阈值是指导致自然或经济系统发生突然或快速变化的最低气候变化水平。确定气候变化阈值对适应是气候变化影响、制定温室气体减排和应对气候变化策略至关重要,但是如何科学地确定气候变化的阈值是科学研究的热点和难点。气候变化阈值的概念最初来源于 1992 年的《联合国气候变化公约》。该公约第二条指出,公约以及任何相关的法律条文的最终目标是把大气中温室气体的浓度稳定在一定水平上,以防止对气候系统产生危险的人类干扰,使生态系统有足够的时间自然地适应气候变化,确保粮食生产不受威胁、经济得到可持续发展。如何确定什么是危险的人类干扰水平需要科学研究提供综合评价信息,提出生态、农业和经济等部门对气候变化关键脆弱性的依据,作为确定气候变化阈值的前提条件。因此气候变化阈值的确定与研究对象及其关键脆弱性或承受水平密切相关。承受水平也具有客观和主观价值判断的成分(Victor *et al.*, 2014)。在 2009 年和 2010 年联合国气候变化公约缔约方大会上,一个更具体的政策目标,也就是全球平均温度升高 2 摄氏度被采用。这个目标缺乏科学基础(Knutti *et al.*, 2016),但提供了一个简单的参考(Victor and Kennel, 2014)。2015 年 12 月,联合国气候变化框架公约及其缔约方大会达成《巴黎协定》,要求将全球平均升温幅度限制在 2 摄氏度以下,并将全球气温上升控制在前工业化时期水平之上 1.5 摄氏度。

气候变化阈值的确定首先需要明确所研究的对象、过程和尺度等。例如不同作物类型、不同生长阶段和不同生长生理过程的阈值温度不同(Sanchez, *et al.*, 2014），而该阈值温度又与粮食生产系统、粮食安全的阈值不同（IPCC, 2014）。其次，气候变化阈值分析需要确定一个对象、过程或系统（自然系统、人类社会经济系统）对气候变化响应的风险，用于度量气候系统变化及其影响对其胁迫的变化，通常需要一套指标作为星球的生命体征。全球平均温度、二氧化碳浓度或其他温室气体浓度、海洋热容量、高纬度地区温度等都可作为指标（Victor and Kennel, 2014; Knutti *et al.* 2016）。最后，需要发展气候变化综合影响评估模型，开展气候变化综合风险评估预测，确定气候变化的阈值。

因为自然系统和社会经济系统的复杂性，气候变化综合风险评估预测和阈值研究还比较弱，存在较大的不确定性。目前的研究主要针对某一对象或过程。例如，在35摄氏度的湿球温度（约相当于38摄氏度气温和相对湿度80%）下，健康人可能无法在户外生存超过6小时。基于这个阈值，一项基于高精度区域气候模型集合模拟的研究结果指出，如果温室气体的排放维持不变，到2070～2100年，华北平原的湿球温度将达到该阈值的几倍，或面临着严重的气候变化风险。温度和湿度组合可能达到危险水平（Kang and Eltahir, 2018）。冰川退缩、物种灭绝的风险随着全球温度增加而增加，相关的气候变化阈值可通过集成分析得出，不确定性较小（Urban *et al.*, 2015; Roe *et al.*, 2017）。《巴黎协定》之后，中国学者系统研究了全球平均温度升温1.5摄氏度和2.0摄氏度（较前工业化时期水平）对极端气候事件（Zhai *et al.*, 2018）、旱涝灾害（Zhai *et al.*, 2018）和农业产量（Chen *et al.*, 2018）的时空影响，并明确了这两种增温情景下影响的时空差异，为进一步探索不同部门气候变化的阈值提供了科学基础。研究表明，随气候变化加剧，高温、干旱和洪涝等气候极端事件发生频率增多，强度和影响增大，有可能引起大范围地区发生危险状况（Huang *et al.*, 2017; Su *et al.*, 2018）。也有研究表明，全球有9个系统已经接近或达到转折点，包括北极海冰、格陵兰冰盖、西南极冰盖、大西洋温盐环流、厄尔尼诺与南方涛动（ENSO）、印度季风、撒哈拉与西非季风、亚马逊雨林、北半球森林。

参考文献

Alwang J., P. B. Siegel and S. L. Jorgensen, 2001. Vulnerability: A view from different disciplines. World Bank. SP Discussion Paper No. 0115.

Barnett T, D. Pierce, H. Hidalgo, et al., 2008. Human-Induced Changes in the Hydrology of the Western United States. *Science*, 319:1080-1083.

Birkmann J., 2006. *Measuring Vulnerability to Natural Hazards: Towards Resilience Societies*. New York: United Nations University. .

Birkmann J., 2007. Risk and vulnerability indicators at different scales: Applicability, usefulness and policy implications. *Environmental Hazards*, 7: 20-31.

Bohle H. G., Downing T. E., Watts M. J., 1994. Climate change and social vulnerability: toward a sociology and geography of food insecurity. *Globa Environmental Change*, 4(1): 37-48. .

Chen R., G. Wang, Y. Yang, et al., 2018. Effects of cryospheric change on alpine hydrology: Combining a model with observations in the upper reaches of the Hei River, China. *Journal of Geophysical Research-Solid Earth*, 123, 3414-3442.

Cotton, W. R., Pielke R. A., 2007. *Human impacts on weather and climate*. Cambrige: Cambridge University Press.

Cutter S. L., 1993. *Living With Risk: The Geography of Technological Hazards*. London: Edward Arnold.

Demirkesen A. C., F. Evrendilek, 2017. Compositing climate change vulnerability of a Mediterranean region using spatiotemporally dynamic proxies for ecological and socioeconomic impacts and stabilities. *Environmental Monitoring and Assessment: An International Journal*, 189(1):29.1.

Dow K., 1992. Exploring differences in our common future(s) : the meaning of vulnerability to global environmental change. *Geoforum*, 23(3):417-436. .

Fatemi F., A. Ardalan, B. Aguirre, et al., 2017. Social vulnerability indicators in disasters: findings from a systematic review. *International Journal of Disaster Risk Reduction*, 22: 219-227. .

Fisher R. A., 1922. On the Mathematical Foundations of Theoretical Statistics. *Philos Trans R Soc Lond Ser A*, 222: 309-368.

Gao, H.K., X.B. He, B.S. Ye, et al., 2012. Modeling the runoff and glacier mass balance in a small watershed on the Central Tibetan Plateau, China, from 1955 to 2008. *Hydrol. Process*, 26 (11):1593-1603.

Gao, T.G., S.C. Kang, L. Cuo, *et al*., 2015. Simulation and analysis of glacier runoff and mass balance in the Nam Co basin, southern Tibetan Plateau. *J. Glaciol*, 61 (227):447-460.

Gleick P H .1989. Climate change，hydrology and water resources. *Reviews of Geophysics*，27(3):329-344.

Gouldby B. and Samuels P., 2005. Language of riskdproject definitions. Integrating flood risk analysis and management methodologies. Floodsite Project Report T32-04-0.

Gregory J. M., J.A. Lowe., 2000. Predictions of global and regiona lsea-level rise using AOGCM swith and without flux adjustment.Geophys. *Res.Lett*, 27:3069-3072.

Guo D., H. Wang., 2016. CMIP5 permafrost degradation projection:A comparison among different regions. *Journal of Geophysical Research: Atmospheres*, 121(9):4499-4517.

He Wenping, Guolin Feng, Qiong Wu, *et al*., 2008. A new method for abrupt change detection in dynamic structures. *Nonlinear Processes in Geophysics*, 15(4): 601-606.

He, W., G. Feng, Q. Wu, *et al*., 2012. A new method for abrupt dynamic change detection of correlated time series. *Int. J. Climatol.*, 32(10): 1604-1614.

Held H., T. Kleinen., 2004. Detection of climate system bifurcations by degenerate fingerprinting. *Geophysical Research Letters*, 31, L23207.

Houghton J. T., Y. Ding, D. J. Griggs, *et al*., 2001. *Climate Change 2001: The Scientific Basis*. Cambridge: Cambridge University Press.

Hulme M., S. Dessai., 2008. Predicting, deciding, learning: can one evaluate the 'success' of national climate scenarios?. *Environmental Research Letters*, 3(4): 045013.

IPCC., 2007. *Climate change: The Physical Science Basis. Summary for Policy Makers*.

IPCC., 2007. *Climate change: Impacts, adaptations and vulnerability: The fourth assessment report of working group II*. Cambrige: Cambridge University Press.

IPCC., 2012. *Managing the risks of extreme events and disasters to advance climate change adaptation: a special report of working groups I and II of the Intergovernmental Panel on Climate Change*. Cambridge and New York: Cambridge University Press.

IPCC., 2013. *Climate Change: The Physical Science Basis. Summary for Policy Maker*.

Jia Q., Yongjian D , Tianding H. , *et al*., 2017. Identification of the Factors Influencing the Base flow in the Permafrost Region of the Northeastern Qinghai-Tibet Plateau. *Water*, 9(9):666.

Jones R. N., K. J. Hennessy, 1999. Climate change impacts in the Hunter Valley. *CSIRO Atmospheric Research*, 47(1-2): 91-115.

Jones R. N., 2001. An environmental risk assessment/management framework for climate change impact assessments. *Natural Hazards*, 23(2-3): 197-230.

Jones R. N., 2004. *When do POETS become dangerous? IPCC workshop on describing scientific uncertainties in climate change to support analysis of risk and of options.* Maynooth, National University of Ireland.

Kates R. W., J. H. Ausubel, M. Berberian, 1985. *Climate Impact Assessment: Studies of the Interaction of Climate and Society.* SCOPE 27. Wiley, Chichister.

Kelly P. M. and W. N. Adger, 2000. Theory and practice in assessing vulnerability to climate change and facilitating adaptation. *Climatic Change*, 47(4).

Lamb, W. F. and N. D. Rao, 2015. Human development in a climate-constrained world: What the past says about the future. *Global Environmental Change*, 33: 14-22.

Luo, Y., J. Arnold, S. Liu, *et al.*, 2013. Inclusion of glacier processes for distributed hydrological modeling at basin scale with application to a watershed in Tianshan Mountains, northwest China. *J. Hydrol*, 477 (16), 72-85.

McCarthy J J, O F Canziani, N A Leary, *et al.*, 2001. *Climate Change 2001: Impacts, Adaptation, and Vulnerability. Cambridge.* Cambridge University Press.

Miles E. R., C. M. Spillman, J. A. Church, *et al.*, 2014. Seasonal prediction of global sealevel anomalies using an ocean–atmosphere dynamical model. *Clim.Dyn*. 43, 2131-2145.

Mitchell J. K., N. Devin and K. Jagger, 1989. A contextual model of natural hazard. *Geographical Review*, 79(4) : 391-409.

Moore J. C., A. Grinsted, T. Zwinger, *et al.*, 2013. Semiempirical and process-based global sealevel projections. *Rev.Geophys*. 51, 484-522.

Mörner N. A. and Klein P. Matlack, 2017. New records of sea level changes in the Fiji Islands. *Oceanography and Fishery Open Access Journal*, 5 (3), 20.

Mörner N. A., M. Tooley and G. Possner, 2004. New perspectives for the future of the Maldives. *Global Planetary Change*, 40, 177-182.

Mörner N. A., 1973. Eustatic changes during the last 300 years. *Palaeogeography Palaeoclimatology Palaeoecology*, 13, 1-14.

Mörner N. A., 2007. Sea level changes and tsunamis. Environmental stress and migration over the seas. *Internationales Asienforum*, 38, 353-374.

Mörner N. A., 2010, Sea level changes in Bangladesh: New observational fact. *Energy & Environment*, 21, 235-249.

Mörner N. A., 2011. Setting the Frames of Expected Future Sea Level Changes by Exploring Past Geological Sea Level Records. In: Easterbrook D J, eds. *Evidence-Based Climate Science*. Chapter 6, Elsevier, Amsterdam, 185-196.

Mörner N. A., 2015a, Deriving the eustatic sea level component in the Kattegatt Sea. *Global Perspectives on Geography*, 2, 16-21.

Mörner N. A., 2015b. Glacial isostasy: regional– not global. *International Journal of Geosciences*, 6, 577-592.

Mörner N. A., 2016. *Sea level changes as observed in naturel. n: Easterbrook D J (eds.) Evidence-Based Climate Science*. 2nd Revised Edition, Elsevier, Amsterdam, Netherlands, pp. 219-231.

Mörner N. A., 2017a. Our Oceans–Our Future: New evidence-based sea level records from the Fiji Islands for the last 500 years indicating rotational eustasy and absence of a present rise in sea level. *International Journal of Earth & Environmental Sciences*, 2, 137 (1-5).

Mörner N. A., 2017b. Coastal morphology and sea-level changes in Goa, India, during the last 500 years. *Journal of Coastal Research*, 33, 421-434.

Mörner N. A., 2014. *Sea level changes in the 19-20th and 21st centuries*. Coordinates, X:10, 15-21.

Narayan S., Nicholls R. J., Clarke D., et al., 2014. The 2D Source-pathway-Receptor model: a participative approach for coastal flood risk assessments. *Coastal Engineering*, 87,15-31.

NOAA. 2015. Laboratory for Satellite Altimetry/Sea Level.

Peng T., H. Tian, Z. Qin, et al., 2018. Impacts of climate change and human activities on flow discharge and sediment load in the Yangtze River. *Journal of Sediment Research*, 43(06): 54-60.

Pham B. T., K. Khosravi, I. Prakash, 2017. Application and Comparison of Decision Tree-Based Machine Learning Methods in Landside Susceptibility Assessment at Pauri Garhwal Area, Uttarakh and India. *Environmental Professional*, 4(3):711-730.

Pina J., A. Tilmant, F. Anctil, 2015. A Spatial Extrapolation Approach to Assess the Impact of Climate Change on Water Resource Systems. Agu Fall Meeting. AGU Fall Meeting Abstracts.

Rahmstorf S., 2007. Asemi-empirical approach to projecting future sea-level rise. *Science*, 315, 368-370.

Röske F., 1997. Sealevel forecasts using neural networks. *Ocean Dyn*, 49,71-99.

Schaller N., A. L. Kay, R. Lamb, et al., 2016. Human influence on climate in the 2014 southern England winter floods and their impacts. Nature Climate Change, 6(6): 627-634.

Si D, Ding Y., 2013. Decadal Change in the Correlation Pattern between the Tibetan Plateau Winter Snow and the East Asian Summer Precipitation during 1979—2011. *Journal of Climate*, 26(19):7622-7634.

Su, F., L. Zhang, T. Qu, et al., 2016. Hydrological response to future climate changes for the major upstream river basins in the Tibetan Plateau. *Global Planet. Change*, 136, 82-95.

Turner B. L., R. E. Kasperson, P. Matson, et al., 2003. A framework for vulnerability analysis in sustainability science. *Proceedings of National Academy of Sciences*, 100 (14):8074-8079.

UC (University of Colorado). 2015. *Sea Level Research Group of University of Colorado*.

Van Minnen J. G., J. Onigkeit, J. Alcamo, 2002. Critical climate change as an approach to assess climate change impacts in Europe: development and application. *Environmental Science and Policy*, 5(4): 335-347.

Verwaest T., K. Van der Biest, P. Vanpoucke, *et al.*, 2008. *Coastal flooding risk calculations for the Belgian coast*. In J. McKee Smith, and P. Lynett (Eds.).Proceedings of the 31st International Conference on Coastal Engineering (pp. 4193-4203). Hamburg, Germany: ASCE.

Wang S., X. Wang, G. Chen, *et al.*, 2017. Complex responses of spring alpine vegetation phenology to snow cover dynamics over the Tibetan Plateau, China. *Science of The Total Environment*, 593-594:449-461.

Wang X., C. Wu, D. Peng, *et al.*, 2018. Snow cover phenology affects alpine vegetation growth dynamics on the Tibetan Plateau: Satellite observed evidence, impacts of different biomes, and climate drivers. *Agricultural and Forest Meteorology*, 256-257:61-74.

Wang Y., Y. Ding, B. Ye, *et al.*, 2013. Contributions of climate and human activities to changes in runoff of the Yellow and Yangtze Rivers from 1950 to 2008. *Science China-Earth Scienc*, 56: 1398-1412.

Watts M. J., H. G. Bohle, 1993. The space of vulnerability: the causal structure of hunger and famine. *Progress in Human Geography*, 17(1) 43-67．．

Wenping He, Qunqun Liu, Yundi Jiang, *et al.*, 2015. Comparison of performance between rescaled range analysis and rescaled variance analysis in detecting abrupt dynamic change. *Chinese Physics B*, 24(4):049205.

Wu R., G. Liu and Z. Ping, 2014. Contrasting Eurasian spring and summer climate anomalies associated with western and eastern Eurasian spring snow cover changes. *Journal of Geophysical Research: Atmospheres*, 119(12):7410-7424.

Xia J., B. Qiu and Y. Y. Li, 2012. Water resources vulnerability and adaptive management in the Huang, Huai and Hai River basins of China. *Water International*, 37 (5): 523-536.

Xu M., S. Kang, X. Wang, *et al.*, 2019. Understanding changes in the water budget driven by climate change in cryospheric-dominated watershed of the northeast Tibetan Plateau, China, *Hydrological Processes*, 33 (7): 1040-1058.

Yang T., X. Wang, Z. Yu, *et al.*, 2015. Climate change and probabilistic scenario of stream flow extremes in an alpine region. *Journal of Geophysical Research Atmospheres*, 119(14):8535-8551.

Yang Y. J., X. F. Ren, S. L. Zhang, *et al.*, 2017. Incorporating ecological vulnerability assessment into rehabilitation planning for a post-mining area. *Environmental Earth Sciences*.

Yu Z., S. Liu, J. Wang, *et al.*, 2013. Effects of seasonal snow on the growing season of temperate vegetation in China. *Global Change Biology*, 19(7):2182-2195.

Zhang S. Q., B. S. Ye, SY. Liu, et al., 2012a. A modified monthly degree-day model for evaluating glacier runoff changes in China. Part I: model development. *Hydrol. Process*, 26 (11), 1686–1696.

Zhang S., X. Gao, B. Ye, et al., 2012b. A modified monthly degree–day model for evaluating glacier runoff changes in China. Part II: application. *Hydrological Processes*, 26(11): 1697-1706.

Zhang Y., H. Enomoto, T. Ohata, et al., 2016. Projections of glacier change in the Altai Mountains under twenty-first century climate scenarios. *Climate Dynamics*, 47(9-10): 2935-2953.

Zhang Y., Y. Hirabayashi, Q. Liu, et al., 2015. Glacier runoff and its impact in a highly glacierized catchment in the southeastern tibetan plateau: past and future trends. *Journal of Glaciology*, 61(228), 713-730.

Zhao Q., B. Ye, Y. Ding, et al., 2013. Coupling a glacier melt model to the Variable Infiltration Capacity (VIC) model for hydrological modeling in north-western China. *Environmental Earth Sciences*, 68(1):87-101.

Zhao Q., Y. Ding, J. Wang, H. Gao, et al., 2019. Projecting climate change impacts on hydrological processes on the Tibetan Plateau with model calibration against the glacier inventory data and observed stream flow. *Journal of Hydrology*, 573: 60-81.

Zhao, Q.D., S.Q. Zhang, Y.J. Ding, et al., 2015. Modeling hydrologic response to climate change and shrinking glaciers in the highly glacierized Kunma Like River Catchment, Central Tian Shan. *J. Hydrometeorol*, 16 (6), 2383-2402.

阿的鲁骥、字洪标、刘敏等："高寒草甸地下根系生长动态对积雪变化的响应",《生态学报》, 2017 年。

别必武、周晓兵等："荒漠植物种子萌发对积雪覆盖变化的响应",《生态学杂志》, 2016 年。

蔡海生、刘木生、陈美球等："基于 GIS 的江西省生态环境脆弱性动态评价",《水土保持通报》, 2009 年。

蔡海生、张学玲、王晓明等："区域生态化评价模型的构建方法研究",《生态经济》, 2004 年。

常燕、吕世华、罗斯琼等："CMIP5 耦合模式对青藏高原冻土变化的模拟和预估",《高原气象》, 2016 年第 35 卷。

陈佳、杨新军、尹莎等："基于 VSD 框架的半干旱地区社会—生态系统脆弱性演化与模拟",《地理学报》, 2016 年。

党素珍、刘昌明、王中根等："黑河流域上游融雪径流时间变化特征及成因分析",《冰川冻土》, 2012 年第 34 卷。

《第三次气候变化国家评估报告》编写委员会：《第三次气候变化国家评估报告》, 2015 年。

丁一汇：《中国西部环境变化的预测》，北京：科学出版社，2002 年。
丁永建、张世强、陈仁升：《寒区水文导论》，北京：科学出版社，2017 年。
丁永建、周成虎：《地表过程研究概论》，北京：科学出版社，2013 年。
封建民、郭玲霞、李晓华："基于景观格局的榆阳区生态脆弱性评价"，《水土保持研究》，2016 年。
高洁、傅旭东、王光谦等："积雪和植被高程分布的相关性——以羊八井流域为例"，《应用基础与工程科学学报》，2011 年。
关明皓："SRM 模型在大凌河流域融雪径流模拟中的运用研究"，《水利技术监督》，2016 年第 24 卷。
郭生练、郭家力、侯雨坤等："基于 Budyko 假设预测长江流域未来径流量变化"，《水科学进展》，2015 年。
郝振纯、李丽、王加虎等："史学气候变化对地表水资源的影响"，《地球科学》，2007 年第 32 卷。
何文平、邓北胜、吴琼等："一种基于重标极差方法的动力学结构突变检测新方法"，《物理学报》，2010 年第 59 卷。
何文平、何涛、成海英等："基于近似熵的突变检测新方法"，《物理学报》，2011 年第 60 卷。
何文平、王启光、吴琼等："滑动去趋势波动分析与近似熵在动力学结构突变检测中的性能比较"，《物理学报》，2009 年第 58 卷。
何云玲、张一平："云南省生态环境脆弱性评价研究"，《地域研究与开发》，2009 年。
胡霞、尹鹏、周朝彬等："季节性雪被下土壤微生物动态研究进展"，《重庆师范大学学报》，2015 年。
黄玫、季劲钧、曹明奎等："中国区域植被地上与地下生物量模拟"，《生态学报》，2013 年第 26 卷。
焦克勤、叶柏生、韩添丁等："天山乌鲁木齐河源 1 号冰川径流对气候变化的响应分析"，《冰川冻土》，2011 年第 33 卷。
靳毅、蒙吉军："生态脆弱性评价与预测研究进展"，《生态学杂志》，2011 年。
康永辉、解建仓、黄伟军等："广西大石山区农业干旱成因分析及脆弱性评价"，《自然灾害学报》，2014 年。
库路巴依、胡林金、陈建江等："基于 SWAT 模型的叶尔羌河山区融雪径流模拟"，《人民黄河》，2015 年。
李峰平、章光新、董李勤："气候变化对水循环与水资源的影响研究综述"，《地理科学》，2013 年第 33 卷。
李红霞、何清燕、彭辉等："基于耦合相似指标的最近邻法在年径流预测中的应用"，《水科学进展》，2015 年。
李佳芮、张健、司玉洁等："基于 VSD 模型的象山湾生态系统脆弱性评价分析体系的构建"，《海洋环境科学》，2017 年。

李晶、刘时银、魏俊锋等："塔里木河源区托什干河流域积雪动态及融雪径流模拟与预估"，冰川冻土，2014 年第 36 卷。

李玲萍、李岩瑛："石羊河流域冬季冻土深度变化趋势及原因"，《土壤通报》，2012 第 43 卷。

雒新萍、夏军、邱冰等："中国东部季风区水资源脆弱性评价"，《人民黄河》，2013 年第 35 卷。

刘洋等："基于 Budyko 理论的韩江流域径流变化敏感性分析及归因识别，《亚热带资源与环境学报》，2020 年第 15 卷。

吕昌河：《中国典型脆弱生态类型浅析》，北京：北京科学技术出版社，1995 年。

马帅、盛煜、曹伟等："黄河源区多年冻土空间分布变化特征数值模拟"，《地理学报》，2017 年第 72 卷。

施雅风："2050 年前气候变暖冰川萎缩对水资源影响情景预估"，《冰川冻土》，2001 年第 23 卷。

石晓丽、陈红娟、史文娇等："基于阈值识别的生态系统生产功能风险评价：以北方农牧交错带为例"，《生态环境学报》，2017 年第 26 卷。

史培军："四论灾害系统研究的理论与实践"，《自然灾害学报》，2005 年第 14 卷。

宋高举、王宁练、蒋熹等："气候变暖背景下祁连山七一冰川融水径流变化研究"，《水文》，2010 年第 30 卷。

宋燕、张菁、李智才等："青藏高原冬季积雪年代际变化及对中国夏季降水的影响"，《高原气象》，2011 年第 30 卷。

孙美平、李忠勤、姚晓军等："1959—2008 年乌鲁木齐河源 1 号冰川融水径流变化及其原因"，《自然资源学报》，2012 年。

孙占东、Christian、王润等："博斯腾湖流域山区地表径流对近期气候变化的响应"，《山地学报》，2010 年第 28 卷。

王澄海、靳双龙、施红霞："未来 50a 中国地区冻土面积分布变化"，《冰川冻土》，2014 年。

王让会、樊自立："干旱区内陆河流域生态脆弱性评价——以新疆塔里木河流域为例"，《生态学杂志》，2010 年。

王岩、方创琳："大庆市城市脆弱性综合评价与动态演变研究"，《地理科学》，2014 年。

王芝兰、李耀辉、王劲松等："SVD 分析青藏高原冬春积雪异常与西北地区春、夏季降水的相关关系"，《干旱气象》，2015 年第 33 卷。

韦晶、郭亚敏、孙林等："三江源地区生态环境脆弱性评价"，《生态学杂志》，2015 年。

魏晓旭、赵军、魏伟等："中国县域单元生态脆弱性时空变化研究"，《环境科学学报》，

2016年。

魏智、金会军、张建明等："气候变化条件下东北地区多年冻土变化预测"，《中国科学：地球科学》，2011年第41卷。

吴绍洪、高江波、邓浩宇等："气候变化风险及其定量评估方法"，《地理科学进展》，2018年第37卷。

吴绍洪、潘韬、贺山峰："气候变化风险研究的初步探讨"，《气候变化研究进展》，2011年第7卷。

席小康、朱仲元、宋小园等："锡林河流域融雪径流时间变化特征与成因分析"，《水土保持研究》，2016年第23卷。

夏军、陈俊旭、翁建武等："气候变化背景下水资源脆弱性研究与展望"，《气候变化研究进展》，2012年第8卷。

夏军、邱冰、潘兴瑶等："气候变化影响下水资源脆弱性评估方法及其应用"，《地球科学进展》，2012年第27卷。

徐广才、康慕谊、贺丽娜等："生态脆弱性及其研究进展"，《生态学报》，2009年。

杨凯、胡田田、王澄海："青藏高原南、北积雪异常与中国东部夏季降水关系的数值试验研究"，《大气科学》，2017年第41卷。

尹振良、冯起、刘时银等："水文模型在估算冰川径流研究中的应用现状"，《冰川冻土》，2016年第28卷。

尹梓渊、穆振侠、高瑞等："考虑冰川融水的hbv模型在天山西部区的应用"，《水力发电学报》，2017年。

詹万志、王顺久、岑思弦："未来气候变化情景下长江上游年径流量变化趋势研究"，《高原山地气象研究》，2017年。

张慧、李忠勤、牟建新等："近50年新疆天山奎屯河流域冰川变化及其对水资源的影响"，《地理科学》，2017年。

张龙生、李萍、张建旗："甘肃省生态环境脆弱性及其主要影响因素分析"，《中国农业资源与区划》，2013年。

张人禾、张若楠、左志燕："中国冬季积雪特征及欧亚大陆积雪对中国气候影响"，《应用气象学报》，2016年第27卷。

张文杰、程维明、李宝林等："气候变化下的祁连山地区近40年多年冻土分布变化模拟"，《地理研究》，2014年第33卷。

张鑫、杜朝阳、蔡焕杰："黄土高原典型流域生态环境脆弱性的集对分析"，《水土保持研究》，2010年。

张学玲、余文波、蔡海生等："区域生态环境脆弱性评价方法研究综述"，《生态学报》，2018年第38卷。

张强、姚玉璧、李耀辉等："中国干旱事件成因和变化规律的研究进展与展望"，《气象学报》，2020年第28卷。

赵东升、吴绍洪、尹云鹤："气候变化情景下中国自然植被净初级生产力分布",《应用生态学报》,2011 年第 22 卷。

赵琳林等:"天山北坡奎屯河流域径流模拟及对气候变化的敏感性分析",《山地学报》,2018 年第 36 卷。

赵跃龙:《国脆弱生态环境类型分布及其综合整治》,北京:中国环境科学出版社,1999 年。

中国科学院可持续发展研究组:《中国可持续发展战略报告》,北京:北京科学出版社,1999 年。

钟晓娟、孙保平、赵岩等:"基于主成分分析的云南省生态脆弱性评价",《生态环境学报》,2011 年。

周浩、唐红玉、程炳岩:"青藏高原冬春季积雪异常与西南地区夏季降水的关系",《冰川冻土》,2010 年第 32 卷。

朱景亮、齐非非、穆兴民等:"松花江流域融雪径流及其影响因素",《水土保持通报》,2015 年第 35 卷。

朱云梅等:"纵向岭谷区地表径流对气候变化的敏感性分析:以长江上游龙川江流域为例",《科学通报》,2006 年。

第七章 适应和减缓政策评估方法学

本章归纳总结了气候变化适应和减缓政策评估方法学及其进展。具体包括四部分内容：第一部分是适应方法及其发展，系统介绍了适应气候变化政策类型，并重点概括了李嘉图截面方法、面板数据方法、差分方法、综合评估模型方法和一般均衡模型方法五种适应政策的评估方法；第二部分是减缓理论和方法评估，概括了减缓的理论和概念，并重点介绍了自上向下、自下向上和混合式等三类减缓成本效益及减排差距的评估方法以及它们在中国的运用实践情况；第三部分是减缓与适应协同理论及与可持续发展目标关系的评估，论述了减缓与适应的协同与权衡关系及其评估方法，并从机制和途径两个维度阐述了减缓和适应与可持续发展目标的联系；第四部分是关键适应与减缓技术评估，主要对适应和减缓技术需求的评估方法和工具进行了介绍与总结。

第一节 适应气候变化政策评估方法及其发展

一、适应气候变化的概念

在联合国气候变化专家委员会气候变化评估报告中，适应一词最早是指与气候变化影响相关的行为反应（IPCC, 1994）。在 IPCC 第三次评估报告第二工作组报告中，适应的含义是指自然或人类系统对新的或变化的环境进行的调整过程（IPCC, 2001）。适应气候变化就是自然或人类系统为应对现实的或预期的气候冲击或其影响而做出的调整。这种调整能够减轻损害或开发有利的机会。IPCC 将适应气候变化分为三种类型：预防性（主动）适应是指在气候变化所引起的影响显现之前而启动响应行动；自主性（自发性）适应不是对气候影响作出的有意识的反应，而是由自然系统中的生态应激，或人类系统中的市场机制和社会福利变化所启动的反应；计划性适应或规划性适应是针对未来可能发生的气候风险预先制定政策、规划进行防范。计划性适应是政府决策的结果，建立在意识到环境已经发生改变或即将发生变化的基础上，采取的一系列管理措施使其恢复、保持或达到理想的状态。

随着适应气候变化文献研究的增多，一些学者开始对其进行总结和进一步分类。潘家华等（2011）针对中国适应气候变化的现状、问题和基本需求，将适应气候变化分为增量型适应和发展型适应两大类别，严格意义上的适应主要针对增量部分，并且主要有工程性、技术性和制度性适应三种手段。由于系统边缘部分受气候变化影响最大，对气候变化最为敏感和脆弱，边缘适应要求在系统边缘的交互作用处优先采取积极主动的调控措施促使整个系统的结构及功能与气候条件变化相协调，从而达到稳定有序的新状态的过程（许吟隆等, 2013）。对于决策者而言，需要明白不同的适应类型降低气候变化风险的程度、适用范围及其发展和完善过程的差异，从而为不同的部门制定相应的适应策略。

二、适应气候变化的政策

适应气候变化政策种类多种多样，至今没有国际公认的分类标准。IPCC 第五次评估报告将适应气候变化政策主要划分为三大类：结构或物理适应政策、社会适应政策以及制度适应政策（IPCC，2014）。

结构或物理适应政策主要包括工程及建造环境、分散的技术措施、生态系统及其服务以及不同层面的具体服务措施，并且这类适应政策着重强调适应对策在时间和空间上的具体性以及产出效果的明确性。社会适应政策旨在为边缘性脆弱人群提供适应对策，包括自下而上的社区适应计划、提高贫困人口生计水平的社会保险项目。保险与金融信贷计划被世界银行（World Bank，WB）和《联合国气候变化框架公约》（UNFCCC）视为减少或分散气候变化风险、平抑消费波动的有效适应政策，特别是可以帮助生计脆弱家庭重新积累生计资产，减少落入贫困陷阱的可能性（Barnett et al., 2008 and 2010; 钱凤魁，2014；李阔，2016）。制度性适应政策包括经济工具、法律法规以及适应规划，其中适应规划多由政府或国际组织负责实施，更加强调科学技术和基础设施建设等措施的重要性（居辉和陈晓光，2011；潘家华等，2014；郑艳等，2016，2018）（表7-1）。

表7-1 适应气候变化政策分类

分类		适应气候变化政策
结构或物理适应政策	工程及建造环境	海堤和海岸保护结构、洪水或热带气旋庇护所、暴雨及废水管理、道路基础设施、发电厂和电网调整
	技术	种养殖新品种、基因技术、节水技术、集约式农业、灾害预警系统、可再生能源技术
	生态系统	生态恢复、绿色基础设施、造林和再造林、社区自然资源管理、适应性土地利用管理
	服务	社会保险及网络、用水及卫生市政服务、公众健康服务、免疫医疗项目
社会适应政策	教育	适应意识提升教育、性别公平教育、知识共享和学习平台、社区调查、国际会议和研究网络
	信息	灾害和脆弱性分析、早期预警与反应系统、系统监测与遥感、气候服务、社区适应计划
	行为	家庭防灾与避灾计划、重新安置或移民、生计多样化、种植行为和种植日期调整

续表

分类		适应气候变化政策
制度适应政策	经济	税收或补贴、天气指数保险计划、生态补偿、小额金融信贷、灾难应急基金、转移支付
	法律法规	建筑标准、水资源管理协议、减灾法律、保险法规、产权和土地使用权保障、专利和技术转移规定
	政府政策及项目	国家和地区适应规划、城市改造项目、防灾减灾计划、景观及流域管理、适应管理

三、适应气候变化政策评估方法

在开展适应气候变化政策评估的文献研究中，定性研究和定量研究是两种最基本的方法，主要目的是寻找适应成本与适应收益相等时的最优适应水平。定量评估方法能比较精确地分析适应气候变化政策的社会经济影响，是目前研究适应政策成本—效益的主流分析方法。国内外主要运用的定量评估方法又可以进一步分为微观方法和宏观方法，其中微观方法包括截面数据方法、面板数据方法、差分方法；宏观方法包括综合评估模型（IAM）和一般均衡模型（Computable General Equilibrium, CGE）。

（一）李嘉图截面方法

在研究气候变化对美国农业所造成的经济影响的过程中，门德尔松等（Mendelsohn et al., 1994）发现传统的生产函数方法没有考虑到随着气候条件的变化而产生的经济替代行为从而高估气候损失这一缺陷，故在原有生产函数方法的基础上作了改进，提出了一种新的研究气候变化影响的方法——李嘉图横截面方法。这种方法通过研究在气候变化条件下所选取农田土地价值的整体变动来考虑适应作用，即不再研究气候变化对单个作物产出率的影响，因为经济替代行为所带来的抵消作用使得我们无法准确知道气候变化对农业的影响为正或是负。所以，转而研究气候变化对一片农田价值的总影响，这样既考虑了直接影响（对各种作物收益率的综合影响）又考虑了间接影响（间接的替代作用，比如适应行为）。李嘉图横截面方法较之传统生产函数方法更合理，但是仍旧存在遗漏变量的问题。为此，费歇（Fisher，2005）在门德尔松考虑温度和降水两个气候变量的基础上，进一步考虑灌溉对农业产出的重要影响，以解决遗漏变量的问题。另外，气候变化的长期性决定了对于气候变化影响与适应的研究尺度也应是长期的，即着眼于长期气候影响相应的适应也应是长期的。李嘉图横截面方法由于缺少气候变化的时间序列信息，因此难以反映气候变化影响与适应的长期性。

（二）面板数据方法

相比于横截面方法，面板数据结合了空间和时间两个维度并控制了针对特定单位和时间段的固定效应，从而消除了横截面方法中因为遗漏重要变量而给研究结果造成的部分影响。格林斯通（Greenstone *et al.*，2007）利用面板数据方法研究气候变化对农业生产的影响时着眼于短期的气候变化，对比研究气候变化使得环境更加温暖湿润时期的农业利润是增加还是降低。着眼于短期的面板数据分析方法会高估气候损失，即不能充分考虑适应行动对气候冲击的抵消作用。因为短期内农民对气候变化不敏感或是来不及作出适应调整行为，而长期气候变化下农民则可以采取充分的适应行动，所以长期的气候变化对经济体的冲击一般低于短期。此后，何为等（2015）考虑更长时期内气候变化对中国粮食生产的影响，并且将适应划分为"自然适应"和"人为适应"，从而区分不同适应机制及其对粮食产量的影响方向与程度。在研究模型中加入平均气候态与每年气候因子的交叉项表示自然适应，气候变量与粮食生产投入变量之间的交叉项表征人为适应。刘等（Liu *et al.*，2015）构建纳入适应行为的面板数据模型，进一步在典型浓度情景（RCP）下探讨未来气候变化对农业生产的影响，发现适应行为可以显著减轻气候变化负面影响，并认为平均气候态的变化不会影响中国粮食安全，应重点关注极端气候灾害事件的影响。

（三）差分方法

为了解决横截面方法中遗漏数据变量和面板数据方法中未考虑长期适应的问题，伯克和埃默里克（Burke and Emerick, 2016）引入了一种新的方法——长期差分估计法。相比于前两种方法，这种方法有以下三点优势：一是能够量化农民对长期气候变化所作出的适应反应，同时避免遗漏变量的影响；二是对未来气候变化的影响做出大致预测；三是能够观测到气候变化对农业产出的短期损害是否会在长期内得到缓解。通过对比长期差分估计方法所得的长期差异结果和面板数据方法所得的短期反应结果，发现长期的适应行为似乎没有在很大程度上减轻短期内的气候损失。伯克和埃默里克（Burke and Emerick, 2016）认为，这可能是因为可供利用的调整机会很少或者是农民对适应作用的认知不深入这些适应障碍（adaptation barrier）的存在而导致的。差分方法也有不足之处，主要为对于数据的要求相对较高，因为是长期趋势所以需要收集较长时期的数据。

（四）综合评估模型方法

最初的综合评估模型（IAM）只是研究了气候系统与经济系统之间的关系，随着研究的深入，IAM 不断被完善并已发展出更多种类的模型。现在公认的气候变化综合评估模型主要包括三个板块，分别是气候模块（Climate Module）、经济模块（Economy Module）和影响模块（Impact Module）。在影响模块中，损失函数描述了经济产出与气候变量之间的函数关系，是研究气候变化不利影响的关键。它反映了经济系统对气候变量的影响机制以及气候变量对经济系统影响的反馈机制，也能通过纳入适应变量研究适应气候变化的作用。在以下损失函数中 $D(T) = \arg\min_A [AC(A,T) + RD(A,T)]$，AC 是适应成本（Adaptation Costs），A 为适应行动（Adaptation Effort），T 为全球平均气温（Global Mean Temperature），RD 为剩余损失（Residual Damages）。在考虑了减缓行动对经济损失的减缓作用后，最优的适应行动要在现有开展的适应行为和余下的损失中找寻一个平衡，使得最终的气候损失降至最低。

但是，现有的多数 IAM 没有明确考虑适应作用，少数考虑了适应作用的 IAM 对适应作用的考虑又缺乏科学性和合理性。例如 DICE、RICE、MERGE 以及 WITCH 假设适应最优且忽略了适应的成本，PAGE 对适应作用的效力估计过于乐观（Füssel, 2010），充分说明了现有的气候综合评估模型体系对于适应气候变化作用的认识不够全面科学，无法说明适应政策在气候稳定战略（climate stabilization strategies）中的重要作用（Fisher et al., 2014）。

（五）一般均衡模型方法

为评估灾后恢复力，即适应政策的作用，解伟（2018）等学者建立了动态可计算的一般均衡（CGE）模型来研究动态经济恢复力在 2008 年汶川地震中所起到的重要作用。该模型结合投资的主要特征，跟踪经济在有或没有动态经济恢复力的两种情况下完成经济复苏的时间路径，发现动态经济恢复力显著降低了 47.4% 的因地震造成的经济损失。适应作用的大小约为未开展灾后投资行动时的资本存量总量和开展灾后投资行动时的资本存量总量的差值。类似地，在遭受气候冲击的时候，人们一方面用现有资源应对，比如更加频繁地使用空调；一方面又追加资源投入应对，比如建造防洪堤坝。可计算一般均衡模型都适用于这两种适应政策的定量分析。吴先华等（2018）将恢复力因素纳入改进后的 CGE 模型的生产模块中，以北京市"7·21 特大暴雨"为例研究发现，考虑恢复力因素以后的灾害经济损失有所减少，各产业部门的恢复程度均有所不同，为政府开展不同恢复力建设和灾害适应管理工作提供了参考依据。

第二节 减缓理论和方法评估

气候变化的减缓理论主要涉及到减缓的概念、减缓潜力分析和减缓成本评估等相关方面。而相关的评估方法从结构上来看则主要分为自下而上的模型、自上而下的模型以及综合评估模型等。

一、减缓的理论和概念

（一）气候变化减缓的概念

气候变化问题主要是由于工业革命以来，大气中温室气体浓度增加而引起的以变暖为主要特征的全球气候异常。根据 IPCC 第五次评估报告的主要结论，自 20 世纪 50 年代以来，所观测到的气候变化程度是上千年来未曾有过的现象。大气和海洋在逐渐变暖，冰川也出现退缩和消融，海平面逐年上升，大气中二氧化碳的浓度达到了过去 80 万年以来的最高水平。在前四次报告的基础上，更为肯定地指出温室气体排放以及其他人类活动影响，自 20 世纪中叶以来气候变暖一半以上是由人类活动造成的。这一结论的可信度在 95% 以上，为进一步应对气候变化问题提供了科学的研究结论和决策依据。

因此气候变化的减缓包括努力减少人为活动产生的温室气体排放，并通过提高土地利用和森林管理，以及碳捕获和封存等方式来增加吸收和固定二氧化碳的碳汇等综合活动。

（二）气候变化减缓的潜力分析

减缓潜力是指当前尚未完全释放但未来在一定条件下能够发挥出来的减缓气候变化的能力。这主要是取决于技术进步和创新发展的水平，以及战略定位、政策导向、规制建立、管理手段和激励机制等相应配套措施的到位与实施。其中技术减缓潜力是最为重要的基础，其它制度性安排和外界响应为必要条件。技术潜力主要是指通过低碳技术来替代高碳技术，非化石能源替代化石能源过程所产生的温室气体减排效果。其中先进技术的成熟程度和可靠性，以及相应的成本和效益也是需要考虑和评价的重要因素。另外，通过转变经济增长方式和调整产业结构等需求侧改革，也可以降低能源的总消费水平，从而也能够带来减缓的效果。

在进行能源技术替代的减缓潜力分析过程中，首先需要对国家的整体能源结构、能源资源禀赋和开发利用条件、清洁和低碳能源技术发展水平和未来趋势等方面进行全面和深入的分析。其中要掌握好技术进步的规律和学习曲线的拐点变化，以及成熟程度、发展规模与成本下降趋势等重要的相关关系。同时在节能和能效技术的替代方面尤其还要注重其它的环境外部效应。

根据自身国情的特点以及2020～2030年的可能减缓潜力，中国分别提出了国家适当减缓行动和国家自主贡献目标。同时也制定并实施了一系列政策和行动方案，努力减缓温室气体排放，完成以低碳和气候韧性为导向的社会转型，并兑现2030年或更早实现碳排放达峰的承诺。这些政策不仅呼应了减缓全球气候变化的努力，还满足中国治理空气污染、保障国家能源安全的国内需求。然而除了要大力减排二氧化碳（二氧化碳）以外，中国现在也十分重视甲烷（甲烷）、氧化亚氮（N_2O）、氢氟碳化物（HFCs）、全氟化碳（PFCs）、六氟化硫（SF_6）和三氟化氮（NF_3）等非二氧化碳温室气体的减排，这对实现减排目标、应对气候变化有着不可忽视的意义。

在"十二五"期间，中国在减缓温室气体的排放方面已取得了以下一些成绩。

- 碳排放强度大幅下降。据初步核算，2010～2015年，中国单位国内生产总值能源活动二氧化碳排放累计下降约22%，超额完成了"十二五"规划目标，为实现2020年比2005年下降40%～45%的目标奠定了坚实基础。

- 产业结构逐步优化。2010 年，服务业增加值占国内生产总值比重达到 44.1%，比 2005 年提高 2.8 个百分点。2015 年，服务业增加值占国内生产总值比重达到 50.2%，比 2010 年提高 6.1 个百分点，超额完成了"十二五"规划目标。
- 能源强度显著降低。2005~2010 年，全国单位国内生产总值能耗下降 19.3%，顺利完成了"十一五"既定任务。2010~2015 年，全国单位国内生产总值能耗下降 18.4%，超额完成了"十二五"规划目标。
- 能源结构不断改进。2010 年，非化石能源占能源消费总量比重为 9.4%，比 2005 年提高 2 个百分点。2015 年，非化石能源占能源消费总量比重为 12.1%，比 2010 年提高 2.7 个百分点，超额完成了"十二五"规划目标。
- 森林碳汇持续增加。2004~2008 年，全国森林覆盖率提高到 20.36%，森林蓄积量达到 137 亿立方米。2015 年，全国森林覆盖率提高到 21.66%，森林蓄积量达到 151 亿立方米，提前实现了到 2020 年增加森林蓄积量的目标。

另外，全球农业源温室气体排放量占人为温室气体排放总量的 10%~12%，而农业温室气体技术减排潜力占全球减排潜力的 20%。

林业和气候变化有着内在联系，森林中的树木通过光合作用将大气中二氧化碳以生物量形式固定下来，具有碳汇功能，因此林业是未来很长时间内全球可行的减缓气候变化的重要措施之一。中国拥有丰富的森林资源，通过合理利用相关林业技术，扩大森林面积，减少森林破坏等，以增强中国减缓气候变化能力仍具有很大潜力，但发挥林业减缓气候变化的技术潜力还需要改进一系列相关的政策措施。

二、减缓成本及效益的评估方法工具

当前国际上对减缓潜力的经济性评价方法和工具主要包括自上向下（Top-down）、自下向上（Bottom-up）和混合式（Hybrid）等三种类型。

其中自上向下的评估方法是从宏观经济的角度对整体或行业的减缓潜力及相应的经济成本进行评估。在这一类型的方法中多采用投入产出模型工具，从一般均衡的假定出发，分析和研究国民经济各部门之间的平衡关系。首先根据各部门的产品数量依存关系和相应的统计数据来形成矩阵式平衡表，进而表现国民经济各部门产品的供给和需求达到平衡的状态，运用代数工具建立起数学方程，从而提示国民经济各部门、再生产各环节之间的内在联系。同时还需计算求得每一部门的产品总量与它生产这个总量所需其他部门产品量的技术系数，从而确定上述方程组中的有关参数值。从而可推断某一部门产销情况的变化对其他部门的影响，进而可以计算出满足包括个人及政府消费、投资和输出的"最终消费"所需生产的各种产品总量。其理论基础是瓦尔拉斯的一般均衡论，如果结合中国的经济理论和思想，主要包括劳动价值论、生产资料生产与消费资料生产两大部类的理论等。按计量单位的不同，可分为价值型和实物型。另外在反映各部门联系的直接消耗系数的基础上，可以计算出完全消耗系数，它是生产单位最终产品对某种总产品或中间产品的直接消耗与间接消耗之和，但由于模型中的这些系数关系在一定时期内相对固定，因此不能深刻反映和模拟气候战略或减缓政策对要素替代和技术进步的影响。在这一类方法中还有可计算一般均衡模型（CGE），它也是根据瓦尔拉斯的一般均衡理论建立起来的能够反映所有市场活动的模型，采用一组方程来描述经济系统中的供给和需求，以及通过市场和价格建立起来的联系，最后要求所有市场都达到平衡。顾名思义在这种模型方法中，"可计算"是指输入的是真实的经济数据并经计算得出均衡解；"一般性"是指包括多主体的利益相关方和行为人，如产业部门、政府、家庭、贸易伙伴等，以及在需求侧的特征是追求效用最大化，在供应侧则遵循成本最小化的决策原则；"均衡"是指经济系统中各种商品与生产要素的供给和需求是通过内生的价格信号实现市场出清，但是CGE模型对于不同均衡之间的动态调整机制较难进行解释，另外，由于采用近期的真实数据来进行校准，因而不宜于进行未来长期变动趋势的模拟。还有一种宏观经济模型方法（Macroeconomic Model），主要是以凯恩斯的有效需求理论为基础，以最终需求来确定经济增长的规模，描述不同部门的投资与消费行为，并能对能源消费及温室气体排放等情况进行分析，但市场均衡是通过数量调整和价格信号来发挥作用。在分析减缓成本方面，有采用历史数据回归的计量手段来进行模拟，可用于中短期情况的分析。

而自下向上（Bottom-up）的评估方法则是多从部门或微观层面出发，对不同部门的技术应用和减排方案进行综合评价，突出的是具体的行业或技术类型，对于评估行业或部门的具体政策效果非常适用。在这一类型的方法中有能源动态优化模型（Dynamic Energy Optimization Models），是一组能够实现能源系统总成本最小化的能源技术选择模型，可以进行中长期的分析，并实现部门均衡状态。同时还可以建立宏观经济系统与能源系统之间的关系，并用于进行减缓潜力与成本的分析。如果能对技术模块进行细化或补充更多的信息，则可以对排放和减缓情景做出更加深入的分析。还有一种是能源系统模拟模型（Energy System Simulation Models）是根据能源系统的能流关系以及一次能源和二次能源的划分，将包括各种技术选择的能源供应与划分各部门的能源需求子系统和社会经济与人口子系统建立起相互作用和影响的有机联系，在各种情景设定下通过发展动力的驱动，来分析对各环节的能源需求，以及相应的排放和减缓情况。

混合式（Hybrid）评估方法综合了上述两大类评估方法的优势，同时考虑了宏观政策和目标要求的驱动，以及各部门或微观层面的技术选择效果。这种综合或混合式的方法可以从更加全面的角度来对减缓潜力、GDP影响和相应的成本等进行全面的评价和分析。

三、减排差距评估方法学

国际社会始终十分关注控制未来温升目标的减排努力,特别是《巴黎协定》(IPCC, 2018)提出控制全球温升不超过 2 摄氏度并努力控制在 1.5 摄氏度以下的长期目标。国际上的一些主要机构也对于这一目标下的相应大气温室气体浓度以及排放总量要求,与各国给出的国家自主贡献(Nationally Determined Contributions, NDCs)进行了定期的评估。

减排差距评估的方法学主要是根据 IPCC 报告所给出的未来温升目标下所对应的大气温室气体浓度,以及换算为实物当量的温室气体要求,再结合各国在《坎昆协议》和《巴黎协议》下的减缓行动以及国家自主贡献承诺,在不同设定的情景下,通过相关模型的模拟和计算,对可能的结果进行分析和比较。

当前的最新分析结果表明,全球温室气体排放没有出现达峰的迹象,2017 年能源和工业部门的二氧化碳排放在经历三年的稳定后有所增加,包括土地利用变化的年度温室气体排放也达到了创纪录的 535 亿吨二氧化碳当量水平,比 2016 年增加了 7 亿吨二氧化碳当量。如果不包括土地利用变化则为 492 亿吨二氧化碳当量,比上一年增加了 1.1%,其中土地利用变化导致的排放为 42 亿吨二氧化碳当量。根据有关的模型计算和分析,如果在当前既有政策的趋势下,2030 年全球温室气体排放将接近 590 亿吨二氧化碳当量的程度,而在实施无条件的国家自主贡献的情景下,将达到 560 亿吨二氧化碳当量的水平,当选择落实有条件的国家自主贡献的情景下,可能会达到 530 亿吨二氧化碳当量的总量。

另外,根据 IPCC 报告以及相关文献针对最佳排放路径的主要研究结论,在 2030 年时段的温室气体排放如果能分别控制在 400 或 240 亿吨二氧化碳当量左右,则未来至 21 世纪末的温升将有 66% 的可能性被控制在 2 摄氏度或 1.5

摄氏度的范围内。

由此，如果以 66%的可能性来实现未来 2 摄氏度温升控制目标，在延续原有基准政策（BAU）以及落实无条件国家自主贡献和有条件国家自主贡献等不同的情景下，在 2030 年时段上的减排差距分别为 180、150 和 130 亿吨二氧化碳当量。而在同样条件和情况下实现未来 1.5 摄氏度温升控制目标的减排差距则分别为 350、320 和 290 亿吨二氧化碳当量。

为弥合这些巨大的减排缺口和减小其中的不确定性，在未来实现 2 摄氏度和 1.5 摄氏度温升控制目标下，2030 年的全球排放总量应该比 2017 年分别减少 24%～34%和 54～60%。因此各国在努力落实国家自主贡献的基础上，还需要进一步地加大减排力度，不断加快能源体系的革命性变革和经济发展方式的低碳转型，才能在本世纪下半叶实现全球温室气体净零排放的长期目标。根据对相关数据的汇总和推算，至 2030 年将有 57 个国家实现温室气体排放达峰的目标，占全球排放总量的 60%左右（表 7–2）。

表 7–2　排放达峰或承诺达峰的国家数目及全球排放占比情况

截至或目标年份	1990	2000	2010	2020	2030
达峰的国家数目	19	33	49	53	57
全球排放量占比（%）	21	18	36	40	60

为实现 2030 年的减排目标，还应鼓励各国深挖潜力，包括且不限于采取减少煤电的补贴，发展可再生能源供热和制冷，提高重型卡车的排放标准，提倡电动出行和智能交通，防止油气的逸散排放，推进循环经济和工业节能，建立碳市场交易机制等各种相关和可行的措施，不断加强各国的减排力度和实际效果。

四、减缓评估在中国的运用实践

中国自"八五"时期就开始采用各种评估方法和相应的模型工具对社会

经济发展与能源需求间的影响开展了学术研究,为当时制定支持经济增长的能源发展战略提供决策支持。随着应对全球气体变化的要求,上述评估方法及工具也被广泛地运用于对能源系统的排放和减缓方面的研究,并为国家制定中长期的应对战略发挥了重要的辅助作用,可归纳和总结如表 7–3。

表 7–3 减缓评估方法在中国的应用

方法类型	评估模型	研究目标	时间跨度	研发机构
自上而下	CGE	研究碳税对中国经济的可能影响	静态模型	中国社科院数量经济与技术经济研究所
		研究环境政策及碳税对中国宏观经济的影响	1992 年为基年,可考虑短期和长期影响	中国社科院数量经济与技术经济研究所(PRCGEM)
		分析中国温室气体减排政策的成本及 CDM 市场潜力	1997(基年)至 2010 年	清华大学环境学院(TEDCGE)
		能源替代对于减排潜力的影响	中长期	清华大学能源环境经济研究院
自下而上	Markal	能源最优化路径下的能源需求及排放预测	1995 到 2050 年	清华大学
	LEAP	三种情景下中国未来的能源需求	1998~2020 年	国家发改委能源所
		三种情景下的化石能源需求,以及温室气体排放及局部污染物排放	1998~2030 年	清华大学核能与新能源技术研究院
	AIM	6 个情景下中国未来减排路径的比较	1990~2010 年	国家发改委能源所
	3E-MDL	不同情景下的减排路径比较分析	1990~2050 年	清华大学能源环境经济研究院
综合类	IAMs	根据减排技术潜力和成本,对实现减缓目标的可行性和技术需求及社会影响分析	1990~2030 年	中国人民大学能源与气候经济学项目 PECD 模型

第三节　减缓与适应协同理论及与可持续发展目标关系的评估

减缓和适应是联合国气候变化框架公约（UNFCCC）所确认的两种应对气候变化的策略选择。越来越多的证据表明，减缓和适应及其共生效益和不良副作用之间存在密切联系，相互依存、相互制约。亦即减缓与适应之间存在显著的协同效益、协同作用和权衡取舍（IPCC, 2014）。与此同时，人们也越来越深刻地认识到气候变化对可持续发展构成威胁，而寻求可持续发展是人类应对气候变化的总体背景和终极目标。考虑减缓、适应方案与可持续发展之间可能存在的共生效益、不良副作用和风险，权衡利弊后采取与可持续发展目标（Sustainable Development Goals, SDGs）协同一致的气候变化综合响应策略意义重大。

本节对气候变化减缓与适应的协同权衡及其与可持续发展的联系与影响机制进行了深入探讨，并对相关现有评估方法进行了归纳总结和简要评述。

一、减缓与适应的协同与权衡

（一）减缓与适应的协同与权衡机制

减缓和适应是最先由 UNFCCC 确认后逐步成为全球共识的两种应对气候变化的策略选择。减缓策略旨在减少对气候系统的人为强迫而进行的人为干预，包括减少温室气体的排放源或增加碳汇措施。适应策略是自然或人类系统为应对实际的或预期的气候刺激因素或其影响而做出的趋利避害的调整（巢清尘，2009）。减缓和适应从本质上是应对气候变化的两种路径，二者之间存在区别与联系。

减缓和适应策略的区别在于，第一，二者的空间和时间尺度的有效性不同。空间尺度上，减缓更具有全球获益效应，而适应更具有局地获益效应。时间尺度上，减缓行动成效具有长期性和滞后性，当下采取的减缓措施几十年后才能受益，即使当前最严格的减缓措施也不能避免气候系统在未来几十年里发生变化；而适应措施则能通过降低对气候变化的脆弱性而立即取得成效，并且这种成效会随着气候变化的持续或增强愈加明显。第二，二者的施用对象不同。减缓主要包括能源、交通、农业、林业等部门；而适应涉及的对象更为广泛，从农业、林业、水资源、海岸带管理、城市规划和自然生态保护，到交通运输、电力设施保护、人体健康和旅游休闲等，所有受到气候变化直接或潜在影响的领域、部门、个体人群、国家经济实体都有所覆盖。第三，二者成本效益的可比性不同。一方面，减缓较适应而言，占用投资更多成本更高。另一方面，减缓措施的成本效益可通过换算成二氧化碳排放来比较，而适应措施则难以用单一的量化值来表示和比较。第四，二者的行动特点和政策类型不同。减缓以"自上而下"的政策规制型行动为主，而适应更多的是受气候影响的利益相关方所主导的"自下而上"的行动。第五，二者的行动相关领域存在差异。减缓主要涉及能源、工业、农林和生活领域（如交通、建筑等）、城市规划和设计中的能源利用等领域，而适应主要涉及农业、旅游、健康医疗、水资源管理、海岸线管理、城市基础设施规划、生态保护等领域。最后，二者成为应对气候变化策略选择的时间不同。减缓先于适应成为气候变化国际谈判和社会关注长期以来普遍侧重的气候治理手段，而适应是直至 2001 年 COP7 才开始取得进展并于 2007 年 COP13 真正开始受到日益关注和重视的策略选择（宋蕾，2018）。

减缓和适应策略的联系在于它们之间的协同与权衡关系。减缓和适应的协同性在于，第一，二者的最终目标一致。减缓和适应的最终目标都是降低气候变化风险。第二，二者之间存在着双赢性。例如，适应行动可能产生正外部性，在适应气候变化的同时促进了温室气体排放减缓，而减缓政策和/或技术运用得当，也可能增强地区适应气候变化的能力。这种相互支撑、整体加强、效果倍增的行动组合是具有协同效应的。第三，二者都有益于催生与环境和可持续发展有关的外部效应。减缓和适应涉及产业结构调整、自然资源保护、防灾减灾等一系列问题，通过合理规划、布局调整，良好的气候政策能够很好地促进可持续发展（Pachauri and Meyer, 2014），但与此同时，减缓和适应的内在区别及其协同作用的局限性，使得二者之间也可能相互产生负的影响，由此导致这两个策略选择之间潜在的权衡取舍同样真实存在。这种权衡取舍主要存在于两个方面，一方面是减缓和适应之间存在对同一资源的直接或间接竞争关系。另一方面是不恰当的适应行动在减轻地区气候脆弱性的同时可能会增加温室气体排放、削弱减缓行动效果，导致减缓成本上升，或者某些减缓行动产生了负外部性，加剧了地区或系统的气候脆弱性或暴露度（Hulme et al., 2009；傅崇辉等, 2014）。

事实上，全球气候即便在所评估的各类最低稳定情景下也仍会出现变暖（高可信度），因此在短期和长期应对变暖所产生的影响和风险方面，采取适应措施是必要的，但对于预估的超过几十年的气候变化，在许多情况下，适应的可行性降低或成本巨大。延迟减缓将大大制约实现较低稳定水平的机会，并将增加产生更严重甚至人类社会无法承受或不可扭转的气候风险，因此采取减缓措施亦不可或缺。而减缓措施效用的大时空尺度特点及其成效与收益的滞后性，又使得适应行动更具现实性和紧迫性，但就可避免的气候变化而言，虽然减缓措施的效益需要几十年的时间才会显现，但短期减缓行动可避免锁定在长期的碳密集型基础设施和发展路径上，亦即通过减缓能够避免、减轻或延迟许多影响，降低气候变化的速率，并减少与更大变暖幅度相关的适应需求。故此，减缓和适应作为人类应对气候变化行动的两个子系统，有着千丝万缕的复杂联系，在时间、空间、内容和效果上部分重叠、交互影响。而随着气候风险不确定性的日渐增强，任何单一的减缓或适应行动都难以满足实现气候治理目标的需求，寻求二者的协同增效才是最佳路径选择（郑石明和任柳青，2016）。

IPCC 第四次评估报告中首次对气候减缓和适应的协同效应进行了定义，即两者相互作用的合力效用大于两种措施单独实施的效用（Pachauri and Reisinger, 2007）。IPCC 第五次评估报告进而表明，适应和减缓能够互补，并能够共同相助大大降低气候变化的风险。欧盟第六框架计划——适应和减缓政策研究（Adaptation and Mitigation Strategies）项目组运用成本效益分析方法分别对减缓行动成本、适应行动成本、减缓和适应协同运作的成本进行比较研究，发现协同管理政策能够显著、持续地降低气候风险且对气候变化的社会总成本最低（Hulme et al., 2009）（图 7–1），因此，对减缓和适应进行协同管理，以最低综合成本实现最优气候治理非常必要。

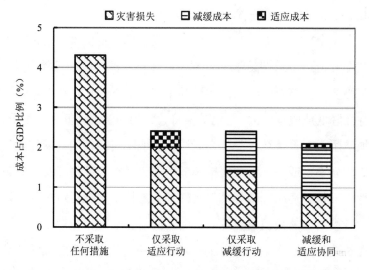

图 7–1　到 2200 年减缓成本、适应成本和气象灾害损失占 GDP 比例

资料来源：Hulme et al., 2009。

（二）减缓与适应的协同与权衡途径

减缓和适应行动的协同与权衡在实践中更多地体现在微观活动的相互影响之中。影响关系包括：减缓对适应的影响；适应对减缓的影响；减缓和适应交互影响；减缓和适应互不影响。王文军和赵黛青（2011）、郑艳等（2013）、傅崇辉等（2014）、莫妮卡（Monica，2017）、杨东峰等（2018）等进一步深化，定义了强协同效应（+，+）、弱协同效应（+，0）或（0，+）、无协同效应（0，0）和负协同效应（−，0）或（0，−）（图7–2）。

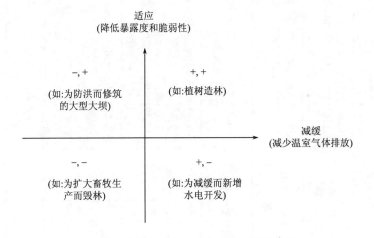

图 7–2 减缓和适应活动相互影响情况示意

国内外众多学者对减缓和适应在区域与部门层面有可能发挥协同效应普遍达成共识，且对协同权衡领域部门的研究范围已从起步阶段的农林领域延伸扩展至能源、建筑、城市经济系统。基于对既有研究的梳理，归纳出减缓和适应在微观活动层面的相互影响关系——亦即减缓和适应协同与权衡途径的实例如表 7–4 所示。

表 7-4 减缓和适应在微观活动层面的相互影响关系实例

影响关系	影响方向	No.	部门/领域	具体措施和活动	影响机制	产生的效果	参考文献
M ⇄ A	(+, 0)	1	能源	节能、提高能效、加强能效管理	节能减排的同时，有利于工程性适应项目建设，降低气候影响的不确定性	直接减缓措施同接有利于适应	IPCC, 2014; Ryan et al., 2017; Subina and Shobhakar, 2019
	(-, 0)	2	能源	为减排而增加的水电开发	水电站与当地用水形成竞争，影响干旱期内的农田灌溉和人畜饮水等问题	减排的同时，减弱地方适应气候变化能力	郑艳等, 2013; 傅崇辉等, 2014
	(0, +)	3	建筑	建筑加固改造	改造过程中产生一次性材料设备生产使用排放	提高建筑适应能力的同时增加了温室气体排放	傅崇辉等, 2012
		4	防灾减灾	修建防洪大坝及工程性护坡	对高能耗材料（钢铁、水泥等）和设备的生产和使用产生需求，产生适应性排放；改变土地利用途径产生土地利用碳排放；后期垃圾处理不当产生其他排放	提高适应能力，但增加温室气体排放	郑艳等, 2013; 傅崇辉等, 2014
M ⇄ A		5	农业	选育抗逆品种	增加化肥、农药使用，地力影响碳汇能力并增加氧化亚氮排放	提高适应能力，但可能降低含氮温室气体排放	王文军和赵黛青, 2011
	(0, -)	6	水资源	为适应而增加的水电、风电开发	增加排放（水利发电系统在建造过程中产生的温室气体排放占其生命周期排放量的82%，风电为72%）	提高适应能力，但增加温室气体排放	傅崇辉等, 2014; Subina and Shobhakar, 2019
		7	垃圾处理	适应性活动产生的垃圾处理	没有采用先进的垃圾处理技术，进行垃圾填埋和堆肥处理	产生新的排放问题	王文军和赵黛青, 2011

续表

影响关系	影响方向	No.	部门/领域	具体措施和活动	影响机制	产生的效果	参考文献
M⟶A	(+, +)	8	林业	植树造林，森林抚育及保护，森林病虫害防治，森林防火，优质树种选育（耐寒耐旱抗病虫害），生物质能源基地建设	保护、增强或增加碳汇功能，改善水土流失和荒漠化，增强生物多样性、生态系统稳定性	提升生态系统适应能力，同时增加碳汇	何霄嘉等, 2017; Klausbruckner et al., 2016; Subina and Shobhakar, 2019
		9	农牧业	退耕还草等	增加碳汇，同时加强畜牧区农业发展，增强畜牧业生产能力，降低气候变化对生物多样性的影响	适应的同时有助于减缓	王文军和赵黛青, 2011; Subina and Shobhakar, 2019
		10	农业	选育抗逆农作物品种，发展低碳农业，强化土壤固碳	除了考虑适应因素（抗旱/涝/高温病虫）外尽可能：结合生物质能源原料需求；选择低甲烷排放的高产品种；推广环保型肥料，减少氧化亚氮排放增强农田碳汇能力	提升农业适应能力，同时促进生物质能源的生产，减少温室气体排放并增加碳汇	何霄嘉等, 2017
		11	海岸带及沿海地区	沿海生物性护坡护滩、海岸带防护林	加强了生态系统保护，减小海岸侵蚀、洪涝台风、河口海水倒灌等灾害，降低了脆弱性；同时营造沿海防护林，建立生态工程护坡	提升应对海平面上升的适应能力，同时增加碳汇并减少修建纯工程护坡产生的排放	何霄嘉等, 2017

续表

影响关系	影响方向	No.	部门/领域	具体措施和活动	影响机制	产生的效果	参考文献
M⟷A	(+, +)	12	海岸带及沿海地区	拆除水泥堤岸拓宽城市水系	恢复城市河道的天然生态，改善了河流的生态功能和防洪泄洪能力，同时减少了因维护水泥堤岸而产生的碳排放	提升适应能力同时减少排放	Ryan et al., 2017
		13	能源	考虑地方适应需求的综合水电项目（如向家坝水电站）	水电项目规划设计时，兼顾清洁发电功能和防洪、蓄水、灌溉等适应功能，变害为利，节约抗旱能源成本和经济成本；提供低碳能源消费需求	减排的同时，增强地方适应气候变化能力，节约综合成本	王文军和赵黛青，2011; Ryan et al., 2017
		14	能源	沿海地区风能和太能能利用	产生化石能源替代，为适应活动提供足够的能源支持	减少温室气体排放，提升适应能力	王文军和赵黛青，2011; IPCC, 2014
		15	建筑与能源	可再生能源建筑一体化应用（尤其是低纬度地区太阳能光伏建筑应用）	太阳能光伏屋顶及太阳能光热应用等可再生能源替代，促进项目，产生化石能源替代，能源结构低碳化，增强尤其是能源贫困地区的适应能力	减少排放的同时，提升适应能力	王文军和赵黛青，2011; 傅崇辉等，2014
		16	城市能源电力	城市建设过程中使用大阳能、风能等可再生能源	保证城市电力供应在极端天气的能力；同时为低碳能源创造市场	减少温室气体排放，降低减碳成本，提升气候适应能力	王文军和赵黛青，2011; 郑艳等，2013
		17	城市生态系统	城市绿地、湿地、森林、水源涵养林、碳汇林、道路绿化带、景观喷水池等	通过植被、土壤、及蓄水功能减少城市内涝的形成，缓解气候灾害对人们生活的直接影响，降低气候风险；增加碳汇；干旱期供水源；增加干旱期供水源	增强城市适应能力，同时增加碳汇，节约适应和减排成本	何青嘉等，2017

续表

影响关系	影响方向	No.	部门/领域	具体措施和活动	影响机制	产生的效果	参考文献
M→A	(+, +)	18	城市公共交通系统	推行城市快速公交、太阳能汽车、共享单车以及提升不同交通系统间的接驳能力	提升城市交通系统韧性和灾害能力；缓解城市热岛效应，减少能耗	减缓的同时提升城市适应能力	郑艳等，2013
		19	城市公共设施与人居环境	绿色建筑、建筑节能改造、公共设施加固更新、绿色低碳社区、屋顶及立体绿化	新建或加固改造过程中考虑绿色环保、低碳节能设计及产品使用，加强能效管理，提高能效标准，减少碳锁定，降低排放	提升建筑与公共设施适应能力的同时有利于减缓	王文军和赵黛青，2011；郑艳等，2013
		20	城市规划	科学合理的城市空间规划、人口和产业布局、交通路网结构、社区发展等	有助于缓解热岛效应，减少能源消费，保护城市生态环境的完整性，同时减少不必要的交通排放和建筑排放	节约潜在的减缓和适应成本	杨东峰等，2018；Subina and Shobhakar, 2019
		21	水利/水资源和流域管理	引水工程、城市水道、雨洪利用及中水回用、水库调蓄、小流域治理等	在城市或社区域给排水系统设计、雨洪污水规划管理过程中，综合考虑适应与减缓，降低气候风险	降低风险、节约减缓与适应成本	杨东峰等，2018；Subina and Shobhakar, 2019
		22	全领域	宣传教育和培训；能力建设	在进行低碳宣传培训时，加入气候变化可能带来的健康风险和灾害自救等知识	提升应对气候变化意识和知识，减缓与适应均获益	王文军和赵黛青，2011；郑艳等，2013
		23	全领域	长期减排活动	带来大气中温室气体浓度的下降，减少大气污染，减少气象灾害风险事件的强度和频率	减少适应需求和投资	Klausbruckner et al., 2016

续表

影响关系	影响方向	No.	部门/领域	具体措施和活动	影响机制	产生的效果	参考文献
	(+, −)	24	能源	深度依赖气候环境条件的可再生能源发电系统（太阳能光伏发电、风电、水电、生物质发电等）	可再生能源部署有利于能源结构低碳化，减少排放；同时降低能源贫困减少暴露度和脆弱性；但可再生能源数量和质量易受到气候环境变化高度影响，冲击和波动会增加能源系统的气候脆弱性	既对减缓和适应均有利，却又增加能源系统脆弱性	傅崇辉等，2014
	(−, +)	25	能源	发展型的适应性排放如工业发展、居民消费升级等	降低暴露度和脆弱性提升适应能力；同时新增能源使用增加排放，影响减缓目标	能源系统的适应行动影响减缓目标	Ryan et al., 2017
		26	农林牧渔业	为扩大畜牧生产而毁林	扩大畜牧生产增加排放、毁林减少碳汇，降低适应能力	对减缓和适应均不利	郑艳等，2013
M →← A		27	能源	可再生能源项目选址不当	对生态环境造成影响，同时导致排放增加	对减缓和适应均不利	Lorraine et al., 2013
	(−, −)	28	能源	在因气候变化可能发生干旱的地区采用核电	核电生产需要大量冷却水，厂址一般在靠近江近海的地方，蒸散、变化了的水资源系统可能通过对气温、水资源的数量和质量的影响，对现有核电厂的安全和运行造成威胁	存在适应-减缓困境	Kopytko and Perkins, 2011；傅崇辉等，2014

备注：①"M"：减缓；"A"：适应。②蓝色实线箭头：存在影响；灰色虚线：没有影响。③"+"：正影响/净得影响，代表协同关系；"−"：负影响/不利影响，代表需要权衡取舍；"0"：代表没有任何直接或间接影响。④括号内左边符号代表减缓行动对适应的影响，右边符号代表适应行动对减缓的影响。

研究发现，减缓和适应在农业、林业、能源、水资源、建筑、城市规划及海岸带等领域和部门存在着普遍的协同与权衡关系。其中，农业与林业部门的退耕还草、植树造林等活动，以及能源部门对太阳能、风能、潮汐能等可再生能源的科学部署与考虑地方适应需求的综合水电项目（如向家坝水电站）等活动均具有显著的协同效益。而与提升能效和增加可再生能源有关的活动通常能提高能源安全并直接减少局地污染物排放。减少毁林等对自然栖息地的破坏，增加生物能源作物的种植能够恢复已退化的土地，管理水径流，产生显著的生物多样性、水土保持效益，增加碳汇并有利于农村经济的发展，但是如果设计不当，可能造成与粮食生产的竞争，并对生物多样性带来负面的影响。许多适应活动对不同部门的减缓产生不同的正或负的影响，这往往与适应活动相关的能源使用及排放相关。如果适应活动本身要求或直接导致了更多的能源使用，或产生了更多的适应性排放，就会对减缓形成负面影响，防洪大坝的建设便是一个典型案例。相应地，有的减缓活动，也可能在低碳化的过程中增加了生态系统脆弱性，降低地方适应气候变化的能力，如水电站与当地用水形成竞争，影响干旱期内农田灌溉和人畜饮水等问题，从而降低了局地适应能力。还有一些活动，无论出发点是减缓还是适应，最终的结果是对减缓和适应都造成了不利影响。如为扩大畜牧生产而毁林以及选址不当的可再生能源项目等。

可以看出，减缓和适应的协同与权衡途径落地于实施层面，体现在具体的微观活动中。就具体活动选择和决策而言，需要在既定的气候目标下，基于减缓和适应活动在时间、空间、内容、效果等方面的特点，科学分析具体措施间的关系及影响，判断哪些措施可以产生协同效应，哪些措施存在此消彼长的权衡关系，据此进行减缓和适应的行动选择与优先排序，尽可能采用具有最大协同效益、最小不利副作用的无悔或低悔措施，并通过合理规划技术、资金和制度设计统筹好这两类减少不同时空尺度气候风险的互补性方法，寻求实现对社会经济和自然后果总体最优的方案（杨东峰等，2018），但需要注意的是，减缓和适应之间的协同与权衡并非一概而论，要视具体地点和实际情况而定。正如杨东峰等（2018）、宋蕾（2018）等学者所提出，针对气候变化的地方规划和行动，应根据当地的暴露度、脆弱性和碳排放强度等三个衡量标准，在适应、适应为主/减缓为辅、减缓为主/适应为辅、减缓与适应兼顾、减缓等备选方案之间，做出适宜当地的科学和理性选择。

二、协同与权衡的评估方法学

不同地区、行业、部门中的减缓和适应活动具有各自不同的落实背景、成本效益和降低气候风险的潜力，且相互间存在着复杂的协同与权衡作用。如何准确评估这种协同与权衡作用是应对气候变化行动选择与决策的关键。目前国内对减缓和适应的协同与权衡研究仍以定性研究为主，定量研究工作以及相关的分析工具还非常少。事实上，国际范围内也并未有完全针对减缓和适应的协同权衡而开发的方法工具，而是将一些既有方法应用于这一领域。现有适用于协同与权衡评估的方法都是能够同时实现对减缓和适应在某一维度（如成本、收益、影响或损害、时空有效性等等）的统一测度的方法和工具，主要有成本效益分析、成本有效性分析、综合评估模型以及耐性窗分析等。

成本效益分析（亦即投入收益分析，Cost-Benefit Analysis, CBA）是一个经济评价的基本方法，在经济社会各个领域的应用非常成熟。其思路是通过比较具体项目的成本和效益来估项目价值，进而进行方案比选与决策。用 CBA 分析减缓和适应的成本、成效及造成对对方的损害，以此作为设计最优气候变化速率和变化量政策的依据是可行的路径。欧盟第六框架计划——适应和减缓政策研究（Adaptation and Mitigation Strategies）项目组就运用 CBA 法，分别对减缓行动成本、适应行动成本、减缓和适应协同运作的成本进行了比较研究。研究结论是：减缓和适应的协同管理政策能够显著、持续地降低气候风险，使应对气候变化的社会总成本最低。事实上，CBA 多用于减缓措施评估，相较之下对适应措施的成本和成效信息少得多。国内学者陈春阳（2016）就适应的成本效益评估框架进行了初步探索。尽管 CBA 能够通过经济性评价而直观地提供决策支撑，却也存在一些争议。一方面，CBA 难以确定时空尺度间的气候系统现状及潜在影响，对于一定气候变率下不同生态系统的适应/弹性容量认知及影响的差异也比较模糊。另一方面，CBA 要求不同的损害（往往是定性的）需要统一用货币来度量，但对于气候变化在自然或社会领域的非市场影响部分的货币价值评估和度量，也被认为是该方法存在的缺陷。

成本有效性分析（亦即成本效果分析，Cost Effectiveness Analysis, CEA）也是刻画适应和减缓相关的一种经济性评价方法。与 CBA 的区别在于，CEA 的主要思路是假定某种气候变化目标值能够使气候变化的影响保持在一定水平上，在这种水平上人类可以通过适应措施应对、减缓措施应对、两类措施的特定组合使得最终损失低于可接受的水平。这种方法在 IPCC 第三次和第四次评估报告中被采用。美国还开发了成本效果分析工具，提供适应、减缓措施的社会、经济、生态效果评价方法，适用于对气候变化战略规划和国家框架的评价。

综合评估模型（Integrated Assessment Model, IAMs）特指一类模型。这类模型通常是建立在成本—效益分析基础上的，过去较多应对于评估减缓措施的潜力和经济成本，但也可作为一种有效刻画减缓和适应协同情景的方法，为私营部门、行业、区域、国家乃至全球应对气候变化的决策提供定量模拟评估工具。IAMs 的基本原理是通过构建情景并对未来的温室气体排放水平进行预测，确定未来的温室气体浓度水平，进而得出全球或区域的气候属性参数（例如平均温度、降水量、极端事件发生频率等）变化，继而评估温升带来的一系列影响和损失（例如人居环境、生态系统、水资源等），从而达到评估特定措施的温室气体减排成本、社会效用或时间有效性的目的。IAMs 一般由两个相互作用的模块组成。其一是人文系统模块，它以能源为核心，把经济、人口、科学、技术、制度、上层建筑、健康、运输、生态系统管理、食物安全等构建成一个完整的相互作用网络；其二是自然地球系统，主要用相互作用把大气化学、海冰、海岸带、碳循环、氮循环、海洋、水循环和生态系统耦合在一起。在各类人类活动情景下人文系统与自然地球系统的双向耦合的模拟，就构成了综合评估分析的数据基础。IAMs 因考虑全面而具有多重功能，包括刻画全球的温室气体和其他化学物质的未来排放情景与可能的气候后果；探讨和选定与特定人类活动辐射强迫或全球温度限定阈值目标相协调的排放路径；比较在国际合作的应对气候变化不同方案间的优劣；模拟经济选择和技术发展对排放路径和不同减缓或适应措施的经济与排放后果等（米志付，2015）。

耐性窗分析（Tolerable Windows Approach, TWA）也是一种可用于权衡减缓和适应的评估方法。其思路是基于可容忍的气候影响，提出拟议的外部规范以及排放配额和政策工具，并通过科学分析确定与这些标准规范投入相一致的一整套可接受的气候保护战略，最终确定关于全球和国家温室气体排放路径的最低要求。即给出不会导致气候变化的速率、总量及影响超出人类不能忍受的程度的长期温室气体排放路径和领域，减缓和适应行动的权衡及部署就包含在其中（Bruckner et al., 1999）。TWA 首次在《气候变化框架公约》缔约方于 1995 年在柏林召开的第一次会议上采用，之后气候保护战略综合评估（Integrated Assessment of Climate Protection Strategies）项目等多项研究也运用了该方法（WBGU, 1995; Hans and Julian, 2016）。TWA 与其他面向未来基于预测进行建模的传统评估模型相比，采用了逆向建模思路，这种评估方法的优点是能够产出一整套的行动战略和方案，有助于社会决策和行动，但是不适合提出优化政策，且存在设定耐性窗——可接受的临界点方面的难点和争议。

其他方法的探索应用还包括，欧洲 AMICA（Adaptation and Mitigation: an

Integrated Climate Policy Approach）研究小组构建了减排和适应行动的判断矩阵，从应对气候变化行动可否获得收益的角度来判断协同与权衡关系。IPCC 第五次评估报告采用了多指标分析法和预期效用理论来进行综合评估与判断，但这些方法也仍然存在局限性。总体上看，有关减缓和适应行动的协同与权衡关系评估仍处于方法学摸索阶段。可预见的是，随着协同权衡作用的日益明确以及实施协同治理、寻求协同增效日益被重视，评估方法学方面的探索和尝试会在未来几年迅速推进和发展。

三、与可持续发展目标的联系机制

（一）减缓和适应与可持续发展目标的联系机制

可持续发展（Sustainable Development, SD）概念最早在 1980 年世界自然保护战略中提出。1987 年布伦特兰委员会（Brundtland Commission）给出定义"满足当前需求而又不危及后代满足其自身需求能力的发展"被国际社会广泛接受。之后，1992 年《里约环境与发展宣言》、2000 年《联合国千年宣言》以及 2015 年《2030 年可持续发展议程》的发布，都是 SD 从理念到全球议程演化过程中的重要里程碑。在联合国千年发展目标（Millennium Development Goals, MDGs）的基础上，《2030 年可持续发展议程》确立了包含 17 个大目标及相关 169 个具体目标的全球可持续发展目标（Sustainable Development Goals, SDGs）体系，提出通过最大限度地发挥包括消除贫困与饥饿、粮食安全、健康生活方式、教育、性别平等、水与环境卫生、能源、气候变化、就业、国家间不平等、基础设施等在内的多项目标的协同效应，在保护地球环境的同时指导人类在未来 15 年对繁荣和福祉的追求（UN, 2015; 董亮和杨晓华, 2018; 诸大建, 2016）。

SDGs 体系是一个发展目标体系，涉及经济发展、社会进步和环境保护三大支柱，相互之间密切关联。其中，气候变化作为 SDGs 的 17 个平行目标之一，看似是一个环境问题，实际上是一个发展和公平问题，涉及发展权利、义务分担、生活品质、能源安全、气候安全等诸多方面。这就使得气候变化的应对关系到平衡社会福祉、经济繁荣、环境保护，进而对实现所有 SDGs 至关重要（董亮和张海滨, 2016; Richard Heinberg, 2018; IPCC, 2018）。

作为应对气候变化的两个策略选择，减缓和适应与 SDGs 之间联系紧密，存在潜在的协同效益和权衡取舍。一方面，减缓和适应与 SDGs 的其他多个维度目标之间存在大量的重叠和交互影响，主要体现在减贫、人类健康、空气质量、粮食安全、生物多样性、局地环境质量、能源、水、全球与地区治理等领域。例如气候变化可能导致的温度升高将进一步影响淡水湖泊和河流的物理、化学与生物学特性，并对许多淡水物种、群落成分和水质产生不利影响；暴雨、洪涝、干旱等极端事件频率和强度的增加，会给经济社会、有形基础设施和水质带来挑战；地下水盐碱化严重的海岸带地区，海平面的上升将进一步加剧水资源的紧缺。通过减缓避免、减轻或延迟一些不利影响，或者通过适应降低暴露度和脆弱性，都有利于产生协同效益，促进 SDGs 目标的实现。例如，通过替代能源减少室内空气污染而降低死亡率和发病率，减轻妇女和儿童的劳动负担，减少对薪柴的不可持续利用和与之相关的毁林。反之，直接增加不利影响或是间接削弱适应能力，都会产生不良副作用，放缓迈向可持续发展的步伐，阻碍国家实现 SDGs 的能力。例如某些减缓措施可能会削弱为促进可持续发展权利以及为实现消除贫困和公平性所采取的行动。另一方面，通过 SDGs 能够减少排放和降低脆弱性，提高适应能力和减缓能力。首先，面向其他 SDGs 的政策与行动能够产生直接或间接的降低敏感性和/或受影响程度的效果，从而降低对气候变化的脆弱性。例如 SDGs 对诸如贫困、资源获取不公、空气污染、干旱和水资源短缺、粮食安全困境、生物多样性丧失、生态环境破坏、冲突以及疾病、基础设施薄弱等问题的逐步改善。其次，SDGs 是应对气候变化减缓与适应能力所扎根的总体背景，其多维目标在动态发展中的不确定性也会对减缓和适应所依赖的实施基础和行动能力造成影响。此外，可持续发展和公平性为评估气候政策奠定基础，并突显了通过减缓和适应应对气候变化的必要性。且 SDGs 虽属政治意愿性文件，不具备国际法的强制约束属性，但其所蕴含的积极政治意愿和影响力有助于推动全球气候协议谈判以及各个层面减缓和适应行动的实施（董亮和张海滨，2016; IPCC, 2018）。

（二）减缓和适应与可持续发展目标的联系途径

基于减缓和适应与 SDGs 之间所存在的协同和权衡关系，寻求以可持续发展（即以实现 SDGs）为目标，考虑可以全面应对气候变化的减缓和适应战略与行动。这些战略和行动同时能够帮助改善生计和公平、加强社会和经济福祉以及有效的环境管理，从而发挥最大的协同共生效益是理论上的最优路径选择（IPCC, 2014）。因此，当下及未来的行动重点应是将减缓和适应与 SDGs 有效联结，在公平、贫困、水、能源、粮食安全、生物多样性、农业、林业、生态系统、治理等气候变化与其它 SDGs 目标交叉重叠最多的领域，实施将减缓、适应与追求其它 SDGs 目标相结合的综合响应战略或方案（董亮和张海滨，2016; IPCC, 2018）。

存在很多能够将减缓、适应与追求其它 SDGs 目标有效结合的机会。IPCC 第五次评估报告表明，可通过综合响应将减缓、适应及追求可持续发展目标相结合。例如，普及能源服务不应该是化石能源，而应该是低碳、零碳能源；欠发达地区的可再生能源替代能减少室内空气污染，降低发病率和死亡率，减轻妇女和儿童的劳动负担以及毁林。生物能的开发利用能够产生与土地温室气体（GHG）排放、粮食安全、水资源、生物多样性保护和生计等相关的共生效益。水和粮食安全必须考虑气候变化的影响与适应（Kanako and Ken'ichi, 2018）。在有些区域，具体的生物能源方案如改进的炉灶、小规模的沼气和生物电力生产可以减少 GHG 排放，并改善生计和健康的协同效益。

林业部门通过设计和实施与适应措施相配套的减缓方案,如造林、可持续森林管理、减少毁林和森林退化,能够在就业、保护生物多样性、减少流域的径流和水源保护、减少土壤侵蚀、可再生能源和消除贫困方面带来可观的共生效益。农业部门实施耕地管理、牧场管理和恢复有机土壤最具成本效益,还能够产生水土保持、粮食安全等协同效益。工业部门的许多减排方案都具有成本效益、有利润而且涉及多种与环境、健康相关的协同效益(潘家华,2014; IPCC, 2018)。通过城市绿化和水的回收利用来减少城市地区的耗能和耗水,使减缓行动产生适应效益及对其它 SDGs 的协同效益。即使是看似直接关联不明确的减贫,也要明确低碳减贫、适应性减贫,因为不考虑气候变化的减贫或不能持续(Vuuren et al., 2015)。

此外,规划和决策作为工具可以创造或者进一步放大减缓、适应和 SDGs 的协同效应,且多目标整合策略更有助于获取和扩大支持。例如,基于空间规划和高效基础设施供应的减缓策略能够避免高排放模式的锁定。以综合使用进行区划、以交通为导向进行开发、增加密度以及工作家庭同地化,这些做法可以减少各部门的直接和间接能源使用(董亮和杨晓华,2018)。具有多个驱动因子适应行动、具有包括基础设施和服务的可及性得到改善、教育和卫生系统得到扩大、灾害损失有所减少、治理结构得到改善等协同效益。例如,减少基本服务的不足、改善住房、建设具有恢复能力的基础设施系统,可以显著减少城市居住区和城市本身对沿海洪水、海平面上升和其他气候应力的脆弱性,有利于实现可持续城市和社区、基础设施等 SDGs 目标的实现。城市空间紧凑型发展和智能高密化发展可保护土地碳储量以及农业和生物能源用地,因此,这些行动可以与寻求经济发展和消除贫困的行动有效结合,一并纳入到更广泛的发展计划、行业/部门计划、区域和地方规划中,如水资源规划、海岸带防护和降低灾害风险战略等(Mairon et al., 2017)。

这样的综合响应战略、规划和方案能够通过优化资源配置、多层次的风险管理、政策和激励措施结合、政府与社区及私营部门互动,以及适当的融资和体制发展能够促进、保障和放大减缓、适应与可持续发展的协同效益（Roy M, 2009; 董亮和杨晓华, 2018）。需要注意的是，减缓、适应与SDGs之间协同增效的原理和途径虽然相通，具体的行动和方案也不能一概而论，必须结合局地实际情况进行科学决策，才能取得预期效果。

第四节 适应与减缓技术评估

一、适应技术需求评估方法学

（一）适应技术需求评估方法学进展

随着气候变化影响和潜在风险的不断加大，适应气候变化是应对全球气候变化挑战的必要组成部分，能够从源头降低气候变化的不利影响，短期内也能减少气候变化对人类生命和财产带来的损失，增强各国适应气候变化的能力，减慢气候变化的速度，为人类争取更多的时间和空间。在这一情况下，相关领域的技术进步则成为开展适应气候行动的重要动力。适应气候变化需求评估工作的开展能够分领域识别全世界气候变化适应技术需求，了解适应技术发展进程，识别技术障碍，基于各国技术发展的经验总结，为其他国家和技术进步提供相应基础和经验，为减少消除相关领域技术障碍提供政策建议，有利于促进适应技术在全世界范围内相互借鉴共同进步，有利于推广相关技术的理解、应用和开展，为适应气候变化领域行动提供参考，推动全世界适应气候变化行动的进行。

对于适应气候变化技术识别来说，主要特点是部门和技术差异大。适应气候变化技术大部分具有较大的独立性，各技术有各自的适应范围和独特性，应该分领域识别并且根据此方法结合各领域实际情况进行具体分析。

联合国 TNA 的方法学指南是协调各国进行技术需求评估的一系列指导

性文件，包括识别适应气候变化优先技术步骤：通过确定识别内容、确立目标和标准进行权重打分等步骤获取优先技术需求清单，识别技术壁垒、基于案例对技术差距和技术转让进行分析等几个重要部分。此外，农业部门、水资源部门、海岸侵蚀和洪涝等部门结合具体实际推出该部门相应的指导文件。这系列指南文件目的是总结实施 TNA 的方法步骤，对各国开展气候变化技术项目进展进行经验总结，并且对成功案例进行具体分析，为各国相关技术的下一步开展提供切实可行的指导。此外，联合国的 TNA 方法学指南也是其它行业需求评估方法学的重要参考。中国适应气候技术需求综合报告是针对中国应对气候变化具体实际，调查中国应对气候技术现状的评估项目。此项目基于联合国 TNA 方法学指南，从中国实际情况出发，开发了适应气候技术需求评估方法指南，作为开展中国技术需求评估实践工作方法学指导。

（二）适应技术需求评估的基本框架与步骤

基于联合国TNA方法学指南和中国的TNA项目所提供的方法学指南等，总结方法学指南的一般性，适应技术需求评估方法学基本框架与步骤，一般包括（图7-3）：

图 7-3　适应技术清单识别流程

1. 识别重点领域

首先确立评估主体和评价标准。技术评估需求工作的开展应该与评价主体的发展目标相一致，通过识别气候变化所带来的风险和影响，再通过定性定量等评估方法，确定评估主体适应气候变化的重点领域。

2. 识别优先发展子行业并建立适应气候变化技术需求清单

针对优先发展的重点领域，进一步划分成几个子行业，并且在脆弱性评估的基础上，基于子行业选择，识别能够降低气候脆弱性最有效和成本最低的技术，建立适应气候变化技术需求清单，最终识别最有效的适应技术。

3. 建立适应气候变化技术需求优先次序清单并对优先技术发展情况进行描述

根据专家建议对技术进行优先级排列，确立优先级次序介绍清单，并且对识别技术的发展阶段和发展情况进行描述。由于数据缺失，可以通过介绍案例开展技术评估工作。

4. 分析技术差距

由于国家研发能力不足、组织能力较弱、技术转移障碍重重等原因，不少技术与全球最佳实践情况仍有差距，因此通过对技术差距进行分析形成原因，降低脆弱性，提高生产力，预测未来发展情况，能够促进缩小技术差距，从而实现适应气候变化技术进步，并且推动技术全球范围内转移。

5. 分析技术转移障碍

基于现实情况的复杂，技术转移存在来自各方的阻力。技术转移与扩散是技术生命周期的必要阶段，也是技术进步的重要方式，对于技术转移障碍的分析可以通过文献查阅、数据收集、深度访谈等方式识别障碍，建立障碍清单，进一步识别最关键的障碍，并且将关键障碍进行分类罗列，同时基于技术转移障碍的分析提出相应的政策建议。

（三）重点领域的适应技术需求评估方法

针对重点领域的适应技术需求评估工作开展，各重点行业的实际实施步骤均应在遵循一般性的框架和步骤基础上，结合各自特点，因地制宜地开展适应技术需求评估。农业和水资源行业适应气候变化应与发展目标相一致；水资源和城市的发展需要与利益相关方达成共识，参考各方意见；林业需要考虑其发展受气候变化脆弱性程度较大，应该重点识别该领域最有利于可持续发展和降低脆弱性的技术；灾害预警技术应充分考虑经济社会发展需要的更准确、更长时效、更精细化的灾害预警技术。各行业的适应技术识别工作开展既具有一般性，又应该结合具体行业特色，结合 TNA 和中国适应气候变化综合报告，总结重点行业适应技术的步骤如表 7-5 所示：

表 7-5　重点行业适应技术识别步骤综合对比

行业	农业	林业	水资源	城市	灾害预警
1	首先确定农业发展目标	确定技术优先次序评判标准和相关指标	首先确定水资源部门发展目标	识别城市特征，并识别气候风险及影响	识别技术需求优先发展的重要领域
2	识别极端气候风险及影响	确定指标权重	确定适应技术优先发展名单并进行分类	针对风险进行识别和确定适应气候变化的优先领域和子行业	确定适应技术优先发展名单
3	确定适应技术优先发展名单	确定优先发展技术并进行分类	根据专家建议确定优先次序名单	确定适应技术优先发展名单	根据专家建议确定优先次序名单
4	根据专家建议确定优先次序名单	结合评价指标对技术确定优先次序名单	基于案例对技术转让障碍进行分析	基于案例对技术转让障碍进行分析	基于案例对技术转让障碍进行分析
5	基于案例对技术转让障碍进行分析	基于案例对技术转让障碍进行分析	利益相关方进行讨论，达成意见一致性	利益相关方进行讨论，达成意见一致性	

1. 农业

- 对农业发展目标和重要发展事项进行确定；
- 确定对农业发展目标构成影响的渐变和极端气候事件的影响；
- 综合国内外相关文献（如 TNA 报告和 NDC 报告），根据专家及农民代表意见，对国内外优先发展的农业适应技术进行总结概括，形成适应技术需求优先发展名单。
- 根据专家意见对农业发展制定决定农业适应技术优先次序的评判标准，指标主要包括以下几方面（表 7-6），筛选出适应技术的优先次序。

表 7-6 农业适应技术优先次序评判指标

指标	技术成本	节水效果	增产稳产效果	适应效果	应用障碍	与国外技术差距	适用范围	推广面积	环境影响

2. 林业

- 根据专家意见对技术选择技术优先次序评判标准和相关指标，评判标准需要包括环境、经济、社会、技术发展贡献效果等内容。
- 需要通过利益相关方讨论一致性决定这些标准的权重。通过与相关林业政府部门、科研院校、国有林场和林业私营业主进行深度访谈，讨论一致性并达成共识，确定林业适应技术需求评价指标如表所示，并因地制宜确定五项指标的权重。

表 7-7 林业适应技术评价指标

评价标准	保持和提高森林生产力	改善森林健康	优化森林结构	提升森林服务功能	基础设施

- 对优先发展林业技术初步识别与分类。考虑林业发展受气候变化脆弱性程度较大，应该重点识别该领域最有利于可持续发展和降低脆弱性的技术，

并且考虑技术发展阶段、推广可能性，基于此进行进一步归纳分类，开发出林业部门适应气候变化发展技术清单。

- 技术优选。采用层次分析法，通过配对比较决策标准和专家意见，决定林业适应气候变化的优先技术，得到技术发展优先次序清单。
- 针对优先次序需求名单中需要引进的关键适应技术进行针对性案例研究，找出与全球最佳实践之间存在的差距、国际技术转移存在的障碍，提出技术转移的政策建议。

3. 水资源

- 识别水资源发展目标以及重点任务，通过文献查阅和相关调查访谈确定水资源领域重点子行业。
- 确定适应气候变化技术清单。以降低气候变化脆弱性、实现区域可持续发展为目标，对技术进行梳理，通过专家讨论对识别技术进行分类。
- 确定优先次序，对技术进行核查、提炼，对技术进行评估。指标包括技术成本、节水效果、增加供水效果、适应效果、应用障碍、技术成熟度、适用范围等，确定水资源领域适应技术的优先发展清单，如表7-8所示。

表7-8 水资源适应技术优先次序评判指标

指标	技术成本	节水效果	增加供水效果	适应效果	应用障碍	技术成熟度	适用范围

- 进行针对性案例研究，找出与全球最佳实践之间存在的差距、国际技术转移存在的障碍，提出技术转移的政策建议。

4. 城市

- 对城市特征进行具体分析，识别城市的脆弱性和暴露度等气候变化的风险。
- 针对不同风险，识别和确定适应气候变化的优先领域和子行业，确定适应气候技术清单。

- 以降低脆弱性和暴露度作为重点，确定城市适应气候变化技术发展优先次序清单。
- 进行针对性案例研究，找出与全球最佳实践之间存在的差距、国际技术转移存在的障碍，提出技术转移的政策建议。
- 利益相关方进行讨论，达成意见一致性。

5. 灾害预警

- 识别技术需求优先发展的重要领域，通过综述文献、查阅专业书籍、问卷调查和国内外相关技术规划的综述确定灾害预警领域适应气候变化发展的重要领域。
- 识别优先发展的灾害预警技术清单，充分考虑经济社会发展需要的更准确、更长时效、更精细化的灾害预警技术，此外，还需要引导和利用国内外天气监测、灾后预警、气候变化预估等方面的核心业务技术。
- 根据专家意见通过层次分析法对开发评估指标，确定灾害预警领域适应技术的优先次序。
- 进行针对性案例研究，找出与全球最佳实践之间存在的差距、国际技术转移存在的障碍，提出技术转移的政策建议。

二、减缓技术需求评估方法学

（一）减缓技术需求评估方法

技术在各国应对气候变化中发挥了重要作用，促进发达国家与发展中国家之间的技术的开发与转让，能为全球降低温室气体排放和适应气候变化以及发展中国家能力建设带来巨大帮助。减缓技术需求评估是推动技术开发与转让的重要手段，不仅仅能支持各个国家的技术发展战略，降低发展中国家获取技术的成本,还能提高发展中国家应对和适应气候变化的能力。减缓技术是指能减少温室气体排放或者增加温室气体汇的技术。相比适应技术需求评估,减缓技术的核心指标是可量化的减排量与减排成本,便于整个国家经济部门之间开展对比。

(二)减缓技术需求评估方法核心框架和主要步骤

减缓技术需求评估方法的核心框架主要包括两个部分,第一大部分是减缓技术识别、技术评估和每个行业确定3~5个优先技术;第二大部分是基于已经确定的优先技术,开展案例研究,进一步深入分析,包括国内外技术差距、核心技术 IPR 识别、技术推广障碍并提出具体明确的技术需求以及技术开发与转让建议。其主要的核心框架可以分为:

(1)基于国家宏观战略的部署识别重点部门和重点领域,结合各个领域的减缓潜力优先确定所选部门;

(2)从每一个优先部门中按照一定的逻辑结构列出所有潜在的减缓技术清单;

(3)通过建立的指标体系,对每一项技术进行开展评估;

(4)通过多指标分析法(Multi Criteria Decision Analysis, MCDA)与层次分析法(Analytical Hierarchy Process, AHP)对技术的指标表现打分,筛选出各个行业3~5个优先减缓技术;

(5)对各个优先技术开展案例研究,深入分析国内外技术差距;

(6)深入研究技术转让障碍,提出分部门明确的技术需求和技术开发与转让建议;

(7)基于技术需求评估报告汇总减缓技术需求评估结果。

具体的方法学核心框架如图7-4所示。

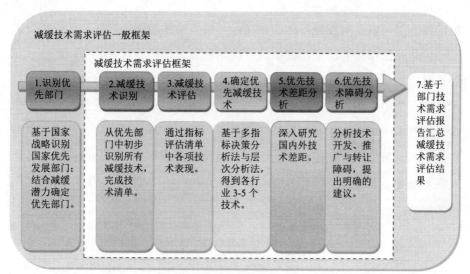

图 7-4 减缓技术需求评估框架

减缓技术需求评估的主要步骤包括:

1. 识别减缓技术

初步识别已选定的优先行业或者是部门中所有相关的减缓技术,并且通过已经设计好的模板收集相关的技术信息,并建立数据库,制定技术清单,为下一步评估减缓技术提供数据信息支持。其技术相关信息的主要来源包括文献调研、国外低碳技术数据库、国外相关低碳技术最佳实践指南等技术报告、国际组织或非政府组织报告,实地调研与考察、专家咨询和研讨会。为了保证能考虑到所有潜在减缓技术,在行业专家初步识别的清单基础上,通过开展专家研讨、讲座、咨询、实地考察和参观示范项目、邀请企业技术人员作介绍等方式,查漏补缺,熟悉新的和其他的先进技术,并纳入技术清单,同时经过讨论修改和确定最终的初步技术清单。

2. 评估减缓技术

在初步识别技术的基础上,通过指标设计,收集、加工和处理信息,能够得到反映技术在社会、环境、经济等发展目标上和减缓潜力、成本、自身性能等方面的数据和信息,更加了解技术对减缓气候变化的贡献,以及其实施的经济含义以及对发展目标的意义，并指导后续的优先排序。其中重要的工作就是评估指标的确定，例如其对国家发展目标即环境、社会、经济领域的贡献，以及 GHG 减排潜力、经济成本、技术节能、资源综合利用以及技术性能五个类别指标进行考察，既包括定性指标，又包括定量指标。可以供参考的技术指标如表 7–9 所示。各个行业需要根据自身特征讨论和确定其适用的指标，各技术单位减排量的成本（边际减排成本或者平均减排成本）以及在此基础上计算得到的行业总的减排潜力和总的减排成本、技术利用现状、技术协同效应等属于核心指标。

表 7–9 供参考的技术指标

指标	类型与参考单位
• 对社会、环境和经济目标的影响	
就业与教育影响	定性描述
能源安全影响	定性描述
减缓贫困	定性描述
局地污染物减少	
SO2	t/单位产品
NOX	t/单位产品
颗粒物	t/单位产品
废弃物	t/单位产品
污水	t/单位产品
• 节能与资源综合利用指标	
节能量	t 标煤/a 或 t 标煤/单位产品
节电量	Kwh/a 或 Kwh/单位产品
节煤量	t/a 或 kg/单位产品
副产蒸汽	Kg 或 kg/单位产品
副产电力	Kwh/a 或 Kwh/单位产品
副产煤气	标准立方米/a 或标准立方米/单位产品
其他副产品	

续表

指标	类型与参考单位
• 温室气体减排指标	
二氧化碳排放量	t/单位产品
其他温室气体（折算成二氧化碳当量）	T 二氧化碳当量/单位产品
相对传统技术的碳减排量（需要定义传统技术的排放标准）/情景分析法计算	t 二氧化碳/年
• 技术性能	
技术成熟度	发展阶段
技术可靠性	定性描述
对地方环境的使用程度	
资源投入需要	定性描述
气候条件要求	定性描述
地理条件要求	定性描述
人力资源要求	定性描述
技术渗透率和扩散潜力	
大规模应用条件	
技术知识的掌握程度、交易成本、文化接受度等	定性描述
技术国产化水平	描述该技术在设计、制造、运行管理等方面对国外的依赖程度，依赖性越高，国产化水平越低，IPR 分布情况
• 经济影响	
技术成本	
设备投资（是否涉及贴现）	万元（2015 年价）
基建费用	万元（2015 年价）
运行费用	元/t 产品（2015 年价）
管理维护费用	元/t 产品（2015 年价）
内部收益率	
投资回收期	年
对竞争力的影响	定性描述
对经济增长的影响	定性描述

3. 确定优先减缓技术

确定技术优先排序的方法，筛选出减缓潜力最大、减缓成本最小以及能推动可持续发展的最优技术，并搜集和整理更全面的优先技术信息，为后面的技术障碍和差异分析奠定基础。可以使用两类工具对技术进行排序和筛选，一种是基于技术的减排潜力和减排成本，应用自下向上模型或者减排成本曲线，得到总的减排成本最小化的技术选择；一种是运用多指标决策分析（MCDA）和层次分析法（AHP），对技术评估步骤中确定的指标体系与各技术指标值和定性结果进行打分，计算并获得技术优先排序，通过综合这两类结果，得到各行业最终3~5个优先技术。在确定优先技术的基础上，进一步收集详细的技术信息，为后面的技术差距识别与障碍分析提供支持。

4. 优先技术差距分析

分析技术差距分两个层次，第一类为一般技术差距，包括技术性能、成本等各方面指标的对比结果；第二类为核心技术差距，涉及特定技术或者技术核心零部件的所有权分布以及国内外知识产权种类和质量等情况。

5. 优先技术障碍分析

目前减缓技术存在的障碍是多方面的，不仅仅是技术层面的，而且与使用环境中的社会、经济、政治、文化因素有关。市场激励机制、管理体制、科教水平、社会价值和偏好等都会极大地影响技术转让和扩散。首先需要识别存在的障碍，并考虑处于不同发展阶段的技术，然后才能采取有针对性的应对措施，来解决这些障碍，促进减缓技术的国际转让。

（三）减缓技术需求评估方法的主要工具

通常可以利用两类工具方法进行技术的评价与筛选，一种是基于技术的减排潜力和减排成本，应用自下向上模型或者减排成本曲线，得到总的减排成本最小化的技术选择；一种是运用多指标决策分析（Multi Criteria Decision Analysis, MCDA）和层次分析法（Analytical Hierarchy Process, AHP），对技术评估步骤中确定的指标体系与各技术指标值和定性结果进行打分，计算并获得技术优先排序。

1. 总减排成本最小化的技术选择

确定总减排成本最小化的技术选择是对技术的定量分析，依据的最重要信息是技术的减排成本与减排潜力。主要有两类方法供使用，自下向上的技术优化模型和减排成本曲线。前者适用于数据充足和拥有建模人员时使用，要求较高，后者对数据、建模能力要求较低，容易掌握和使用。

自下向上的模型包含丰富的技术信息，通过对能源生产、加工转换和消费的工艺过程与其中的技术系统进行详细描述和仿真，实现对能源供给消费预测，并对相应的环境影响进行分析，可帮助我们分析在未来减排总量一定时，能源系统在满足资源约束、技术经济等各方面约束条件下实现减排成本最低时的能源系统技术构成，属于局部均衡分析。由于自下向上模型能够实现对能源系统运行的高度仿真，模型的构建和运行需要大量的能源系统信息，包括能源品种、能源服务产品种类的定义，各个具体的能源生产技术及其生产效率，各技术与一次、二次能源产品间关系，资源约束对技术运行的限制，不同技术所具有的属性等。模型运行不仅需要使用者深入掌握能源系统结构，具备编程技能，还要搜集大量的数据，因此工作量较大，难度较高，代表的模型包括国际应用系统分析研究所（International Institute for Applied Systems Analysis, IIASA）开发的替代能源供给系统和环境影响（MESSAGE）模型、法国开发的 EFOM 模型、国际能源署（International Energy Agency, IEA）开发的 MARKAL 模型和 TIMES 模型、日本国立研究所（National Institute For Environmental Studies, NIES）开发的亚太地区综合模型终端技术（AIM-Enduse）模型、法国开发的 EFOM 模型等。国内应用比较广泛的包括能源动态规划 MARKAL 和 TIMES 模型，能源核算模型 LEAP 模型等。

减排成本曲线是基于技术发展趋势假设、技术减排成本和减排潜力，通过按照减排成本从小到大排序，得到一定减排总量目标下的最优技术组合。

减排成本曲线重点考察各项技术在减排情境中相对基准情景的减排量和实现这些技术的减排成本，并对各减排行动在上述两个方面的表现进行排序，从而为政策制定者在一定减排目标和资金约束条件下确定减排行动和目标分解提供支持。在减排成本曲线中有两个重要的概念，分别是减排潜力和减排成本。减排成本可正可负。当某项技术或政策措施带来的能源及其他要素节约成本超过技术资金、运营和维护成本或政策实施成本时，该项技术或政策的减排成本就为负；如果能源及其他要素节约成本小于技术资金、运营和维护成本或政策实施成本，该项技术或政策的减排成本就为正。

2. 多指标决策分析与层次分析方法

通过多指标决策分析法（Multi Criteria Decision Analysis, MCDA）法可以评估一个（子）行业或一种技术能够在多大程度上实现可持续发展、温室气体减排效益的最大化。MCDA 已经被运用于解决很多问题，是一种植根于决策分析理论的成熟的分析方法。运用 MCDA 法进行的分析一般是由一个决策引导者引导一个利益相关者小组来完成的，运用评价标准、分数和权重等要素来寻求结果，这些要素都来自个人理解和判断。现在有很多用于 MCDA 的软件，整个过程由计算机化的决策模型来提供支持，参与者通过观察不同情况下的模型结果来探讨最终决策。这些判断都将被记录在案，且向公众开放，同时接受公众的详细检查。由 UNDP 和 UNFCCC 开发的 TNAssess 工具为利益相关者简化了一些 MCDA 的步骤，并在整个过程中提供支持。

层次分析法（Analytical Hierarchy Process, AHP）主要是基于数学和心理学基础，是对定性问题进行定量分析的一种简便、灵活而又实用的多准则决策方法。将问题初步分解为易于理解的子问题，每个问题能够被单独处理，并得到属于各个子问题的元素。在技术需求评估中，第一层分解出来的子问题代表技术指标的分类；第二层代表类别下的具体指标或者更小的子类别。建立层次后，通过将各元素或者指标以及指标类别间两两对比，比较各元素对上级指标的贡献程度。专家按照给定的范围对各个元素或指标（类别）打分，从而将定性问题转变为定量计算，因此得到各个元素或指标（类别）的权重，使得各指标/元素之间得以区分。这是层次分析法有别于其他决策分析技术的最大特点。在确定各指标（类别）或元素的权重后，根据备选技术对每个指标的贡献程度打分，最后将每个指标分数乘以指标权重再加总得到各技术的总分，由总分得到技术的优先排序。

参考文献

Allen, M.R., M. Babiker, Y. Chen, *et al*, 2018. Summary for Policymakers. In: Global Warming of 1.5℃. An IPCC Special Report on the Impacts of Global Warming of 1.5℃ above Pre-industrial Levels and Related Global Greenhouse Gas Emission Pathways, in the Context of Strengthening the Global Response to the Threat of Climate Change, Sustainable Development, and Efforts to Eradicate Poverty. *IPCC*.

Bruckner, T., G. Petschel-Held, F.L. Tóth, *et al*, 1999. Climate Change Decision-support and the Tolerable Windows Approach. *Environmental Modeling and Assessment*, 4(4).

Few, R., A. Martin and N. Gross-Camp, 2017. Trade-offs in Linking Adaptation and Mitigation in the Forests of the Congo Basin. *Regional Environmental Change*, 17(3).

Gregorio, M.D., D.R. Nurrochmat, J. Paavola, *et al*, 2017. Climate Policy Integration in the Land Use Sector: Mitigation, Adaptation and Sustainable Development Linkages. *Environmental Science and Policy*, 67.

Heinberg, R., 2018. The Big Picture. *Resilience*.

Hennessey, R., J. Pittman, A. Morand, *et al*, 2017. Co-benefits of Integrating Climate Change Adaptation and Mitigation in the Canadian Energy Sector. *Energy Policy*, 111.

Hulme, M., H. Neufeldt and H. Colyer, 2009. Adaptation and Mitigation Strategies: Supporting European Climate Policy. The Final Report from the ADAM Project. *Rapid Communications in Mass Spectrometry*, 22(3).

Klausbruckner, C., H. Annegarn, L.R.F. Henneman, *et al*, 2016. A Policy Review of Synergies and Trade-offs in South African Climate Change Mitigation and Air Pollution Control Strategies. *Environmental Science and Policy*, 57.

Kopytko, N., J. Perkins. Climate Change, Nuclear Power, and the Adaptation–mitigation Dilemma. *Energy Policy*, 39(1).

Laukkonen, J., P.K. Blanco, J. Lenhart, *et al*, 2009. Combining Climate Change Adaptation and

Mitigation Measures at the Local Level. *Habitat International*, 33(3).

Lima, M.G.B., G. Kissinger, I.J. Visseren-Hamakers, *et al*, 2017. The Sustainable Development Goals and REDD+: Assessing Institutional Interactionsand the Pursuit of Synergies. *International Environmental Agreements: Politics, Law and Economics*, 17(4).

Morita, K., K. Matsumoto, 2018. Synergies Among Climate Change and Biodiversity Conservation Measures and Policies in the Forest Sector: A Case Study of Southeast Asian Countries. Forest Policy and Economics, 87.

Pachauri, R.K., A. Reisinger, *et al*, 2007. Climate Change 2007: Synthesis Report. *IPCC*, Geneva, Switzerland.

Pachauri, R.K., A. Reisinger, 2007. Climate Change 2007: Synthesis Report. *Environmental Policy Collection*, 27(2).

Pachauri, R.K., L. Meyer, *et al*, 2014. Climate Change 2014: Synthesis Report. *IPCC*, Geneva, Switzerland.

Pachauri, R.K., M.R. Allen and J.C. Minx, 2014. Climate Change 2014: Synthesis Report. *Environmental Policy Collection*, 27(2).

Pörtner, H.O., J. Gutt, 2016. Impacts of Climate Variability and Change on (Marine) Animals: Physiological Underpinnings and Evolutionary Consequences. *Integrative and Comparative Biology*, 56(1).

Roy, M., 2009. Planning for Sustainable Urbanisation in Fast Growing Cities: Mitigation and Adaptation Issues Addressed in Dhaka, Bangladesh. *Habitat International*, 33(3).

Shrestha, S., S. Dhakal. An Assessment of Potential Synergies and Trade-offs between Climate Mitigation and Adaptation Policies of Nepal. *Journal of Environmental Management*, 235.

Sugar, L., C. Kennedy and D. Hoornweg, 2013. Synergies Between Climate Change Adaption and Mitigation in Development: Case Studies of Amman, Jakarta, and Dar es Salaam. *International Journal of Climate Change Strategies and Management*, 5(1).

The United Nations. Transforming our world: The 2030 agenda for sustainable development. https://sustainabledevelopment.un.org/post2015/transformingourworld.

Vuuren, D.P.V., M. Kok, P.L. Lucas, *et al*, 2015. Pathways to Achieve a Set of Ambitious Global Sustainability Objectives by 2050: Explorations Using the IMAGE Integrated Assessment Model. *Technological Forecasting and Social Change*, 98.

WBGU (German Advisory Council on Global Change), 1995. Scenario for the Derivation of Global CO_2 Reduction Targets and Implementation Strategies, Statement on the Occasion of the 1st Conference of the Parties to the Framework Convention on Climate Change in Berlin. Bremerhaven.

巢清尘："气候政策核心要素的演化及多目标的协同"，《气候变化研究进展》，2009年第5卷第3期。

陈春阳："关于适应气候变化的成本效益评估框架研究"，《资源节约与环保》，2016年第7期。
董亮、张海滨："2030年可持续发展议程对全球及中国环境治理的影响"，《中国人口·资源与环境》，2016年第1期。
董亮、杨晓华："2030年可持续发展议程与多边环境公约体系的制度互动"，《中国地质大学学报（社会科学版）》，2018年第4期。
傅崇辉、王文军、赵黛青等："中国珠三角地区经济社会系统对海平面上升的敏感性分析——属性层次模型的应用与扩展"，《中国软科学》，2012年第12期。
傅崇辉、郑艳、王文军："应对气候变化行动的协同关系及研究视角探析"，《资源科学》，2014年第7期。
何霄嘉、王敏、冯相昭："生态系统服务纳入应对气候变化的可行性与途径探讨"，《地球科学进展》，2017年第5期。
米志付："气候变化综合评估建模方法及其应用研究"（博士学位论文），北京理工大学，2015年。
潘家华："气候协议与可持续发展目标构建"，《中国国情国力》，2014年第3期。
宋蕾："气候政策创新的演变：气候减缓、适应和可持续发展的包容性发展路径"，《社会科学》，2018年第3期。
王文军、赵黛青："减排与适应协同发展研究：以广东为例"，《中国人口·资源与环境》，2011年第6期。
杨东峰、刘正莹、殷成志："应对全球气候变化的地方规划行动——减缓与适应的权衡抉择"，《城市规划》，2018年第1期。
郑石明、任柳青："国外气候政策创新的理论演进与启示"，《中国行政管理》，2016年第9期。
郑艳、王文军、潘家华："低碳韧性城市：理念、途径与政策选择"，《城市发展研究》，2013年第3期。
诸大建："世界进入了实质性推进可持续发展的进程"，《世界环境》，2016年第1期。

第八章　责任和义务分析

确定不同国家历史责任及减排义务，是遵循共同但有区别责任原则的重要体现。本章讨论了历史责任评估及未来减排分担义务的方法学问题，指出基于人均历史累计概念的碳排放算法在确定不同国家历史排放和未来碳分配中最能体现公平正义原则，同时也最符合中国的国情与发展趋势；量化承诺减排指标是对减排效应评估的主要方法之一。本章分别对以基准年排放作比较和以排放为基准的简化方案进行了评述；另外，通过简化的气候模式及地球系统模式，基于情景分析和数值模拟的方法，介绍了美国退出《巴黎协定》对全球气候治理和气候变化影响的案例研究。本章还对长期气候变化温升目标 2 摄氏度及 1.5 摄氏度阈值的充分性评估方法进行了介绍，包括指标体系法、模式情景模拟分析法以及综合评估模型。同时，介绍了基于公平分配原则的主要排放权分配方案及特点、国际贸易中碳转移排放测算方法和数据，以及碳转移排放影响的评估方式。基于可持续发展是有序人类活动的最终目标，人类采取政策措施或利用技术手段进行气候变化的减缓。本章最后介绍了有序人类活动理论，以及有序人类活动应对气候变化的主要流程。

第一节 历史责任评估

一、气候公平与历史排放

由于数据源和统计口径的不同,全球和地区的温室气体排放总量估算存在一定差异,但总体而言,近半个世纪以来,全球排放逐步升高,中国的总体排放也在近二十年内急剧增加(Climate Watch, 2019)。自 21 世纪初开始,中国取代美国居年总排放量全球第一。中国的人均年排放量也在不断攀升,目前虽然仍不到美国的一半,但已经超过世界平均排放水平,与欧盟相当。目前中国乃至全球的温室气体排放形势都不容乐观。

为降低气候变化带来的可能风险和负面效应,全球通过《巴黎协议》明确表明了需要控制温升的意愿,并将减少温室气体排放作为减缓气候变暖的重要手段。很多国家都提出"国家资助贡献"的减排目标,但是从长期更为严格的温升预期来看,世界各国还需要加大减排力度。因此,制定全球范围内公平合理的减排体系迫在眉睫,一方面需要厘清不同国家各自的排放责任和减排义务,另一方面明确未来特定排放情景下(如 1.5 摄氏度或 2 摄氏度温升控制)各国拥有的排放预算。从根本上看,排放权的划分是气候变化负担的分享,与气候变化的国家和地区责任密切相关。温室气体的历史排放和责任是《联合国气候变化框架公约》中"共同但有区别的责任"原则的核心,也常成为国际气候谈判的焦点。这一问题不仅涉及科学、伦理,还直接关系到国家的经济和政治利益(Ding *et al*., 2010; Meyer and Roser, 2010)。

考虑到不同国家各自工业化水平、历史排放以及减排潜力等差异,各国尝试不同公平原则下的温室气体排放权利划分,但这些方法对历史排放的认识和核算都有较大的差异。国际上最为常见的便是责任原则。该原则将历史累计排放纳入到全球的温室气体排放中来，因此在历史上一段时间内（如工业革命前至今）排放最多的国家便理应承担最大的减排义务。这些国家的未来排放预算也理应少于历史排放相对较少的国家。气候变化历史责任这一概念盛行于20世纪90年代（Grübler and Fujii, 1991; Smith, 1992），得到需要更多排放权的发展中国家欢迎。但是需要注意的是，历史排放的核算很大程度上取决于起始时间的选择，选用最近年份，如1990年，将导致中国等经济增速较快的国家排放靠前，而发达国家的历史排放无法准确呈现（刘昌义等，2014）。另外一个较为常见的便是平等主义原则。该原则认为每个人都有平等的污染的权利，因此排放权应该根据国家的人口数量按比例划分。基于此，有研究认为国家的排放预算应该按人均排放量计算。第三个公平原则强调国家主权，认为国家有公平污染的权利。其实，很多较早的排放核算便是基于该原则进行的，包括京都议定书。该方法通常根据某特定基准年的排放来按比例分配排放预算，是很多发达国家喜闻乐见的方法——这使得他们拥有更多的排放权。

这三种常见原则从各自方面强调了历史、个人和国家的责任和权利，但都很难兼顾历史责任和现有权利。其中，责任原则主要侧重历史排放，而后两种原则仅仅强调个人或国家主权，在分配排放权的时候都不同程度地忽略了温室气体排放"历史责任"这一重要问题。基于此，目前很多研究试图通过结合多个原则，从个人和国家权力的角度考虑历史累计排放，从而确认排放责任。

二、历史累计排放

历史累计排放本质上便是基于上面提到的责任原则，将曾经的损失和责任当作"债务"。未来的排放权利的划分也就需要考虑"债务"偿还。尽管"历史责任"逐渐成为研究的共识性问题，但如何量化历史累计排放这一具体指标还存在较大的分歧和不确定性。其中，争议相对较大的包括温室气体种类、温室气体的排放来源以及历史排放的起始年份（刘昌义等，2014）。

《京东议定书》列出了六种主要的温室气体，二氧化碳（CO_2）、甲烷（CH_4）、氧化亚氮（N_2O）、氯氟烃（HFCs）、全氟化碳（PFCs）、六氟化硫（SF_6）。目前关注相对较多的是二氧化碳，其次是氧化亚氮和甲烷。但是，除了二氧化碳，其他温室气体的长时间序列数据获取难度极大，即使是短时间的统计也有较大的不确定性。化石燃料二氧化碳排放的数据相对较完整，部分国家可以追溯到工业革命前，因此很多历史累计排放的研究多侧重二氧化碳（图8-1）。

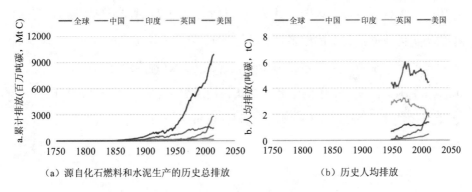

(a) 源自化石燃料和水泥生产的历史总排放　　(b) 历史人均排放

图8-1　全球化石燃料历史二氧化碳排放

资料来源：Boden *et al.* 2017。

根据温室气体的排放源来看，目前关注较多的与人类活动相关的排放主要来自于化石燃料以及水泥生产等工业过程。对于是否统计土地利用变化、农业生产、废弃物、国际贸易和国际运输等来源仍存在较大的争议（Peters *et al.*, 2011；Cristea *et al.*, 2013；刘昌义等，2014；Qin *et al.*, 2017），统计的时间序列也存在较大的不确定性。以土地利用变化为例，砍伐森林容易造成碳排放，而相反地，植树造林则可以固定碳，减少大气二氧化碳浓度（Matthews, 2016）。因此，考虑森林覆盖率变化，巴西、马来西亚等地区因为热带雨林的损失会增大排放，而中国则有可能形成一定程度的碳汇（Chen et al., 2019）。

另一个争议较大的问题便是历史累计排放的起始年份如何确定。由于数据的局限性，追究历史排放无法无限制地往前推。目前相对容易获得的二氧化碳排放数据也就最早始于工业革命时期，而且部分国家和地区的数据尚不完整（图 8-1（a））（Boden et al., 2017）。考虑到早期人类活动碳排放相对较小，许多研究将工业革命（朱江玲等，2010）或者稍后（Ding et al., 2010）作为计算的起始点。但也有人认为更近的年份比如 1970 年、1990 年甚至 2010 年应该作为起始年份，可以与具体的环境会议或者 IPCC 报告临近来显示碳排放关注的起始时间（刘昌义等，2014）。起始年份的选择很大程度上决定了各国的历史排放责任。以图 8-2 为例，越晚计算起始时间，早发展的工业国家的历史排放便被忽略的越多；如果从 2010 年计算历史排放，那么目前大气中存在的绝大多数人类排放都将不被包含在内。这种推迟起始年份的做法受到发展中国家的反对。中国学者也多认为使用更早的年份（如 1900 年）作为起始点才能更公平地核算各国历史责任（Ding et al., 2010; 刘昌义 et al., 2014）。

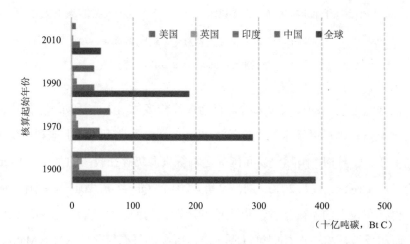

图 8-2　不同起始年份的历史累计排放量。（Boden et al. 2017）

三、人均历史累积排放

按照人均排放指标来限制排放，虽然更好地体现了公正和公平，但却缺乏历史排放责任的考虑。约束国家排放总量来减排，则没有考虑到各国人口差别及其动态变化对排放空间的影响。因此，近年来，学者们相继提出人均历史累积排放这一概念来试图兼顾公平性与历史责任（Ding et al., 2010; Raupach et al., 2014; 朱江玲等，2010）。

格鲁布卢兰德和藤井在 1991 年便前瞻性地进行了有关人均历史累积排放的研究。他们不仅系统地统计了人类社会自工业革命以来的历史排放和人均历史累计排放（包括化石燃料、水泥生产、森林和土壤排放），还分析了未来不同大气二氧化碳浓度下各地区的人均排放指标——作者称之为"公平未来人均排放量"（Grübler and Fujii, 1991）。1992 年，史密斯（Smith，1992）提出"自然债务"的概念，为人们提供了一个厘定历史排放责任的计量方法，对历史上化石能源燃烧排放的二氧化碳量进行累加来对比不同国家的历史排放责任。巴西政府于 1997 年在"巴西案文"中提出历史排放。它提到由于温室气体在大气中有一定的寿命期，全球气候变化主要是发达国家自工业革命以来 200 多年间里温室气体排放的累积效应造成的。因此，在考虑现实排放责任的同时，追溯历史责任能更好地体现公平。该方案只估算了发达国家的累积历史排放，用以量化各自减排义务责任份额，后来发达国家学者将这一方案扩展到包括发展中国家在内的全球范围。

自 21 世纪初，中国学者从国家战略高度，对人均历史累积排放和全球碳排放权配额分配进行了较为详尽的分析（Ding et al., 2010; 朱江玲等, 2010; 刘昌义等, 2014; 戴君虎等, 2014; 朱潜挺等, 2015）。人均历史累计排放从算法上看，就是将特定历史时间段内的排放平均到人口数上。然而，具体的历史排放总量统计上仍存在上文提及的分歧和不确定性。另外，人均排放具有较大的时空变异性，在确定人均历史排放的时候，也存在动态人口算法（在某一时间段人均碳排放量的累加和）、静态人口算法（历史上逐年碳排放量的累加和与该国当前人口数之比）和"人年"算法（各国累积的碳排放总量除以累积人数的每人每年碳排放量）等差异（戴君虎等，2014）。其中，前二者强调的是一定时间序列的累积，而最后的算法则强调每人每年的排放。

总体而言，人均历史累积排放计量方法可以很大程度上让发达国家在碳排放上承担更多的历史责任，从而可以给予发展中国家更大的排放权。从温室气体排放的绝对量看（图 8–1（a）），如果仅仅考虑当前排放，中国位居第一。若考虑到历史排放总量（起始于工业革命前后），即使考虑到中国由于近几十年的发展，总排放也仅次于美国，排第二位（Boden et al., 2017）。从人均排放来看，中国的历史人均排放呈增长趋势，2014 年约为 2tC/人，但仍低于美国 4.4tC/人的水平（图 8–1（b）），也远远低于很多人口相对较少的国家（如卡塔尔 13.5tC/人），居于全球 50 位左右（2014 年）（Boden et al., 2017）。考虑到历史排放的话，中国的人均历史累计排放才 0.4tC/人，远低于欧美发达国家最高接近 5tC/人的排放强度（戴君虎等，2014）。

从争取排放权的角度看，采用人均历史累计排放的计量方式对中国非常有利，也得到很多学者的理论支持（Ding et al., 2010；戴君虎等，2014）。但需要注意的是，人均历史累计排放会致发达国家于不利的境地，使得美国等部分国家出现巨大的"排放赤字"，无法获得未来的排放权，并使得该方法很难在发展中国家和发达国家之间达成共识（朱潜挺等，2015）。未来如何通过贴现（刘昌义等，2014）、技术换排放权（Ding et al., 2010）甚至改变计量方式（朱潜挺等，2015）的途径来分配国家碳排放额度仍是需要探讨的话题。

第二节 承诺减排效应的评估

一、量化的承诺减排指标

（一）以基准年排放作比较

现有"京都模式"采用从基年下降一定百分比的方法，基于某一时间点（以1990年为基年）的排放状况，各国根据自身情况确定其减排目标，并通过国际谈判做出减排承诺。《京都议定书》规定了2008～2012年发达国家和转轨经济国家的减排义务（UNFCCC，1997）。此方法中基年的选择对比较量化承诺强度的结果有重要的影响。排放量持续增加的发达国家倾向于选择更近的年份（如2006年）作为基年，而1990年以来排放量下降的国家则倾向于选择1990年作为基年。因此，从基年下降一定百分比的方法不能反映可比性。考虑到发展中国家的发展需求和排放量的增长，这种方法也并不适用（滕飞等，2009）。

（二）以排放为基准的简化方案

同样以排放为基准，分别考虑未来所需的排放空间和过去的减排努力的两个方面，有以下两种不同的简化方案评估各缔约方的承诺减排。

1. 从照常情景（business as usual，BAU）偏离

2010年底各方在墨西哥坎昆达成了坎昆协议，其中第一次出现发展中国家将在可持续发展框架下进行减排并遵从"照常情景"偏离的提法。一方面，一些发展中国家采取了"从照常情景偏离"的方式来设定自己的减缓行动目标，即从模型预测的某个排放路径上偏离。例如目前从基线上偏离15%～30%已经成为欧盟要求发展中国家采取量化的低碳战略的一个主要理论基础

(Den Elzen et al., 2008)。偏离的范围主要取决于全球排放上限、假设的分配方案、发达国家在第一承诺期的履约情况和发展中国家的基线假设等（滕飞，2012）。另一方面，发达国家和一些国际组织采用"从照常情景偏离"的幅度作为评价主要发展中大国减缓努力的一个重要指标（Kartha et al., 2011）。

2. 单位 GDP 排放强度下降

这种方案的主要原则是各缔约方在目标年比基准年的单位 GDP 排放强度下降了一定的百分比。它考虑了技术可行性，同时考虑了过去减排努力，但 GDP 能耗强度较高的国家减排幅度较低，经济增长的不确定性较大，因此难以事前确定。

哥本哈根会议之前中国公布了 2020 年将单位 GDP 二氧化碳排放强度比 2005 年降低 40%～45%的自主减缓行动目标。多哈会议上印度也已承诺到 2020 年将单位 GDP 碳排放强度在 2005 年的基础上降低 20%～25%。由 195 个国家签订的《巴黎协定》为 2020 年后全球应对气候变化行动做出安排，各个国家也提交其自主减协议。例如中国提出了在 2030 年的碳排放强度比 2005 年下降 60%～65%；而美国提出在 2025 年的碳排放比 2005 年下降了 26%～28%，不过美国最终宣布退出《巴黎协定》。许多国家和研究机构都对这种强度目标进行了评价和解读，其中主要的一个方面就是将其转换为"从照常情景偏离"的幅度。

二、简单气候模型

简单气候模型方法是利用简化的公式或者模型计算承诺减排下的温度变化，以其作为衡量标准，分析出不同国家在不同的减排情景下的绝对和相对减排贡献。简单气候模型方法起源于 1997 年巴西提出的《关于气候变化框架公约议定书的几个设想要点》（简称"巴西案文"），其最初用于区分各国的历史排放责任，逐渐也被用于评估各国在全球减排中的参与效果（Den Elzen *et al*., 2002）。

原始的 Brazilian 模型（UNFCCC，2002）利用指数衰减函数从温室气体排放量计算相应的温室气体浓度，再利用线性或对数函数根据温室气体浓度计算其辐射强迫，最后根据能量守恒方程由辐射强迫计算温度变化，此过程中的每一个分量都可单独作为衡量减排方案的指标。在此基础上发展起来的许多简单气候模型，如 CICERO-SCM（Fuglestvedt *et al*., 2000）、meta-IMAGE（Elzen, 1998）、MAGICC（Wigley *et al*., 2001;2002）等，其本质与 Brazilian 模型相同，但计算方案更加精细。例如 MAGICC 模型中包含了简化的气体循环模型、能量平衡模型和冰融化模型三大部分，因此计算结果中增加了海平面变化这一新的指标。霍纳等（Höhne *et al*., 2011）就利用多种简单气候模型，评估了 G8+5 各国在 SRES A1B 和 B2 排放情景下对未来气候变化的各自贡献率。

简单气候模型基于高度简化的算法，具有计算效率高，便于移植的优点。因此，它常与经济模型结合，称为集成评估模型（IAM），用以评估气候变化相关政策的减排成本效益，但简单气候模型的许多参数，尤其是直接影响其不确定性的气候敏感性参数来源于气候系统模式，因此简单气候模型在评估减排效果的问题上对气候系统模式具有一定的依赖性。

气候系统模式是将大气、海洋、陆面、海冰作为一个相互作用的整体，基于各圈层之间相互作用构建的数学物理模型。气候系统模式（包括更早的大气环流模式）一直以来被广泛应用在气候变化的物理现象和机制研究中，很少用于研究气候变化的相关政策和国际合作减排方案。2012 年中国学者首次利用气候系统模式研究承诺减排效果的问题，其研究结果表明：到本世纪末，按照坎昆协议制定的减排目标和 stern 长期减排方案，发达国家和发展中国家对气候变暖的减缓贡献分别是 1/3 和 2/3，并且很难将增暖遏制在 2 摄氏度阈值范围内（Wei *et al*., 2012；Yang *et al*., 2019）。目前最新的研究也利用该方法定量评估了美国退出《巴黎协定》对全球碳排放和气候变化的影响（Yang *et al.*, 2018)。

利用气候系统模式评估承诺减排效果具有两大优点, 首先, 它包含了气候—碳相互作用, 综合考虑了地球系统的各个方面; 其次, 气候系统模型以其多样的评估指标和复杂的时空分布特征, 能够给出更加综合的评估结果。但正是由于其复杂性, 计算效率相比简单气候模型要低得多。此种方法计算的结果的不确定性主要来自模式参数和输入数据的误差。随着模式和观测资料的改进, 其不确定性将逐渐减小。

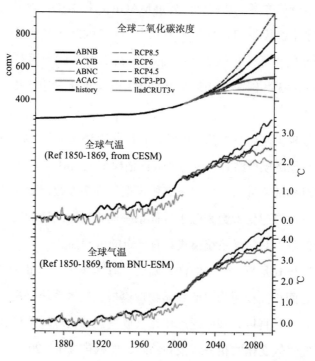

图 8-3 二氧化碳浓度和四组情景下 CESM 和 BNU-ESM 模式模拟与预估的未来气温变化。上: 观测和预估的二氧化碳浓度, 黑色实线为观测的二氧化碳浓度, 其他四种实线分别代表 ABNB, ACNB, ABNC, ACNC 四种情景下的二氧化碳浓度, 虚线表示典型浓度路径情景下的二氧化碳浓度; 中: CESM 模式模拟和预估的四组情景下的气温距平 (相对于 1850~1869 年), 灰色实线为观测的结果; 下: 与 (中) 相同, 但是为 BNU-ESM 模式的模拟与预估结果。

三、地球系统模式

地球系统模式是将大气、海洋、陆面、海冰作为一个相互作用的整体，基于各圈层之间相互作用构建的数学物理模型。地球系统模式（包括更早的大气环流模式）一直以来被广泛应用在气候变化的物理现象和机制研究中，很少用于研究气候变化的相关政策和国际合作减排方案。2012年中国学者首次利用地球系统模式来研究承诺减排效果的问题，其研究结果表明：到21世纪末，按照坎昆协议制定的减排目标和长期减排方案，发达国家和发展中国家对气候变暖的减缓贡献分别是1/3和2/3，并且很难将增暖遏制在2摄氏度阈值范围内（Wei *et al*., 2012；Yang *et al*., 2019）。目前最新的研究也利用该方法定量评估了发达国家和发展中国家气候变化政策对减缓冰冻圈变化的贡献（Yang *et al*., 2019）。结果表明，相对于BAU情景，发达国家和发展中国家对北半球海冰和积雪变化的共同减缓效果超过90%，大于单个发达国家和发展中国家集团的减缓效果，而发展中国家的减缓效果（大约70%）仍然大于发达国家的减缓效果（大约30%）。

利用地球系统模式评估承诺减排效果具有两大优点，首先，它包含了气候—碳相互作用，综合考虑了地球系统的各个方面；其次，地球系统模式以其多样的评估指标和复杂的时空分布特征，能够给出更加综合的评估结果，但正是由于其复杂性，计算效率相比简单气候模型要低得多。此种方法计算结果的不确定性主要来自于模式参数和输入数据的误差。随着模式和观测资料的改进，其不确定性将会逐渐减小。

另外，利用地球系统模式进行相关承诺减排的研究依赖于其他社会经济模型计算的碳排放情景，即使目前最先进的地球系统模式也无法既根据气候变化政策模拟碳排放情景同时又模拟该情景下相应的气候变化。这就需要在未来地球系统模式的发展中考虑加入社会经济模块，逐渐实现地球系统模式和社会经济模型的双向耦合（杨世莉等，2019）。

四、美国退出巴黎协定的影响

人为活动引起的全球气候变化问题是重大的国际地缘政治问题（潘家华，2008）。气候变化问题已不再是纯粹的环境问题，而是国际关系中的焦点问题。2015 年 12 月巴黎气候大会上通过的《巴黎协定》，旨在 21 世纪末将全球平均温升控制在 2 摄氏度以内，并力争控制在 1.5 摄氏度以内。各个国际和地区根据《巴黎协定》提交了国家自主贡献（Nationally Determined Contributions, NDC）减排计划。《巴黎协定》开启了全球应对气候变化进程的新篇章（Zheng et al., 2016；Dröge S., 2016；张永香等，2017）。但是美国在 2017 年 6 月 1 日宣布退出《巴黎协议》，拒绝履行《巴黎协定》规定的义务，这引起了各国政府和科学家们的广泛关注。

很多研究者对美国政府的这一选择提出了质疑和批评（Ladd et al., 2017；Mcguire, 2017；Watts, 2017），例如有研究指出美国退出《巴黎协定》会影响美国的能源结构和能源创新，较低的技术进步则会影响碳强度下降的速率。徐（2017）指出技术进步在保护气候方面扮演着非常重要的作用。如果美国的能源技术下降，碳排放将会随着 GDP 呈指数增长，因此气候变化也将会受到能源创新的影响（Seo, 2017）。而有关美国退出《巴黎协定》对气候变化影响的定量研究表明，到 21 世纪末，美国退出《巴黎协定》相比执行《巴黎协定》，全球平均二氧化碳浓度高出 62ppm，而气温则相对高出 0.4 摄氏度（Yang et al., 2018）。

总体来说，目前主要通过情景分析和数值模拟等方法来研究美国退出《巴黎协定》对全球气候治理和气候变化的影响。

（一）情景分析

通过历史碳排放资料，利用情景分析方法定量评估美国退出《巴黎协定》对全球碳排放和资金等的影响。例如傅莎（2017）基于自主构建的美国政策评估模型，综合定量分析指出，考虑美国退出协议对后续政策的影响，美国2030年的排放将有可能达57.9（56.0～59.8）亿吨二氧化碳-eq，仅相当于在2005年的水平上下降12.1%（9.1%～15.0%），相对自主贡献目标情景将上升16.4（12.5～20.1）亿吨二氧化碳-eq，额外增加8.8%～13.4%的全球减排赤字；绿色气候基金（Green Climate Fund，GCF）的筹资缺口将增加20亿美元，而长期气候资金（Long Term Fund，LTF）的缺口每年将增加50亿美元左右。苏鑫等（2019）通过构建体现不同效应的全球温室气体排放情景，分析了美国退出《巴黎协定》后对全球温室气体排放的影响。结果表明，美国退出《巴黎协定》的自身效应、资金效应、对伞形国家的政治效应和对发展中国家的政治效应，将分别导致全球2030年的年温室气体净排放量（扣除碳汇吸收量后的温室气体排放量）上升2.0、1.0、1.0和1.9吉吨二氧化碳-eq，并导致全球2015～2100年的累计排放量分别上升246.9、145.3、102.0和270.2吉吨二氧化碳-eq。戴瀚程等（2017）应用全球多部门、多区域动态可计算一般均衡（CGE）模型，利用情景分析方法得出，在全球碳排放固定且分配方式固定的条件下，美国不同程度的退约将为自身获得较大的碳排放空间，同时挤压其他地区，推高中国、欧盟和日本实现NDC和2摄氏度目标的碳价。2030年，2摄氏度目标下中国碳价的升幅将达4.4～14.6美元/吨，欧盟为9.7～35.4美元/吨，日本为16.0～53.5美元/吨。同时将增加中国、欧盟和日本等其他国家和地区的GDP损失。2030年，2摄氏度目标下中国GDP损失的升幅将达220.0亿～711.0亿美元（相当于16.4～53.1美元/人），欧盟为93.5亿～321.4亿美元（相当20.7～71.1美元/人），日本为41.3亿～134.5亿美元（相当34.3～111.7美元/人）。丑洁明等（2018）在利用基于对数平均权重分解法（Logarithmic

Mean Divisia Index,LMDI)分析中国二氧化碳排放量增加因素的基础上,结合 STIRPAT(Stochastic Impacts by Regression on Population,Affluence, and Technology)模型,建立了美国气候新政情景下中国未来在正常路线、减排路线和激进路线等三条路线下的九种排放情景(图8–4)。结果表明正常路线的低碳情景和减排路线的基准情景下可实现 2025 年达到二氧化碳排放峰值,而减排路线的低碳情景可实现 2020 年达到排放峰值。

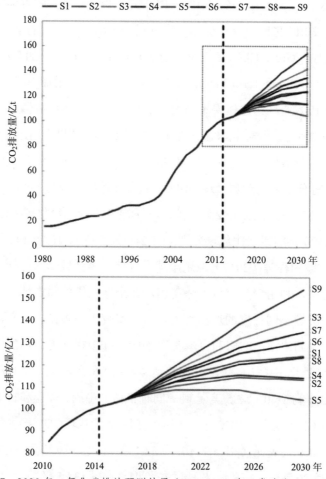

图 8–4　2017～2030 年二氧化碳排放预测结果(S1, S2, S3 为正常路线,S4, S5, S6 为减排路线,S7, S8, S9 为激进路线)。

（二）数值模拟

结合情景分析得出的碳排放结果，利用地球系统模式定量评估美国退出《巴黎协定》对全球气候变化的影响。该方法与耦合模式比较计划（CMIP）中未来气候变化的预估类似，区别在于 CMIP 预估试验中的未来的碳排放情景是依据一定的社会经济发展路径设定的，而定量评估试验中的情景是根据美国是否执行《协定》而设定的。

图 8–6 给出了利用 EMRIECE 模式预估的未来全球碳排放情景。EMRICES 将世界分为 10 个区域，分别为中国、美国、日本、欧盟、印度、俄罗斯、高收入国家、中高收入国家、中低收入国家和低收入国家。这些国家的经济系统通过区域经济链相关连接。在 EMRICES 中，每个国家（区域）的经济系统均可以选择以宏观动力经济模型为基础，而中国、美国、日本、印度和俄罗斯可采用可计算的一般均衡模型（CGE）。EMRICES 的详细介绍见王思远等（2017）的文献。

大部分国家的 NDC 目标可以直接或间接分成两类。例如美国、欧盟等给出的 NDC 目标是基于排放水平的，而中国、日本、印度和其他国家给出的 NDC 目标是基于排放强度的。我们采用以下两个公式分别针对这两种减排目标进行核算。

$$E_{2030} = E_{2005} \times r_c \qquad \text{公式 8–1}$$

$$E_{2030} = En_{2005} \times r_e \times Y_{2005} \qquad \text{公式 8–2}$$

E_{2030} 表示碳排放的目标年（例如，2030 年）；E_{2005} 和 En_{2005} 分别表示基准年的碳排放和排放强度，该数据由世界银行提供。r_e 表示 NDC 目标下的排放强度下降率，Y_{2005} 表示基准情景下的生产总值 GDP，r_c 表示总得碳排放下降率。

对于高收入国家、中高收入国家、中低收入国家和低收入国家（这些国家的排放量只占全球排放量的 2% 左右）来说，有些国家或者区域没有提供具体的自主减排贡献，或者有些国家提供的自主减排贡献没有明确的减排目标，另外，即使有些国家提出了具体的减排目标，但是这些国家的目标年和基准年也是不一样的，因此对于这些国家很难给出一个具体和明确的排放路径。在这里可以采用如下的方法来解决这一问题。对于高收入国家（如加拿大、新西兰、澳大利亚、挪威和新加坡等），碳排放的减排率是 2005 年 30%，因此目标年总得碳排放为 301.86 兆吨碳。对于中高收入国家、中低收国家和低收入国家，其自主贡献是基于碳排放强度和碳排放相对于基准年的下降率。表 8–1 给出了各个国家或区域的自主贡献目标、目标年等。

表 8–1　不同国家的自主减排贡献目标（NDC）

国家	NDC 目标（碳强度的下降率（%））	基准年	目标年	目标年的排放（MtC）	占全球排放的比率 2009（%）
中国	65%	2005	2030	3786.89	25.66%
美国	26%	2005	2025	1169.57	16.88%
日本	25.4%	2005	2030	251.80	3.54%
欧盟	40%	1990	2030	648.00	11.55%
印度	35%	2005	2030	1170.76	5.05%
法国	25%	1990	2030	425.83	5.58%
高收入国家	30%	2005	2030	301.86	12.35%
中高收入国家	35%	基准情景	2030	1169.31	13.04%
中低收入国家	35%	基准情景	2030	739.39	5.92%
低收入国家	35%	基准情景	2030	207.33	0.42%

图 8–5 中的碳排放情景分别为：（a）NDC，美国和其他国家都按照 DNC 进行；（b）NDC-NA，美国不执行 NDC，但是有一定的技术进步；（c）NDC-NA-NT，美国不执行 NDC 并且没有技术进步。总体来说，三种情景表现出了先快速上升（2005～2015 年）再快速下降（2015～2030 年）然后缓慢

上升（2030~2050 年）最后缓慢下降（2050~2100 年）的特征。很明显，NDC 和 NDC-NA 情景的差别比较小，但是与 NDC-NA-NT 差别比较大，这说明美国退出《巴黎协议》会通过放慢技术进步对全球碳排放产生明显的影响。在 21 世纪末，NDC-NA-NT 和 NDC 情景的累计碳排放差别为 176.7 吉吨碳。表 8–2 给出了对三种情景的具体描述。

表 8–2　NDC、NDC-NA 和 NDC-NA-NT 情景描述

情景名称	碳排放目标	美国是否有技术进步
NDC	所有国家实现 NDC 目标	是
NDC-NA	美国没有实现 NDC 目标	是
NDC-NA-NT	美国没有实现 NDC 目标	否

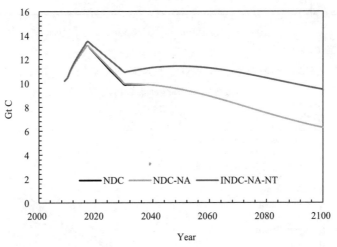

图 8–5　碳排放在 NDC、NDC-NA 和 NDC-NA-NT 情景的变化

资料来源：Yang *et al.*, 2018。

在情景设计的基础上，利用地球系统模式或者简单气候模式，可以定量评估美国退出《巴黎协定》对全球气候变化的影响。图 8–6 给出了利用北京师范大学的地球系统模式 BNU-ESM（Wu, 2013）和简单气候变化 MAGICC

模式（Wigley，2008）计算三种情景下未来二氧化碳浓度，可以看出到 21 世纪末，两类模式计算的二氧化碳浓度差别是类似的。BNU-ESM 计算的 NDC-NA-NT 比 NDC 高出 62ppm（百万分之一），而 MAGICC 计算的结果为 56ppm，相应的气温则高出大约 0.4 摄氏度（图 8–7）。

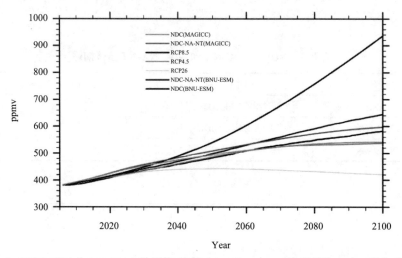

图 8–6　BNU-ESM 和 MAGICC 模拟的 NDC 和 NDC-NA-NT 情形下的全球二氧化碳浓度

资料来源：Yang et al., 2018。

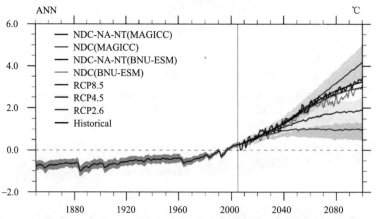

图 8–7　耦合模式第五次比较计划（CMIP5）多模式模拟的地表气温和 NDC 和 NDC-NA-NT 情景下 BNU-ESM 和 MAGICC 模拟的气温（距平相对于 1986—2005 年）

资料来源：Yang et al., 2018。

第三节 长期目标充分性评估

一、气候变化长期目标

长期目标是应对气候变化的核心和关键议题，并一直在《联合国气候变化框架公约》下讨论。长期目标可以包括温升控制目标、温室气体浓度目标、辐射强迫目标、排放总量目标等，目前比较明确的是 2100 年的温升控制目标。2009 年的《哥本哈根协议》接受了 2 摄氏度阈值目标（UNFCCC, 2010），2010 年的《坎昆协议》确认 2 摄氏度温升控制目标成为全球政治共识，并授权开展关于长期全球目标充分性及其实施整体进展的周期性评估。《巴黎协定》之后，又达成了新的全球共识，即 2100 年全球平均温升控制目标是"坚守远低于 2 摄氏度"和"寻求实现 1.5 摄氏度"。

《联合国气候变化框架公约》第二条指出，将温室气体稳定在防止气候系统受到人为干扰的危险水平上。这意味着需要科学评估长期目标能否充分保障人类生命财产安全，有效维护生态系统。但从实际情况看，确定长期目标一方面具有科学研究的支撑，另一方面也受国际政治博弈的影响（刘昌新等，2016）。一些小岛屿的发展中国家、不发达国家及部分非洲国家等，面对气候变化的风险和脆弱性很高，他们坚持要将温升控制在 1.5 摄氏度。另一方面，部分国家考虑到当前关于温升 1.5 摄氏度的科学评估还相对缺乏，并且担忧过于严格的温控目标会对其社会经济产生重大冲击，或者认为当前全球行动的重心应当确保实现 2 摄氏度温控，而不是不切实际地采纳 1.5 摄氏度目标。在最终的争辩中，模糊的科学认知全然让位于政治妥协，道德舆论已经转化为势不可挡的谈判压力，对 1.5 摄氏度目标的反对和犹豫迅速瓦解。"坚守远低于 2 摄氏度"和"寻求实现 1.5 摄氏度"得以确认。

可见，尽管长期目标明确，但在科学上对于长期目标充分性的讨论仍是必要的，尤其是对 1.5 摄氏度目标充分性的研究，且内容上有了新的变化。早期的评估以人类社会经济系统的影响评估、生态环境系统的影响评估两个方面为核心。《巴黎协定》明确的"寻求实现 1.5 摄氏度"并积极在气候变化框架下纳入全球可持续发展路径的研究，意味着长期目标的充分性开始将实现路径的可行性分析纳入考虑范围，并偏向于可持续发展路径的评估（张永香等，2017）。理论上，对长期目标充分性评估是一个非常复杂的问题，采用多方位和多角度的研究方法可以取得较好的效果。

二、基于指标体系的方法

长期目标充分性的一个关键含义就是目标是否充分保障人类生命财产和生态系统。这个问题与气候变化风险评估方法密切相关，但也有所侧重和区别。长期目标充分性侧重于对气候变化影响、适应性及脆弱性的综合评估，因此指标体系法是常用的方法。气候变化风险评估方法是对气候变化影响的定性和对风险的量化，主要包含风险指数、风险概率和脆弱性评估三个方面。

风险指数评估方法的基本思路是：分析气候系统对社会经济系统造成不利后果的原因，识别造成风险的要素，定义风险指数，结合气候变化背景，通过对这些要素的评价来量化风险。进行风险指数评估，其流程一般包括三个步骤，即通过风险要素识别建立风险指标体系、提出指标的量化评价方案、构建指标融合/综合评价模型。

风险概率评估的基本思路是通过气候模式预估未来某一时刻或某一时段的气候状况，估算在此气候状况下被评价对象的响应，将发生不利影响的概率表示为风险。影响关联的估计主要有两种方法，一种是将气候预估数据代入评价模型估算出评估对象的状态如粮食产量、水文要素特征和经济产值等，并由此来判断气候变化对该评价对象的利弊；另一种是针对被评估对象性状发生改变的气象要素阈值，分析未来气象要素变化可能超越阈值的概率，通过超越概率来量化气候变化风险。因此，影响风险概率评估准确性的因素主要是评价模型和风险阈值的确定。

脆弱性评估方法，主要包括反映系统损失程度与致灾因子强度关系的脆弱性曲线（或称脆弱性观测），以及系统受影响的倾向或处理危险事件时能力的不足。结合识别气候变化关键脆弱性（如大西洋温盐环流、南极冰原、亚马逊热带雨林、苔原森林以及厄尔尼诺等），已有研究利用目标法、概率分析以及优化与非优化等方法评估温升超过长期目标设定的阈值后的危险水平（见第二、三次气候变化国家评估报告）。

图 8-8 是《IPCC 全球升温 1.5 摄氏度特别报告》中给出的不同温升情景下的自然系统、人类经济系统受到影响的风险等级。可以看到在温升迫近或者超过 2 摄氏度的情景下，将有多个系统的风险等级发生跃迁，这项工作就是气候变化风险评估的一个综合评判。

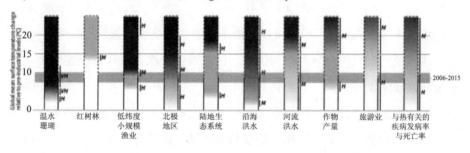

图 8-8　不同温升情景下自然及人类系统的影响及风险评估

气候变化风险评估是一项系统性的评估方法，除此之外，还有一些个例性的影响评估内容，比如对珊瑚白化、北极熊生存环境等影响评估，通常采用敏感性指标方法来完成相应的评估。

敏感性指标方法以生态系统中主要气候要素与特定物种的物理生存环境

指标（超出生存环境指标物种会发生明显的变化甚至死亡）的特定关系为依据，评估一定气候变化条件下物种的存活状态。该方法要求物种的生存环境指标已知且不确定性较小。比如用月热度（Degree Heating Months）表示珊瑚的生存状态：当月热度在 1 摄氏度左右时，珊瑚的白化程度较小；当月热度大于 2 摄氏度时。会发生大规模的珊瑚白化现象。又如，不同温室气体排放情景下北极熊生存环境的变化，可以从未来北极熊最佳觅食路线和海冰在大陆架上的覆盖程度的减少趋势，以及大陆架无冰月数和大陆架边缘到多年积冰的距离则呈现上升的趋势，构建北极熊生存环境与全球平均气温的关系的线性关系。

三、基于模式情景模拟分析的评估方法

对于气候变化长期目标充分性研究，另一种选择就是基于模式模拟结果的分析。模式可以是基于复杂的地球系统模式的过程模型，也可以是半经验模型。

地球系统模式、区域模式可以输出丰富的气候变化结果，并做长期预估。基于这些模式发展的全球及不同国家和区域的多层次、多尺度气候变化风险定量评估成果很多。如气候变化背景下的海平面上升、干旱、洪涝、热浪等社会经济损失定量评估，面向农业与生态安全的气候变化风险评估等。由此还延伸出一种基于模式模拟结果的情景遍历法，用于分析情景模式主导的气候变化影响中存在的问题。具体先通过模式模拟大量气候变化因子（如降水、温度）的分布组合，并将这些数据代入相关研究模型中（如土地利用模型、水库模型等），通过对模拟结果的聚类，生成气象要素变化的响应曲面，进而完成特定问题的气候变化影响的敏感性分析。

半经验模型方法通过观测数据建立起来的概率统计模型，结合简单气候模型（如 MAGICC、DICE、FUND、PAGE 等模型），研究不同情景或者是温

升条件下的经济损失情况或敏感气候要素的未来变化情况。半经验模型不需要了解内部机理,只需要知道驱动因子即可,如全球温升就可以作为驱动因素,温度上升越高,海平面上升越多,从而建立一个温度变化与海平面上升的经验模型。模型选择的不同可导致产生的预测结果相差很大,半经验模型可能是过程模型的两倍。IPCC 评估报告采用的就是过程模型的结果,但是其缺陷也很明显,计算出来的海平面上升率比观测值要低。

图 8-9 揭示了 1.5 摄氏度目标下,通过模型模拟得到的全球人类活动碳排放和强迫路径。图中的观测数据为每月全球平均地表温度变化(Global Mean Surface Temperature,GMST)。

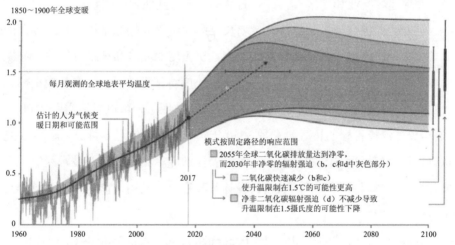

图 8-9　观测到的全球温度变化和模型模拟的 1.5 度目标下人为排放和强迫路径。

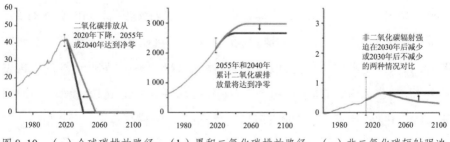

图 8-10　(a)全球碳排放路径;(b)累积二氧化碳排放路径;(c)非二氧化碳辐射强迫。

四、基于路径可行性的气候变化经济学综合评估模型方法

《巴黎协定》之后，全球开启了"寻求实现 1.5 摄氏度"的探索。该目标包含两层含义，首先是温控目标，其次是包括适应、资金、技术、能力建设、气候公平等目标。换言之，对 1.5 摄氏度长期目标充分性探讨的重心不再是生态环境的威胁，而是经济上如何实现 1.5 摄氏度的路径可行性问题。对这方面的研究，重点采用的方法是气候变化经济学综合评估模型（Integrated Assessment Models，IAM）。IAM 可以捕捉耦合的能源—土地—经济—气候系统，并描述各行业和地区人为排放的温室气体与其他强迫因素。

综合评估模型可以从经济总量增长、产业结构、能源结构、技术等方面对减排路径做模拟分析，从而可以回答 1.5 摄氏度的经济和技术可行性（Wang，2018）。图 8-11 是《IPCC 全球升温 1.5 摄氏度特别报告》中，多种模型模拟的实现 1.5 摄氏度目标的温室气体排放路径。从图中，可以发现实现 2100 年 1.5 摄氏度温控目标的核心要求是 2050 年实现温室气体近零排放。图 8-12 是综合评估模型根据 1.5 摄氏度温控目标及排放路径给出的核心技术路线，主要包括化石燃料及其产业、农业、森林及其它土地利用、碳捕获及存储等几个方面。

国际上，综合评估模型联盟（Integrated Assessment Models Conference，IAMC）与国际应用系统分析研究所（International Institute for Applied Systems Analysis，IIASA）在《IPCC 全球升温 1.5 摄氏度特别报告》（IPCC SR1.5）的基础上合作开发了一套新的情景资源和分析与可视化工具，使评估对研究人员、政策制定者和公众更加透明。国内采用 IAM 做排放路径研究的机构也较多，如清华大学的 C-GEM 模型、中科院战略院的 EMRICES 模型、发改委能源所的 IPAC 模型，以及北京理工大学的 C3IAM 模型等。

第八章 责任和义务分析 | 383

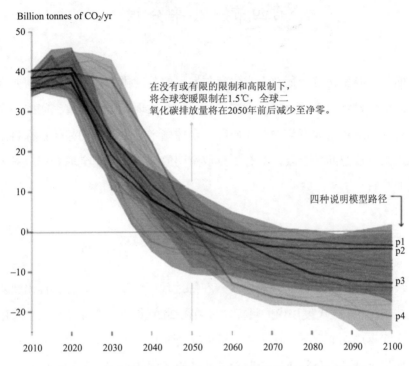

图 8-11 全球温度上升控制在 1.5 摄氏度的温室气体排放路径

资料来源：IPCC, 2018。

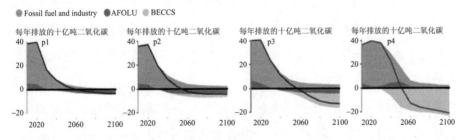

图 8-12 实现 1.5 摄氏度的核心技术路线图

资料来源：IPCC, 2018。

第四节 公平分担

面临气候变化这一危及人类生存与发展的共同挑战，世界各国需要合作应对。如何设定合理的全球长期减排目标，并实现有限碳排放空间的公平分配，是全球应对气候变化的核心问题。全球确定量化的长期减排目标将限定全球未来排放空间的上限，对有限排放空间的公平分配是全球合作应对气候变化的基石。

一、目前主要排放权分配方案及特点

最新的 IPCC 1.5 摄氏度特别报告在综述现有研究的基础上，提出要实现升温控制在 1.5 摄氏度以内的目标，必须在 2030 年前将全球年排放总量削减一半（即年均 250 亿~300 亿吨二氧化碳当量），在 21 世纪中叶实现净零排放。如果全球减排目标进一步明确，在考虑各国特点和公平原则的基础上，自上而下地为各国设定碳排放权分配方案就成为可能。全球碳排放权分配方案的关键问题是给各国确定什么样的未来减排目标，以及如何确定各个国家的减排义务。国际社会提出了多种碳排放权分配方案。概括地讲，这些方案可从三个维度进行区分：（1）分配方式：一类方案从资源配置角度将有限的排放权分配给各个国家，并从人均排放、排放现状的角度进行设计。另一类方案则从责任分摊角度出发，考虑未来减排义务在国家间的划分，主要依据责任/能力指标。（2）参与时点：一些方案要求所有国家同时参与量化减排。其他方案则强调共同但有区别的责任，基于不同国情和发展需要，设定人均 GDP、人均排放等阈值来界定发展中国家参与量化减排的进程。（3）参与形式：各国减排形式在不同时期不尽相同，可以是绝对减排、相对减排或强度减排等。目前文献提出不同的全球排放权分配方案（表 8–3），其中主要包括紧缩趋同（CandC）方案、三要素方案、多阶段趋同方案和强度指标方案等。

表 8–3　目前主要排放权分配方案及特点

排放权分配方案	简述
两个趋同	等人均年排放趋同，等人均历史累积排放趋同
紧缩趋同	发达国家人均年排放递减，发展中国家递增，在目标年一致
共同但有区别趋同	附件一国家人均趋同，非附件一国家在处于阈值线下时照常排放，之后开始趋同，经过相同时间趋同至同一水平
历史责任	阈值线下发展中国家照常排放，减排义务由线上国家按温升历史责任分担
可持续排放	将排放空间分为可持续性和不可持续性两类，可持续性空间按等人均年排放趋同原则分配，不可持续空间按紧缩趋同分配
强度趋同	类似紧缩趋同，各国排放强度向同一水平趋同
支付能力原则	用人均 GDP 描述能力，按福利门槛加入减排，阈值线上国家经历短暂过渡期绝对减排
祖父原则	减排责任基于目前排放，阈值线下国家照常排放，线上各国按参考年排放分配
多目标趋同	按人均 GDP、排放强度、人均排放等指标综合分配
多阶段	根据责任能力指标，将发展中国家参与量化减排分为 3 个阶段：第一阶段照常排放，第二阶段强度改善，第三阶段绝对减排
偏好打分	等人均年排放趋同和祖父原则的加权
基本生存需求	排放权分配基于基本人类生存需求
等减排成本	减排的福利损失相等
三要素法	电力和工业按能效提高，居民部门按人均趋同
多部门趋同	按部门向不同水平趋同
多准则方案	排放权分配基于包括人口、GDP 等多个变量
碳预算	人均累计排放均等
温室气体发展权	按责任与能力原则分担减排目标
终端消费原则	以 1850 年以来的人均累积消费排放作为衡量指标进行碳排放权分配

不同的排放权分配方案对于不同国家的影响是截然不同的。由于各国在发展水平、能源结构、经济结构和其他因素上各不相同，不同排放权分配方案也意味着不同的减排责任和义务，对不同国家的排放路径和国家利益均有着重大影响。必须理解和考虑各国的核心利益，才能让各国接受未来的排放权分配方案。因此，十分必要从比较分析的角度出发对不同的排放权分配方案及其对不同国家的影响进行比较研究。各国分配额取决于排放总量和分配方案，其中各国分配额随全球排放总量的增加均有所变大，但不同分配方案赋予各国分配额的增长比例不同，如全部、立即参与类的方案中与人口比例相关的方案呈现随总量的增加对非附件 I 国家更有利的特征，而与 GDP 和排放现状相关的方案则呈现随总量增加对附件 I 国家更有利的特征。而在一定的全球排放总量下，分配方案参数的变化也会对各国排放额有一定影响，如当趋同终止年由 2050 年变为 2100 年时，紧缩趋同和多标准趋同方案对附件 I 国家更为有利。整体来看，考虑历史责任的方案（如两个趋同、温室气体发展权等）能从根本上减小历史排放的不公平从而维护发展中国家的合理权益。而鉴于附件 I 和非附件 I 国家人均排放的差距，考虑能力的方案（支付能力方案和温室气体发展权方案）可有助于进一步减少两者间的不公平。总之，在未来气候谈判中，要在确定的全球排放总量基础上构建充分考虑多种公平性原则的综合性分配方案约束各国实现减排目标。

二、主要国家 1850～2012 年历史累计排放情况

由于温室气体在大气中停留时间要持续百年以上，因此自工业革命以来的人均累积排放量体现了一个国家的历史责任，也体现了一个国家利用有限大气空间为自身城市化和现代化发展，为国内基础设施建设和社会财富积累所作的贡献。工业革命以来世界经济发展的规律显示，一个国家在实现工业化和现代化过程中，人均能源和资源的消费累计量均需达到一定水平。因此，

一定数量的人均累积碳排放空间是现代化进程中必不可少的。中国学者提出的碳排放权分配方案基本都是基于人均累计排放趋同的原则（陈文颖等，2005；何建坤等，2009；丁仲礼等，2009），人均累积排放量趋同是基于世界各国的每个公民都有平等享受大气空间资源的权利。把世界各国人均累计排放量趋同作为分配和使用全球有限排放空间的原则体现了各国平等的责任和权利。在人均累计排放趋同的原则下，中国学者又提出了碳预算和碳排放权账户等方法（潘家华，2008；国务院发展研究中心课题组，2009）作为划分排放空间的制度设计。在此基础上，Atkinson 指数、Theil 指数、碳洛伦兹曲线、碳基尼系数等收入分配领域的统计指标进一步被用于测度国家间人均排放的不公平性。

以人均历史累计排放权概念为核心的多项分配方案首先需要核算既定时间范围内各国的温室气体排放等多项指标。表 8-4 给出了主要国家 1850～2012 年历史累计二氧化碳排放量、人口数量及人均历史累计二氧化碳排放量等相关信息，注意本节用到的数据均来源于世界资源研究所的气候分析指标工具 CAIT7.0 版，其提供了 1850～2012 年各国的温室气体排放及社会经济参数。从表 8-4 可以看到，工业革命以来世界最大的温室气体排放国是美国，其历史累计二氧化碳排放量占据了历史累计排放总量的 27%。

表 8–4　主要国家 1850～2012 年历史累计二氧化碳排放情况

国家	历史累计二氧化碳排放量（Mt CO_2）	历史累计二氧化碳排放比（%）	人均历史累计二氧化碳排放量（t CO_2/人）	人均累积排放排名	是否附件 I 国家
英国	70473.16	5.17%	1106.32	3/185	是
美国	366421.27	26.9%	1167.42	2/185	是
德国	84864.04	6.23%	974.63	4/185	是
俄罗斯	102709.24	7.54%	717.35	10/185	是
澳大利亚	14880.34	1.09%	654.71	14/185	是
法国	34456.89	2.53%	524.86	21/185	是

续表

国家	历史累计二氧化碳排放量（Mt CO$_2$）	历史累计二氧化碳排放比（%）	人均历史累计二氧化碳排放量（t CO$_2$/人）	人均累积排放排名	是否附件I国家
日本	51004.72	3.74%	399.84	33/185	是
南非	14865.46	1.09%	284.01	47/185	否
墨西哥	14983.07	1.10%	123.98	77/185	否
中国	150108.52	11.02%	111.13	85/185	否
巴西	11774.79	0.86%	59.27	95/185	否
印度	37975.89	2.79%	30.71	118/185	否

以美国、英国为代表的发达国家人均历史累计二氧化碳排放量是中国、印度等发展中国家的十几倍。人均历史累计二氧化碳排放反映出了排放空间分配的不公平性。发展中国家相对发达国家工业化时间更晚、程度更低，在有限的排放空间中分到的资源也就更少，但发展中国家往往人口众多，这就使得发展中国家公民没有享受到公平的排放权利。按人均累积排放量计算，发达国家自工业革命以来的二氧化碳排放量已远超出其到 2050 年前应有的限额，其当前和今后相当长时期的高人均排放都将继续挤占发展中国家的排放空间（何建坤等，2009）。因此，发达国家在减排承诺中必须深度减排，以实现全球长期减排目标下的排放轨迹，并为发展中国家留有必要的发展空间。同时必须对发展中国家给予充足的资金和技术支持，作为对其过度挤占发展中国家发展空间的补偿，使发展中国家能够在可持续发展框架下，提高应对气候变化的能力。

三、国际贸易中碳排放转移对减缓气候变化和减少贫困的影响

在当前全球经济一体化的背景下，国际分工进一步细化，国际贸易快速增长。国际贸易过程中由于各国在国际分工、产业结构、能源利用效率以及

贸易结构等方面的差异，产生了碳排放转移问题。所谓转移排放（或称国际贸易隐含碳）指的是出口产品的内涵排放与进口产品内涵排放之差，内涵排放则是指产品从原材料生产、加工、制造和运输全过程中消耗能源导致的温室气体排放。

（一）国际贸易中碳转移排放主要测算方法和数据

应用投入产出模型追踪产品生产的直接和间接能源使用及二氧化碳的排放，是在宏观尺度上研究国家贸易隐含碳的主流方法。投入产出模型是一种常用的"自上而下"的计算方法，它可以追踪一个国家由于最终需求变化而产生的直接和间接环境影响，是从宏观尺度上研究转移排放的主要方法。从模型角度，可以将投入产出模型划分为单区域投入产出模型（Single-region Input-output Model, SRIOA）和多区域的投入产出模型（Multi-region Input-output Model, MRIOA）。在针对单个国家的研究中，SRIOA 和 MRIOA 都经常出现，而针对全球的研究，学界大都应用 MRIOA 进行计算。

针对单个国家的研究通常采用 SRIOA，它比 MRIOA 更容易操作，且对数据的要求更低。由于 SRIOA 计算框架的限制，该模型无法对一国进口的来源进行细化，所以在对各部门进口隐含碳的计算中，SRIOA 大都采用国内技术假定来进行估算，即假设特定部门的进口商品与本国相关商品具有相同的生产技术和产业结构。尽管这一假定对进口隐含碳的估算存在偏差，但是考虑到时间尺度、成本效益、数据形式、细节与全面性，SRIOA 在单个国家或区域研究中仍具有一定的优势和可取性。此外，在实际应用中，为了更好地应用 SRIOA 估算进口隐含碳，个别研究会修正生产技术，如基于各国不同的能源结构进行修正或采用典型国家排放强度替代来进行修正。

MRIOA 能够更精准地模拟一国的进口隐含碳，并在核算框架中考虑更多的国家和部门细节。MRIOA 的发展过程中，先后出现两类模型，一类是贸易过程外生于中间需求矩阵的贸易流模型，另一类是建模中只考虑最终消费需求而将贸易过程内生化的终端消费模型。这两类模型都被广泛应用于国际贸易转移排放相关的研究中。MRIOA 模型主要依赖于投入产出数据集的编制，当前针对长时间尺度历史二氧化碳转移排放的研究，通常是基于 MRIOA 的计算框架，并采用主流的 MRIO 数据集（如 GTAP-MRIO，WIOD 和 EORA）来进行分析。由于常用的 MRIO 数据集的时间跨度通常为 1990～2010 年，因此长时间尺度的历史二氧化碳转移排放研究的时间跨度也大多集中在 1990～2010 年这一时间段。仅有个别基于 EORA 和 EORA26 数据集的研究将时间序列进一步回溯至 1970 年（表 8–5）。

表 8–5 基于各类模型计算的多国碳转移排放长序列

数据集	数据集特点	模型和方法
（Peters et al., 2011）	1990～2011 年 113 个国家/地区的转移排放序列	应用 GTAP-MRIO 数据集和 TSTRD 插值方法
（Wiebe et al., 2012）	53 个国家，48 个行业 1995～2005 年的转移排放量	结合 OECD 和 IEA 的数据，通过应用线性差值方法构建了全球资源核算模型
（Lenzen et al., 2013）	129 个国家，120 个行业 1990～2012 年的转移排放量	基于 EORA 模型，以 2000 年的数据作为出发点，应用优化算法向前或向后逐年同化不同来源的原始资料，得到异质性的投入产出数据集
（Kanemoto et al., 2014）	187 个国家 1970～2011 年的转移排放量	EORA 模型
（Arto et al., 2012）	欧盟国家及其主要贸易伙伴 1995～2008 年的各类"资源足迹"	基于欧盟编制的 MRIO 数据集 WIOD
（Yang et al., 2016）	127 个国家 1948～2012 年转移排放序列	LCBA 模型

对于中国碳排放转移的研究除了国外部分学者应用多区域投入产出模型，国内大部分研究者应用的还是单区域投入产出模型（表 8–6）。目前中国没有公布进口非竞争型的投入产出表，没有分出进口商品用于中间使用的量。

基于进口商品等比例用于中间使用和最终使用的假设，大部分研究者应用 SRIOA 模型对进口商品进行了中间投入和最终使用的区分。其中一些研究者估算了中国进口用于出口部分（加工贸易）的碳排放，据此对基于消费角度计算的碳排放量进行了订正。

表 8-6　中国贸易排放量计算方法比较

	主要测算方法		研究者
不考虑加工贸易	非投入产出法		（Wang et al., 2007）
	SRIOA	采用能源结构数据修订进口碳排放强度	（张晓平，2009）
		避免排放	（Weber et al., 2008）
	MRIOA		（李善同等，2009；Peters et al., 2011）
考虑加工贸易	SRIOA	采用典型国家替代所有进口碳排放强度	（齐晔等，2008；Yan et al., 2010）
		采用进口国单位 GDP 碳排放数据修订进口碳排放强度	（Pan et al., 2008；顾阿伦等，2010；魏本勇等，2010）
		避免排放	（姚愉芳等，2008；chen et al., 2010）

目前中国的碳转移排放测算方法有很多，虽然方法不尽相同，但总的结论和计算出的变化趋势类似。造成碳转移量测算结果产生较大差异的原因主要有两方面，一是碳排放强度的测算模型不同，二是对于中国加工贸易转移碳排放的认识不同。考虑到中国的国际分工地位，对于加工贸易引起碳转移量的测算是非常必要的。目前研究的测算结论总体一致，即中国为碳转移的净出口国，且净出口排放量呈现增加的趋势，但具体的测算数值存在差异。1997~2007 年，出口排放量和进口排放量都大幅度增加，出口排放量从 314~881Mt 二氧化碳增加到 1725~3020Mt 二氧化碳，占总排放量的百分比从 10%~23%增加到 27%~35%，扣除进口商品排放量，净转移到中国的排放量从 176~733Mt 二氧化碳增加到 1137~2257Mt 二氧化碳，净转移量占总排放量的百分比从 5%~20%增加到 17%~30%。

(二) 碳转移排放的正/负面影响

国际贸易促使发达国家在应对气候变化而采取的碳减排过程中，加速对发展中国家的高能耗产业转移，产生了碳泄漏问题。在此过程中，发展中国家的生产技术及管理水平难以保持发达国家原有水平，从而产生了更多的碳和污染物的排放量，这与应对气候变化的初衷相违背。然而，国际产业转移也拉动了发展中国家的经济增长，对解决贫困问题起到积极作用。解决气候变化问题与解决贫困问题，是联合国实现可持续发展的两个重要目标。因此，应从国际碳减排和解决贫困两个视角正确评估国际贸易的作用和影响，并制定对策平衡两者关系。

在宏观层面，一些学者以全球、国家联盟等为对象，研究碳排放转移对世界碳排放形势的影响，从统计或数值模拟的角度揭示转移排放也造成了气候变化历史责任的转移，并通过碳泄漏进一步增加了全球碳排放总量。彼得斯等（Peters et al., 2011）利用投入产出数据分析了113个国家的国际贸易碳转移量，从1990年到2008年，从发达国家转移到发展中国家的碳排放量由0.4Gt二氧化碳增长到1.6Gt二氧化碳，远远超过了《京都议定书中》规定的发达国家应当承担的减排责任，并贡献了近年来发展中国家碳排放量的大幅增长，最终使得全球碳排放量额外增长了38%。阿尔塞等（Arce et al., 2016）对低工资和高经济增长的16个国家（墨西哥、多米尼加等）的国际碳排放转移情况进行了趋势模拟，显示在最佳减排情景下，全球总体碳排放量将降低18.2%，但由于国际贸易隐含碳排放转移，实际排放量降低可能仅为1.5%。魏等（2016）利用Bern Model和三个气候系统模式，模拟研究指出国际贸易造成0.1~3.9ppm 二氧化碳或%3~9%的气候变化历史责任从发达国家转移到发展中国家，同时，碳转移使得京都议定书的潜在减排效率被降低了约5.3%。而包括《巴黎协定》在内的后京都时代减排政策，都是基于生产碳排放计量系统而制定减排目标，并未考虑到国际转移碳排放的潜在影响，继续以这种现存方式推进减排，1.5摄氏度目标难以实现。因此，许多研究指出应在"受益者买单"的原则下，基于消费碳排放量进行责任分担，或者发展新的权衡了生产责任和消费责任的责任计量系统，例如生态足迹法和采用了内嵌能量—能效比分析的碳排放增量法等。

但国际贸易是把双刃剑，通过碳的转移增加气候谈判和减排难度的同时，对经济的增长具有促进作用。处于特定经济发展阶段的发展中国家需要出口贸易拉动经济增长和缓解就业压力，由投资、消费和出口构成的总需求对经济增长起着拉动作用，对比三者的拉动作用可以更好地了解出口对国内经济的影响。2005年中国出口、投资和消费拉动的GDP占全部GDP的比重分别达到26.8%、29.5%和43.7%。出口带动的能源消费达到6.87亿吨标煤，而能源消费占终端能源消费总量的32%、33.9%和34%，出口对能源消费的贡献比对GDP的贡献高出5.2个百分点（李善同和何建武，2009）。同时，国际产业分工决定了中国在今后一定时期内还将处于产业链低端，多数出口产业仍然属于劳动密集型产业，对从业人员的技术水平和文化程度要求较低，因此国际贸易在拉动净出口国家GDP增长的同时，还增加了本国的就业率，降低了贫困率。另一方面，大规模的出口也带来了大量的额外排放，给中国经济的进一步持续增长带来了压力。

总之，未来减排义务分担方案的完善需要进一步实现"减排义务分配"与"碳排放权分配"的结合、"国家公平"与"个体公平"的结合、"自愿减排"与"强制减排"的结合、"生产责任"与"消费责任"的结合、"环境可持续"与"解决贫困"的结合。

第五节　可持续发展和有序人类活动

当今世界正处在政治多极化、经济全球化、文化多样化和社会信息化的快速变革进程中，各国家地区共同面临诸多挑战和问题。包括气候变化在内的粮食安全、资源紧缺、人口爆炸、环境污染等非传统安全问题层出不穷，对人类生存构成严峻挑战。面对复杂的全球性问题，任何国家都不可能独善其身，因此坚持环境友好，合作应对气候变化，保护好人类赖以生存的地球家园。以人与自然和谐相处为目标，实现自然可持续发展和人类社会的全面进步。在应对全球变化的问题上，人类究竟应该如何去应对。对此，中国气象学家叶笃正先生曾在 2001 年就提出应对全球气候变化之"有序人类活动"（Orderly Human Activities）的理念。即通过合理安排和组织，使自然环境能在长时期、大范围内不发生明显退化，甚至能持续好转，同时又能满足同期社会经济发展对自然资源和环境需求的人类活动。进行有序人类活动，树立尊重自然、顺应自然、保护自然的意识，坚持走绿色、低碳、循环、可持续发展的道路，采取行动应对气候变化等新的挑战，不断开拓生产发展、生活富裕、生态良好的文明发展道路，构筑尊崇自然、绿色发展的全球生态体系。

一、应对全球变化与可持续发展

可持续性发展是人类与自然和谐相处，人类社会走向发展和繁荣的唯一道路。然而，人类应对全球变化的能力仍然有限，可持续性发展面临多种挑战。应当根据地球系统自身的规律、地球系统变化与人类社会发展的关系，面对新一轮科技革命、全球化进程加速和可持续发展迫切性的时代背景，加强各国的协调与合作，尽快就人类如何应对全球变化的挑战达成共识，因此需要妥善地处理应对全球变化与可持续发展之间的关系。

可持续发展与应对全球变化是相互依存的，缺一不可，可持续发展要求人与自然、人类社会自身的和谐。当前，国际社会共同应对全球变暖是为了解决人为导致的人与自然不和谐的问题。人类社会发展的不均衡是不和谐的根本原因，也是最难以协调和解决的问题。如在应对气候变化各国需要承担的责任和义务方面，目前还未真正达成共识。

因此，逐步的推动有序人类活动是目前实现可持续发展的现实途径。而有序人类活动，需要考虑三方面的问题：一是环境问题，对环境造成破坏的活动要减少或停止，已经开展的活动需要积极采取有效措施降低破坏带来的影响；二是社会问题，对社会稳定发展造成负面影响的活动要减少或停止；三是经济问题，发展经济必须与自然环境相协调，实现可持续发展之路。决策者在制定科学且可行的有序人类活动目标时，要充分考虑环境效益、社会效益和经济效益，协调发展，尽可能在这三者之间达到最优。

实现有序人类活动，需要加强科学研究，减少全球变化认识的不确定性，以便决策者制定更好的措施来应对全球变化。目前，学术界对全球变化的科学认识还存在不确定性，尽管科学上这些不确定性是普遍存在的，但对决策者制定政策可能会带来潜在的风险。因此，需要更好地开展多学科、多要素的全球性联合研究，最大限度减少对全球变化科学认识的不确定性。同时将可持续发展作为全球变化研究的导向，以全球变化研究成果促进可持续发展。

有序人类活动与可持续发展是虽然属于不同科学范畴，但两者又存在紧密的联系。可持续发展是有序人类活动的目标，也是检验是否为有序人类活动的判据。有序人类活动是实现可持续发展的途径。离开有序人类活动，就无法可持续发展；没有有序人类活动，可持续发展难以落实，无法操作和实现。总之，应对全球变化背景下可持续发展问题，实际上就是如何进行有序人类活动的问题。

二、有序人类活动应对全球变化的主体及功能

有序人类活动的主体包括：政府机构、科学家、实施者。

政府机构主要有两方面功能。第一，向大众提供法律、政策和行政指令，

以引导民众具体实施有序人类活动；第二，向科学界提出的重大战略问题的研究需求并给予资金的支持。

科学家功能体现在以下三个方面：向政府机构提供科学依据、决策理论和具体建议，对决策和行政管理部门提出的重大问题进行研究并给予咨询建议。同时，主动就政府或社会公众为关注的生存环境相关政策问题提出建议，向公众提供进行有序人类活动的知识和方法，帮助制订具体计划，研究执行过程中产生新问题的解决方法等；通过对人类活动和生存环境关系的研究，获得感性认识，将感性认识理性化，形成发展有序人类活动的相关理论和方法，最终服务于人类社会。

民众和社会实体是有序人类活动的实施者，其主要作用是：根据决策者提供的决策和科学界提供的方法具体实施，向科学界和政府提供经验和反馈意见。

三、有序人类活动的研究方法

有序人类活动涉及到自然科学和社会科学多个学科领域。自然科学领域主要涉及气候学、生态学、水文学、生物地球化学、地球生物物理学、计算科学、信息科学、遥感科学等学科；社会科学领域主要涉及政治学、经济学、社会学、心理学、行为学等。将自然科学与社会科学融合是有序人类活动评估和研究的基本方法。有序人类活动探讨的是人类社会有组织活动与人类赖以生存的自然环境之间的相互作用过程，并评估其最有效的活动方式，因此，此类研究必然涉及到广泛的学科交叉。不仅需要自然科学各学科分支间的交叉以研究复杂自然环境的演变规律及机理，同时还需要社会科学各学科分支间的交叉以研究人类社会规模性活动的形成运作过程及其规律，还需要通过社会科学与自然科学间的交叉以研究数量化的人类社会规模性活动强迫作用的环境影响及反馈过程，并通过对每一种人类社会行为方式总体效应的评估比较，选择确定有序人类活动过程的方案。

建立耦合了人类活动与生存环境的地球系统模式，研究有序人类活动问题。模拟和预测人类活动生存环境系统演变的规律和机理，并进行人类活动的总体效益的评估和选择。通过构建人类活动过程的子模式系统，将人类活动要素，如政策、人口、经济参数、劳动生产率等引入模式系统中，描述刻画规模化人类活动形成运作过程及其与自然环境演变之关系，与自然属性地球系统模式双向耦合。另外，构建人类活动生存环境系统总体效益定量化评估系统，通过对模式中生态、气候、水文等参数综合评估环境效益，然后再对模式中投入、产出过程分析，及相关经济参数估算，评估经济效益，最后进一步通过对社会效益、经济效益和环境效益的集成分析，综合评估总体效益。

构建有序人类活动方案的选择系统。通过对多种可能人类活动方案的模拟研究，评估对应于每一种人类活动方案参数集合，应用多目标参数优化技术选择相对于目前我们认知水平和经济基础的最佳人类行为方式并最终确定针对某一问题的有序人类活动方案。

构建有序人类活动观测系统。有序人类活动研究所涉及的时空尺度较大，涉及的学科较多。资料的观测、调研和积累非常重要。通过建立调研系统以进行社会科学领域的相关数据资料的积累与整理，通过建立观测系统以进行自然科学领域的数据资料积累与整理。

建立综合示范场地，用以评估有序人类活动的效应。一个有序人类活动的效应到底如何，最可靠的办法是构建有序人类活动示范场地，通过长期的科学观测，对有序人类活动的效应给予验证。如生态示范区建设是有序人类活动的重要示范场地之一。通过示范区建设，识别制约可持续发展的因素，规划生态产业、生态工程、生态文明三大工程，提出适合本区域的可持续发展模式。

参考文献

Alwang J., P. B. Siegel and S. L. Jorgensen, 2001. *Vulnerability: A view from different disciplines*. World Bank. SP Discussion Paper No. 0115.

Birkmann J., 2006. Measuring Vulnerability to Natural Hazards: Towards Resilience Societies. New York: United Nations University.

Birkmann J., 2007. Risk and vulnerability indicators at different scales: Applicability, usefulness and policy implications. *Environmental Hazards*, 7.

Bohle H. G., T. E. Downing and M. J. Watts, 1994. Global Environmental Change : Climate change and social vulnerability: toward a sociology and geography of food insecurity, 4(1).

Chen R., G. Wang, Y. Yang, *et al*, 2018. Effects of cryospheric change on alpine hydrology: Combining a model with observations in the upper reaches of the Hei River, China. *Journal of Geophysical Research: Atmospheres*, 123.

Cotton W. R., R. A. Pielke, 2007. *Human impacts on weather and climate*. Cambrige: Cambridge University Press.

Cutter S. L., 1993. *Living With Risk: The Geography of Technological Hazards*. London: Edward Arnold.

Demirkesen A. C., F. Evrendilek, 2017. Compositing climate change vulnerability of a Mediterranean region using spatiotemporally dynamic proxies for ecological and socioeconomic impacts and stabilities. *Environmental Monitoring and Assessment*.

Dow K., 1992. Exploring differences in our common future(s) : the meaning of vulnerability to global environmental change. *Geoforum*, 23(3).

Fatemi F., A. Ardalan, B. Aguirre, *et al*, 2017. Social vulnerability indicators in disasters: findings from a systematic review. *International Journal of Disaster Risk Reduction*, 22.

Fisher R. A., 1922. On the Mathematical Foundations of Theoretical Statistics. *Philos Trans R Soc Lond Ser A*, 222.

Gao H. K., X. B. He, B. S. Ye, *et al*, 2012. Modeling the runoff and glacier mass balance in a small watershed on the Central Tibetan Plateau, China, from 1955 to 2008. *Hydrol. Process*, 26 (11).

Gao T. G., S.C. Kang, L. Cuo, *et al*, 2015. Simulation and analysis of glacier runoff and mass balance in the Nam Co basin, southern Tibetan Plateau. *J. Glaciol*, 61 (227).

Gleick P. H., 1989. Climate change, hydrology and water resources. *Reviews of Geophysics*, 27(3).

Gouldby B., P. Samuels, 2005. Language of riskdproject definitions. Integrating flood risk analysis and management methodologies. *Floodsite Project Report*, T32-04-0.

Gregory J. M., J. A. Lowe, 2000. Predictions of global and regiona lsea-level rise using AOGCM swith and without flux adjustment.Geophys.*Res.Lett*, 27.

Guo D., H. Wang, 2016. CMIP5 permafrost degradation projection:A comparison among different regions. *Journal of Geophysical Research: Atmospheres*, 121(9).

He W. P., G. L. Feng, Q. Wu, et al, 2008. A new method for abrupt change detection in dynamic structures. *Nonlinear Processes in Geophysics*, 15(4).

He W. P., Q. Q. Liu, Y. D. Jiang, et al, 2015. Comparison of performance between rescaled range analysis and rescaled variance analysis in detecting abrupt dynamic change. Chinese Physics B, 24(4).

He, W., G. Feng, Q. Wu, et al, 2012. A new method for abrupt dynamic change detection of correlated time series. *Int. J. Climatol.*, 32(10).

Held H., T. Kleinen, 2004. Detection of climate system bifurcations by degenerate fingerprinting. *Geophysical Research Letters*, 31.

Houghton J. T., Y. Ding, D. J. Griggs, et al. 2001. *Climate Change 2001: The Scientific Basis*. Cambridge: Cambridge University Press.

Hulme M., S. Dessai, 2008. Predicting, deciding, learning: can one evaluate the 'success' of national climate scenarios? *Environmental Research Letters*, 3(4).

IPCC. 2007a. Climate change: The Physical Science Basis. Summary for Policy Makers.

IPCC. 2007b. *Climate change: Impacts, adaptations and vulnerability: The fourth assessment report of working group II*. Cambrige: Cambridge University Press.

IPCC. 2012. *Managing the risks of extreme events and disasters to advance climate change adaptation: a special report of working groups I and II of the Intergovernmental Panel on Climate Change*. Cambridge and New York: Cambridge University Press.

IPCC. 2013. Climate Change: The Physical Science Basis. Summary for Policy Makers.

Jia Q., D. Yongjian, H. Tianding, et al, 2017. Identification of the Factors Influencing the Base flow in the Permafrost Region of the Northeastern Qinghai-Tibet Plateau. Water, 9(9).

Jones R. N., K. J. Hennessy, 1999. Climate change impacts in the Hunter Valley. CSIRO *Atmospheric Research*, 47.

Jones R. N., 2001. An environmental risk assessment/management framework for climate change impact assessments. *Natural Hazards*, 23(2-3).

Jones R. N., 2004. When do POETS become dangerous? IPCC workshop on describing scientific uncertainties in climate change to support analysis of risk and of options. Maynooth, National University of Ireland.

Kates R. W., J. H. Ausubel and M. Berberian, 1985. Climate Impact Assessment: Studies of the

Interaction of Climate and Society. 27.

Lamb W. F., N. D. Rao, 2015. Human development in a climate-constrained world: What the past says about the future. *Global Environmental Change*, 33.

Luo Y., J. Arnold J, S. Liu, *et al*, 2013. Inclusion of glacier processes for distributed hydrological modeling at basin scale with application to a watershed in Tianshan Mountains, northwest China. *J. Hydrol*, 477 (16).

McCarthy J. J., O. F. Canziani, N. A. Leary, *et al*, 2001. *Climate Change 2001: Impacts, Adaptation, and Vulnerability*. Cambridge: Cambridge University Press.

Miles E. R., C. M. Spillman, J. A. Church, *et al*, 2014. Seasonal prediction of global sealevel anomalies using an ocean–atmosphere dynamical model.*Clim.Dy*, 43.

Mitchell J. K., N. Devine and K. Jagger, 1989. A contextual model of natural hazard. *Geographical Review*, 79(4).

Moore J. C., A. Grinsted, T. Zwinger, *et al*, 2013. Semiempirical and process-based global sealevel projections.*Rev.Geophys*, 51.

Mörner N. A., 1973. Eustatic changes during the last 300 years. *Palaeogeography Palaeoclimatology Palaeoecology*, 13.

Mörner N. A., M. Tooley and G. Possner, 2004. New perspectives for the future of the Maldives. *Global Planetary Change*, 40.

Mörner N. A., 2007. Sea level changes and tsunamis. Environmental stress and migration over the seas. *Internationales Asienforum*, 38.

Mörner N. A., 2010. Sea level changes in Bangladesh: New observational fact. *Energy and Environment*, 21.

Mörner N. A., 2011. Setting the Frames of Expected Future Sea Level Changes by Exploring Past Geological Sea Level Records. Elsevier, Amsterdam.

Mörner N. A., 2014. Sea level changes in the 19-20th and 21st centuries. Coordinates, X, 10.

Mörner N. A., 2015a. Deriving the eustatic sea level component in the Kattegatt Sea. *Global Perspectives on Geography*, 2.

Mörner N. A., 2015b. Glacial isostasy: regional-not global. *International Journal of Geosciences*, 6.

Mörner N. A., 2016. Sea level changes as observed in natureI. Elsevier, Amsterdam, Netherlands.

Mörner N. A., 2017a. Our Oceans–Our Future: New evidence-based sea level records from the Fiji Islands for the last 500 years indicating rotational eustasy and absence of a present rise in sea level. *International Journal of Earth and Environmental Sciences*, 2, 137.

Mörner N. A., 2017b. Coastal morphology and sea-level changes in Goa, India, during the last 500 years. *Journal of Coastal Research*, 33.

Mörner N. A. , P. K. Matlack, 2017c. New records of sea level changes in the Fiji Islands. *Oceanography and Fishery Open Access Journal*, 5 (3).

Narayan S., R. J. Nicholls, D. Clarke, et al. 2014.The 2D Source – pathway – Receptor model: a participative approach for coastal flood risk assessments. *Coastal Engineering*, 87.

NOAA. 2015. Laboratory for Satellite Altimetry/Sea Level.

Pham B. T., K. Khosravi and I. Prakash, 2017. Application and Comparison of Decision Tree-Based Machine Learning Methods in Landside Susceptibility Assessment at Pauri Garhwal Area, Uttarakh and India. Environmental Professional .

Pina J., A. Tilmant and F. Anctil, 2015. A Spatial Extrapolation Approach to Assess the Impact of Climate Change on Water Resource Systems. Agu Fall Meeting. AGU Fall Meeting Abstracts.

Rahmstorf S., 2007. Asemi-empirical approach to projecting future sea-level rise. Science. 315.

Röske F., 1997. Sealevel forecasts using neural networks. *Ocean Dyn*. 49.

Schaller N., A. L. Kay, R. Lamb, et al, 2016. Human influence on climate in the 2014 southern England winter floods and their impacts. *Nature Climate Change*, 6(6).

Si D., Y. Ding, 2013. Decadal Change in the Correlation Pattern between the Tibetan Plateau Winter Snow and the East Asian Summer Precipitation during 1979–2011. *Journal of Climate*, 26(19).

Su F., L. Zhang, T. Qu., et al, 2016. Hydrological response to future climate changes for the major upstream river basins in the Tibetan Plateau. *Global Planet. Change*, 136.

Turner B. L., R. E. Kasperson and P. Matson, et al. 2003. A framework for vulnerability analysis in sustainability science. *Proceedings of National Academy of Sciences*, 100 (14).

UC (University of Colorado). 2015. Sea Level Research Group of University of Colorado. http://sealevel.colorado.edu/.

Van Minnen J. G., J. Onigkeit and J. Alcamo, 2002. Critical climate change as an approach to assess climate change impacts in Europe: development and application. *Environmental Science and Policy*, 5(4).

Verwaest T., K. Van der Biest, P. Vanpoucke, et al, 2008. Coastal flooding risk calculations for the Belgian coast..Proceedings of the 31st International Conference on Coastal Engineering. Hamburg, Germany: ASCE.

Wang S., X. Wang, G. Chen, et al, 2017. Complex responses of spring alpine vegetation phenology to snow cover dynamics over the Tibetan Plateau, China. *Science of The Total Environment*.

Wang X., C. Wu, D. Peng, et al, 2018. Snow cover phenology affects alpine vegetation growth dynamics on the Tibetan Plateau: Satellite observed evidence, impacts of different biomes, and climate drivers. *Agricultural and Forest Meteorology*, 256-257.

Watts M. J., H. G. Bohle, 1993. The space of vulnerability: the causal structure of hunger and famine. *Progress in Human Geography*, 17(1).

Wiley C., P. M. Kelly, W. N. Adger, 2000. Theory and practice in assessing vulnerability to climate change and facilitating adaptation. *Climatic Change*, 47(4).

Wu R., G. Liu and Z. Ping, 2014. Contrasting Eurasian spring and summer climate anomalies associated with western and eastern Eurasian spring snow cover changes. *Journal of Geophysical Research: Atmospheres*, 119(12).

Xia J., B. Qiu and Y, Y, Li, 2012. Water resources vulnerability and adaptive management in the Huang, Huai and Hai River basins of China.*Water International*, 37 (5).

Xu M., S. Kang, X. Wang, *et al*., 2019. Understanding changes in the water budget driven by climate change in cryospheric-dominated watershed of the northeast Tibetan Plateau, China. *Hydrological Processes*, 33 (7).

Yang T., X. Wang, Z. Yu, *et al*, 2015. Climate change and probabilistic scenario of stream flow extremes in an alpine region. *Journal of Geophysical Research Atmospheres*, 119(14).

Yang Y. J., X. F. Ren, S. L. Zhang, *et al*, 2017.Incorporating ecological vulnerability assessment into rehabilitation planning for a post-mining area. *Environmental Earth Sciences*.

Yu Z., S. Liu, J. Wang, *et al*, 2013. Effects of seasonal snow on the growing season of temperate vegetation in China. *Global Change Biology*, 19(7).

Zhang S. Q., B. S. Ye, S. Y. Liu, *et al*, 2012a. A modified monthly degree-day model for evaluating glacier runoff changes in China. Part I: model development. *Hydrol. Process*,26 (11).

Zhang S, X. Gao, B. Ye, *et al*, 2012b. A modified monthly degree–day model for evaluating glacier runoff changes in China. Part II: application. *Hydrological Processes*, 26(11).

Zhang Y., H. Enomoto, T. Ohata, *et al*, 2016. Projections of glacier change in the Altai Mountains under twenty-first century climate scenarios. *Climate Dynamics*, 47(9-10).

Zhang Y., Y. Hirabayashi, Q. Liu, *et al*, 2015. Glacier runoff and its impact in a highly glacierized catchment in the southeastern tibetan plateau: past and future trends. *Journal of Glaciology*, 61(228).

Zhao Q., B. Ye, Y. Ding, *et al*, 2013. Coupling a glacier melt model to the Variable Infiltration Capacity (VIC) model for hydrological modeling in north-western China. *Environmental Earth Sciences*, 68(1).

Zhao Q., Y. Ding Y, J. Wang J., *et al*, 2019. Projecting climate change impacts on hydrological processes on the Tibetan Plateau with model calibration against the glacier inventory data and observed stream flow. *Journal of Hydrology*, 573.

Zhao Q. D., S. Q. Zhang, Y. J. Ding, *et al*, 2015. Modeling hydrologic response to climate change and shrinking glaciers in the highly glacierized Kunma Like River Catchment,

Central Tian Shan. *J. Hydrometeorol*. 16 (6).

阿的鲁骥、字洪标、刘敏等："高寒草甸地下根系生长动态对积雪变化的响应",《生态学报》,2017 年第 20 期。

别必武、周晓兵："荒漠植物种子萌发对积雪覆盖变化的响应",《生态学杂志》,2016 年第 9 期。

蔡海生、刘木生、陈美球等："基于 GIS 的江西省生态环境脆弱性动态评价",《水土保持通报》,2009 年第 5 期。

蔡海生、张学玲、王晓明等："区域生态化评价模型的构建方法研究",《生态经济》,2014 年第 4 期。

常燕、吕世华、罗斯琼等："CMIP5 耦合模式对青藏高原冻土变化的模拟和预估",《高原气象》,2016 年第 5 期。

陈佳、杨新军、尹莎等："基于 VSD 框架的半干旱地区社会—生态系统脆弱性演化与模拟",《地理学报》,2016 年第 7 期。

党素珍、刘昌明、王中根等："黑河流域上游融雪径流时间变化特征及成因分析",《冰川冻土》,2012 年第 4 期。

《第三次气候变化国家评估报告》编写委员会:《第三次气候变化国家评估报告》,北京:科学出报社,2015 年。

丁一汇:《中国西部环境变化的预测》,北京:科学出版社,2022 年。

丁永建、张世强、陈仁升:《寒区水文导论》,北京:科学出版社,2017 年。

丁永建、周成虎:《地表过程研究概论》,北京:科学出版社,2013 年。

封建民、郭玲霞、李晓华："基于景观格局的榆阳区生态脆弱性评价",《水土保持研究》,2016 年第 6 期。

高洁、傅旭东、王光谦等："积雪和植被高程分布的相关性——以羊八井流域为例",《应用基础与工程科学学报》,2011 年第 s1 期。

关明皓："SRM 模型在大凌河流域融雪径流模拟中的运用研究",《水利技术监督》,2016 年第 3 期。

郭生练、郭家力、侯雨坤等："基于 Budyko 假设预测长江流域未来径流量变化",《水科学进展》,2015 年第 2 期。

郝振纯、李丽、王加虎等："史学气候变化对地表水资源的影响",《地球科学》,2007 年第 3 期。

何文平、邓北胜、吴琼等："一种基于重标极差方法的动力学结构突变检测新方法",《物理学报》,2010 年第 11 期。

何文平、何涛、成海英等："基于近似熵的突变检测新方法",《物理学报》,2011 年第 4 期。

何文平、王启光、吴琼等："滑动去趋势波动分析与近似熵在动力学结构突变检测中的性能比较",《物理学报》,2009 年第 4 期。

何云玲、张一平："云南省生态环境脆弱性评价研究",《地域研究与开发》,2009 年第 2 期。

胡霞、尹鹏、周朝彬等："季节性雪被下土壤微生物动态研究进展",《重庆师范大学学报自然科学版》,2015 年第 1 期。

黄玫、季劲钧、曹明奎等："中国区域植被地上与地下生物量模拟",《生态学报》,2013 年第 12 期。

焦克勤、叶柏生、韩添丁等："天山乌鲁木齐河源 1 号冰川径流对气候变化的响应分析",《冰川冻土》,2011 年第 3 期。

靳毅、蒙吉军："生态脆弱性评价与预测研究进展",《生态学杂志》,2011 年第 11 期。

康永辉、解建仓、黄伟军等："2014 广西大石山区农业干旱成因分析及脆弱性评价",《自然灾害学报》,第 3 期。

库路巴依、胡林金、陈建江等："基于 SWAT 模型的叶尔羌河山区融雪径流模拟",《人民黄河》,2015 年第 4 期。

李峰平、章光新、董李勤："气候变化对水循环与水资源的影响研究综述",《地理科学》,2013 年第 4 期。

李红霞、何清燕、彭辉等："基于耦合相似指标的最近邻法在年径流预测中的应用",《水科学进展》,2015 年第 2 期。

李佳芮、张健、司玉洁等："基于 VSD 模型的象山湾生态系统脆弱性评价分析体系的构建",《海洋环境科学》,2017 年第 2 期。

李晶、刘时银、魏俊锋等："塔里木河源区托什干河流域积雪动态及融雪径流模拟与预估",《冰川冻土》,2014 年第 6 期。

李玲萍、李岩瑛："石羊河流域冬季冻土深度变化趋势及原因",《土壤通报》,2012 年第 3 期。

雒新萍、夏军、邱冰等："中国东部季风区水资源脆弱性评价",《人民黄河》,2013 年第 9 期。

马帅、盛煜、曹伟等："黄河源区多年冻土空间分布变化特征数值模拟",《地理学报》,2017 年第 9 期。

潘家华："气候变化:地缘政治的大国博弈",《科学发展观与环境外交》,2008 年。

施雅风："2050 年前气候变暖冰川萎缩对水资源影响情景预估",《冰川冻土》,2001 年第 4 期。

石晓丽、陈红娟、史文娇等："基于阈值识别的生态系统生产功能风险评价:以北方农牧交错带为例",《生态环境学报》,2017 年第 1 期。

史培军："四论灾害系统研究的理论与实践",《自然灾害学报》,2005 年第 14 卷第 6 期。

宋高举、王宁练、蒋熹等："气候变暖背景下祁连山七一冰川融水径流变化研究",《水文》,2010 年第 2 期。

宋燕、张菁、李智才等："青藏高原冬季积雪年代际变化及对中国夏季降水的影响"，《高原气象》，2011 年第 4 期。

孙美平、李忠勤、姚晓军等："1959～2008 年乌鲁木齐河源 1 号冰川融水径流变化及其原因"，《自然资源学报》，2012 年第 4 期。

孙占东、Christian、王润等："博斯腾湖流域山区地表径流对近期气候变化的响应"，《山地学报》，2010 年第 2 期。

王澄海、靳双龙、施红霞："未来 50a 中国地区冻土面积分布变化"，《冰川冻土》，2014 年第 1 期。

王让会、樊自立："干旱区内陆河流域生态脆弱性评价——以新疆塔里木河流域为例"，《生态学杂志》，2001 年第 3 期。

王岩、方创琳："大庆市城市脆弱性综合评价与动态演变研究"，《地理科学》，2014 年第 5 期。

王芝兰、李耀辉、王劲松等："SVD 分析青藏高原冬春积雪异常与西北地区春、夏季降水的相关关系"，《干旱气象》，2015 年第 3 期。

韦晶、郭亚敏、孙林等："三江源地区生态环境脆弱性评价"，《生态学杂志》，2015 年第 7 期。

魏晓旭、赵军、魏伟等："中国县域单元生态脆弱性时空变化研究"，《环境科学学报》，2016 年第 2 期。

魏智、金会军、张建明等："气候变化条件下东北地区多年冻土变化预测"，《地球科学》，2011 年第 41 卷第 1 期。

吴绍洪、高江波、邓浩宇等："气候变化风险及其定量评估方法"，《地理科学进展》，2018 年第 1 期。

吴绍洪、潘韬、贺山峰："气候变化风险研究的初步探讨"，《气候变化研究进展》，2011 年第 7 卷第 5 期。

席小康、朱仲元、宋小园等："锡林河流域融雪径流时间变化特征与成因分析"，《水土保持研究》，2016 年第 6 期。

夏军、陈俊旭、翁建武等："气候变化背景下水资源脆弱性研究与展望"，《气候变化研究进展》，2012 年第 6 期。

夏军、邱冰、潘兴瑶等："气候变化影响下水资源脆弱性评估方法及其应用"，《地球科学进展》，2012 年第 4 期。

徐广才、康慕谊、贺丽娜等："生态脆弱性及其研究进展"，《生态学报》，2009 年第 5 期。

杨凯、胡田田、王澄海："青藏高原南、北积雪异常与中国东部夏季降水关系的数值试验研究"，《大气科学》，2017 年第 2 期。

尹振良、冯起、刘时银："水文模型在估算冰川径流研究中的应用现状"，《冰川冻土》，2016 年第 1 期。

尹梓渊、穆振侠、高瑞等："考虑冰川融水的 hbv 模型在天山西部区的应用"，《水力发电学报》，2017 年第 11 期。

詹万志、王顺久、岑思弦："未来气候变化情景下长江上游年径流量变化趋势研究"，《高原山地气象研究》，2017 年第 4 期。

张慧、李忠勤、牟建新："近 50 年新疆天山奎屯河流域冰川变化及其对水资源的影响"，《地理科学》，2017 年第 37 期。

张龙生、李萍、张建旗："甘肃省生态环境脆弱性及其主要影响因素分析"，《中国农业资源与区划》，2013 年第 3 期。

张人禾、张若楠、左志燕："中国冬季积雪特征及欧亚大陆积雪对中国气候影响"，《应用气象学报》，2016 年第 5 期。

张文杰、程维明、李宝林等："气候变化下的祁连山地区近 40 多年冻土分布变化模拟"，《地理研究》，2014 年第 7 期。

张鑫、杜朝阳、蔡焕杰："黄土高原典型流域生态环境脆弱性的集对分析"，《水土保持研究》，2010 年第 4 期。

张学玲、余文波、蔡海生等："区域生态环境脆弱性评价方法研究综述"，《生态学报》，2018 年第 16 期。

赵东升、吴绍洪、尹云鹤："气候变化情景下中国自然植被净初级生产力分布"，《应用生态学报》，2011 年第 22 卷第 4 期。

赵桂久：《生态环境综合整治与恢复技术研究》，北京：北京科学技术出版社，1995 年。

赵跃龙：《中国脆弱生态环境类型分布及其综合整治》，北京：中国环境科学出版社，1999 年。

中国科学院可持续发展研究组：《中国可持续发展战略报告》，北京：科学出版社，1999 年。

钟晓娟、孙保平、赵岩等："基于主成分分析的云南省生态脆弱性评价"，《生态环境学报》，2011 年第 1 期。

周浩、唐红玉、程炳岩："青藏高原冬春季积雪异常与西南地区夏季降水的关系"，《冰川冻土》，2010 年第 6 期。

朱景亮、齐非非、穆兴民等："松花江流域融雪径流及其影响因素"，《水土保持通报》，2015 年第 2 期。